21世纪本科院校土木建筑类创新型应用人才培养规划教材

中国文物建筑保护及修复工程学

郭志恭 编 著

内 容 简 介

本书根据国家文物保护的法规，结合大学教学实际和古建筑专业设计和施工的需求编写而成。本书阐述了我国古建筑的基本情况、古建筑保护的基本原则、修复古建筑的基本技术，涉及木作、砖作、石作、瓦作的修缮及建（构）筑物倾斜矫正，以及石窟的保护与修复，并介绍了许多有关实例。

本书可作为高等学校建筑学、文物保护和修复相关专业的本科生和研究生教材，也可作为文物保护部门专业技术人员的参考用书。

图书在版编目(CIP)数据

中国文物建筑保护及修复工程学/郭志恭编著. —北京：北京大学出版社，2014.4
(21世纪本科院校土木建筑类创新型应用人才培养规划教材)
ISBN 978-7-301-24036-6

Ⅰ.①中… Ⅱ.①郭… Ⅲ.①古建筑—保护—高等学校—教材②古建筑—修缮加固—高等学校—教材 Ⅳ.①TU-87

中国版本图书馆CIP数据核字(2014)第053362号

书　　名：中国文物建筑保护及修复工程学
著作责任者：郭志恭　编著
策 划 编 辑：吴　迪
责 任 编 辑：伍大维
标 准 书 号：ISBN 978-7-301-24036-6/TU·0393
出 版 发 行：北京大学出版社
地　　址：北京市海淀区成府路205号　100871
网　　址：http://www.pup.cn　新浪官方微博：@北京大学出版社
编辑部邮箱：pup6@pup.cn
总编室邮箱：zpup@pup.cn
电　　话：邮购部010-62752015　发行部010-62750672　编辑部010-62750667
印 刷 者：北京虎彩文化传播有限公司
经 销 者：新华书店
787毫米×1092毫米　16开本　20.75印张　480千字
2014年4月第1版　2023年8月第5次印刷
定　　价：45.00元

前　言

博大精深的中华民族文明已有5000年的历史，许多历史学家有根据地认为：中华民族的历史应提前到6000年、8000年，甚至10000年前。因为考古发现，我们已经有了距今7000年的浙江河姆渡文化、距今6000～8000年的山东大汶口文化、距今4000～5000年的浙江良渚文化、距今5500～6000年的辽宁红山文化、距今5000～8000年的甘肃秦安大地湾文化（大地湾文化已经有了大建筑和城市，已达到了相当高的水平）。中国古代建筑（包括古文化遗址、古建筑、古城市、古乡村、石窟寺及石刻、古墓及人工洞窟等）作为中华民族文明和文化的重要组成部分，也是独步世界、极其光辉灿烂的。

古代建筑是文物，而且是最大的、最复杂的、最重要的文物。《中华人民共和国文物保护法》将“具有历史、艺术、科学价值的古文化遗址、古墓葬、古建筑、石窟寺和石刻”，以及“与重大历史事件、革命运动和著名人物有关的，具有重要纪念意义、教育意义和史料价值的建筑物、遗址、纪念物”都包括在文物建筑之内。1964年5月，在意大利威尼斯召开的“从事历史文物建筑的建筑师和技术人员国际会议（ICOM）”第二次会议上，通过了《保护文物建筑及历史地段的国际宪章》，该宪章提出了“文物建筑”的概念，历史文物建筑“不仅包括个别建筑作品，还包括能够见证某种文明、某种有意义的发展或某种历史事件的城市和乡村环境。这不仅适用于伟大的艺术品，也适用于由于时光流逝进而获得文化意义的、在过去比较不重要的作品”。因此，从事文物保护技术和工程的工作者，必须把视野扩大到古文化遗址、古墓葬、古人工洞窟、摩崖石刻、石窟寺、有历史意义的城市和乡村及其他有文物价值的文物建筑上去。本书的着眼点和主要内容就涵盖了这些方面。

历史文物建筑的保护和修复工程是一门交叉学科。它与建筑学、城市规划学、考古学、历史学、地理学、力学、结构工程学、艺术学、美学、哲学、社会学、经济学、物理学、化学、材料学、地质学、气象学、民俗学、生态学、动物学、植物学及一些高新技术学科都有密切的联系并相互渗透。因此，在教学和科研上、在实际的保护工作和修复工程上就需要建立一个交叉的、综合的、新的工作体系。在高校的这类专业的教材中，也要为学生建立一个相应的教材体系。当前，在古建筑的保护和修缮方面，已经有了许多很出色的专著，但还不是很适合作为古建筑保护和修缮这类专业的教材，很有必要编写一本合适的教材。因此，编者就为西安交通大学文物保护技术与工程专业的学生编写了本书。经过多年教学使用，基本上是适用的。在这次出版前，根据本书的使用情况，编者对本书进行了必要的增删。

许多专著对古建筑保护和修缮的实践经验总结得非常好，很值得推荐给学生和实际工作者。按照编者的思路及编者在工程实践、教学和科研上的经验，编者有选择地在一些章节中引用了参考文献中著作的内容，在此，对这些专著的作者深表谢意。同时，也感谢黄康、王志红、阮晨等诸位同学在排版方面给予的帮助。此外，北京大学出版社对本书的出版也给予了很大的支持，吴迪同志，对书的内容组合提了建设性的意见；伍大维同志更是对书稿做了仔细的编辑校对，发现了一些问题，使编者能纠正一些错误。对北大出版社和两位编辑同志的帮助，编者表示诚挚的感谢！

进行文物建筑保护和修缮的教学、科研和实践，必须要能认识和体会中国文物建筑的天人合一之美、阴阳变化之美、人文关怀之美，追求平安幸福之美、刚柔相济动静结合之美、人情至善之美、诗情画意之美、精心雕琢之美，创造发展之美、协调之美、平衡之美……只有认识和体会到中国文物建筑这些真善美的内涵，才有可能教好、学好、做好这件事。

本书未包括古建筑在装饰和彩画方面，以及在生土建筑方面的保护和修缮的内容，这是本书不足的地方。编者深知自己才疏学浅，书中难免会存在许多不足之处，恳请广大专家、读者予以批评和指正。

编　者

2013 年 12 月

目　录

第一章 中国古代建筑简史

第一节 古代建筑的发展和形成

中国是一个幅员辽阔、资源丰富、人口众多、历史悠久、多民族的文明古国，现在的陆地面积约为960万平方千米，领海面积为300多万平方千米。我国的地势是西部和北部高，东部和南部低，其中有世界最高的青藏高原和高耸的喜马拉雅山、山高谷深的西南横断山脉，有蜿蜒起伏的丘陵地区、辽阔无垠的沙漠和草原、土地肥沃的冲积平原，也有河流纵横如织的水乡。中国的气候，从南到北包括热带、亚热带、温带和寒带。

在这块广阔的土地上，我们的祖先从人类曙光初放时期起，就开始了建筑活动，几千年来，他们根据各地自然条件，因地制宜，因材致用，经过世世代代的创造，逐步形成了一个从建筑群体组合、材料结构、建筑造型、色彩装饰到家具陈设等方面一系列的、独特的建筑风格，创造了许多优秀的建筑，积累了丰富的经验。这些伟大的成就是中国文化，也是世界建筑宝库中的一份珍贵的遗产。中国古代建筑经历了一个漫长的历史发展过程。我们的祖先和世界上的其他古老民族一样，在上古时期都用木材和泥土建造房屋，但后来很多民族都以石料逐渐代替木材，唯独中国仍以木材为主要建筑材料，至今已经有五千多年历史了，形成世界古建筑中一个独特的体系，这也是世界古建筑中延续时间最长的一个体系。这一体系除了在中国各民族和各地区广为流传外，在历史上，还影响到日本、朝鲜和东南亚的一批国家，如图1-1所示。

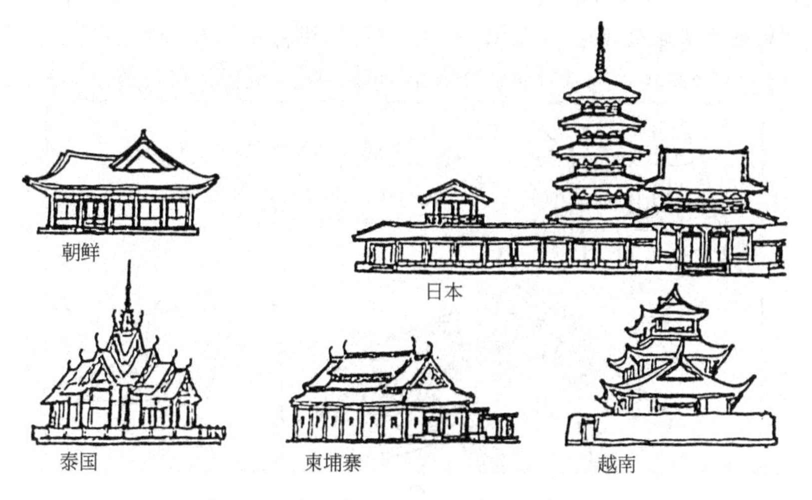

图1-1　中国古代建筑对亚洲各国的影响

一、原始社会的住所

在遥远的上古时代，几十人结成原始人群，以狩猎和采集树木的果实为生。原始人利用自然条件，选择近水、易猎的天然山洞作为他们的住所。例如，50万年前生活在北京周口店一带的北京猿人，就曾集居在周口店龙骨山的天然洞穴里；在山西省的垣曲、广东省的韶关、湖北省的长阳等地，也曾发现旧石器时代中期的“古人”所居住的山洞；在广西壮族自治区的柳江、来宾，也曾发现旧石器时代晚期的“新人”所居住的山洞。

除了山洞以外，在森林沼泽地带，原始人往往栖居在天然的树上。我国古代文献中有关于上古巢、穴居的记载，例如，《易·系辞》篇谓：“上古穴居而野处，圣人易之以宫室。”《礼记·礼运》篇谓：“昔者先王未有宫室，冬则居营窟，夏则居橧巢。”《韩非·五蠹》篇谓：“上古之世，人民少而禽兽众，人民不胜禽兽虫蛇。有圣人作，构木为巢以避群害，而民悦之，使王天下，号曰有巢氏。”这些古代文献的记载，都反映了原始人在生产力很低的情况下的居住方式，也提供了建筑起源于“巢”、“穴”的证据。

原始社会经过漫长的旧石器时代，大约距今一万年内进入了新石器时代。这个时期，在我国辽阔的土地上，散布着许多大大小小的氏族聚落。其中，仰韶文化时期的氏族在黄河中游肥沃的黄土地带定居下来，从事农业生产，从而逐渐脱离了栖居的洞穴，开始构造简陋的房屋和聚落。已发现的聚落遗址多位于河流两岸的阶梯状台地上，或者位于两河交汇处的比较高亢平坦的地方，而且沿河分布的聚落相当密集。例如，在西安附近沣河中游长约20千米的河岸上，就有聚落遗址13处之多。

西安附近半坡村的一处氏族聚落，位于浐河东岸台地上，总面积有5万多平方米，分为居住区、窑场和公共墓地三个部分。临河高地是居住区，有密集排列的住房四五十座，布局颇有条理。居住区的中心有一座170多平方米的房屋，是氏族的公共活动场所。住房有两种形式，一种是方形，一种是圆形。方形的住房多为浅穴，内转角一般做成圆角，面积一般是$20m^2$，最大的有$40m^2$。在四周的壁体内，紧密而整齐地排列着木柱，用编织和排扎相结合的方法，构成壁体，支承屋顶的边缘部分。屋中有四根柱子作为构架的骨干，支持着屋顶，如图1-2所示。圆形房屋一般建在地面上，直径4～6m，周围用细柱密排，柱与柱之间也有

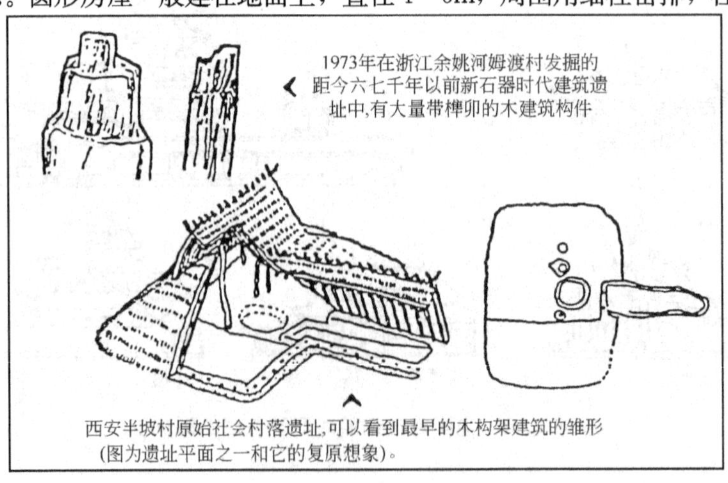

图1-2　西安半坡村原始居民的房屋建筑

的用编织的方法构成壁体，屋内有两根较大的柱子，支持着圆锥形的屋顶。

二、夏、商、周、春秋时期的建筑

中国古代建筑的发展演变，可以从近百年以前上溯到六七千年的上古时期。

公元前21世纪，生产力的发展，引起原始公社的瓦解。中国出现了历史上第一个王朝——夏。夏代的建立，标志着奴隶制国家的诞生。

到了商代，奴隶制有了进一步发展，后期创造了灿烂的青铜文化。建筑方面，商代已有较成熟的夯土技术。商代国都筑有高大的城墙，城内修建了规模相当大的宫室、苑囿、台池和陵墓。西周以后，春秋时代存在大大小小140多个诸侯国，各国之间的战争频繁。各国诸侯为了防御，普遍建造城郭，设置都邑。据《春秋》所记，自鲁隐公元年(公元前722年)至鲁哀公十四年(公元前481年)，各国筑城70座以上，仅鲁国就有筑城十几座。

近些年来，许多地方都发现了春秋时期的古城遗址，如山西省侯马晋都曲沃和新田故城、河南省偃师滑国故城、山东省曲阜的鲁国故城、湖北省江陵的楚郢故城等。在这个时期，城市有了发展，对于城市的布局、宫室建筑、筑城技术都有一定的规定。据战国时候的《考工记》一书中所载："匠人营国，方九里，旁三门。国中九经九纬，经涂九轨。左祖右社，前朝后市，市朝一夫。"意思是，天子之城的规模长宽各为九里，每边各有三座城门。城中南北和东西向，各有九条街道，与城市相通，居中的是王宫，左面是宗庙，右面是社稷坛，前面是宫殿前的空地，后面是市，即进行贸易的场地，"朝"和"市"的大小，是百步见方即一夫。对于建筑房屋的尺度、形体也有了科学的数据："室中度以几，堂上度以筵，宫中度以寻，野度以步，涂度以轨。"意思是建造一座房屋的尺度，应该根据家具、席子、人体活动的大小来建筑。一寻为8尺(1尺≈0.33m)，一步为5尺，轨宽为8尺。

城内的宫殿建筑已得到普遍的发展。据《尚书·顾命》对宫殿的记述，前面有正门，两侧有"左塾"和"右塾"(门内两侧的堂屋)，门内有庭(院落)，庭内正中有主要建筑堂，堂前有台阶，堂上有主室和左右的东西房，庭院东西两侧有厢房，正门之前有座门，座门之前还有皋门(外宫门)。这是一组格局整齐的四合院式群体建筑。近几年在陕西岐山凤雏发现的西周殿堂建筑遗址的布局，与史书的记载几乎相同。这座宫殿也是一组建筑，院落式布局。院落南面正中有一座影壁，影壁对着大门，进门是前院，前院的北边是主体殿堂，殿堂后面是后院，后院中间有过廊，通往后室。前后院周围有回廊，东西两侧是厢房，整个建筑保持南北中轴线，东西两边严格对称。

西周和春秋时期，筑城和建筑宫室的技术已有了很大的发展。筑城多采用板筑方法，用木板作为模板，中间填土，分层夯实，夯筑到木板高度，即拆除木板向上移动，层层向上夯筑。宫殿建筑，为了防潮湿，多建在高台上，高台是用夯土筑起的。墙基和柱基是在高台上挖槽或坑，铺石础立柱建造起来的。墙体构造大致分为两种：一种是木骨泥墙，另一种是板筑土墙或土坯墙。筑城已形成一套标准的方法。据《考工记》记载，城高与基宽相待，顶宽为基宽的2/3，门墙的尺度以版为基数。这个时期的建筑材料，西周已出现板瓦、筒瓦、人字形断面的脊瓦。这种瓦嵌固在屋面的泥背上，以解决屋面的防水问题。瓦的出现是中国古代建筑的一项重要进步。

商代已经出现建筑的彩绘装饰，春秋时期又有了发展。这时不仅宫室的柱头、柱上绘山纹，梁上短柱绘藻纹，而且墙上也加彩绘。据《楚辞·天问》所记，屈原见到楚先王庙和公卿祠堂壁上即有彩绘。据《论语》所载“山节藻棁”和《春秋穀梁传注疏》所载：“礼楹，天子丹，诸侯黝垩，大夫苍，士黈。”节是坐斗，棁是瓜柱，楹是堂屋前的柱子或量词(古时，一间房屋叫一楹)。由此也证明春秋时代的建筑上已有彩绘装饰，而且在彩色的使用上也有了等级制度。

三、战国、秦、汉时期的建筑

公元前5世纪末期，中国历史进入了战国时期，新兴的地主经济逐渐取代了奴隶主经济。这种新的生产方式，促进了工农业、商业、文化的发展，从这时起中国开始进入封建社会。由于春秋时期140余个诸侯国相互兼并的结果，到战国时代只剩下齐、楚、燕、韩、赵、魏、秦七个大国。这时各国的都城商业空前繁荣，如齐国的临淄、赵国的邯郸、魏国的大梁、楚国的鄢郢、韩国的宜阳等，都是人口众多、工商业麇集的城市。城市都筑有宫殿、官署、手工业作坊、市场。各国都以建造“高台榭，美宫室”宏伟的高台建筑为荣。

据《史记·苏秦列传》记载：“临淄之中七万户……临淄甚富而实，其民无不吹竽、鼓瑟、击筑、弹琴、斗鸡、走犬、六博、蹋踘者。临淄之途，车毂击，人肩摩，连衽成帷，举袂成幕，挥汗成雨，家敦而富，志高而扬。”

齐国都城位于临淄县城的西部和北部，南面山峦起伏，丘岭绵亘，有牛山、稷山和名泉“天齐渊”；东、北两面是辽阔的原野，土地肥沃，盛产五谷，距渤海百余华里，有渔盐之利；西依系水(俗称泥河)，东临淄河，临淄则是因紧靠淄河而得名的。

故城包括大城和小城两个部分。小城建在大城的西南方，其东北部伸进大城的西南隅，城垣都是用泥土分层夯筑的。大城南北近9里(1里=500m)，东西为3里，是国君料理政务及其居住的宫城。两城长43里，总面积为60平方里。

齐国城内外，至今还存有多处高大的夯土台基。这些台基遗址，就是当年齐国的宫室建筑或离宫别馆。例如，位于宫城西北部的桓公台，是齐国宫室群一座高台建筑的台址，位置处于全城最高处，可以瞭望全城；此外，还有钓鱼台、听事台、晒台、玄武台等，这些建筑的遗址还在。

公元前221年，秦始皇灭了六国，建立了中国历史上第一个中央集权的封建帝国，开始了更大规模的建筑活动，修驰道，开鸿沟，凿灵渠，建都江堰，筑万里长城；集中全国的巧匠良才，模仿六国宫殿的形式，营建宫室于咸阳北面的高地上。在陕西咸阳附近200里内就修建了270处离宫别馆。并且选择了咸阳建造都城。咸阳南临渭水，北达泾水，土地富饶，傍山近水。秦始皇于二十七年(公元前220年)便开始大规模的建筑活动，兴建新宫。首先在渭水南岸建起一座信宫，作为咸阳各宫的中心；然后，从信宫前开辟一条大道通往骊山，建甘泉宫，并在北陵高爽的地方修筑北宫。还有兴乐宫、长杨宫、梁山宫及上林苑、甘泉苑等。

始皇三十五年(公元前212年)又开始兴建更大的一组宫殿——朝宫。朝宫的前殿就是历史上著名的阿房宫，现存的阿房宫遗址是一个横阔1公里的大土台，由此也可大致看出主体建筑的规模。在渭南上林苑中，以阿房宫为中心，建造许多离宫别馆。据《史记》记载：“先作前殿阿房，东西五百步(1步≈1.67m)，南北五十丈(1丈≈3.33m)，上可坐万人，下可建五丈旗。周围为阁道，自殿下直抵南山。表南山之颠以为阙，为复道，自阿房渡渭，属之咸阳。”

从这些记载中可以看出，与春秋战国时期相比，秦代咸阳规模的宏大、建筑的华丽，有了巨大的发展，建筑技术和艺术也有了很大的进步，达到了相当高的水平。

继秦而统一中国的是西汉(公元前206年)，西汉的疆域比秦代更大，开辟了通往西域的中西贸易往来和文化交通的通道。在汉代的后期，经济有了较大的发展，城市也进一步繁荣起来。汉武帝(刘彻)提倡罢黜百家，尊崇儒术，确立礼制，以此来巩固皇权统治。由于建筑是“威四海”的精神统治工具，因此汉代都城规模更加宏大，宫殿苑囿、礼制建筑更加巨大和华美。在长安修建的未央宫、长乐宫都是周围长达十公里左右的大建筑群。汉武帝时，兴建了城内的桂宫、明光宫和城外西南部的建章宫、上林苑。这时的长安城内有九府、三庙、九市和一百六十四闾里，分布于城的北部及南部未央宫和长乐宫之间。城南郊还发现有十几个规模巨大的礼制建筑遗址。每个礼制建筑布局都采取纵横两条轴线建筑对称的方法，外面是围墙，每面辟门，四角配以曲尺形房屋。在庭院中央都有高起的夯土台，可推断原来台上建有形制严整和体形雄伟的木结构建筑群。

汉代的建筑技术和艺术都有较大的发展，木构技术不仅应用于单层房屋，而且开始用于建造楼阁建筑。屋顶出现了庑殿、囤顶、攒尖以及悬山与歇山等基本形式。开始较大规模地使用砖、石及石灰，用于墓室中的空心砖长达一米五，砌筑拱券用的型砖有小砖、楔形砖、子母砖等多种类型，瓦当纹样异常丰富。大量的图案纹样以彩绘或雕、塑的方式，应用于地面砖、梁、柱、斗拱、门窗、墙壁、天花、屋顶等处。建筑装饰已广泛应用，色彩也比春秋战国时代丰富。至此，中国建筑的发展已自成体系了。秦汉时期建筑的实物已难寻觅，但从图1-3所示的秦汉时期的各种出土文物中可以看到，秦汉时期已经有了完整的廊院和楼阁。建筑有屋顶、屋身和台基三部分，和后代的建筑非常相似，结构的做法如梁柱交接、斗拱和平坐、柱杆的形式都表现得很清楚，说明这时我国古建筑的许多主要特征都已形成。

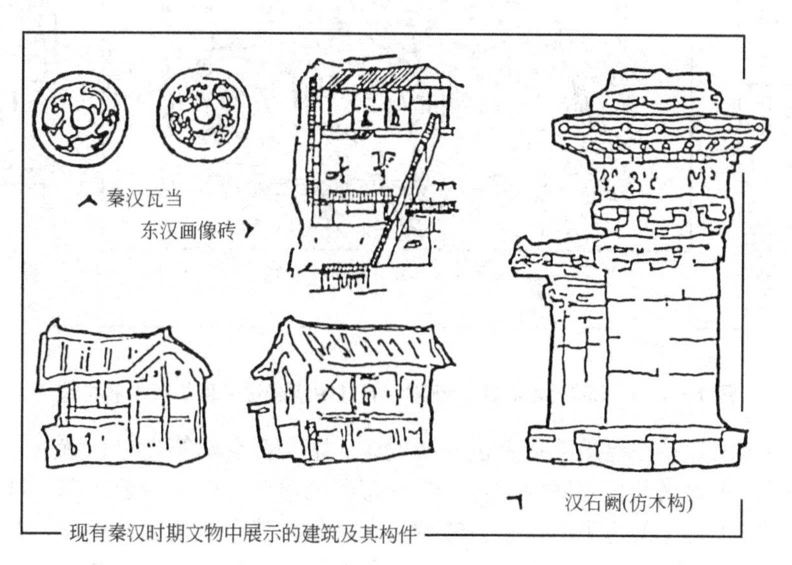

图1-3　从文物看秦汉建筑样式

东汉与前代不同的是对长江流域的大事开发。随着农业的发展，手工业也有大发展，商业也繁盛起来。南北的交流对建筑会有影响。东汉对洛阳的规划整齐完善，远胜长安。

四、两晋、南北朝、隋、唐时期的建筑

在魏晋南北朝时期(220—589年)佛教广为流传。在这个时期，寺庙、塔和石窟建筑得到很大发展，产生了灿烂的佛教建筑和艺术。

公元280年建立了晋朝，以后出现了南北对峙的南北朝时期。由于东汉以来佛教传入中国，这个时期除继续建造城市、宫殿建筑以外，大量地修建佛教寺塔。在北魏统治区域内，建筑了佛寺3万多座，仅首都洛阳一地就有1367座。南朝佛寺建筑也有五百多座。《洛阳伽蓝记》一书中所记载的永宁寺，是洛阳城内一座规模宏大的寺院，寺内木塔高达九层，“去京师百里，已遥见之。”此外，还在山中崖上大量修建石窟寺，现存的山西大同云冈、河南洛阳龙门、甘肃敦煌、甘肃天水麦积山、太原天龙山、河北邯郸响堂山都有著名的大石窟寺。石工们以准确而细致的手法，不仅雕凿出巨大的佛像，而且在外廓上模仿木结构形式，留下了当时的建筑艺术形象，如图1-4所示。这一时期，佛塔和石窟的发展，已成为中国古代建筑的重要内容，也给中国古代建筑增添了新的光彩。特别是高耸的佛塔，多建在城中或建筑群的高处，用于瞭望和点缀建筑风貌。

图1-4 南北朝时期石窟、石室和石柱中所表现的建筑形象和构造

隋朝统一全国后，在建筑营造上也有所发展。隋文帝登基第二年，就下令修建首都大兴城，这就是后来著名的长安城的前身。隋炀帝即位当年，就下令建东都，即唐朝洛阳的前身。在隋朝三十七年的历史中，建宫筑城很多，如在陕西凤翔建仁寿宫，在河南新安建显仁宫，在江苏扬州建江都宫。在这些大型工程的设计与施工中，宇文恺发挥了才华。就整体而言，隋到唐的木结构建筑模式还保留着南北朝时期的风格。

公元618年建立了唐朝。唐代是中国封建社会的一个辉煌灿烂的朝代。此时手工业和商业高度发展，内陆和沿海城市空前繁荣，文学艺术方面人才辈出。综合反映政治、经济、文化发展的唐代建筑也显示出了新的成就。在隋大兴城的基础上建造了当时世界上最大的、规划严整的都城——长安城(今陕西西安)。在8000余公顷(ha，$1ha=10^4m^2$)的土地上有计划地布置了宫殿、衙署、坊里、市场、庙宇、绿化、水道等建筑与设施。城东西长9721m，南北宽8651m，城墙厚12m，每面三门，每门三道，城门上建有高大的城楼。城市沿着南北轴线布局，宫城和皇城位于全城的主要地位。街道采取棋盘式形状，纵横相交，规整方直，主次分明。宫城位于全城最北的中部，宫城以南为皇城，各里坊内为住宅、寺观和官署。城南有龙首渠、黄渠、永安渠等，自南而北贯流城中。长安城的布局完全体现了以皇宫为中心、南北为轴线、左右对称的规划思想。

长安城的建筑也是异常宏伟富丽的。城北建的大明宫是一组宏大的建筑群，其占地面积是北京紫禁城的七倍，位于龙首原上，居高临下，可以俯视全城。宫内的宫殿以轴线南端的外朝最为宏丽，南北纵列的有大朝含元殿、日朝宣政殿、常朝紫宸殿。左右两侧相对称的还有几座殿阁楼台。在大明宫西北的高地上，还建有一组华丽的麟德殿，这是唐代皇帝宴请群臣、观看舞乐和做佛事的地方。它由前、中、后三座殿阁所组成，面宽十一间，进深十七间，面积约为故宫太和殿的三倍。殿的后侧东西各有一楼，楼前有亭，衬托着中央的大殿。大明宫遗址现已开发出来，供人们游览。

除长安外，唐朝还在洛阳建造明堂(即万象神宫)和天堂，它们也是规模宏伟的建筑。现存的山西五台山佛光寺大殿是一座七开间的大殿堂，其平面柱列适应佛殿内容需要，斗拱与梁架结合紧密，历经千年，巍然无恙，代表了唐代木结构技术的水平，如图1-5所示。唐代是经济发达、文化昌盛的朝代，在城市规划的严整、建筑的宏伟、建筑艺术的高超等方面，都有了很大的发展和新的创造。唐代的建筑成就不仅促进了中原地区建筑的繁荣，而且影响到新疆、西藏、黑龙江等边远地区。

图1-5 山西五台山佛光寺大殿

山西五台山佛光寺大殿(857年)是中国保存的最早、最完整的木构架之一，其造型端庄浑厚，反映出唐代木构架的形象特征。

五、宋、辽、金时期的建筑

公元906年唐朝崩溃，中国又陷入“五代十国”的分裂状态。此时，北方战乱，南方战争较少，因此，蜀之成都、吴越之杭州都有很好的建设。直到公元960年北宋建立，后宋朝统一了中国的中原和南方地区，而北方则经历了辽、西夏、金三个朝代。北宋时期的手工业十分发达，在制瓷、造纸、纺织、印刷、造船等方面都取得了新的进步，火药和活字印刷术都是这个时期的发明，商业活动发展也很快。首都东京汴梁(今河南开封)是北宋的政治中心，也是一个商业城市。由于这时手工业和商业的发达，对于城市的规划建设产生了新的要求。因此，一千多年以来高墙封闭的里坊，以及集中的市场制度被打破了，拆除了坊墙，取消了夜禁，沿街设店，按行成街，大量茶楼、酒店、旅馆、戏棚等公共建筑涌现了。新的城市生活给城市带来新的面貌，就如《清明上河图》所表现的一样。这个时期的建筑艺术形象，由于琉璃、彩画和小木作装饰技巧的提高而丰富多彩起来。琉璃的颜色出现了绿、黄、褐等颜色。这个时期在一些重要建筑物上使用各色琉璃贴面砖，室内外的木构件上普遍涂饰彩色油漆，仅官式彩画，在北宋时期即已经有了五种标准格式。古代席地而坐的习惯，历经唐代的改革，至宋代已完全被踞坐所更替。随之，室内家具由低矮的榻案变为较高的桌椅。门窗普遍改变可开启的格扇门窗，配以多种多样的球纹、菱花纹的窗棂格。整个宋代的建筑风格呈现出华丽纤巧的面貌。

图 1-6　山西应县佛宫寺释迦塔(木塔)

山西应县佛宫寺释迦塔，辽代(1056 年)建，为中国现存最古的木塔，高 66.6m，历经 900 多年和几次大地震，迄今仍然巍然屹立，充分证明了中国古建筑高超的技术水平。

宋代的住宅、私家园林，也有了新的发展。在王希孟所绘的《千里江山图》中已有多种形式。一般住宅都有大门、前厅、穿廊和主要寝室，以及东西厢房。少数较大的住宅，大门内还有照壁。据《洛阳名园记》记载，北宋洛阳的园林已很发达，有的规模很大，具有别墅性质。引水凿池，盛植花木，富有自然风趣。例如，洛阳的丛春园，选地极佳，园中建有丛春亭，居高临下，亭上北可望洛水，南可望嵩山、龙门。江南一带的园林已很发达。很多私家园林，都是引水开池，叠石造山，厅堂亭榭，小桥流水，富有自然风趣和诗情画意。园林成为中国建筑的一种特色。

在北宋时期，总结了隋以来的建筑成就，由李诫编著了《营造法式》，成书于公元 1100 年，并由政府颁布施行，这是一部当时世界上较为完整的建筑著作。辽代信奉释迦和观音，在重要地区常建塔、庙。于公元 1056 年建成的山西应县木塔更是建筑的精品，如图 1-6 所示。

六、元、明、清时期的建筑

元朝是蒙古族建立的第一个王朝，公元 1279 年灭了南宋，统一了中国，建都于大都(今北京)。大都位于华北平原的北端，西北有崇山峻岭为屏障，西南有永定河流贯其间，是北方的重镇。大都是按照《考工记》“前朝后市，左祖右社”规划的，南北长 7400m，东西宽 6650m，北面二门，东、西、南三面各三门，城外绕以护城河。皇城居中央，建宫殿。城中主要街道之间有纵横交错的街巷，寺庙、衙署、商店、住宅分布于街道之间。大都历时八年建成，是元朝兴起后最大的城市和建筑群。

明清两代，自公元 1368 年至 1840 年鸦片战争止，农业、手工业发展到了封建社会的最高水平。政治上体现了封建社会最后的大统一，中华民族得到进一步发展、融合和巩固。国家的统一，促进了中国南北方文化以及各民族文化之间的交流，建筑技术继续进步，特别是造园艺术与建筑装饰艺术获得了突出的成就。

明初建都南京，15 世纪初迁都北京，并在元代大都城的基础上改建、扩建成为封建后期的历史名城。城市中心是辉煌富丽的紫禁城(宫城)，古代文献中以宫室为中心的都城规划思想得到充分的体现，并据此规划了一条长达 8 公里，贯穿全城的中轴线。沿线设置了城门、广场、楼阙、宫殿、山峰、亭阁，高低错落、抑扬开合、布局严整、气魄雄伟，其建筑群体布局艺术达到了封建社会的高峰。

北京故宫三大殿布局如图1-7所示。明代，帝王陵墓选择在北京昌平县境内，群山环抱。陵区入口处左右有两座小山对峙，谷内因山势布置了十三座陵墓，有7公里的神道作为墓群的先导，建筑与地形环境巧妙结合，创造出了庄严肃穆的陵园气氛。明代制砖技术迅速提高，城墙多用砖包砌，并应用砖拱券结构建造了不少无梁殿的大殿屋。这个时期还建设了不少沿海防御城市，进一步修整了驰名世界的万里长城。

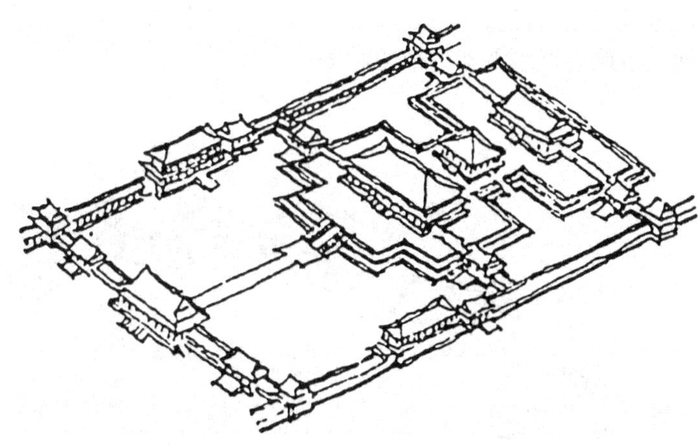

图1-7　北京故宫三大殿鸟瞰图

清代的政治体制和文化生活基本上和明代一样，建筑也是一脉相承，没有明显差别。在建筑艺术上，划时代的成就是造园艺术。二百余年间，皇帝们在北京西郊建设了圆明园、颐和园、静明园、静宜园等一大批园林，并在城内明代西苑的基础上整修了三海(北海、中海和南海)。

在长城以外的承德，建造了规模巨大的避暑山庄。明清两代富商巨宦多在江南的苏州、杭州、无锡、扬州一带建造私家宅园，造园之风，盛极一时。这些园林吸取了古代造园的丰富经验，充分发挥了中国山水画的艺术特点，创造出多种艺术构思的意境，形成我国园林艺术的独特风格。

第二节　古代建筑的特点和风格

中国古代建筑在漫长的历史发展过程中，逐步形成了自己的特点和独特的风格，在世界建筑之林中，独树一帜。它的特点和风格可以概括为以下几个方面。

一、建筑外形上的特征

中国古代建筑外形上的特征最为显著，它们都具有屋顶、屋身和台基三个部分(图1-8)，各部分的外形和世界上其他建筑迥然不同，这种独特的建筑外形完全是由于建筑物的功能、结构和艺术高度结合而产生的。

二、建筑结构的特征——完整的木结构体系

中国古代建筑主要采用木构架结构，木构架是屋顶和屋身部分的骨架，其基本做法是

以立柱和横梁组成构架，四根柱子组成一间，一栋房子由若干间组成。其中以柱上架梁，梁上叠梁，梁端架檩的抬梁式木构架为主要方式。图 1－9 所示为屋顶部分的构造。屋顶部分是用类似的梁架重叠，逐层缩短，逐级加高，柱上承檩，檩上排椽，构成屋顶的骨架，也就是屋顶坡面举架的做法。

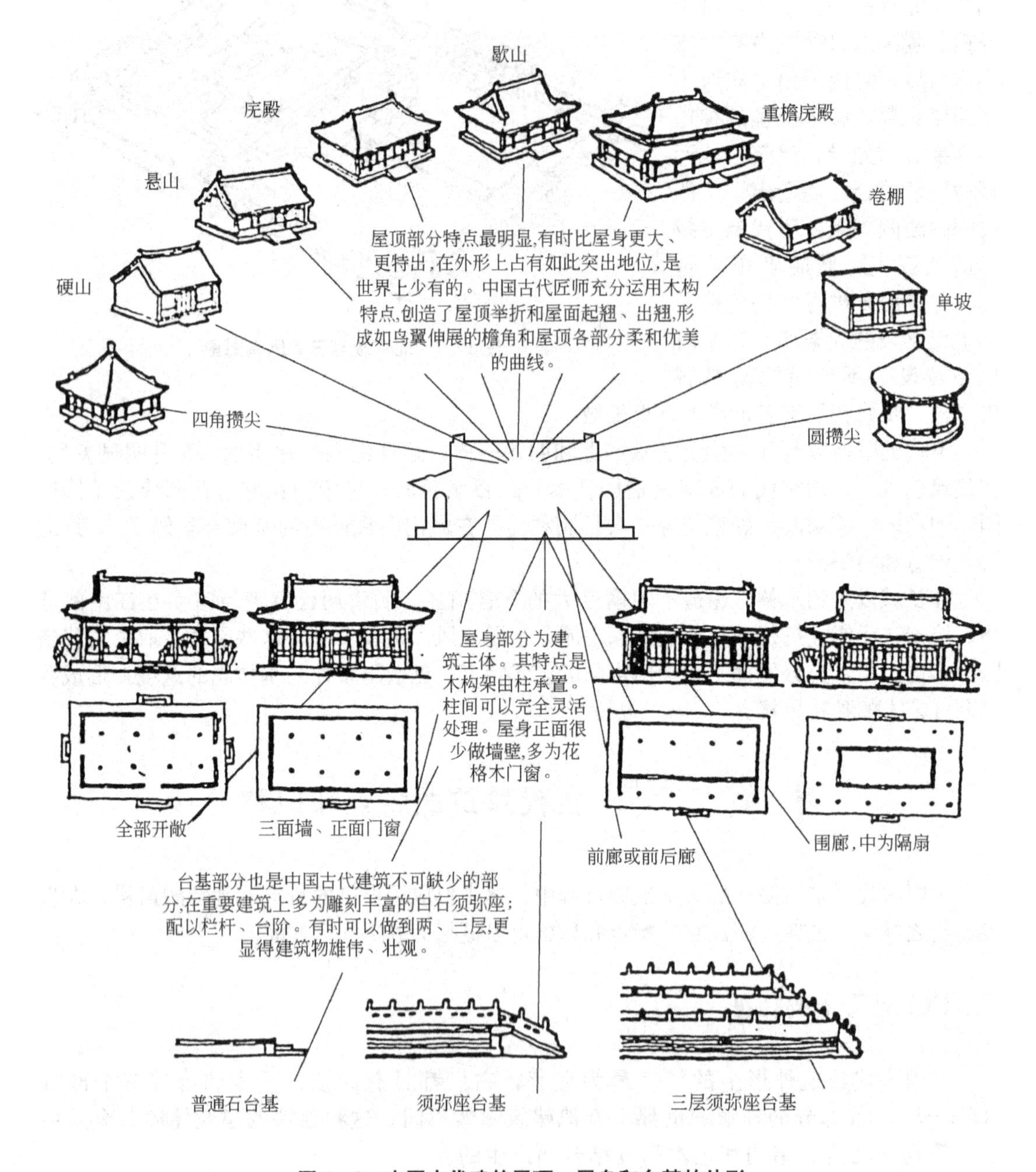

图 1－8　中国古代建筑屋顶、屋身和台基的外形

在大型木构架建筑的屋顶与屋身的过渡部分，有一种中国古代建筑所特有的构件，称为斗拱。它是由若干方木与横木垒叠而成，用以支挑深的屋檐，并把其重量集中到柱子上，如图 1－10 所示。

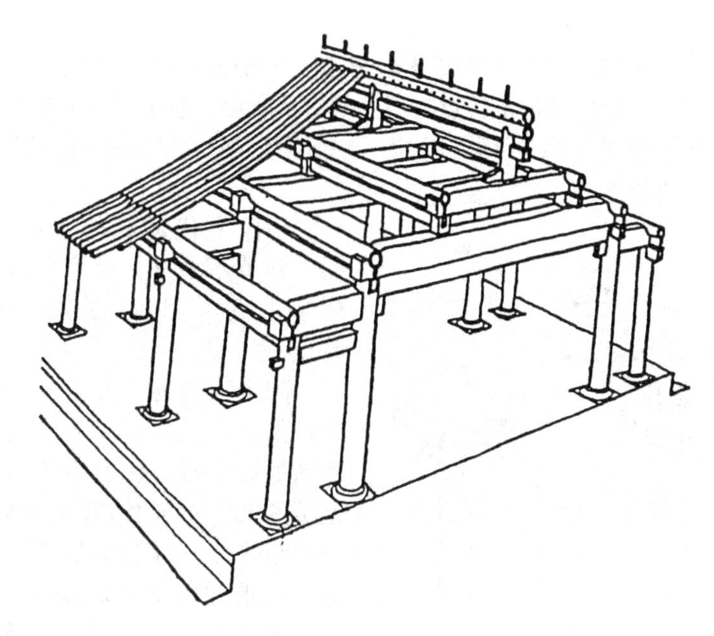

图 1－9 屋顶构造

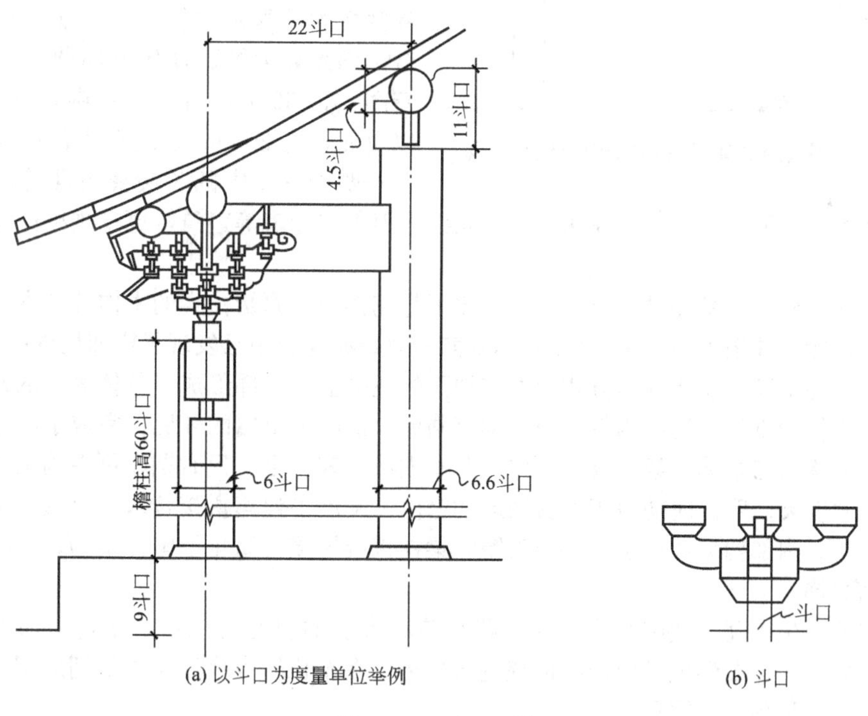

(a) 以斗口为度量单位举例

(b) 斗口

图 1－10 斗 拱

在中国古代建筑中，斗拱不仅在结构和装饰方面起着重要作用，而且在制定建筑各部分和各种构件的大小尺寸时，都以它作为度量的基本单位。坐斗上承受昂翘的开口称为斗口，作为度量单位的“斗口”是指斗口的宽度。柱子之间填筑门窗和围护墙壁。中国古代匠师创造了多种分隔室内空间的做法，如各种不同形式的罩、屏风、格扇，成为室内装饰的重要组成部分。

斗拱在中国历代建筑中的发展演变比较显著。早期的斗拱比较大，主要作为结构构件。唐、宋时期的斗拱保持了这个特点，但到明、清时期，它的结构功能逐渐减少，变成很纤细的装饰构件，如图 1－11 所示。因此，在研究中国古代建筑时，又常常以斗拱作为鉴定建筑年代的主要依据。

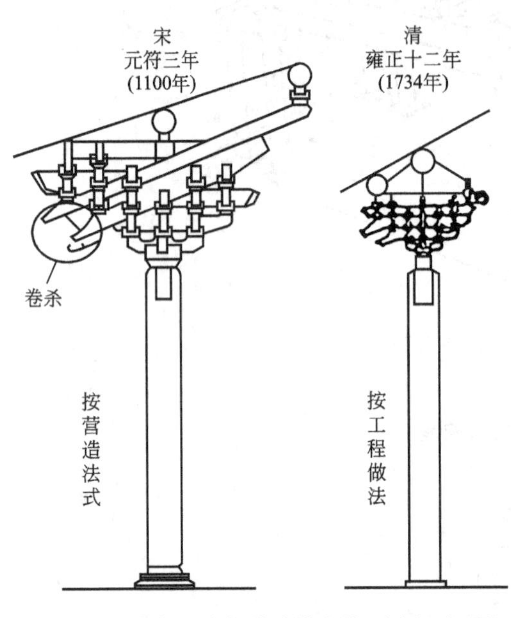

图 1－11　宋朝和清朝的斗拱比较(比例尺相同)

中国古代建筑的重量都由木构架承受，而墙不承重。我国有句谚语叫做“墙倒屋不塌”，生动地说明这种木构架的特点。

除木构架为主要方式外，还有在柱顶直接架檩、柱身以穿枋相连的穿斗结构，木料纵横交搭、垒为墙壁的井干式结构和地板架高、形成楼层的干阑结构。这样一个木结构体系综合满足了不同使用要求和艺术要求的各种建筑需要，大至宫殿、寺庙，小至民居、园林，以至高塔、峻阁、桥梁、作坊皆可灵活运用。现存有许多世界驰名的优秀木结构实例，如唐代山西五台山佛光寺大殿、辽代天津蓟县独乐寺观音阁、高 66m 的山西应县佛宫寺释迦塔，以及面积近 2000m^2、现存古代最大的殿堂——明十三陵中的长陵祾恩殿等。至于文献中记载的秦代阿房宫前殿、高达百米的北魏洛阳永宁寺塔等建筑，更是规模巨大，令人惊叹不已。

古代木结构体系是经过几千年来不断改革与完善的。原始社会的木构件基本上以绑扎方式互相连接，柱根埋在土中。但约 7000 前的河姆渡遗址中已发现了榫卯构件(图 1－2)。到了汉代，柱根完全脱离栽埋方式而立在地面的柱础上，上部形成了整体固定的构架，檐部使用斗拱作为承托出檐的构件。南北朝至隋唐，摆脱了土墙的辅助，完成了纯木构架的设计，斗拱构造与整体屋架结合为一体，互相固济。宋、金、元时期，更在构架方式上做了进一步的发展。明清时期由于木材缺乏的缘由，发展了包镶拼接技术，以短小材料接成长柱、巨梁。内部构架取消了斗拱的束缚，梁柱直接搭接，简化了整体结构，斗拱降为外檐的附属装饰。

自周朝产生了瓦，战国时代出现了花纹砖和大块的空心砖以后，木构架加上青砖墙壁、青瓦屋面，逐渐形成了中国的传统建筑构造，在漫长的古代社会中长期应用，历数千年而不衰，在世界上是罕见的。

三、建筑群体布局的特征

中国古代建筑如宫殿、庙宇、住宅等，一般都是由单个建筑物组成的群体。这种建筑群体的布局，除了受地形条件的限制或特殊功能要求(如园林建筑)外，一般都有共同的组合原则，那就是以院子为中心，四面布置建筑物(图 1 - 12)。每个建筑物的正面都面向院子，并在这一面设置门窗。

规模较大的建筑由若干个院子组成。这种建筑群体一般都有显著的中轴线，在中轴线上布置主要建筑物，两侧的次要建筑多做对称的布置。个体建筑之间有的用廊子连接，群体四周用围墙环绕。北京的故宫、明十三陵(图 1 - 13)都体现了这种群体组合的组合原则，显示了中国古代建筑在群体布局上的卓越成就。

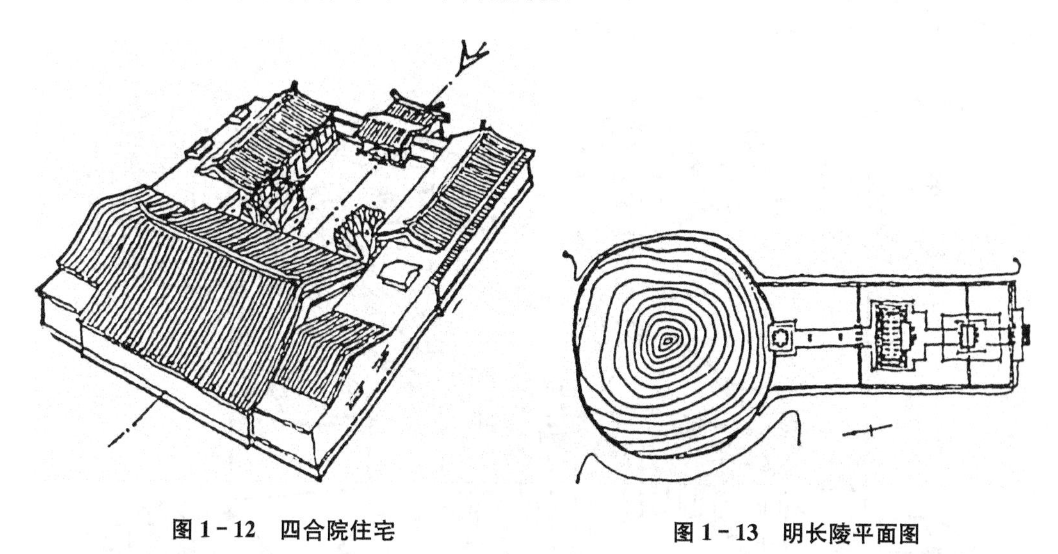

图 1 - 12　四合院住宅　　**图 1 - 13　明长陵平面图**

庭院布局大体可以分为两种，一种在纵轴线上先安排主要建筑，再在院子的左右两侧，依着横轴线以两座形体较小的次要建筑相对峙，构成 II 形或 H 形的三合院；或在主要建筑的对面，再建一座次要建筑，构成正方形或长方形的庭院，称为四合院。四合院的四角通常用走廊、围墙等将四座建筑连接起来，成为封闭性较强的整体。这种布局方式适合中国古代社会的宗法和礼教制度，便于安排家庭成员的住所，使尊卑、长幼、男女、主仆之间有明显的区别；同时也为了保证安全，防风，防沙，或在庭院内种植花木，造成安静舒适的生活环境。对于不同地区的气候影响，及对不同性质的建筑在功能上和艺术上的要求，只要将庭院的数量、形状、大小，与木构架建筑的体形、式样、材料、装饰、色彩等加以变化，就能够得到解决。因此，在长期的奴隶社会和封建社会中，在气候悬殊的辽阔土地上，宫殿、衙署、祠庙、寺观、住宅都广泛使用这种四合院式的布局方法。

另一种庭院布局是在纵轴线上建主要建筑及其对面的次要建筑，再在院子左右两侧，用回廊将前后两座建筑联系为一体，称为廊院。这种回廊与建筑相结合的方法，可以收到艺术上大小、高低、虚实、明暗的对比效果。同时回廊各间装有直棂窗，可向外眺望，扩大空间。当一个庭院建筑不能满足需要时，往往采取纵向扩展，横向扩展，或纵横双方扩展的方式，构成各种组群建筑。第一种纵向扩展的组群，首见于商朝的宫室遗址中，具有悠久的传统，也是最广泛使用的布局方法。它的特点是沿着纵横线，在主要庭院的前后，布置若干不同平面的庭院，构成深度很大而又富于变化的空间。第二种横向扩展的群组，在中央主要庭院的左右，再建纵向庭院各一组或两组，而在各组之间以夹道解决交通和防火问题。这种方法自唐以来常为宫殿、庙宇、衙署和大型住宅所采用。第三种纵横双方扩展的组群，以北京故宫为典型。从大清门经天安门、端门、午门至外朝三殿和内庭三殿，采取院落重叠的纵向扩展，与内庭左右的横向扩展部分相配合，形成规模巨大的组群。

四、丰富多彩的艺术形象

古代建筑经过古人长时间的努力和经验的积累，拥有丰富多彩的艺术形象(图 1－14)，形成了不少特点，主要表现在以下四个方面。

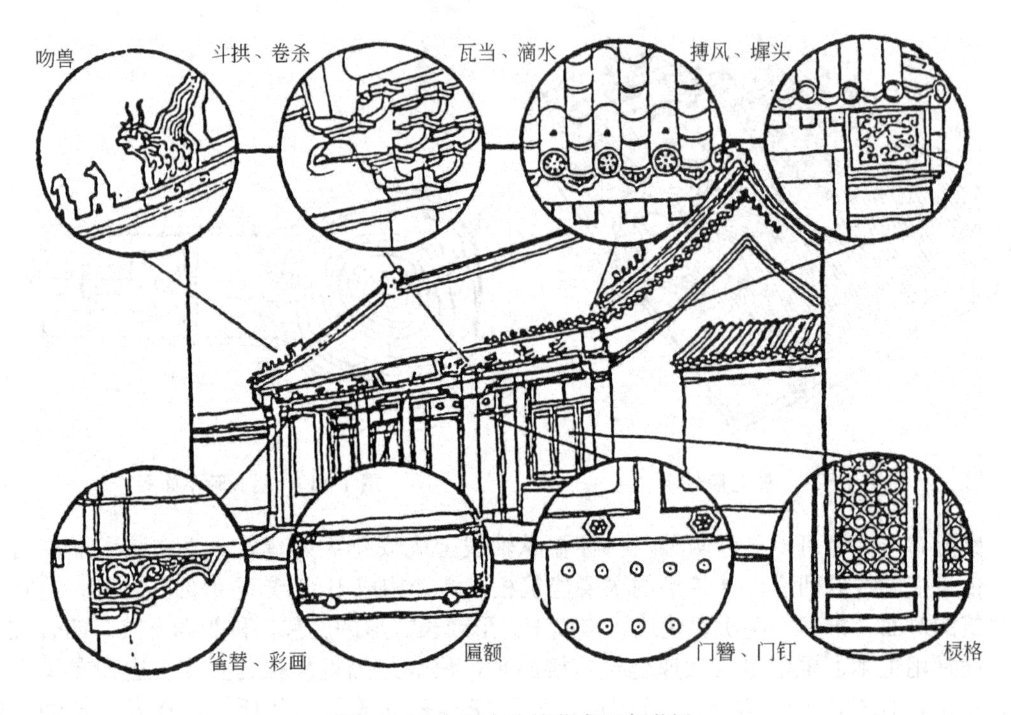

图 1－14　中国古建筑艺术形象举例

(1) 单座建筑从整个形体到各部分构件，利用木构架的组合和各构件的形状及材料本身的质感等进行艺术加工，以达到建筑的功能、结构和艺术的统一。其中，民间建筑的艺术处理比较朴素、灵活，而宫殿、庙宇、邸宅等高级建筑则往往趋向于烦琐堆砌，过于华丽。一般来说，房屋下部的台基除本身的结构功能以外，又与柱的侧脚(指外檐柱向内适当倾斜的做法)、柱的收分(指圆柱直径由下向上按一定规则逐渐缩小的做法)等相配合，以增加房屋外观的稳定感。各间面阔采取明间略大的方式，既满足了功能的需要，又使外观收到主次分明的艺术效果。至于高级建筑常用的梭柱、月梁、雀替、斗拱等，从形状到组合，经过艺术处理后，便以艺术品的形象出现于建筑上。

屋顶的式样，到汉朝已有了庑殿、歇山、悬山、盝顶、攒尖五种基本形体和重檐屋顶。后来又陆续出现了单坡、丁字脊、拱券顶、盔顶、圆顶等及由这些屋顶组合而成的各种复杂形体，参见图 1－8。中国古代匠师在运用屋顶形式取得艺术效果方面的经验是很丰富的。唐宋绘画中反映了很多优秀组合形象，而北京故宫和颐和园也都以屋顶形式的主次分明、变化多样来加强艺术感染力。南方民间建筑，由于平面布局往往不限于均衡对称，屋顶处理也比较灵活自由，构成了一些复杂而轻快的艺术形象。

古代建筑，一般都根据不同的用途，采取墙、窗(槛窗、支摘窗、阑槛钩窗等)、门(格门、版门、屏门等)做成隔断或全部敞开，隔断面积按需要而定，可以全部堵塞，也可以玲珑剔透。由于屋顶的排水要求和艺术要求，并且使木结构便于做成悬挑的形式，古代匠师利用和发挥了木结构的性能，采取屋面“举折”、屋角“起翘”、“出翘”等方法（见后面章节)，构成生动的屋顶形象。至于建筑物内部的隔断，除了墙壁之外，还可安置半透空的、可开合的格门、罩(落地罩、花罩等)、兼用于陈设器物的架(博古架、书架等)、屏风及帷幔等，以适应不同的分间要求，所以，内隔断可采用十分多样灵活的形式。

(2) 组群建筑的艺术处理随着组群的性质与规模大小，产生了各种不同的方式。其中宫殿、坛庙建筑，多以各种附属建筑来衬托主体建筑。

组群建筑本身的宫殿正门一般采用巨大的形体，建于高台或城垣上。正门以内，沿着纵轴线一个接着一个纵向布置若干庭院，组成有层次、有深度的空间。由于每个庭院的形状、大小和围绕着庭院的门、殿、廊及其形状各不相同，再加地平标高逐步提高，建筑物的形体逐步加大，使人们的观感由不断变化中走向高潮。主要的庭院面积更大，周围以次要的殿、阁、廊和四角的崇楼等簇拥高大的主体建筑——正殿，正殿之后，通常还建若干庭院，最后用高大的殿阁作为整个组群的结束。例如，北京的故宫以天安门为序幕，外朝三殿为高潮，景山作为尾声，是中国宫殿建筑的一个重要范例。中国古代大组群的建筑表象，恰如一幅中国的手卷画，只有自外而内，从逐渐展开的空间变化中，方能了解它的全貌与高潮所在。这种处理手法与欧美建筑有着根本的差别。

(3) 古代建筑的室内装饰是随着起居习惯和装修、家具的演变而逐步发生变化的。自商、周至三国间，由于跪坐是主要的起居方式，因而席与床(又称榻)是当时室内的主要陈设。汉朝的门、窗通常施帘与帷幕，几、案比较低矮，屏风多用于床上。自此以后，垂足坐的习惯逐渐增加，南北朝已有高形坐具，唐代出现了高形桌、椅和高屏风。这些新家具经五代到宋而定型化，并以屏风为背景布置厅堂家具；同时，房屋的空间加大，窗可启闭，以增加室内采光和内外空间的流通。从宋代起，室内布局及其艺术形象发生了重要变化。自明到清初，统治阶级的家具虽然有些造型简洁、优美，并将房屋结构、装修、家具和字画陈设等作为一个整体来处理，但是家具和装修往往使用大量奢侈的美术工艺，如玉、螺钿、珐琅、雕漆等花纹繁密的堆砌，违反了原来功能上、艺术上的目的。宫殿的起居部分与其他高级住宅的内部，除固定的隔断和槅扇以外，还使用可移动的屏风和半开敞的罩、博古架等与家具相结合，对于组织室内空间起着增加层次和深度的作用。宫殿与许多重要建筑还使用天花与藻井。与此相反，一般民居的室内处理与家具布置比较朴素、自由，符合实用和经济的原则。

古代匠师们在建筑的装饰中，还综合利用了工艺美术、文学、书法等各方面的成就。例如，悬挂在柱上的楹联、额枋上的匾额，室内壁面的条幅、诗画，使建筑气氛充满着诗情画意。门窗和栏杆的棂格和门窗的形式也变化无穷。粘贴在窗格上的窗花剪纸更是民间装饰艺术的一种，在小城镇和农村尤为流行，具有浓厚的民族色彩和地方色彩。至于山花与悬鱼，几乎一个建筑一种式样，在民间更为丰富。

(4) 古代建筑的色彩，从春秋时期起不断发展，大致到明代，已总结出一套完整的手法；不过，随着民族和地区的不同，又有若干差别。春秋时代，宫殿建筑已开始使用强烈的原色，经过长期的发展，在鲜明色彩的对比与调和方面积累了不少经验。南北朝、隋、唐间的宫殿、庙宇、邸第多用白墙、红柱，或在柱、枋、斗拱上绘有各种彩画，屋顶覆以灰瓦、黑瓦及少数琉璃瓦，而脊与瓦采取不同颜色。宋、金宫殿逐步使用白石台基，红色的墙、柱、门、窗及黄绿各色的琉璃屋顶，而在檐下用金、青、绿等色的彩画，加强阴影部分的对比。这种方法在元代基本形成，到明代更为制度化。在山明水秀、四季常青的南方，房屋色彩一方面为建筑等级制度所局限，另一方面为了与自然环境相调和，多用白墙、灰瓦和栗、黑、墨绿等色的梁架、柱装修，形成秀丽雅淡的格调。总之，古代建筑的色彩是丰富多彩的，富有创造性。所谓“雕梁画栋”，正是形容中国古代建筑的这一特色。

五、千姿百态且富于自然风趣的园林

古代园林是在统治阶级居住与游览的双重目的下发展起来的，而后从皇家发展到民间。所以，中国园林可分为皇家园林与私家园林两大类。古典私家园林出现于魏、晋、南北朝时期，在隋唐时期继续发展，并不断走向成熟；到明清时期，达到鼎盛。中国园林的主要特点是因地制宜，掘池造山，布置房屋花木，并利用环境，组织借景，构成富有自然风趣的小环境。

古代的园林，如西汉的上林苑，就有养禽兽、植花木、开水池、建离宫别馆等丰富内容。南北朝、隋、唐以后，园林建筑更为发达，如北宋的汴梁、洛阳，南宋的临安、吴兴及明清的苏州、北京、南京、扬州等都是古代园林建筑集中的地方。在隋唐以后，封建皇帝的苑囿则以汴梁的艮岳、元大都(北京)的琼华岛、明清北京的西苑、圆明园和承德避暑山庄等最为出色。古代园林具有下列显著的特色。

(一) 自然风趣

古代园林或选择优美的风景区，或由人工处理，做到“虽由人造，宛自天开”，富有自然风趣。古代的造园艺术并不是单纯模仿大自然，而往往取法于中国山水画的手法，把大自然的“因素”收集起来，经过艺术的剪裁和提炼，因此比大自然更有集中性，更典型、更理想化。经过人的主观创造在造园中使自然更完美，更富有诗情画意。

(二) 园景多彩

园林内，或一带粉墙，一角小楼；或花木扶疏，林荫掩映；或廊阁周回，曲桥跨水；或山峰崛起，蜿蜒上下；或湖面广阔，流水荡漾，而在布置中却又主次分明，有机联系，并构成一定的游览观赏路线。

(三) 内容丰富

园林具有居住、宴客、读书、游息等多种综合用途。低层、较小的建筑物分散在园林之中，并且数量多、种类多。例如，门、堂、房、馆、楼、台、阁、亭、榭、廊等，与园中花、木、山、池错综结合。这些建筑，一般室内外是敞通的，组成一片，融为一体，如“花间隐榭”、“水际安亭”，共同组成园景。因此建筑物常常安置在最适宜于欣赏园景的地点，并且采用少量的盆景、盆栽，点缀以珍贵品种的一花、一木、一石，作为艺术品来欣赏。

（四）动静结合

风景的布置多是采用动静相结合的手法。对于厅、堂、榭、桥头、山巅和道路转折的景点，往往根据对比与衬托的原则构成各种不同的景点，形成景中有景，步移景异。这样，人们在观赏过程中景点不断变化。原来的近景，随着前进而消失，中景变为近景，远景变为中景。风景不但有层次，有深度，有含蓄不尽之意，同时还可远眺，又耐近观，好像一幅逐渐展开的画卷。

（五）曲折多变

园林的平面和空间采取曲折变化的布局，用山石、林木、水池及游廊、花墙、曲桥等组织大小空间，有连续，有间断；并且采用对景、借景及屏障等方法，互相因应抑扬，使人从任何一个角度都能欣赏到不同的景色和景中的变幻，达到有不尽之意。至于园中花草、林木的栽植，也不是随其自然形成。它们的种类、高低、形状、色彩、群植或单植，都经过规划、选择，密切结合所要创造的环境而设计。花木艺术在古代造园中也发挥着重要的作用。

六、丰富的地方特点和多民族风格

中国土地辽阔，不同地区的自然条件差别很大。长期以来，不同地区的劳动人民根据当地的条件和自己的需要来建筑房屋，形成了各地区多样的地方特点，如图 1－15 所示。

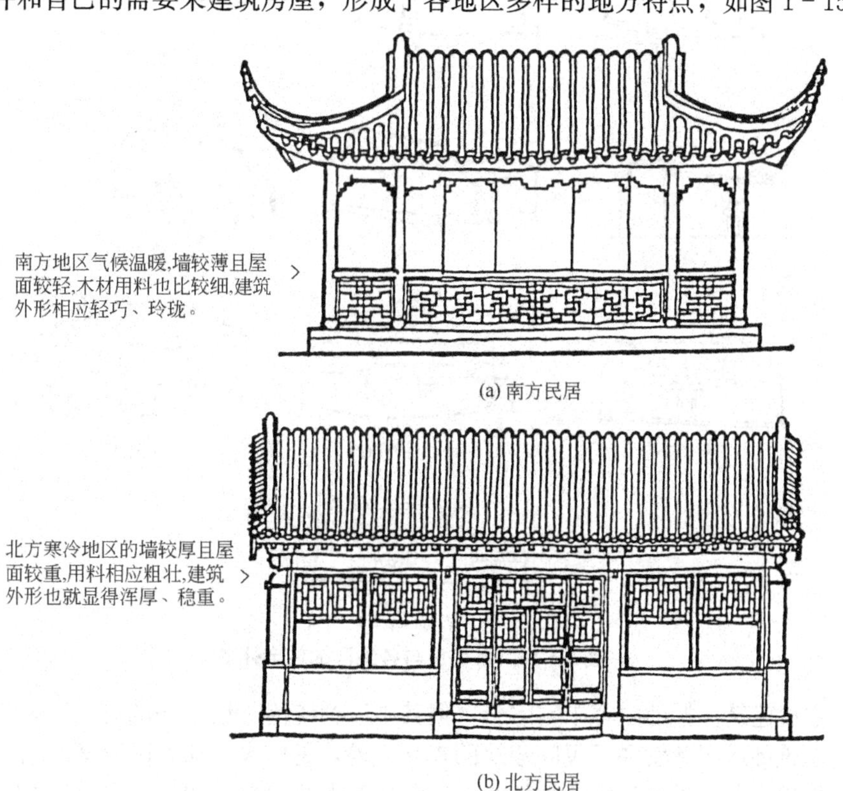

图 1－15　南方房屋与北方房屋的比较

由于各地区采用不同的材料和做法，建筑外形更是多种多样。

中国是一个多民族的国家，各民族聚居地区的自然条件不同，建筑材料不同，生活习惯不同，都有各自不同的宗教和文化艺术传统，因此在建筑上表现出不同的民放风格，它常常是和地方特点相结合的。各民族与各地区的住宅外形如图 1－16 所示，少数民族的宗教和陵墓建筑如图 1－17 所示。

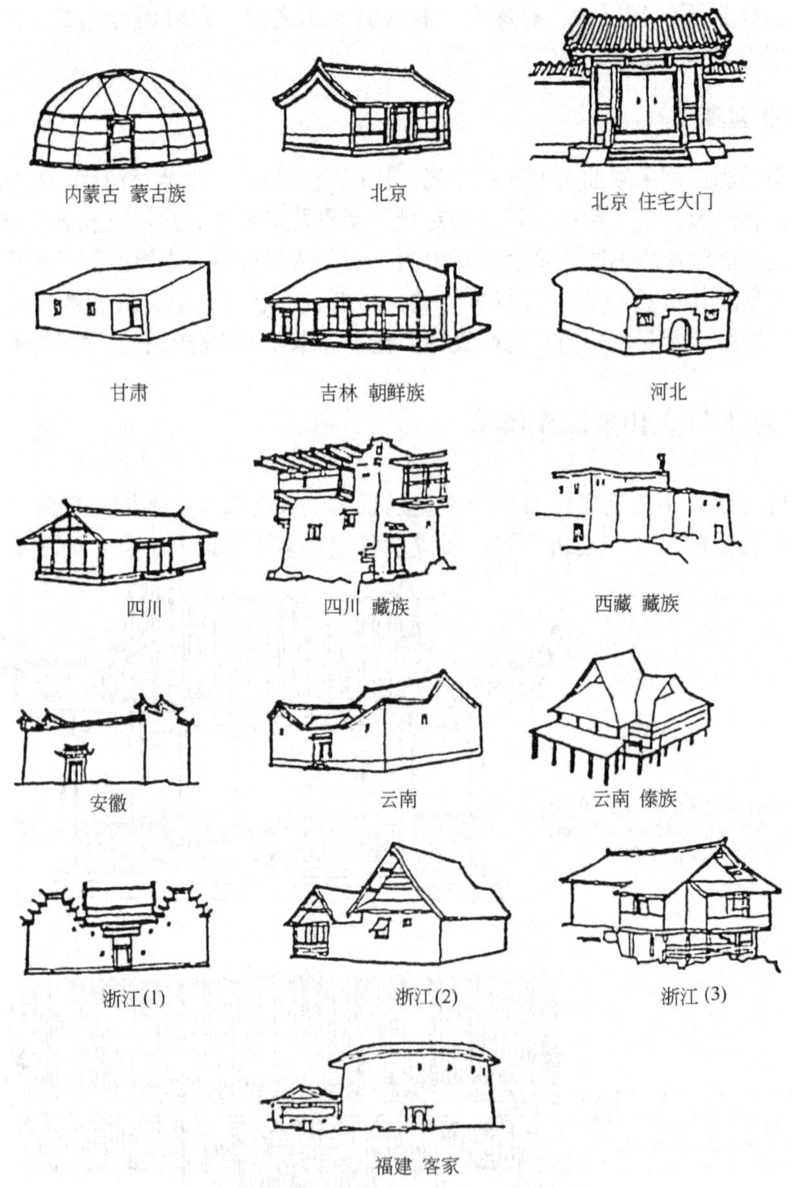

图 1－16 各民族与各地区的住宅外形

中国古代建筑包括的内容丰富多彩，但其中以为统治阶级服务的宫殿、庙宇占主要地位，这些建筑都运用并发展了民间建筑的丰富经验，是广大劳动人民智慧的结晶。

中国古代长期处于封建社会的体制，建筑也都遵循着严格的等级制度，如建筑物的规模、大小、用料、色彩以至装饰纹样都有一定的规定，不得随意乱用(图 1－18)。历代宫

图 1－17 少数民族的宗教和陵墓建筑

廷都有专门掌管建筑的部门，制定各种规章制度和各类建筑的做法，作为管理施工和估算的依据。清代工部颁布的《工程做法则例》就是一部各类建筑做法的著作，也是明清以来官式建筑做法的总结。

中国早期的木构架建筑大多已不存在了，现存的古代建筑物多数是近五六百年以来明清时代建造的，在我国古代建筑中具有一定的代表性。

七、严整的城市与建筑群规划

中国的城市与建筑群规划，大都有一条中轴线，在其两侧对称布置建筑物，表现出统一、层次、稳定、和谐，反映出中国人民对天下太平、天下为公的感情诉求。

八、建筑与自然环境的相互融合

中国城市与人们生活环境规划的整体文化内涵主要表现在人与自然的一致性、融合性，天人合一的思想随处可见。中国的风水学就是研究人与环境的学问。背山面水、山环

故宫三大殿座落在约2500多平方米的三层汉白玉须弥座台基上,仅雕龙望柱就有1460个,太和殿高35m多,宽63m,由72根十几米高、1米多直径的贵重木料支架而成,室内外金碧辉煌,反映出封建皇帝奢华腐朽的生活。

(a) 故宫三大殿

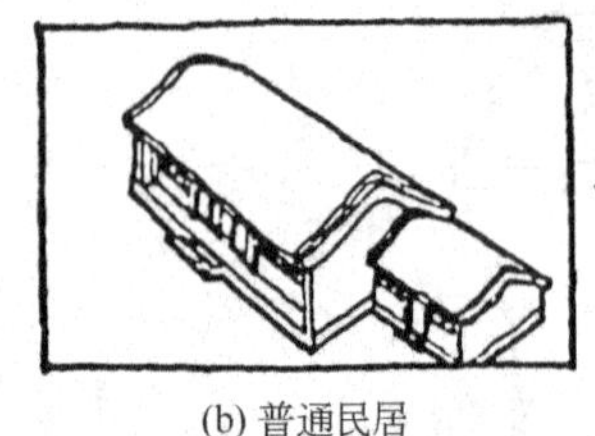

(b) 普通民居

普通的一家民房,也不过处在几十平方米的院落之中,青砖板瓦、数十根细木料作为立柱。这种鲜明的对比,说明了中国古代建筑的等级差别。

图 1-18　封建等级制度在建筑上的反映

水抱的地势，被视为人们生活的良好环境。此种地势，多为土肥水厚、花木繁茂之地。大者，如军都山下的北京平原、周山环绕的成都盆地；中者，如浙江兰溪诸葛村，处于八山围合盆地中的高阜上；小者，如大部分寺庙、别墅，建于名山中。古建筑的保护，必定要考虑对风水环境和建筑意境的保护。

第三节　古代建筑的管理制度

一、工官制度

古代的建筑是由工官制度管理的。“工”这一词首先见于商朝的甲骨文辞中，即当时管理工匠的官吏。《周官》与《左传》也都载有周王和诸侯设掌管营造工作的司空。自此以后，各个朝代都沿袭这种制度，在中央政权机构内设将作监、少府或工部，管理皇家宫室、坛庙、陵墓、城堡以及水利等工程的设计、施工。中国历代国家机构的组织形式中，建筑事业与工官制度占有重要的地位。至于主管具体工作的专职官吏，《考工记》称其为匠人，秦代设将作少府，汉承秦制，将少府改为大匠。隋代开始设工部，同时设有将作监。工部掌管农具、山林、水利工程的管理；将作监掌管京都皇宫和中央官署的修建。唐代沿用隋制，仍然设工部与将作监。宋代的将作监属工部。元代不设将作监，营造事务由工部直接掌管。明代、清代也设工部，将管理营造事务的将作监改为将作司。几千年来，经过历代的演变和发展，已创建了一整套工官制度和管理经验。

二、规划设计

古代，建造一座城市，一组宫殿、庙宇，或是一幢住宅，一般都是要经过规划和设计的。宋代苏轼在《思治论》一文中，曾就如何筹建一项工程有过记述。他说："夫富人之营宫室也，必先料其资材之半约，以制宫室之大小，既内决于心，然后择工之良者而用一人焉。必告之曰：吾将为屋若干，度用材几何？役夫几人？几日而成？土、石、竹、苇，吾于何取之？其工之良者必告之曰：某所有木，某所有石，用财役夫若干，某日而成。主人率以听焉。及期而成。既成而不失当，则规矩之先定也。"苏轼这段话借题发挥政见，但也说明了古代建造一项工程，必先选择一位"良工"来负责进行筹划，不能盲目而建。其中"良工"即负责工程的"都料匠"或"师匠"。

建筑工程，一般都要选择地形和方位。不同的项目，选地也有所不同。城市一般重视地势的位置和水源，多选要冲和有水的地方。陵墓重视气势，如秦始皇陵、唐高宗乾陵、明昌平十三陵，选地最为气象恢廓。寺院、庄园，重视环境，多选择山水幽静的地方。但是，古代选择地形，也往往受到阴阳五行的风水思想的约束，并出现以此为业的风水先生、阴阳先生。特别自宋代以后，其风尤盛。当然阴阳五行思想，并不都是迷信，其中也含有一定的科学道理。

建筑工程的设计，一般都要考虑建筑的布局、用途、尺度、标高、形体等。古代很早就形成以人体为基本尺度以及由人体尺度延伸出去的用具、家具、陈设、交通工具等尺度，作为设计基本单位的原则。例如，《考工记》中记载："室中度以几，堂上度以筵，宫中度以寻，野度以步，涂度以轨。"几，长三尺，是室内主要家具；筵，即席，方九尺，古代席地而坐，是室内铺坐之物；寻，为臂伸延长，八尺；步，六尺；轨，为车辆轨距，即辙宽，八尺。宋代科学家沈括的《梦溪笔谈》一书中记载："凡屋有三分"，其上、中两分，以梁柱的尺寸为基准，下分即台阶的权衡，以荷辇前后竿的姿势为准。上述这些规则是古代从实际生活总结而得的，虽然比较简单，但表现出他们的设计原则是人性化的，切合实用的。

古代的规划设计，一般是通过图纸和模型表达的。最古的总平面图是1977年河北省平山县三级公社发现的战国时期中山国墓内的一张陵园总图——宫堂图(原称兆域图)。图是在一块96cm×48cm的铜板上，用金、银镶错而成，有墙垣、王陵、后陵的平面，并载有距离、尺度等数字的说明。这幅两千年前的总平面图是世界上罕见的宝贵资料。金代河南省登封的中岳庙图，把庙的规模，每幢建筑的位置、形象及院中的树木都描绘得清清楚楚、淋漓尽致。除了绘有总平面图、方案图外，还有构造复杂的工程的局部或细部图，如木构件的雕刻、彩画、瓦作、石作、钉交金工等，还绘有大样图。这类图样的比例准确，线条清晰，常以墨线为主，辅以彩色。如遇彩画，则沥粉描金，画面非常清楚、美观。对于一些重要或构造复杂的建筑，还要做出木制模型，或硬纸模型(学名烫样)，以验证设计图样的准确。清代雷氏家族的模型烫样，现在北京图书馆、故宫博物院还保存有不少样品。它是用硬纸做成的，外加色彩，以区别材料质地。可以拿去它的外壳(即屋顶)，观看内部的布置和构造，表现十分清晰、准确，并且按比例尺制作，尺度也很准确。雷氏家族从雷发达起，一传八代，皆为皇家匠师。从以上记载可以看出，古代建筑的设计方法已达到相当高的水平。

三、施工组织

古代对于筑城、建造宫室等重大工程，一般都是经过详细筹划而组织施工的。特别是一些规模宏大、技术比较复杂的工程，尤其如此。据《左传》一书中记载，早在公元前六至五世纪的春秋时代，楚国为更好地建筑城池，主管官吏曾在施工之先，准备好工具，测量了基址和土方工程量，以及运距的远近，筹集了粮食给养，计算了人力和工日，对施工做好充分准备以后，才开始筑城。结果三个月就完成了。以后施工组织和设计工作不断改进，加快了施工速度。唐代改建大明宫，包括十余座殿堂，仅用了一年就建成了。北宋丁渭已在施工中运用了系统工程的概念。北宋祥符年间，汴梁城宫殿失火，由丁渭负责修复。他挖大沟直通汴河，形成河道，以挖出的土做砖，以河运料。完工后，以建筑垃圾填河。公元700年在河南嵩山建造的三阳宫，也是只用了几个月完成的。明代改建北京城，紫禁城内工程浩大的宫殿群和宫城前的太庙，以及包括有8350间房屋的十个王邸，仅用了四年时间就完成全部工程。

施工经济方面，很早就有了工料定额的管理制度。宋代已经建立了一套科学的指标，规定了合理的计算原则。例如，工时以春秋二季为准，而夏冬白昼时间长短不同，工值各增减1/10；又如运输定额按运距长短，河道的顺流、逆流各有不同。木件加工根据木质软硬，确定数量指标。清代制定的《工程做法则例》，不仅考虑一般工种所需工时和所耗材料定额，并对一些特殊工种规定了算例以及轻重例(规定物件标准尺寸及容量以确定人力、畜力运输费用)。清代在工部内，还设置了专管工程估算的机构——算房。

在营造技术分工上，古代很早就有了分工。北魏时代，制瓦的窑工已经按工序分为匠、轮、削、昆四个工种。在建筑工程方面，公元11世纪已有壕寨作、石作、大木作、小木作、雕作、旋作、锯作、竹作、瓦作、泥作、彩画作、砖作、窑作等十三个工种。17世纪时又增加了土作、搭材作、琉璃作、雕凿作、裱作、画作、镀金作、铜作等，发展到三十余个工种。

古代大量工程的建造都是依靠征集匠师、夫役的方式完成的。从唐代起，已开始出现了雇用匠人的方式，明清以后才逐渐代替征工，出现了私营的包工商人。这是中国古代建筑业生产关系的一项重大改革。

四、建筑典籍

关于古代建筑，不仅具有发达的技术，而且有许多典籍和资料。这些典籍和资料按其性质大致可分为以下几类。

（一）官方典籍

官方典籍是由当时官方所制定的关于建筑的制度、技术、劳动定额和材料定额等一类规章、法令的典籍。《考工记》是我国这类典籍中最早的一部书，大约成书于春秋末、战国初时期，由齐国人编写。书中记录了有关“攻木之工”、“攻金之工”、“攻皮之工”和“设色(彩绘染色)之工”、“刮摩(雕刻琢磨)之工”、“搏埴(陶瓦)之工”等6大类30个不同种的生产工艺，总结了中国古代在制造车辆(包括兵车、乘车、回车等)、兵器(弓、矢、刀、剑、戈、矛等)，制作农具、皮革、陶器、铸造量器、饮器、雕刻玉器和有关缫丝、染色、彩绘以及建造城郭、宫室、沟洫等方面的经验。特别是《匠人》篇中涉及城市、道路、建筑的论述，对以后历代城市的规划产生重要的影响。

宋代的《营造法式》是关于当时宫廷、官府建筑的技术、材料、劳动日定额等方面比较完整的法规性文献，也是我国最早的一部建筑工程规范。全书包括有壕寨、石、大木、小木、彩画、砖、瓦、窑、泥、雕、旋、锯、竹等各种制度，以及施工的工料、定额和各种建筑图样。它是由将作监的官吏李诫编著的，全书共 34 卷，257 篇，3555 条；其中有 308 篇、3272 条系来自历代工匠经久可以运用的经验。因此它是一部闪烁着中国古代劳动工匠智慧和才能的巨著，直接或间接地记录了中国古代建筑设计、施工技术和工程管理的经验。李诫，字明仲，河南郑州人，全面负责皇室的营缮事务，前后 18 年，主管过不少工程的设计与施工，于 1100 年，完成了《营造法式》的著作。

清代工部的《工程做法则例》一书，原编七十四卷，分为各种房屋建筑工程做法条例与应用料例工限(工料定额)两部分，自土木瓦石、搭材起重、油饰彩画、铜铁活安装、裱糊工程，各有专业条款规定与应用工料名例额限。本书由清代工部会同内务府主编，历时 3 年编成，雍正十二年(公元 1734 年)刊行。这部书在当时是作为宫廷(宫殿"内工")和地方"外工"一切房屋营造工程定式"条例"而颁布的，目的在于统一房屋营造标准，加强工程管理制度，同时又是主管部门审查工程做法、验收核销工料经费的文书依据。《工程做法则例》主要针对工官"营建坛庙、宫殿、仓库、城垣、寺庙、王府一切房屋油画裱糊等工程"而设，但对于民间房舍修建，实际上也起着建筑法则的监督限制作用。梁思成 1934 年出版的《清式营造则例》则是一部对《工程做法则例》进行了充实和完善并长期作为中国建筑界教科书的名著。此外，清代李斗写的《工段营造录》也可作为重要参考。

(二) 民间著作

民间著作是相对于官方典籍而言的，包括匠师、文士所写的关于建筑、园林和居室住宅等方面的著作。例如，北宋都料匠喻皓的《木经》，是已遗失的一本民间著作。书中在分析台阶的峻、平、慢三个等级时，指出三者的分界，在于荷辇人(抬轿者)前竿和后竿荷重姿势的不同，即："前竿垂尺臂，后竿展尽臂为峻道；前竿平肘，后竿平肩，为慢道；前竿垂手，后竿平肩，为平道。"峻、平、慢三者，取决于人体尺度、荷辇姿势，而这正是建筑设计以人的活动作为基本尺度的原则。这些反映了当时合理的设计方法。

明代的《鲁班经》也是一部重要的民间著作，由午荣编写。书中内容限于建筑(一般房舍、楼阁、特种建筑，如钟楼、宝塔、畜厩)，而不包括家具、农具等。后来更名为《鲁班经匠家镜》，增加了不少木工制作的日常生活用具，如家具、手推车、水车、算盘等内容。这本书记录了当时民间木匠师业务范围的发展，以及民间建筑、家具技术。

明代末年造园家计成编著的《园冶》是一部论述造园的专著，在造园史上有着重要的地位。中国古代有关园林著作是屡见不鲜的，如北宋李格非的《洛阳名园记》、清代李斗的《扬州画舫录》等，其内容多属于园林的一般技术和描绘。把造园作为专门学科来加以论述的，以《园冶》为最完整。《园冶》一书的内容分为相地、立基、屋宇、装折、门窗、墙垣、铺地、掇山、选石、借景等十个部分，从园林的整体到局部，从设计原则到具体手法，有条不紊地进行了全面论述，最后以借景结合。它反映了中国古代造园的成就，总结了造园方面的经验，是研究古代建筑和园林的一份珍贵遗产。

此外，还有由古代文人写的如《吴兴园林记》、《长物志》等一类记述园林、住宅等的书籍，也提供了住宅园林设计方面的一些资料，具有一定的史料价值。

（三）间接资料

许多本意不是为建筑而写的书籍，也提供了建筑形制、技术水平、重要建筑活动和人物事迹，以及与建筑有关的社会历史背景等方面的信息。有的著作写得详细、生动，资料丰富，如描述城市面貌的《三辅黄图》、北魏时期的《洛阳伽蓝记》、唐代的《两京记》、宋代的《东京梦华录》、清代的《春明梦余录》和《帝京景物略》等一类书籍。

此外，还有大量笔记、游记等，其中提供的史料虽然精少，但也有一定的参考作用。例如，宋代沈括的《梦溪笔谈》、陆游的《入蜀记》、范成大的《揽辔录》及明清时代顾炎武的《天下郡国利病书》、《日知录》、《历代帝王宅京记》，等等，均含有大量的建筑史料。

中国古代的陵墓、寺庙、塔、桥梁、石窟、河道、堤坝、园林、城垣等以及许多会馆、学校、祠堂之类，常有碑刻题记，保存了大量工程技术方面的资料，许多古代工匠的名字亦借以保存流传至今。

中国古代建筑，经过世世代代人民的辛勤劳动，其成就是极其伟大、光辉灿烂的。其中有许多精华值得我们借鉴。

第四节 清式建筑及其结构名称

一、平面

建筑物的平面形式一般都是长方形。度量长度的一面称面阔，短的一面称进深（图 1-19)。木构架结构的柱子是平面上的重要因素，四根柱子围成的面积称为间，建筑物的大小以间的大小和多少来决定。一般单体建筑有三间、五间，较大的建筑有七间、九间，有时达到十一间。

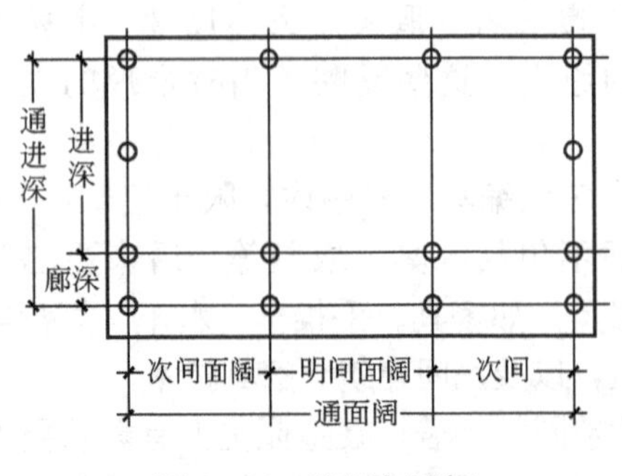

图 1-19 进深与面阔

平面形式除长方形外，还有正方形、圆形、十字形等，庭院建筑中还有六角形、八角形、扇面形等多种多样的形式，以满足观赏和休息的要求，如图 1-20 和图 1-21 所示。

在建筑群体布置中，主要的建筑物多居中、向南，称为正殿或正房，两侧可加套间称耳房，正殿前左右对立的称为配殿或厢房，四座建筑围成一个院子，如果只有三面有房屋就叫三合院，四面都有房屋叫四合院，规模较大的建筑通常是由很多院子组成的，如图 1-22 所示。

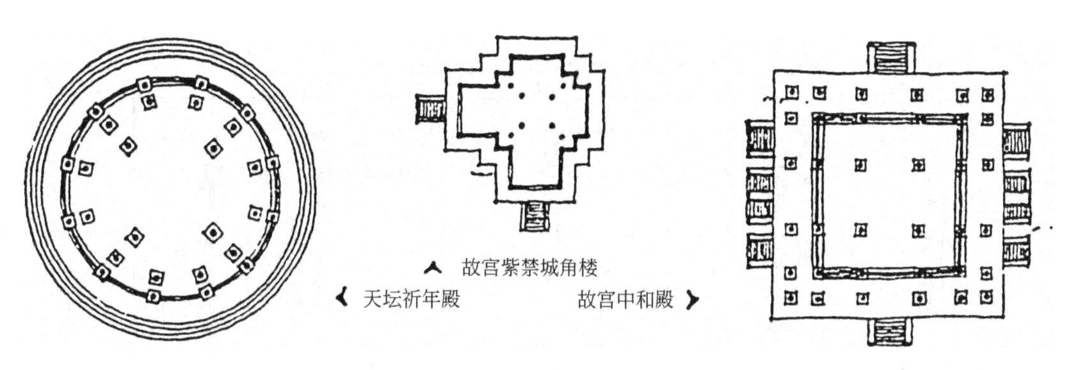

图 1－20　建筑平面形式

图 1－21　园林建筑中的小亭平面举例

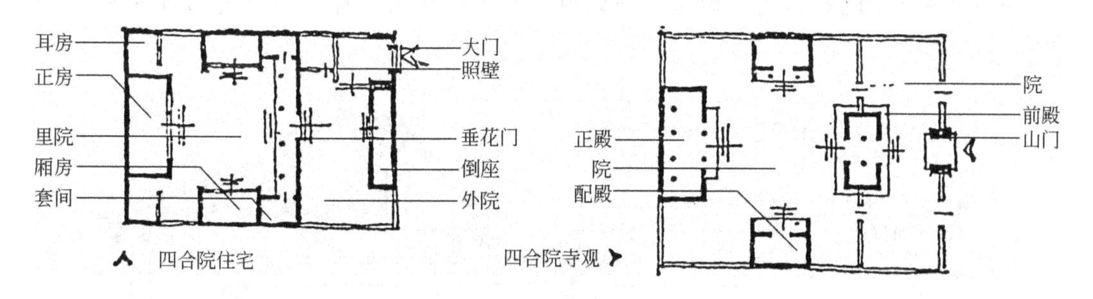

图 1－22　四合院住宅及寺观

二、木构架

清式建筑木构架分为两类，有斗拱的称为大式，没有斗拱的称为小式。

(一) 柱

檐下最外一列称为檐柱。檐柱以内的称为金柱。山墙正中一直到屋脊的称为山柱。在纵中线上，不在山墙内上面顶着屋脊的是中柱。立在梁上、下不着地，作用与柱相同的称为童柱，也称瓜柱。各种柱如图 1－23 所示。

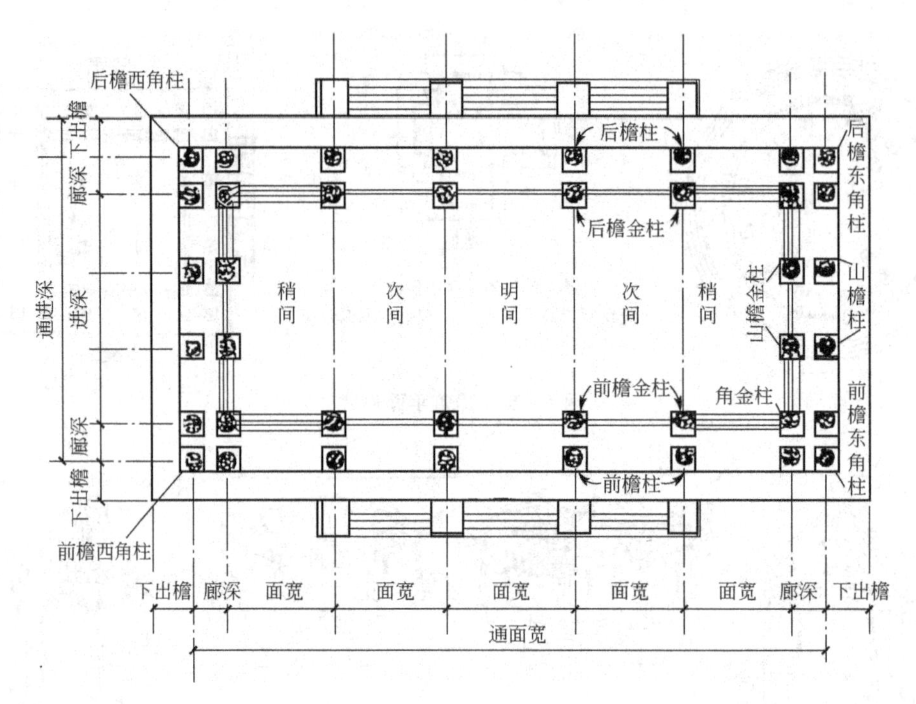

图 1－23　各种柱

(二) 间架

间架是木构架的基本构成单位。间架由下而上的构成顺序及各部件名称如图 1－24 所示。

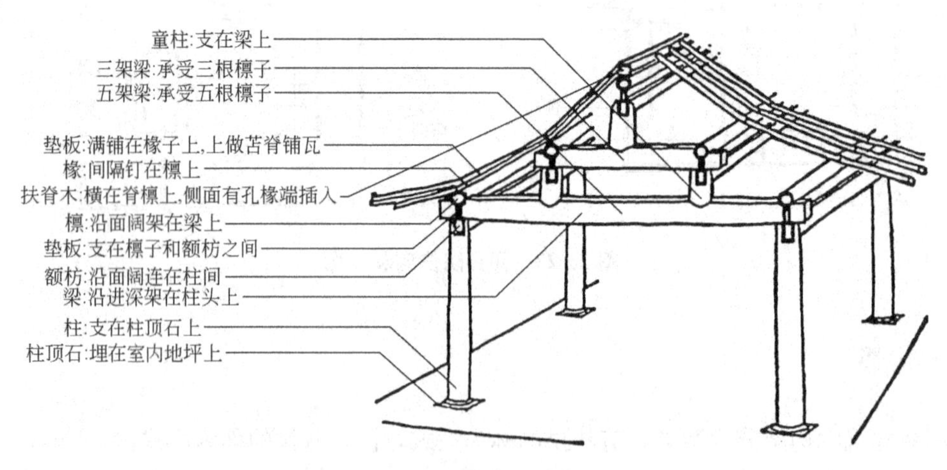

图 1－24　间架示意图

间架还分带有斗拱的大式做法及带有廊子的做法。

(1) 有斗拱的大式做法。如图 1－25 所示，一般用于规模较大的建筑。其做法是柱上有两层额枋，大额枋的上皮与柱头平。檩有挑檐檩和正心檩，在正心檩与平板枋之间、大额枋与小额枋之间均有垫板，大额枋上放平板枋，平板枋上放斗拱。

（2）建筑带有廊子的做法。如图 1－26 所示，最外一列柱叫檐柱，其后一列柱叫老檐柱，在檐柱与老檐柱之间加一短梁称为挑尖梁。它的作用是加强廊子的结构。在横梁下面往往还加一条随梁枋，以加强间架的结构。

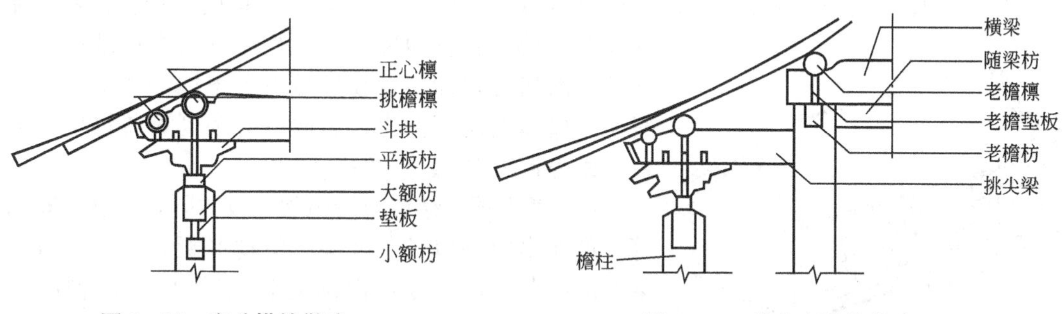

图 1－25 有斗拱的做法

图 1－26 带有廊子的做法

间架的梁架大小是以承受檩子的数目来区分的，三檩叫做三架，五檩叫做五架，较大的殿宇可能做到十九架。梁的名称也是以其上承受檩子的数目来定的，最下面的长梁俗称大柁，向上类推是二柁、三柁等。

卷棚顶(屋面)的做法如图 1－27 所示，这种式样的建筑梁架上支承的檩子是双数的，屋顶没有正脊，脊部做成圆形，梁架上最上一层梁叫月梁。

(三) 举架

举架是屋顶坡面曲线的做法。这种曲线是由于檩子的高度逐层加大而形成的。檩子之间的水平距离基本相同，称为步架。各步架的高度都有一定的规定，如五檩举架为五举、七举（五举即举高为步架的 5/10，余类推），七檩举架为五举、七举、九举，九檩举架为五举、六五举、七五举、九举。图 1－28 所示为七檩举架示意图。

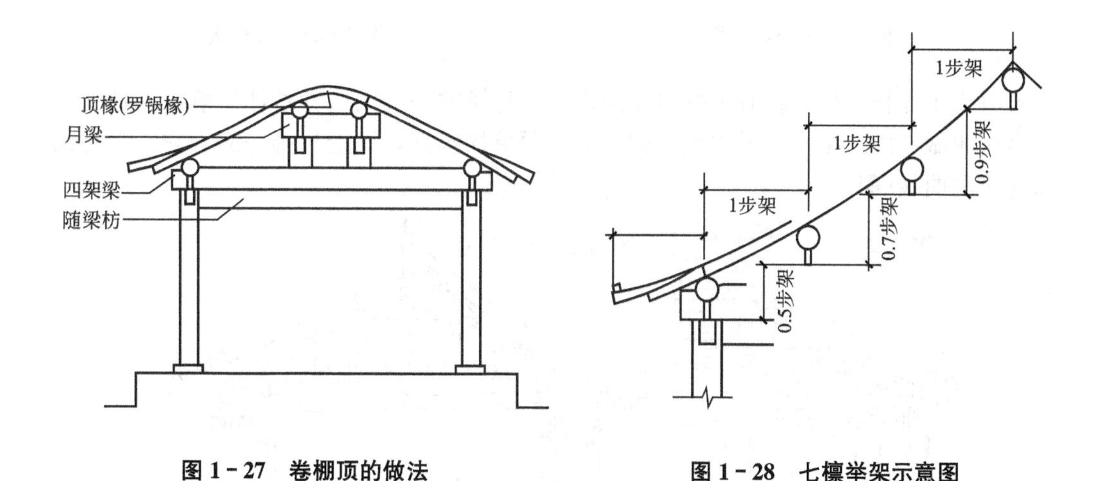

图 1－27 卷棚顶的做法

图 1－28 七檩举架示意图

飞椽为三五举，出檐在七檩举架中为 3/10 柱高。飞椽用于加大屋檐挑出的长度，它的一端是斜的，直接做在椽子上，坡度比下面的椽子更为平缓。

(四)不同形式的屋顶做法

木构架因屋顶形式不同，其做法也有些变化，差别在于屋顶两端山墙的做法上。

(1) 硬山顶。两端山墙略高于屋面，山墙内各有一组梁架，只是中间多一根山柱，上面托着脊檩。所有的檩头和木构件都砌在山墙内，向内的一面露出墙面。屋顶后坡有不出檐的做法，椽子只架到檐檩上而不伸出，后墙一直砌到檐口将椽头封住，称为封护檐(图 1－29)。

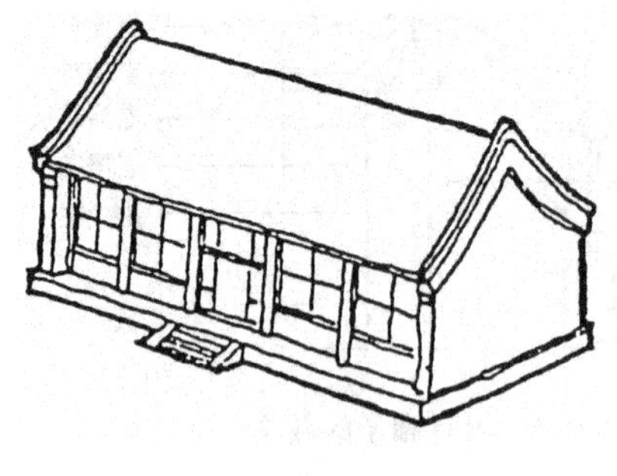

图 1－29　硬山顶

(2) 悬山顶。结构与硬山顶大致相同，只是所有的檩子都伸出山墙以外，檩头上钉博风板。山墙可将梁架全部砌在墙内，也可以随着各层梁柱砌成阶梯形，称为五花山墙(图 1－30)。

(3) 庑殿顶。即四坡顶，它有一条正脊和四条垂脊，前面坡的构架和两坡顶一样，左右两坡也有同样的梁架檩枋，而且前后坡的檩子等高。当檩端的位置下面没有柱子时就做童柱，立在顺扒梁上。顺扒梁和前后坡的梁垂直，它的一端搭在梁上，另一端支承在柱子上(图 1－31)。

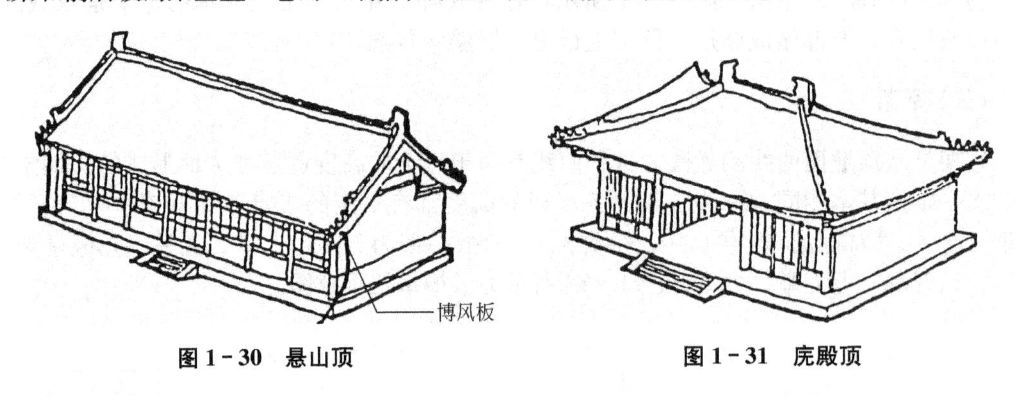

图 1－30　悬山顶

图 1－31　庑殿顶

有时为了加长正脊，将脊檩伸出梁架之外，悬挑的一端用一种童柱支承，这种加长正脊的做法叫做推山。推山的做法使庑殿顶的屋顶更加丰富，无论从哪一面看它，垂脊都是一条优美的曲线(图 1－32)。

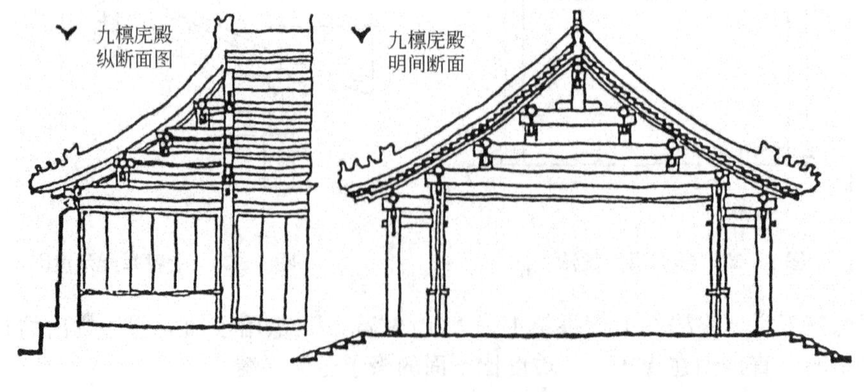

图 1－32　九檩庑殿的垂脊

(4) 歇山顶。歇山顶可以看作悬山顶和庑殿顶的结合。构架上的差别主要在山花与山坡屋面的交接上(图 1-33)。

歇山顶的做法是在山坡屋顶的椽尾处设一横梁，叫采步金。这根梁上有一排圆孔，是固定椽尾用的。采步金两端架在扒梁上，在采步金上也要做梁架来支承檩子，在伸出的檩子下面立小矮柱，叫做草架柱子。这些小柱是立在一根叫做踏脚木的横梁上，它是固定在椽子上面的。在草架柱子上钉山花板，在檩头上钉博风板，如图 1-34 所示。

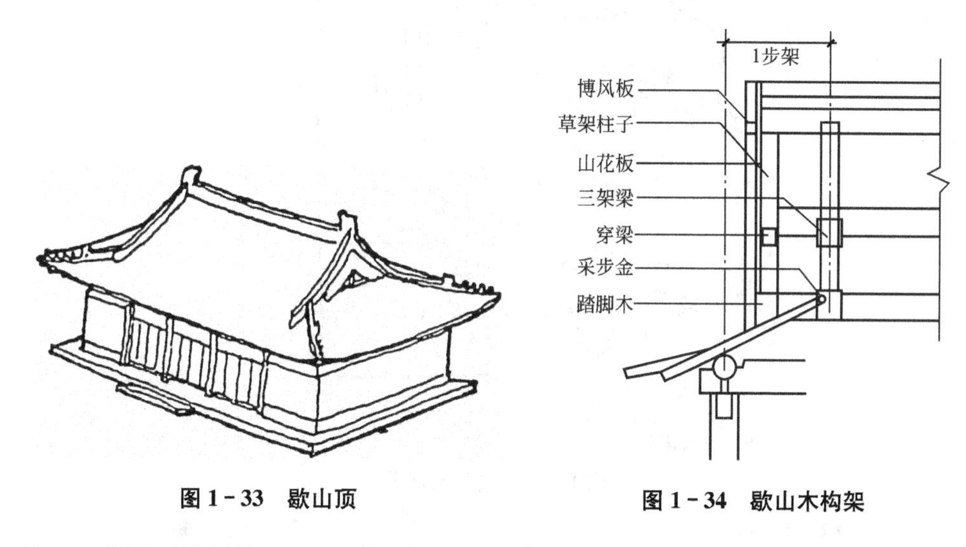

图 1-33 歇山顶　　**图 1-34 歇山木构架**

以上四种屋顶构架做法是不同形式屋顶的基本做法。此外，如重檐顶、攒尖顶等做法还有所不同。

(五) 檐角起翘和出翘

中国古代建筑屋檐的转角处，不是一条水平的直线，而是四角微微翘起，叫做起翘。屋顶的平面也不是直线的长方形，而是四角向外伸出的曲线，叫做出翘。起翘和出翘都是因处理角梁和椽子的关系而形成的。角梁是屋顶转角处的斜梁，上下倾斜，在平面上也成45°角，它的两端搭在两层檩子的转角处。角梁有两层，上称仔角梁，下称老角梁，它们的关系和飞椽和椽子一样，但角梁要比椽子大得多。为了使它们的上皮取齐，以便铺钉望板，所以便将靠近角梁的椽子渐次抬高，在这些被抬高的椽子下面垫一块固定在檩子上的三角形木头，叫做枕头木。枕头木上刻有放置椽子的凹槽，同时这些椽子也渐次改变角度，向角梁靠拢，因而形成“起翘”。角梁的长度又比椽子长得多，转角部分的椽子，在改变角度的同时，也逐渐加长，因而形成“出翘”(图 1-35)。

(六) 斗拱

1) 斗拱的作用和类型

斗拱是中国古代较大的建筑上柱子与屋顶之间的过渡部分，其功用是支承上部挑出的屋檐，将其重量直接地、间接地传到柱子上。斗拱由于位置不同有柱头科、平身科和角科三种类型(图 1-36)。

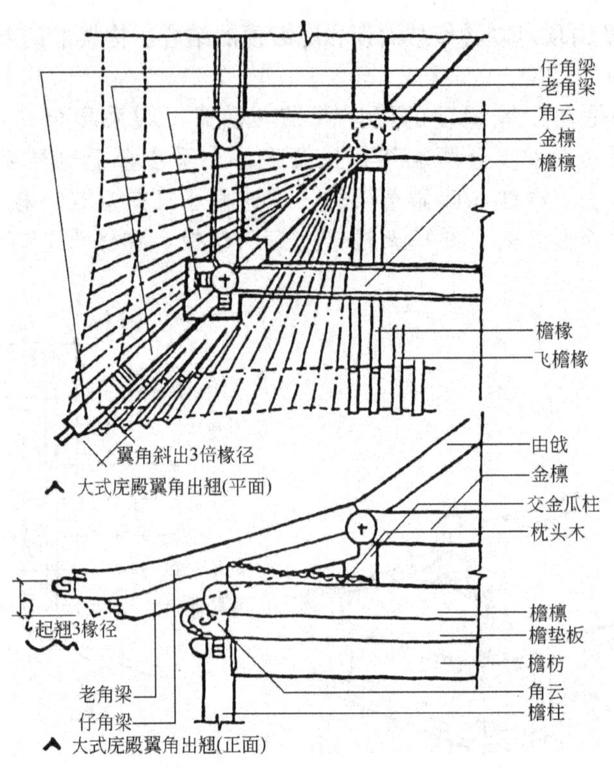

图 1－35　出翘与起翘

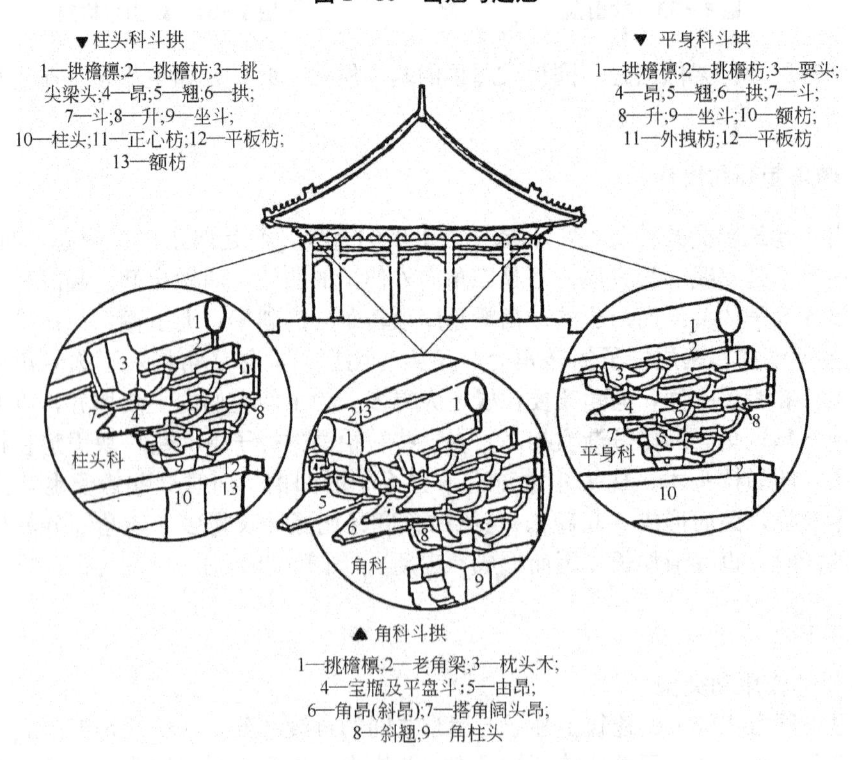

图 1－36　斗拱的作用与类型

2）斗拱的构件组成

一组斗拱叫做一攒或一朵，一般斗拱是由斗、昂、翘、升、拱等主要的分构件组成，如图 1－37 所示。

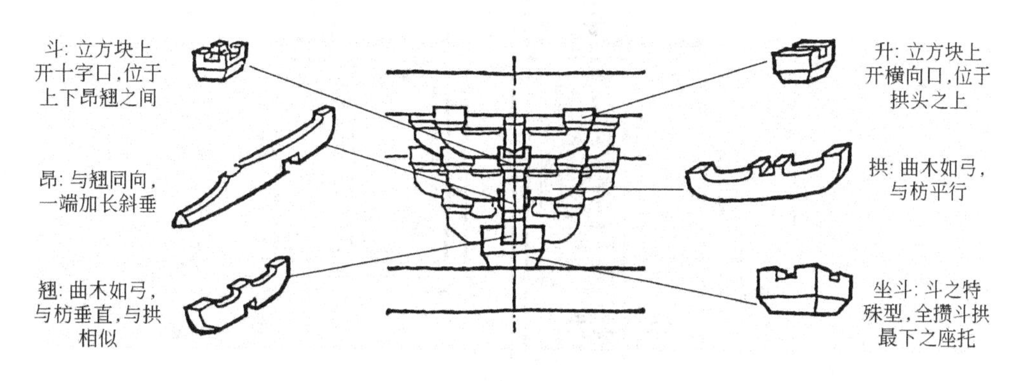

图 1－37 斗拱的主要分构件

3）斗拱的出踩

由于支承距离不同，斗拱有很简单的“一斗三升”，也有较复杂的形式。“一斗三升”里外各加一层拱，就增加了一段支承距离，叫做出踩(图 1－38)，即多了两踩，成为三踩斗拱，较复杂的斗拱有五踩、七踩、九踩乃至十一踩。

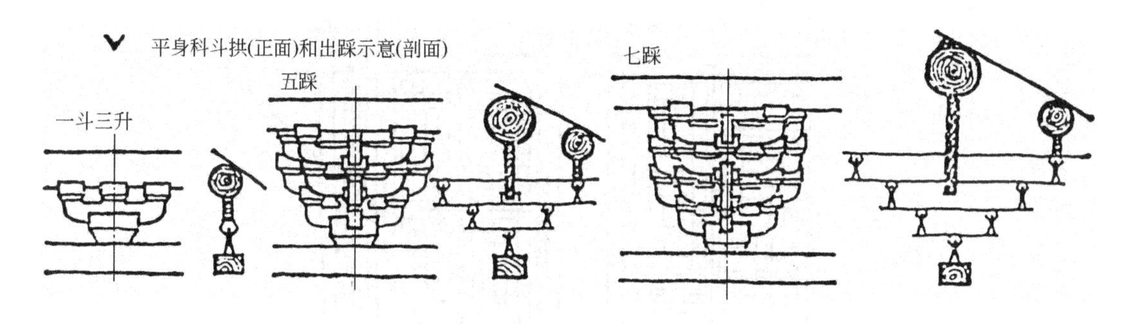

图 1－38 斗拱的出踩

三、装修

装修分内檐装修和外檐装修。外檐装修主要是指做在外墙(檐柱之间)的门窗等。内檐装修包括分隔室内空间的各种隔断、门窗以及天花、藻井等。

（一）门窗

门窗的做法和近代建筑的木门窗相似，由门窗框(称为框槛)和门窗扇两部分组成。

(1) 槅扇、槛窗式门窗：多用在较大或较为重要的建筑上。槅扇门、槛窗都做成格扇式样，可打开。横披是固定的窗扇(图 1－39)。

(2) 槅扇、支摘窗式门窗：多用在住宅和较为次要的建筑上。支摘窗分里外两层，里

图 1－39　槅扇、槛窗式门窗

层下段多装玻璃，外层上段可以支起，下段固定。格扇门有一可装两个门扇或帘子的帘架框。它固定在荷叶斗和荷叶墩上，可以根据需要拆装(图 1－40)。

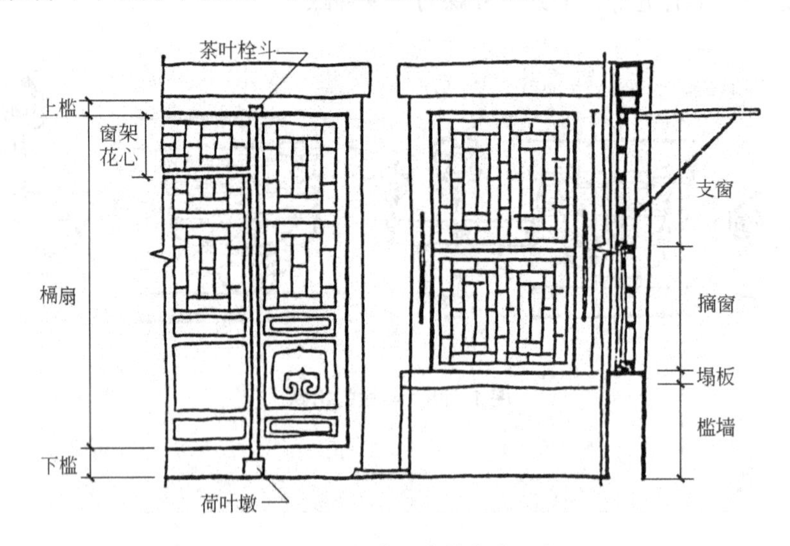

图 1－40　槅扇、支摘窗式门窗

(二) 大门

大门的做法和槅扇略有不同，因门扇宽度常常比柱间距离小，所以在中槛和下槛(又叫门槛)之间加门框。门框和抱框之间镶上叫余塞板的木板，在上槛与中槛之间镶上的木板叫做走马板(图 1－41)。

门扇上下有轴，下轴立在门枕石上，门枕石压在下槛下面，露在外面的部分常雕刻成抱鼓石或其他形状；上轴穿在连楹的两个洞里。连楹是一条横木，用门簪固定在中槛朝内的一面，门簪外露部分做成六角形，富有装饰趣味。

门窗花心可做成各种样式和花纹，如图 1－42 所示。

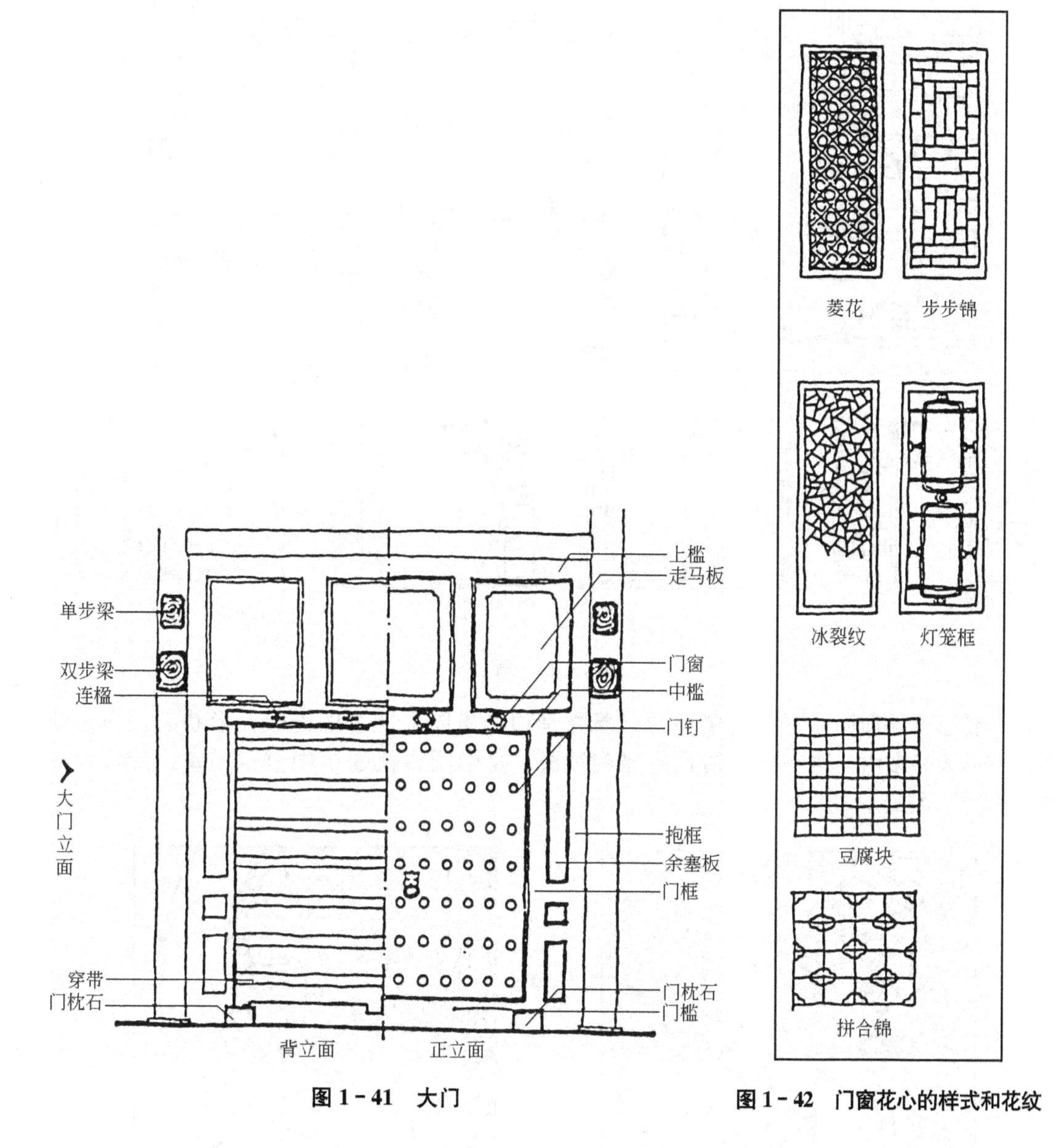

图 1－41　大门

图 1－42　门窗花心的样式和花纹

（三）罩

罩是分隔室内空间的装修，就是在柱子之间做上各种形式的木花格或雕刻件，使得两边的空间又连通又分割，常用在较大的住宅或殿堂中(图 1－43)。

（四）天花、藻井

天花即现代建筑中的吊顶或顶棚。宫殿庙宇等大型建筑中的天花做法是用木龙骨做成方格，称为支条，上置木板称为天花板，在支条和天花板上都有富丽堂皇的彩画(图 1－44)。

藻井用在最尊贵的建筑中，处于天花上最尊贵的位置上，如宫殿的宝座或寺庙的佛像

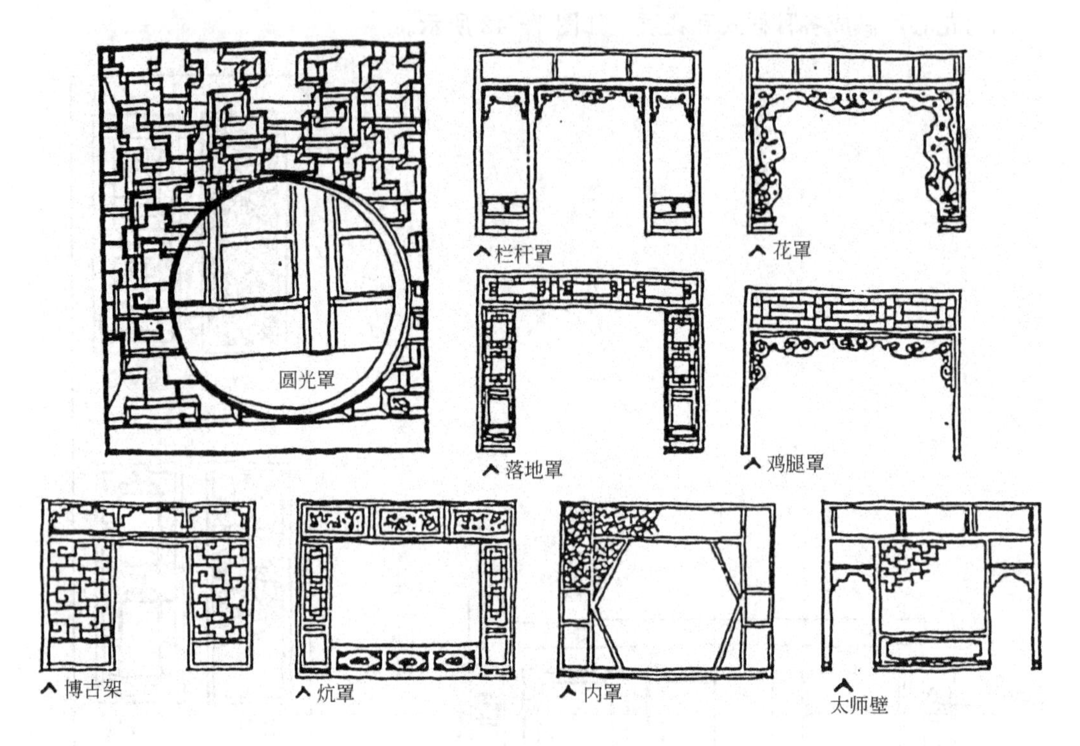

图 1-43　罩

上，一般建筑的顶棚是不许用藻井的。藻井是顶棚走向上凹进的部分，形状有八角、圆形、方形等，多由斗拱和极为精致的雕刻组成，是中国古代建筑中重点的室内装饰，如图 1-45所示。

图 1-44　北京故宫保和殿天花

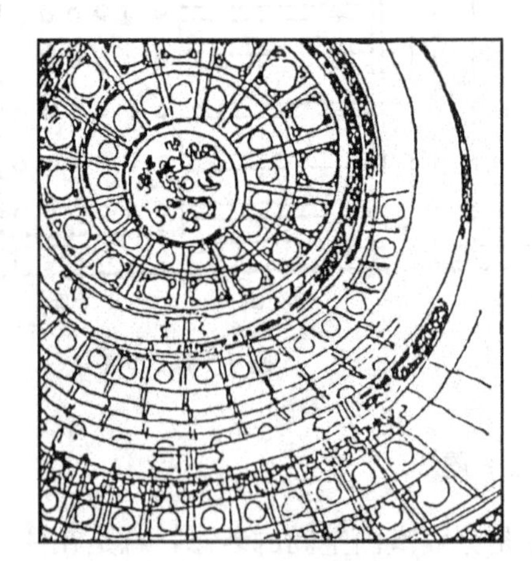

图 1-45　北京天坛皇穹宇藻井

四、台基、台阶

台基是全部建筑物的基础，其构造是四面砖墙，里面填土，上面墁砖的台子。

在台基之内，按柱子的位置用砖砌磉礅，磉礅之上放柱顶石(即柱础)，磉礅之间砌成与它同高的砖墙，称为拦土。将台基内分为若干方格，格内填土，上面墁砖。当有门窗时，拦土就是安放门窗的基墙(图 1-46)。

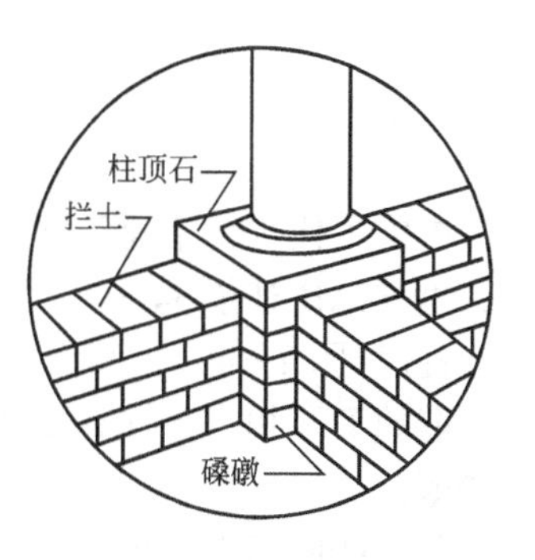

图 1-46 磉礅与柱础

台基四周在室外地平线以下，先用石板平垫，其上皮比室外地坪略高，称为土衬石。土衬石的外边比台基的宽度稍为宽些，露出的部分称金边。台基四周转角处有角柱石，四周沿边平铺的石条称为阶条石，阶条之下是陡板石(图 1-47)。在次要的和简陋的建筑中，这些部分有时也用砖砌筑而成。

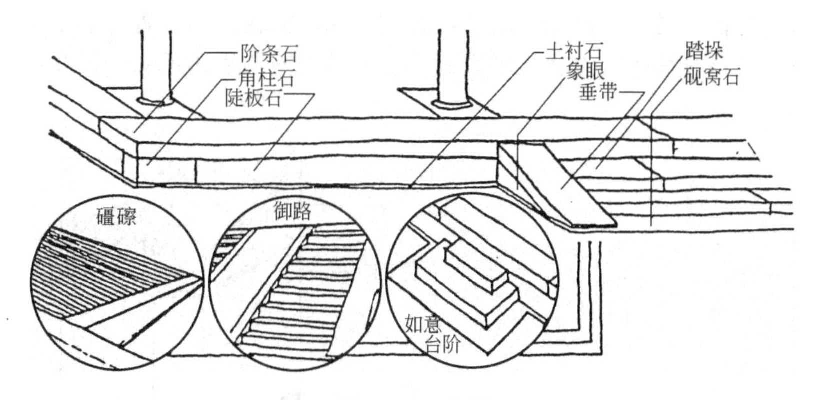

图 1-47 台基

垂带式台阶按坡度斜放垂带石，其下面三角形部分称为象眼，象眼下面也有土衬石，踏垛最下一级与土衬石平，称为砚窝石。

供车马行驶的礓礤和宫殿的御路也是台阶的一种形式。须弥座是带有雕刻线脚的石台基，多用在较大和较重要的建筑物上(图 1-48)。

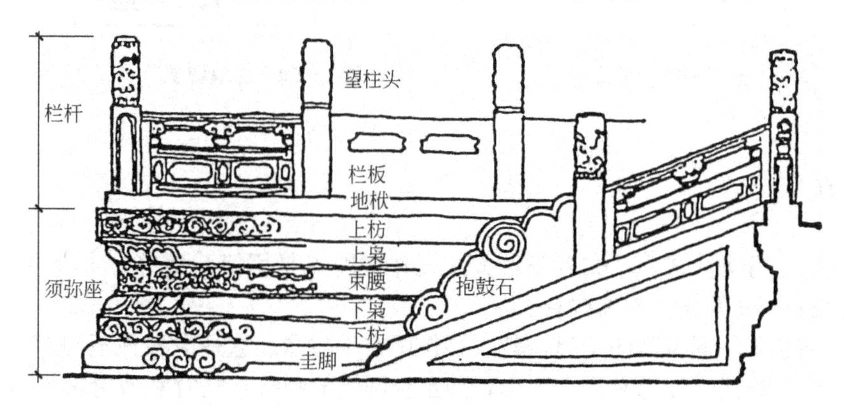

图 1-48 须弥座台基栏杆

大建筑物的台基很高，有时在四周做石栏杆，其做法是在台基的阶条石上放地栿，地栿之上立望柱，望柱之间放栏板。若台阶两旁有栏杆，地栿就放在垂带上，栏板也跟着做成斜形。垂带栏杆下多有抱鼓石支托望柱。

五、墙壁

中国古代木构架建筑都是由柱子承重的，墙壁是不承重的，墙壁将柱子完全包在墙内，里皮也比柱子厚一些，但在有柱子的地方，墙的里皮做成八字形，露出柱子的一部分称为柱门(图 1－49)，其作用是使木料能够通风防腐。

墙的下段相当于柱高 1/3 的部分较厚些，称为裙肩，上有腰线石。腰线石上面一段墙比较薄。

硬山墙的两端要出垛子，称为墀头(图 1－50)，墀头的裙肩部分有竖立的角柱石，角柱石上压砖板和腰线石连接。墀头上部安挑檐石，其上皮与檐枋下皮平。挑檐石上挑出两层砖，上立戗檐花砖，砖面上雕刻各种花纹装饰。在戗檐花砖的位置，沿山墙面的山尖斜上为博风，其上皮与瓦面平。在大式的硬山墙上，沿着博风板还可做一排瓦檐，称为排山勾滴。

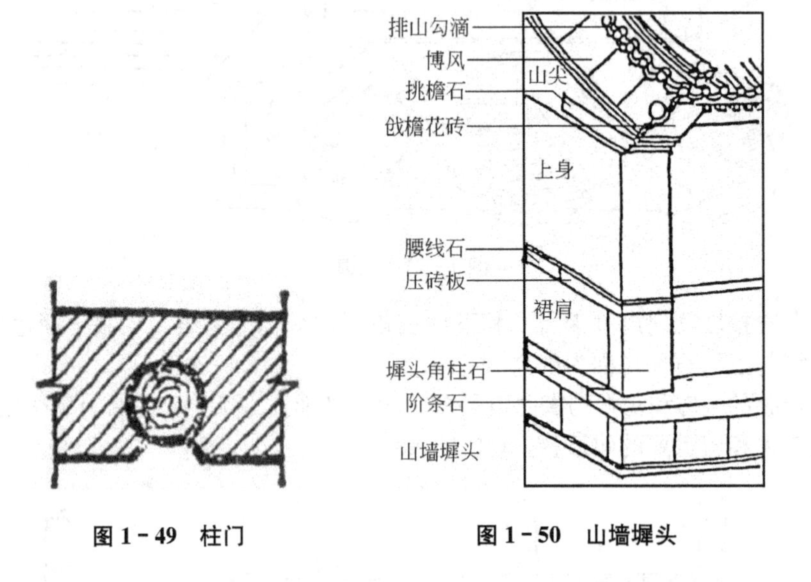

图 1－49　柱门　　**图 1－50　山墙墀头**

六、屋顶瓦作

屋顶瓦作也分为大式、小式两类：大式瓦作的特点是用筒瓦骑缝，脊上有吻兽(又称正吻)等装饰；小式瓦作上没有吻兽。

屋脊是屋顶上不同坡面的交界，其主要作用在于防漏。它是由各种不同形状的瓦件拼砌而成的，上有线脚，端部有重点装饰，如正脊两端的吻兽，垂脊和戗脊端部有垂兽和一列仙人走兽。仙人走兽的排列有一定次序，由仙人算起，依次是龙、凤、狮子、天马、海马、狻猊、押鱼、獬豸、斗牛、行什。但根据实测结果，其排列名次常有出入。仔角梁头上还套上一个瓦件，叫做套兽。歇山屋顶琉璃瓦作件如图 1－51 所示。

在攒尖屋顶上没有正脊，但有各种不同形状的宝顶。这些富有装饰性的瓦件都有保护木构架或与木构架固定的作用。民居屋顶瓦作就简单多了，如图 1－52 所示。

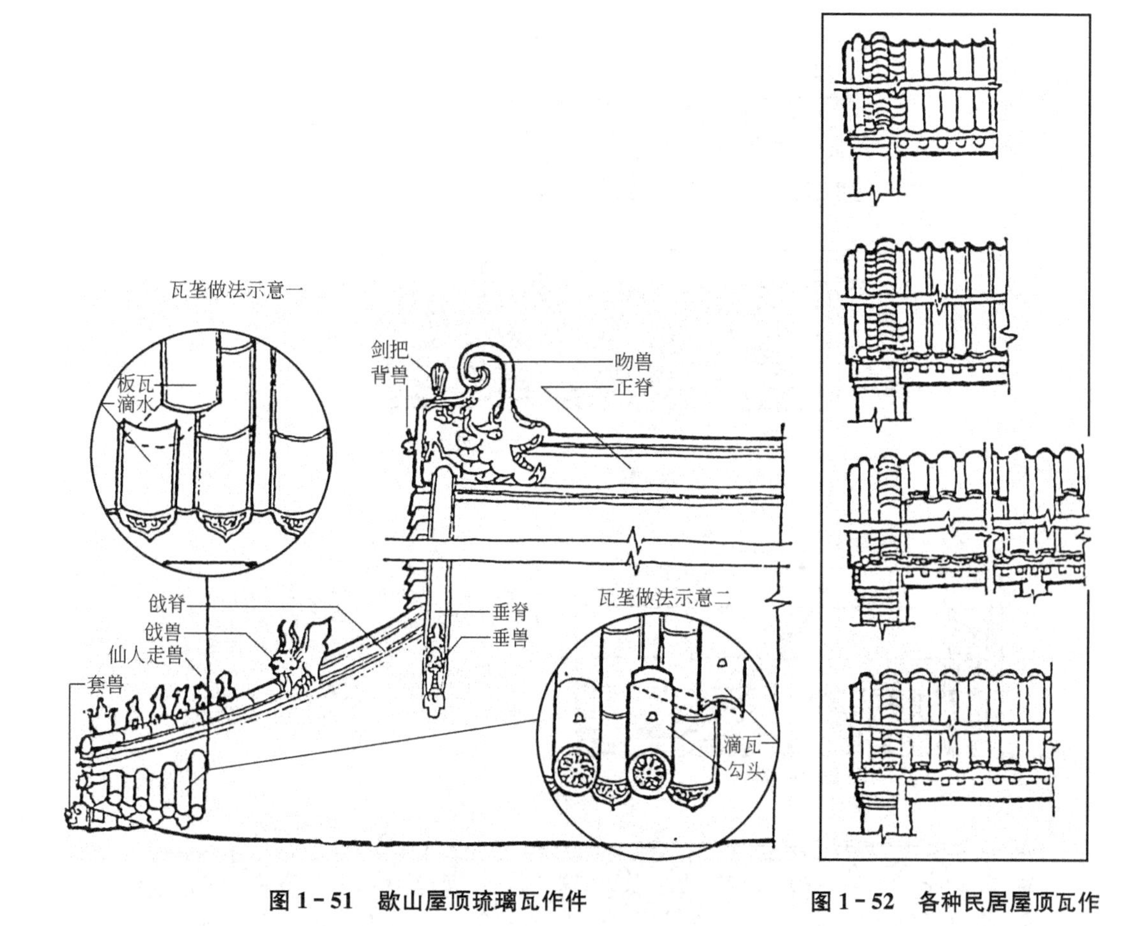

图 1－51　歇山屋顶琉璃瓦作件

图 1－52　各种民居屋顶瓦作

七、彩画

彩画主要做在梁枋上。它的布局是将梁枋分为大致相等的三段，中段称枋心，左右两段的外端称箍头，枋心和箍头之间称藻头。

彩画的主要色彩和内容在大额枋与小额枋上以及相邻的开间上都是间隔变化的，如大额枋上画龙，相应的小额枋上画锦，前者蓝底，后者绿底；又如明间蓝底画龙，间隔的次间绿地则画锦。

苏式彩画是将檩、垫、枋三部分的枋心连成一片，形成一个半圆形，称为搭袱子(也称包袱皮)，里面的彩画也是一个完整的布局。

各种彩画示意图如图 1－53 所示。

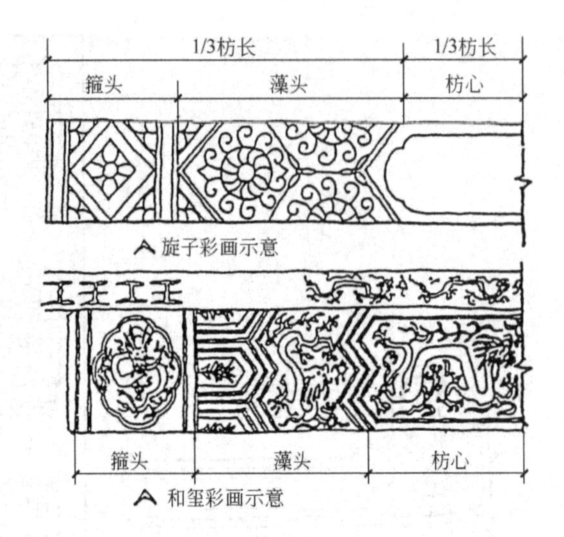

旋子彩画示意

和玺彩画示意

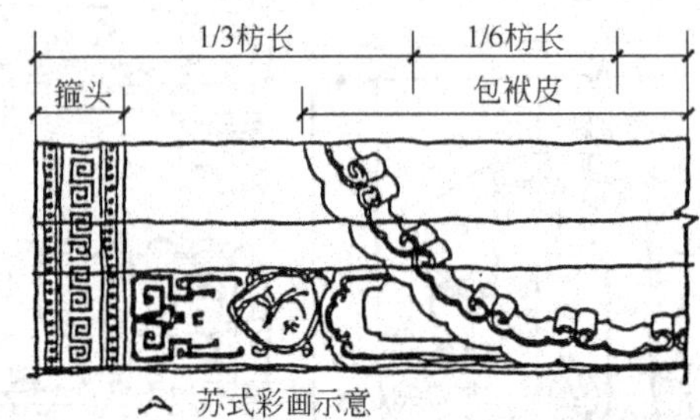

苏式彩画示意

苏式彩画又称园林彩画,起源于南方园林,形式活泼,内容丰富多彩。箍头有两条垂直联珠，中间图案多为连续“卍”纹、回纹和寿字纹样。包袱皮周边圈为“烟云”,素色退晕,内绘山水、人物、翎毛和花卉。在箍头和包袱皮之间常有各式装饰纹样,如扇面、椭圆形等各式几何图形的“集绵”,又称什景合子。

彩画纹样举例:如意吉祥

彩画纹样举例:宝相牡丹纹

图 1－53　各种彩画示图

第二章
中国古代建筑的基本情况

在世界建筑体系中，中国古代建筑是源远流长的、独立发展起来的体系，这种体系在三千多年前的殷商时期已经初步形成，并根据自身条件逐步发展起来，直到20世纪初，始终保持着自己的结构和布局原则，而且传播、影响到邻近国家。

中国古建筑中最重要的及最有代表性的工程，已列入《中国大百科全书》“建筑、园林、城市规划”卷三中。显然，由于分类的不同及考古工作不断有新的发现，此书中少列了不少重要古建筑，如都江堰、灵渠、乐山大佛、平遥古城、阆中古城、赣州古城、北京四合院、客家土楼、河北永清县大范围的地道、河西走廊神秘的地下画廊等。

第一节 木 结 构

梁思成与林徽因是一对知名的学者夫妻，是中国古建筑学研究的奠基者与泰斗。他们于1931—1936年，对中国古建筑进行了大规模的考察。中国古建筑是中国文化，也是世界文化的瑰宝。但因其多是木结构，故留存甚少，但山西省是个奇迹，是中国传统建筑的宝库。唐代建筑全国仅存4处，都在山西；宋以前建筑仅存百余处，70%在山西；山西还有明清古建筑万余座。在山西，梁思成与林徽因发现了著名的唐代建筑——五台山的佛光寺。也正是由于在山西的数次古建筑考察，使梁思成破解了中国古建筑结构的奥秘，完成了对北宋李诫所著《营造法式》这部重要著作的解读，写出了《清式营造则例》这部中国古建筑的名著，并于1934年由中国营造学社出版，1981年由中国建筑工业出版社再版发行。

唐代以后形成五代十国并列的形势，直到北宋又完成了大范围的统一(与北宋并存的还有辽、金、西夏等)，社会经济再次得到恢复。在这个时期，总结了隋唐以来的建筑成就，制定了设计模数和工料定额制度，李诫编著了《营造法式》，并由政府颁布施行，这是一部当时世界上较为完整的建筑著作。

辽、金、元时期的建筑，基本上保持了唐代的传统。明清时期的建筑，又一次形成了中国古代建筑发展的高潮。这一时期的建筑，有不少完好地保存到现在。

山西留存的古代木结构数量多、档次高，下面做一简单叙述。

在山西保存的唐代木结构建筑有五台山南禅寺正殿、五台山佛光寺大殿和山西芮城五龙庙正殿，这些木结构的殿宇，尺度比例宏大，结构简洁明了，材料加工比较精细，它们的构造方法已经达到非常成熟的地步。

五代木结构建筑实物有平遥镇国寺大殿、大云院大殿，式样与唐代木构殿宇相仿，但是具有五代时期独特的风格：每个构件都有其一定的作用，没有任何虚假的装饰。

宋、辽、金时期遗留的木结构殿堂较多。宋代木结构大殿已查到10余处，其中以晋中、晋东南最多，如高平开化寺大殿、高平崇明寺中大殿、高平崇庆寺正殿、法兴寺中殿、晋祠圣母殿、慈相寺大殿、晋城崇寿寺中殿、游仙寺中殿等，都做成单檐歇山顶。辽代木结构建筑，仅在晋北就有大同上华严寺大雄宝殿、下华严寺薄伽教藏殿、应县佛宫寺木塔。这些建筑都吸取唐代木结构建筑的精华，加以发扬创造，规制宏丽。金代建筑在山西也较多，现存的如朔县崇福寺大殿，大同善化寺大殿，陵川北吉祥寺大殿、南吉祥寺中殿、太原晋祠献殿、平遥文庙大成殿、应县净土寺大殿等，都继承了唐宋传统式的制度，并有所发展。

元代以中原地区汉族文化为本，并吸取了中亚和藏族文化，建筑别开生面，遗留下来的木结构殿堂也比较多。河北、河南、陕西、江苏、浙江、云南等地都多少保留下来一些实物，但以山西省为最多。在元代殿堂的大木结构中，梁架发展成为两种结构体系，一种是传统式，另一种是大额式。

山西明清时期留下的木结构建筑更是大量的，这里不再列举了。

山西应县佛宫寺释迦塔(应县木塔)、山西五台山佛光寺大殿、河北蓟县独乐寺观音阁是现存中国古代建筑中的三颗明珠，1961 年定为全国重点文物保护单位。为说明我国木结构建筑技术水平之高及艺术创造之精，下面以应县木塔为例予以说明。

佛宫寺在山西省应县城内，原名宝宫寺，约于明代改为现名。释迦塔建成于辽清宁二年(1056 年)，主体为木结构，金明昌二年至六年(1191—1195 年)做过一次大修，至今保存完好，民间称为应县木塔。

木塔建在一个分为上下两层的砖石砌基座上。下层南月台前嵌砌着一块石雕的八卦图。下层为平面方形，边长 50m，上层为八角形，东西南各置月台。基座两层总高 4.4m，可拾级而上。阶基宽阔，增强了木塔的稳定感。

塔平面为正八边形，是每边显 3 间、立面 5 层 6 檐的木结构阁楼式塔，底层和附加的一周外廊(副阶)，直径共 30m，塔身底层直径为 23.36m，其上各层依次收小约 1m，第五层直径为 19.22m，自基座至第五层全部用木框架建成，共高 51.14m。第五层攒尖顶屋面上砖砌刹座高 1.86m，由仰蓬、复钵、相轮、火烟、仰月及宝珠等组成的铸铁塔刹高 9.91m，全塔自地面至刹尖总高 67.31m，比北京白塔高 16.4m，比西安大雁塔高 3.3m。自东汉末开始有建造木塔的记载以来，这是保存至今的唯一木塔实物。木结构能达到如此规模、如此高龄(至 2013 年已有 957 年)，且外观如此壮丽、优美，实为世界建筑史上一大奇迹。

柱是木塔的基本构件，高耸巍峨的木塔几乎全是用木柱支撑的。登上台阶，首先看到的便是一圈 24 根大明柱，每根柱负荷 120 吨。柱下石础没有窠臼，木柱断面直接立于石础之上。民间传说，这 24 根柱子每天都有一根在休息。底层除外圈明柱外，墙里还有 24 根暗柱，里圈还有 8 根大柱。实际上，这 32 根不为人见的柱子承受着木塔的主要重量。以后各层，每层均有 32 根柱子，由下到上，直通塔顶。算起来，支撑木塔主体的柱子就有 312 根之多。这些柱子都是辽代建塔原物，历次维修都没有更换，至今依然坚硬如初，维持着木塔青春不老的寿命。

斗拱也是木塔的主要构件。连接各柱与梁枋构成平座铺作的，绝大部分是斗拱。斗拱使用手法变幻多样，全塔共用斗拱 54 种，可以说是集斗拱形制之大成。每朵斗拱均有一定的组合方式，拱、昂、斗、驼峰等每一构件都经过艺术加工。这些斗拱、柱与梁枋组成一个整体，状如瓣瓣莲花，充分显示了中国古代建筑的结构美。两层以上，用斗拱挑出平座，围以木栏，游人可凭栏玩赏，极目远眺。完美的斗拱结构是应县木塔构造的一大特色。

塔用 25.5cm×17cm 材(相当于宋《营造法式》中的二等材)，第一层外檐用七铺作外挑出双抄双下昂，采用中国古代特有的“殿堂结构金箱斗底槽”形式。共用柱额结构层、铺作结构层各 9 个，反复相间，水平叠垒，至最上一个铺作层上，安装屋顶结构层。每一个结构层都采取大小跟本层平面相同、高 3～3.5m 的整体框架，预制构件，逐层安装，如图 2-1 所示。这种结构形式，特别适宜于多层建筑。

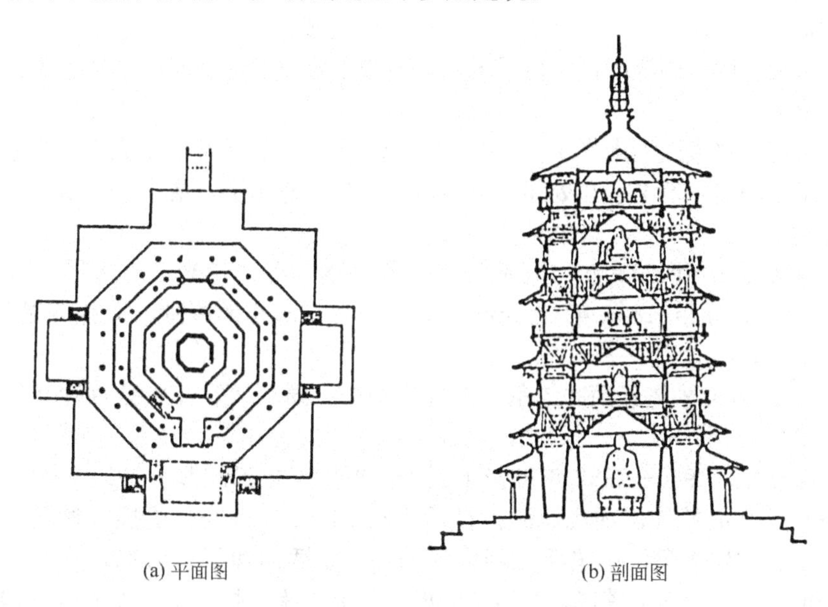

(a) 平面图　　(b) 剖面图

图 2-1　佛宫寺释迦塔结构示意图

木塔全部用料约 3000 余立方米，毛料近 10000m^3，构件总数以数十万计，是一个伟大而辉煌的创造。

据 16 世纪时的记载，应县木塔建成后的 500 余年中，已经历大风暴 1 次和大地震 7 次。例如，元大德九年(1305 年)，大同路地震，响声如雷，震毁房屋 5800 余间，压死 1400 余人，木塔岿然不动；元顺帝时(1333—1368 年)，应州大震 7 日，木塔旁的房舍全部震毁，唯塔屹然而立；明弘治十五年(1502 年)、正德八年(1513 年)，应州又两次发生地震，“有声如雷”，但木塔仍然经受住了考验。

此外，木塔还经受了大水、大火的冲击，如元至元四年(1267 年)、泰定元年(1324 年)应州发生两次大水灾，冲毁县城许多房屋，唯此塔安然无恙。

更为严重的是在应县发生的战争。1926 年冯玉祥攻应县，木塔第二层西南柱起火，城中百姓拼死将火扑灭；且连日鏖战，木塔亦连连中弹 200 余发，大受创伤。1948 年解放战争中，有 12 发炮弹误中木塔，穿塔而过，但木塔仍稳固如初。

1966 年邢台地震，1976 年唐山地震，都波及应县。木塔整体摇动，风铃全部震响，持续约 1 分钟，但木塔整体结构未受损害。

至今，经受了这么严重灾害考验的木塔，基本情况仍属良好，但也有许多处局部损坏。最严重的是第二、三层，整体向东北方向水平扭转，这两层的柱子也全向东北倾斜，尤以第三层最为严重。其他因炮击毁坏的斗拱、梁枋、檐柱已大部分修复。2001 年 6 月中央电视台发布消息，国家文物局征求修缮、加固应县木塔的方案。

当然，应县木塔之所以寿命绵延，除其本身结构坚固、耐久外，历代不断维修是一重要原因。据载，历史上的大型维修有四次。

第一次大规模维修是在金明昌年间，木塔建成已130余年，柱、枋遭受不同程度的损坏。现在还能看到的塔内后加方柱，平座内后加枝樘，就是这次增修的。这次修缮历时4年，大大提高了木塔的结构强度。

第二次是元延祐七年(1320年)，第一次维修后，经元大德年间的一次地震，木塔有不同程度的损坏。这次大修到元至治三年(1323年)完成。

第三次大修是明正德年间，重修了塔基，翻修了第一层的围墙，增补了华拱头下的柱子，重塑了佛像。

第四次大修是清康熙六十一年(1722年)，这时已距上次维修200余年。塔基的低凹处由于水浸，垣墙坍塌，墙上有几处损坏。历时5个月，补修了六层木塔，疏顺了排水，使塔进一步得到保护。

此后，清雍正四年(1726年)，乾隆五十一年(1786年)，道光二十四年(1844年)，同治二年(1863年)、五年(1866年)，光绪年间，均有几次小的修理，大部分是僧人募捐、群众集资修缮的。

1928年、1929年木塔经两次战争，多处遭炮击，损坏较重，应县百姓又集资修缮了一次。

新中国建立后，1950—1952年补修了楼板，更换了楼梯踏步。1974—1981年，政府对木塔又进行了全面的抢修加固，调拨优质木材310m^3，补配、更换了楼板、楼梯、围栏，加固了二、三层大梁、次梁及二层内的檐柱，东西向加了剪刀撑，一、二层附加柱头，劈裂处加铁箍，加固了塔基，补塑了受损的各层塑像，并油漆了外檐所有构件，塔顶重挂了8根铁索。

除应县木塔外，独乐寺是保留下来的最古老、最完整的寺院建筑群组。它在寺院建制、建筑结构、构造等方面，是研究晚唐和辽代建筑的范例。

第二节 砖石结构

中国古建筑中的砖石结构，特别是砖结构遗存很多，大体可分为城、塔、房、桥、墓。

一、城

（一）万里长城

1. 历史悠久的工程

中国的万里长城被誉为世界建筑历史上的七大奇迹之一，若以工程巨大而论，当为七大奇迹之首。万里长城虽然有“万里”之长，但若将历代的长城相加，按照国家文物局2012年发布的信息，长城总长为21196km，遍布在我国新疆、甘肃、宁夏、内蒙古、陕西、山西、河北等 16 个省、自治区、直辖市。万里长城不是一条城墙，而是树状城墙。这项规模宏大、气势雄伟的军事防御工程，不仅反映出我国古代建筑技术的伟大成就、劳动人民无穷的智慧和高超的技艺，同时也反映出我国建筑工程源远流长的历史。

一般人认为，长城的修建始自秦始皇，其实在秦王朝以前的几百年已经开始修建长城了。公元前 7 世纪的楚国在今天的河南一带修筑了数百里长城，以防御北方诸侯，称为“方城”，至今南阳地区尚有方城县的名称。战国时代的七雄以及中山国等都在各自的边境上修筑过长城以自保，而靠北边的秦、赵、燕三国为防御匈奴的侵扰，又在北边修筑了长城。公元前 221 年秦始皇统一六国，同年派大将蒙恬率军 30 万北击匈奴，并在秦、赵、燕三国北长城的基础上增筑成一条西起临洮(今甘肃岷县)，东至辽东的万里长城。至今，在甘肃临洮县窑店镇的长城坡、渭源县的锹家堡，尚有秦长城的遗迹。西汉时期又在秦长城的东西两侧增延，西段延至甘肃敦煌，东段经内蒙古狼山、赤峰达到吉林地区(图 2-2)。东汉时在长城以内设立许多亭堠、障塞等辅助军事工程。

南北朝时期的北朝统治者虽然为北方民族，但对柔然、突厥等长城以北的民族并不能完全控制，因此修筑长城仍可起到屏障作用。北魏王朝在赤城(今河北赤城)至五原(今内蒙古乌拉特旗)一线修补增筑了长城 2000 多里。北齐王朝也曾多次修建，天保元年(555 年)修筑居庸关至大同一段长城，一次即征调民夫 180 万人。此外，在长城内又筑一道城，名曰重城。西起山西偏关，经雁门关、平型关、居庸关至怀柔地区。隋代曾七次修筑长城。隋炀帝大业三年(607 年)修长城征发男丁 100 余万。唐王朝的国势强盛，经济、军事力量空前发展，其行政管辖所及远达阴山以北地区，因此唐代未曾修筑长城。金代为防蒙古族的袭击，亦曾在东北、内蒙古一带修筑过两道长城。

图 2-2　甘肃敦煌玉门附近汉代长城遗址

明代为防止蒙古族残余势力南下侵扰，以及东北女真族势力的扩张，一直对修筑长城非常重视，两百年间工程不断，工程技术也有改进，现今遗存的较完整的长城大部分是明代长城。明太祖朱元璋建国第一年(1368 年)即派遣大将军徐达修筑了北京近郊居庸关一带长城。至 16 世纪中叶，全部建成了西起嘉峪关，东至鸭绿江，长达 14700 里的连绵不断的长城。在某些军事重地还修筑了两至三道城墙。

清代对北方民族采用怀柔的政策，借助宗教力量进行思想统治，辅助以军事征服，并取得明显效果。在相当长的时期内，北方民族并没有形成对清朝政府的威胁力量，因此持续了近 23 个世纪的长城工程才宣告结束。

2. 构造极其雄伟的工程

长城工程到底有多大的工程量，目前还没有准确地算出来。因为历代修建的确切地点不清，工程规制不清，重修复修的次数不清，所以很难准确地计算。近代人以明代所修的约 7000 余千米长城为例进行测算，若以这些砖石、土方修筑一道厚 1m、高 5m 的长墙，可环绕地球一周而有余，其工程量之大确实惊人。

从遗存的长城的构造情况来看，早期长城多为土筑，此外还有条石墙、块石墙、砖墙等。辽东地区还建筑有木板墙、柳条墙(又称柳条边)。个别地段因山形水势而构筑，占据山堑、溪谷等险要之处，稍加平整，即可设防。甘肃地区的砂碛地带的长城因当地取土困难，采取就地取材的原则，用砂砾土加设芦苇层或柳条层的方法夯筑成墙，每 25cm 加一苇层，墙基埋设当地盛产的胡杨木的地桩。一些秦汉时期的这种类型的长城至今尚保留完好，可见其十分坚固。

明代制砖量迅猛增加，北京、山西一带重要地段的城墙多为砖石构筑。居庸关八达岭一段长城是典型工程实例，一般墙高 8.5m，基底宽 6.5m，墙顶宽 5.7m，有显著收分。城基以条石砌筑，山地坡度小于 25°处，城砖、条石与地面呈平行状砌筑；坡度大于 25°时，砖石则层层水平叠砌。墙顶墁铺城砖，形成宽阔的马道，可五马并骑，十行并进，陡峻处或做成踏步。两侧为 1m 高的女儿墙和 2m 高的垛口。每隔一定距离，设立敌台一座，敌台有实心、空心两种，实心敌台又称墙台，只能在顶部瞭望、射击，不能驻守。明中叶抗倭名将戚继光镇守苏镇时，建议修建名为空中台的敌台，“跨墙为台，睥睨四达，台高五丈，虚中为三层，台宿百人，铠仗糗粮具备”。这种空心敌台进一步增强了长城的防御能力(图 2-3)。

长城的选址具有很高的科学性。一般墙身走向是沿着山脊布置的。沿脊布置不仅可控制高地，而且便于排水，两面泄洪，可免城墙受地面径流雨水威胁。长城所选山脊两坡多为外陡内缓的地形，外陡则敌人难攻，内缓则供给、联络方便。山顶间遇有巨石往往包于墙内，绝不使其孤悬墙外，被敌人利用。跨越涧水则建立水关，多选择在迂迴之处，水关两侧有制高点以做掩护、策应之用。可见古代军工匠师实地考察，权衡利弊，在城址选择上确实下了一番工夫。

历史上长城所经历的金戈铁马的战争年代虽已过去，但它那雄伟的身姿永远是中华民族智慧和毅力的体现。这一点不仅是中国人民的感受，也是见到过长城的世界所有人士的共同感受。早在 200 年前英国特使马噶尔尼由北京赴承德去觐见乾隆皇帝，路经长城时，就率真地表露出赞叹之词。他说：“整个这条城墙一眼望不到边，这样巨大的工程真令人惊心动魄”，“不可想象的困难在于当时他们怎样运送工料到这些几乎无法到达的高山和深谷，并在那里进行建筑，这才令人惊奇和钦佩。”并且他还认为古罗马人、古埃及、叙利亚及亚历山大的后代都曾筑过防御性的城墙防线，“所有这些建筑都被当作人类重大事业而纪念着，但无论从工程的规模、材料的数量、人工的消耗和建筑地点上的困难来看，所有这些防线加起来也抵不上一个中国长城，”“它的坚固几乎可以同鞑靼区与中国之间的岩石山脉相提并论。”万里长城列入“世界之最”的行列是当之无愧的。

3. 综合防卫的工程

长城从一开始就不是单纯的一道城墙，而是一组相互配合的军事构筑物群。汉代，在建筑长城的时候，同时在沿线设置了许多戍所和烽火台，并且在军事建制上形成一套“烽燧”制度。据甘肃居延地区发现的汉代木简的记载，制度规定“五里一燧，十里一墩，三十里一堡，百里一城”。燧和墩都是在敌人入侵时燃放烟火的地方，以传递敌情。城堡是屯戍卫卒的地方，敌人进攻时可据城固守，也可策应支援其他沿线地方。烟墩往往设在城墙之外，高山之顶或平地转折之处。墩上有数间小屋可以住人，报警时白天燃烟，晚上举火。这种方法一直延续到明代，不过明代长城戍卒燃烟时不仅用柴草或狼粪，而且加用硫黄和硝石使烟气更为浓重。放烟时还要鸣炮，规定敌人为百余人时举放一烟一炮；五百

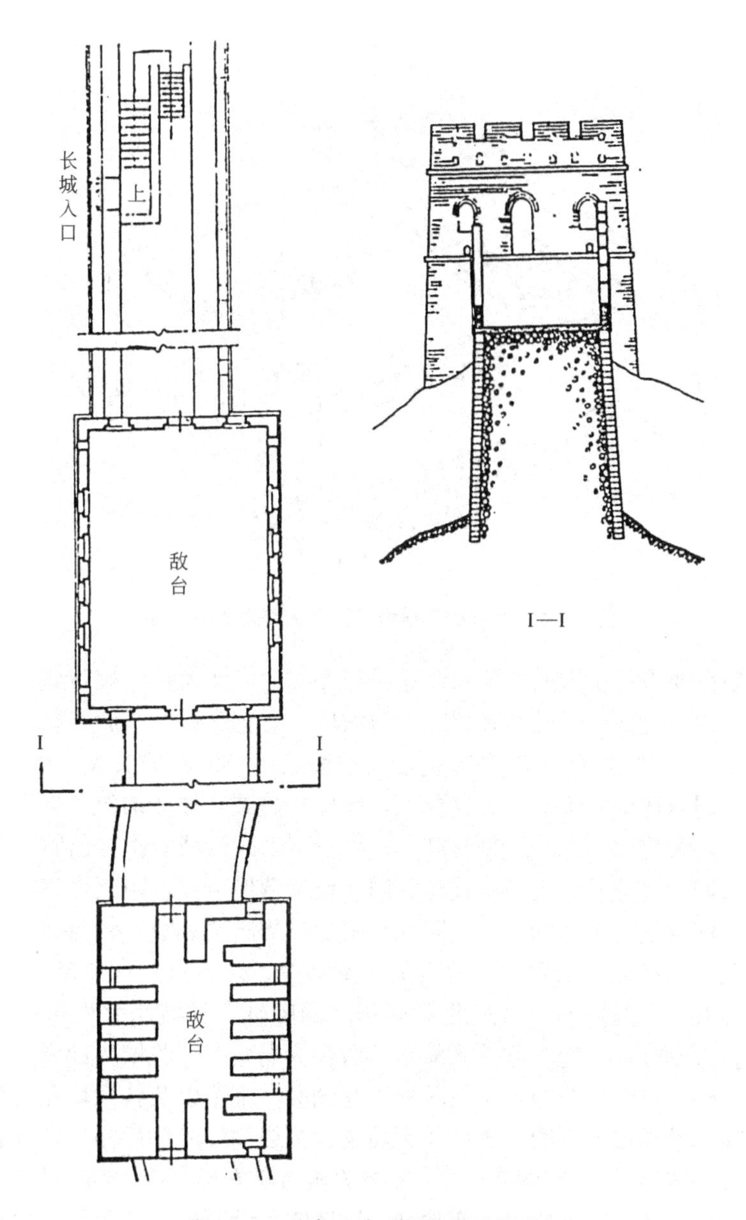

图 2-3 北京八达岭附近长城构造图

人时举放两烟两炮；千人以上为三烟三炮；万人以上为五烟五炮。在古代社会，这种方法仍不失为快速的通信手段。在山西一带长城的若干烽墩之间还设有一座总台，台周有围墙环绕，可驻守若干士兵，成为长城的前哨据点。此外，另有一种墩台不是用于通信，而是防守墩台，一般建在长城附近，与城墙互为犄角之势。墩台、城障还备有其他防御措施，汉代城台射孔上设计有“转射”，即是一种木制立置的转轴，轴上有射孔，可以转动，用以射击各方向的来敌，而不暴露自己。城台脚下有竹木栅或木砦(图 2-4)，以防敌人冲刺，明代多用矮土墙来代替木栅。长城有了这些墩台设施配合，使防御作用引申到纵深方向。

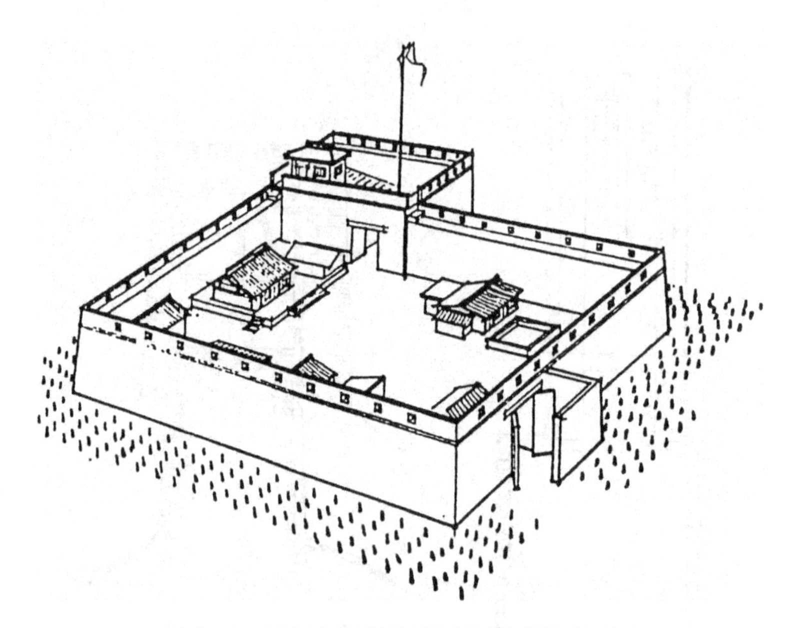

图 2-4　甘肃居廷破城子汉代城障遗址复原图

根据军事防御要求，长城的总体布置是有所侧重的，在关键地段设置两道、三道乃至多道的城墙。明代，大同镇的长城外另有一道城墙。北京附近的居庸关长城的内外各增设一道城墙，将 25km 长的整条关沟全部包括在重城之内。山西偏头关一带长城多达四道。山西雁门关为大同通往山西腹地的交通要道，因此在关城之外又加筑了大石墙三道、小石墙二十五道之多，关北约 10km 处的山口，又建一座广武营城堡作为前哨，防御措施可谓相当严密。凡长城经过的险要山口都设有关隘，设置营堡屯兵，附近多建墩台，重要关口尚沿纵深配置多座营堡。著名的关口，除北京附近的居庸关和始、终点的山海关、嘉峪关外，尚有偏头关、宁武关、雁门关、紫荆关、倒马关、杀虎口、古北口、喜峰口等多处。山海关城倚山临海，形势险要，是东北通向华北的咽喉。长城从北面蜿蜒而下，连接关城，继续南下直入渤海，当地人称伸入海中的墩台为老龙头。关城为四方形，四面有门及城楼，东西城门外各建一道罗城，东罗城外尚有烟墩、土堡以及威远城作为面向辽东的前哨阵地。城关南北沿长城还有两座翼城作为辅翼。围绕关城的前后左右四面皆有城堡，故当地人又称山海关城为五花城(图 2-5)。嘉峪关城为四方形，约 160m 见方，南北面设敌楼，东西门设城楼。东西门外皆设一座瓮城，城墙四角设两层的砖角楼，关城之外又包以一道罗城。因罗城西面实为长城之尽端，面向通往新疆的要道。故这部分城墙加厚，增建城楼及角楼。长城的军事意义在今天进步的科学技术面前已失去昔日的作用，但蜿蜒于层峦叠嶂之间的雄关长墙、矗立于崇山峻岭上的烽堠墩台，此起彼伏，遥相呼应，在建筑艺术形象上，依然给人留下深刻的印象。

2002 年 7 月 19 日，世界上第一个徒步走完万里长城的中国长城学专家、中国长城学会秘书长董耀会说，长期以来由于长城沿线生态环境的不断恶化，再加上人为因素的破坏，长城破损情况非常严重，特别是在西部干旱荒漠地区，有些地段的长城已被沙漠埋于地下。目前长城的基本状况是：只有 1/3 修复和保护基本完好，另有 1/3 残破不全，其余 1/3 已经不复存在。保护古建筑，保护长城任重而道远。

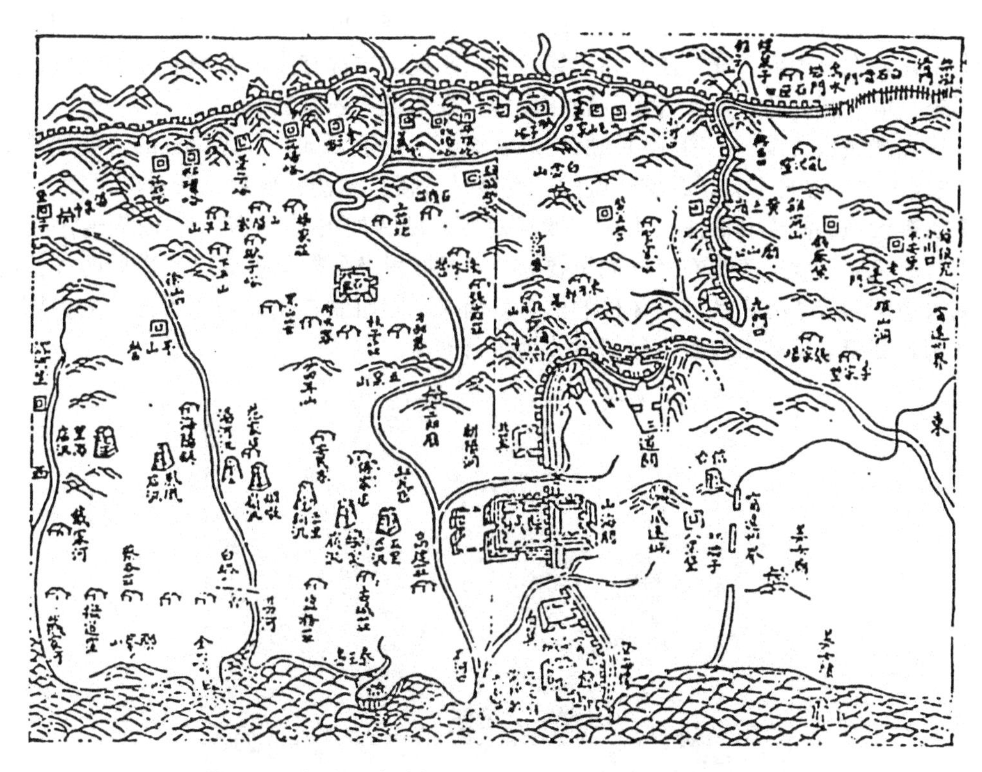

图 2－5 河北山海关长城关塞示意图(光绪四年临榆县志)

(二) 城与名城城墙

1. 城的概述

城是围绕城邑建造的一整套防御构筑物，以闭合的城墙为主体，包括城门、墩台、楼橹、壕隍等，也指边境的防御墙和大型屯兵堡寨。

1) 发展简史

中国在新石器时代，一些部落为保护自己的居住地，已开始在聚落周围设置防御工事。例如，西安半坡遗址和姜寨遗址聚落外部挖有壕沟，河南登封王城岗龙山文化中晚期遗址有两座 100m×100m 的方形城堡。

商代出现了规模较大的围着城墙的都城和地方城邑。河南偃师商城、郑州商城、湖北黄陂盘龙城都是夯土城墙，但安阳殷墟只有壕沟而未发现城墙。

春秋战国是中国早期大规模建城的时期，春秋时期的曲阜鲁城、洛阳东周王城、秦雍城等的城墙厚度为 10m 左右。战国时期的齐临淄、燕下都、楚纪南城的城墙加厚到 20m，夯层密实，有瓦质排水道。这些城的城门道深度约 20 余米，最深的达 80m，纪南城还有水门。这个时期的文献《墨子》中记述了城门、雉堞、城楼、角楼、敌楼的设置原则和建筑方法。《考工记・匠人》记载了各级城道的规模和对城高的限制规定，但从上述各城遗址的情况看，当时各国竞筑高城，这些规定并未得到遵守。

汉代的边城在城门外出现了曲尺形护门墙，城角出现 45°斜出墩台。魏晋南北朝国土分裂，战乱频繁，一些边城的城防设施逐渐应用于内地城邑，在统万城、洛阳金墉城发展出突出城外的墩台——马面。徐州城、鄴城等开始在夯土城墙外包砌砖壁。唐代城防设施开始制度化，在《通典·守拒法》和李筌《太白阴经》中都有关于筑城制度的记载，这时出现了羊马墙、转关桥、弩台等新的城防设施，在边城中还有瓮城。

宋代加强城防建设，把唐代边城所用的瓮城等应用于都城。宋代编成的《武经总要》、《修城法式条约》等官书，详载城、城门、瓮城、敌楼、团楼、战硼、弩台、吊桥、闸板、暗门等防御设施的制度和做法。宋代《武经总要》城制如图 2-6 所示。南宋通过对金战争，丰富了筑城经验。陈规在《守城机要》中，根据积极防御思想提出改进城防设施的意见。南宋中期创造了万人敌，为箭楼的前身。南宋末年对蒙古作战，由于火药的使用，为加强防御，城墙多用砖石包砌，城门也改为砖石券洞。

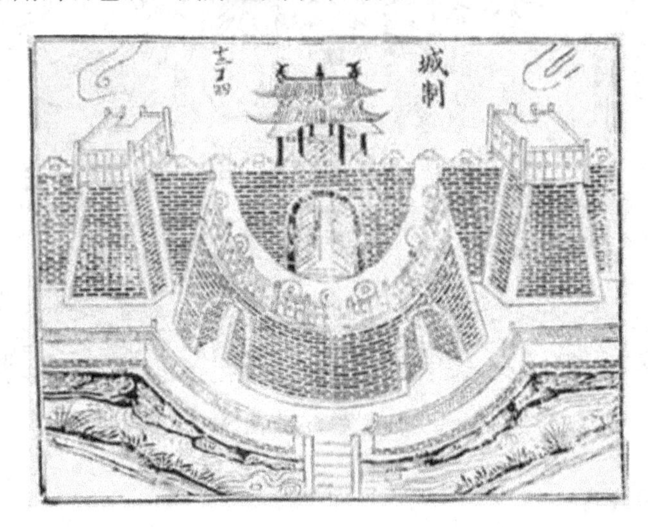

图 2-6　宋代《武经总要》城制图

明初大事建筑地方城邑，大部分城都用砖石包砌，沿用数千年之久的夯土城至此已大部为砖城代替，并在瓮城外创建箭楼和闸楼。明中叶大修长城和设防卫所，使城防设施更为完善。

2）组成部分

城的主要组成部分分述如下。

（1）城墙。古代称墉，墙体土筑，断面为梯形，其高宽比各代不同，唐宋边城的上底、下底、高之比为 1∶2∶4，都城为 2∶3∶2。墙体外侧加水平木椽若干，防止崩塌，称为纴木。南宋以后为防御炮火，墙身用砖石包砌的墙体渐多，个别城墙还用糯米灰浆砌筑。城顶外侧砌垛口，内侧砌女墙（女墙也称女儿墙）。墙身每隔一定距离筑突出的马面。马面顶上建敌楼，城顶每隔十步建战棚。敌楼、战棚和城楼供守御和瞭望之用，统称楼橹。

（2）城门。城楼下为夯土墩台，以木柱、木梁为骨架，构成平顶或梯形顶的城门道，台顶上建木构城楼，城楼一至三层，各代不同，居高临下，便于瞭望和防御。南宋后期，城门道改用砖砌券洞。

（3）瓮城。围在城门外的小城，或圆或方，方的又称方城。瓮城高与大城同，城顶建战棚，瓮城门开在侧面，以便在大城、瓮城上从两个方向抵御攻打瓮城门之敌。正面的战棚在南宋时改为坚固的建筑，布置弓弩手，称为“万人敌”，到明代发展为多层的箭楼。瓮城门到明代又增设闸门，称为闸楼。

(4) 马面。向外突出的附城墩台，每隔约 60 步筑一座。相邻两马面间可组织交叉射击网，对付接近或攀登城墙的敌人。

(5) 敌楼和战棚、团楼。防守用的木构掩体。建在马面上的称敌楼，建在城墙上的称战棚，建在城角弧形墩台上的称团楼。它们构造相同，结构都是密排木柱，上为密梁平顶，向外三层装厚板，开箭窗，顶上铺厚三尺的土层以防炮石。到明代，敌楼发展为砖砌的坚固工事。

(6) 城壕。即护城河，无水的称隍。一般阔 2 丈(1 丈≈3.33m)，深 1 丈，距城 30 步左右。在城门处有桥。一端有轴，可以吊起的称吊桥；中间有轴，撤去横销可以翻转的称转关桥。有的在桥头建半圆形城堡，称月城。

(7) 羊马墙。城外沿城壕内岸建的小隔城，高 8 尺至 1 丈，上筑女墙。羊马墙内屯兵，和大城上的远射配合阻止敌人越壕攻城。

(8) 雁翅城。沿江、沿海有码头的城邑，自城沿码头两侧至江边或海边筑的城墙，又称翼城。

2. 名城城墙

1) 西安城墙

西安城墙始建于明代(1374 年)，是在隋唐长安城的旧城基础上修建的，城墙上有城楼、箭楼、敌楼、角楼耸峙，城外有护城河环绕，是世界上现存规模最大、保存最完整的一座古代城垣。

今天所看到的西安城墙是明洪武七至十一年(1374—1378 年)间修建的。南垣长 3.4km，北垣长 3.3km，东、西垣长均为 2.6km，周长 11.9km。西安城墙原是由夯土筑成的，明穆宗隆庆五年(1571 年)砌上了一层青砖。西安城墙高 12m，顶宽 12～14m，底宽 15～18m。西安城共有主城门 4 座，门上建有城楼；角台 4 座，台上建有角楼；作为防守的“马面”(敌台)总共有 98 座，台上建有敌楼，垛口有 5984 个。

2) 南京城墙

南京遗留下来的古城墙，可算是最高、最大的古典城墙。

1368 年明太祖朱元璋定都南京(1421 年迁都北京)大事建设，筑成周长 34.3km 砖城墙，把东晋和南朝的建康城、南唐的江宁城和石头城旧址以及富贵山、覆舟山、鸡笼山、狮子山、清凉山等都包在城内。建城共用了 21 年。

南京城南北长 10km，东西长 5.67km，城墙平均高 14～21m，厚 7.62m，根据测量，城墙最厚处有 12.19m，城基宽 14m 左右，顶宽 4～9m。城墙的基座是用花岗岩和石灰岩奠基的，上面再砌大砖，大砖是按一定的尺寸和重量制成的。为保证都城的安全，在城墙上建立碉堡 2000 座，垛口 13616 个。

南京城墙至今仍保持屹立不动，重要原因之一是工匠们在砖缝中夹灌糯米汁或高粱汁，作为石灰和桐油混合的夹浆，以增加黏合力。

南京城的形状完全根据自然的地形建造。它东北凭依富贵山、九华山和北极阁，西南又圈进了五台山和清凉山，北面有狮子山作为屏障，南面有秦淮河环绕，东北城外又紧临玄武湖和紫金山，十分险要、壮丽。在世界建筑史上，把南京城与在 17 世纪所建的世界各国城墙做一比较，它排名第一，第二名则为周长 29.5km 的法国巴黎城墙。

南京城墙上的中华门是瓮城的一个突出实例。它是明代南京城的 13 个城门中最大、最雄伟的城堡，共有三道瓮城，由四道拱门贯通，各门都有上下启动的千斤闸和双扇大门，可惜现在只留下闸槽及门位。城门外壁是用石条砌成，其高度是 20.45m。

3）洛阳城墙

历代的洛阳城墙是土墙，到明洪武六年(1373 年)，才开始改筑砖墙，并挖了城壕。这时的洛阳城周围长 8 里 345 步，高 4 丈，壕深 5 丈、阔 3 丈。明末在城壕外筑起一道高 1 丈，长 1568.5 丈的拦马墙，后来又在城外筑起一道长 33 里、高 1.3 丈、阔 1 丈的土墙。后李自成将城墙拆除，清建国后，立即重修了洛阳城。

4）北京城墙

明北京城是在元大都的基础上改建和扩建而成的，清代沿用并有所增修，如图 2－7 所示。

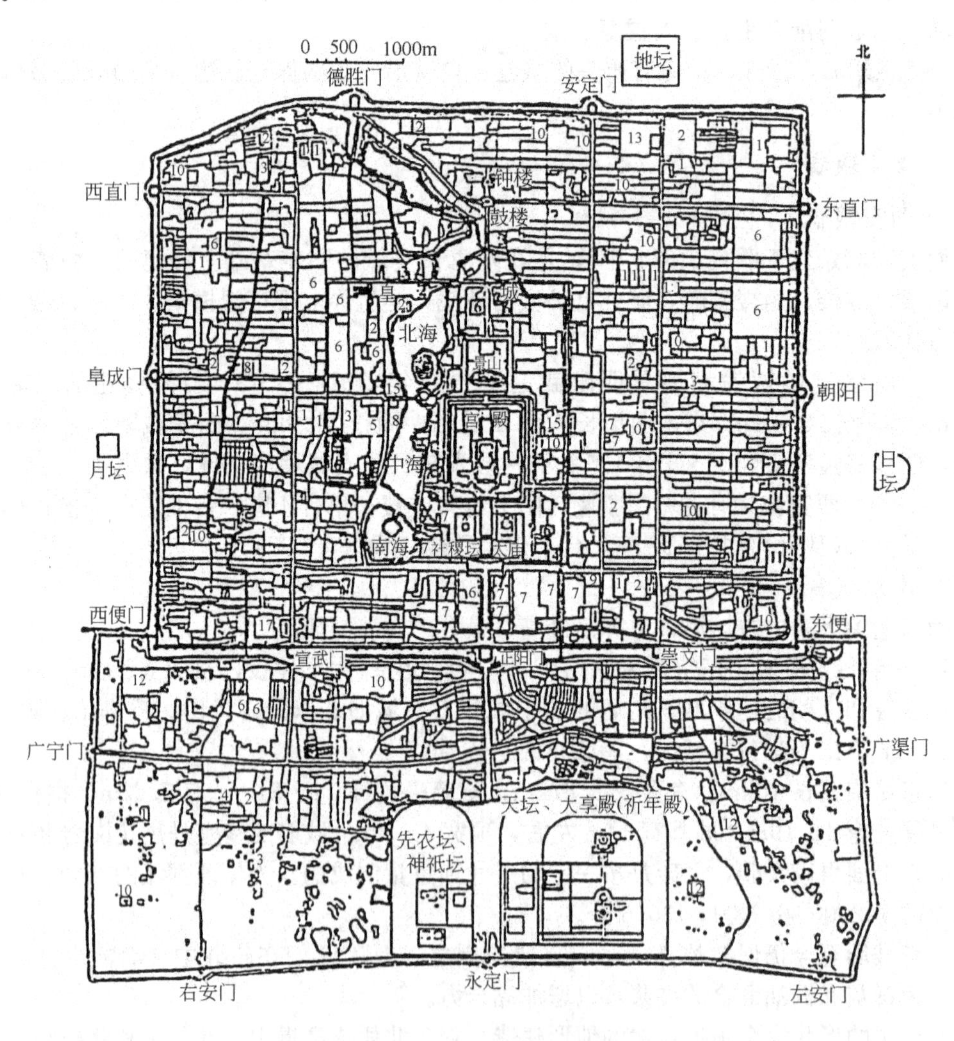

图 2－7　明、清北京城平面

1—亲王府；2—佛寺；3—道观；4—清真寺；5—天主教堂；6—仓库；7—衙署；
8—历代帝王庙；9—满洲堂子；10—官手工业局及作坊；11—贡院；12—八旗营房；
13—文庙、学校；14—皇史宬(档案库)；15—马圈；
16—牛圈；17—驯象所；18—义地、养育堂

明北京城包括内城和外城。内城东西长6635m，南北长5350m，外城东西长7950m，南北长3100m。内城城墙宽度可并行4辆汽车。但因要建地铁，再经“文革”浩劫，现北京城墙只剩下前门遗址箭楼和德胜门箭楼。

5）神木县石城墙

考古工作者于2012年在陕西省神木县的石峁遗址考古中，发现目前所见的、全国范围内面积最大的史前城址，它由外城、内城和皇城台三座基本完整并相对独立的石头城组成。这表明它是中国北方地区4000年前一个超大型的中心聚落，对进一步研究中国古城、古国等中华文明起源问题等都有重要的意义。

中国古代都城的发展有一种民俗化、市民化的趋势，如宫殿渐缩小，坊市渐扩展；寺庙渐衰退，市街渐兴旺；方整划一的、对称于中轴线的规划，结合城市居民向往自然、追求园林意趣的愿望，变得比较灵活了。这种变化与儒家、道家的意识形态有关，也与经济发展情况有关。“清明上河图”所表现的北宋都城汴梁城，即反映了当时市场的繁荣。

二、塔

(一) 塔及其分类

塔是供奉或收藏佛舍利(佛骨)、佛像、佛经、僧人遗体的高耸型点式建筑，又称佛塔、宝塔。塔起源于印度，中国古代据梵文“stupa”和巴利文“thupo”音译为“窣堵波”和“塔婆”，简称塔，也常称为佛图、浮屠、浮图等。窣堵波的原意是坟或宗庙。释迦牟尼逝世后，各地弟子筑坟分藏他的舍利，以为纪念，窣堵波遂成为佛教建筑的一种形式。汉末三国之际，丹阳人笮融“大起浮图，上累金槃，下为重楼”是中国造塔的最早记载，所造的塔为楼阁式。此后，陆续又有新的佛教建筑形式传入中国，如支提、大精舍瓶式塔、金刚宝座等。它们同中国固的建筑技术和形式相结合，衍化出多种类型。塔则成为中国古代建筑中数量极大、形式最为多样的一种建筑类型。

1. 塔的构成

印度的窣堵波是由台基、覆钵、宝匣、相轮四部分组成的实心建筑。中国塔一般由地宫、塔基、塔身、塔顶和塔刹组成。地宫藏舍利，位于塔基正中地面以下。塔基包括基台和基座。塔刹在塔顶之上，通常由须弥座、仰莲、覆钵、相轮和宝珠组成；也有在相轮之上加宝盖、圆光、仰月和宝珠的塔刹。这些形制是由窣堵波演化而来的。

2. 塔的种类

中国现存塔3400多座。按塔性质，可分为供膜拜的藏佛物的佛塔和高僧墓塔；按所用材料，可分为木塔、砖塔、石塔、金属塔、陶塔等；按结构和造型，可分为楼阁式塔、密檐塔、单层塔、覆钵式塔和其他特殊形制的塔。

1）楼阁式塔

楼阁式塔由中国固有的楼阁发展而来，仅顶部有窣堵波式的刹。最初为木塔，完全按木结构原则建造。唐代砖、石塔渐多，不同程度地仿木塔建筑，塔身每层都砌出柱、额、门、窗的形式。各层面宽和高度自下而上逐层减小，楼层辟门窗，可以登临眺望。晚唐以前，塔的平面以方形为主。宋、辽时期，塔的平面多为八角形，偶有六角形的。

到唐代为止，砖塔为单重塔壁，楼板和扶梯均为木制。从宋代起多为双重塔壁，两壁之间设有梯级和走廊。早期的塔仅有简单的台基，无基座；宋代开始，渐用基座。唐代塔身多用方柱或八角柱支承，柱间只有阑额；宋、辽两代多用圆柱，阑额上用普拍枋。楼阁式塔现存著名实例有唐建西安慈恩寺大雁塔、兴教寺玄奘塔，五代建苏州云岩寺塔，宋建杭州闸口白塔、开封祐国寺塔、定县开元寺塔、当阳玉泉寺铁塔，辽建应县佛宫寺释迦塔等。

2）密檐塔

密檐塔的底层最高，第二层起层高骤然减低，形成层檐密接形式。唐代的密檐塔为方形平面，叠涩出檐，逐层收分，外轮廓呈梭形，单层塔壁，木楼板上设木梯以供攀登。至金代，密檐塔外形仍相似，但檐下装饰增多，内部用砖砌磴道。明、清则多为实心的墓塔。另外一种八角形平面的密檐塔在辽代盛行，基台之上设布满雕饰的须弥座和莲台，塔身为砖砌实体，底层四面雕假门而内置佛像，门两侧雕力士，门券上雕飞天、伞、盖等，并有仿木构的柱、额、斗拱等。塔柱在辽代多用圆形、八角形柱，金代则多用塔形柱。密檐塔现存著名实例有北魏建登封嵩岳寺塔，唐建西安荐福寺小雁塔、北京云居寺金仙公主塔(石塔群)、大理崇圣寺千寻塔，五代建南京栖霞寺舍利塔，辽建北京天宁寺塔，金建辽阳白塔等。

3）单层塔

墓塔多为这种形式。单层塔早期为石造，平面呈四方形，仅有基台，不筑基座。唐代开始有八角或六角形平面的，用条砖叠涩砌双层须弥座基座，束腰部分做壶门。宋、金两代多用枭混砖，明代开始减为单层须弥座，底边用圭角。唐代的塔身中空，唐以后多为实心砌体。单层塔著名实例有隋建历城神通寺四门塔，唐建北京云居寺石塔群、登封会善寺净藏禅师塔等。

4）覆钵式塔

元代开始在内地大量建造覆钵式塔，明、清续有修建。它由双层塔座、瓶形塔身和塔刹组成。塔身涂白色，俗称“白塔”。台座多呈亚字形，元代和明代用双层台座，清代用单层。元代的塔脖子较粗，明、清逐渐改细。清代在塔正面辟“眼光门”，置佛像。覆钵式塔著名实例有元代所建的北京妙应寺白塔，明代重修的山西五台县塔院寺白塔等。

5）金刚宝座塔

金刚宝座塔仿印度佛陀伽耶大塔的形制，下为方形高台，上置五座塔，中心一座最高大。金刚宝座塔现存著名实例有明建北京正觉寺金刚宝座塔和清建内蒙古呼和浩特燃灯寺塔。

6）花塔

花塔又名华塔，是单层塔。顶上有许多小佛龛、佛像、动物雕塑等，犹如一束花朵。花塔现存实例有辽代所建北京房山县孔水洞附近的花塔。

7）过街塔

过街塔建在门墩上，下有门洞可通行。过街塔著名实例有元代所建北京昌平县居庸关过街塔和元末明初所建镇江昭关石塔。

8）傣族佛塔

傣族佛塔有亚字形基座，塔身修长，周围衬以小塔和怪兽雕塑。傣族佛塔著名实例有云南潞西凤平大佛殿塔。

（二）各类有代表性的塔的方方面面

塔主要是为高僧圆寂后，埋葬灵骨(佛舍利)而建，所以叫做舍利塔。可以说，凡是佛教的塔，无论什么式样，都是一种纪念性建筑。

按照建塔的目的与性质，中国古塔分为两大体系：第一大体系是佛塔，佛塔也是我国古塔发展的主要方面，全国80%以上的塔都属于佛塔；第二大体系为文峰塔，是我国民间为象征风水而建造，数量比较少。塔是我国古代的高层砖石建筑。

佛塔中的木塔发展比较早。东汉献帝初平四年(193年)，笮融在徐州治所下邳(今江苏省睢宁县古邳镇)建筑的塔，就是一座木塔。从那时起，木塔逐渐增多。到了北魏，木塔的规模已十分雄伟。据《水经注·谷水》记载："水西有永宁寺，熙平中始创也。作九层浮屠，浮屠下基方十四丈，自金露盘下至地四十九丈，取法代都七级，而又高广之，虽二京之盛，五都之富，利刹灵图，未有若斯之构。"这就是我国早期著名的洛阳永宁寺木塔。中国砖塔的发展比木塔稍晚，如西晋太康六年(285年)在洛阳太康寺有三层砖塔。北魏天安二年(467年)在平城(今大同)有七层砖塔，北魏在河南登封嵩山有十五层嵩岳寺砖塔等。据记载，北魏所建塔的数量非常多，式样也各异。

隋文帝杨坚，为了给他母亲庆寿，曾在全国各州城的寺院里分三次建塔。当时在首都大兴城，统一绘制塔图样，派专人将图样送到各地，确定日期，同时兴建。这是我国建筑史上的一件大事。据张驭寰先生参阅文献，以及实地考察，当时的塔是一种木塔，木塔不耐久，所以至今一个塔都没保存下来。前些年在山西出土过隋舍利塔奠基碑。在山西永济县中条山栖岩寺还留下一座隋舍利塔大石碑。山西历城县神通寺四门塔是当时留下来的唯一的一座单层石塔，隋代舍利塔的式样也可能和四门塔的式样大体相似。

唐代佛教又有新的发展，分为十几个宗派，各宗派都分别建立寺院，建造佛塔。保留到今日的以关中地区、河南嵩山地区比较多。唐代砖塔体型高大，平面方形，内部以空筒式结构为主，外部做成楼阁式；有的塔内部做成楼阁式，外部则为密檐式。每层塔室采用木楼板，用木梯按层折上。现存的实例有西安慈恩寺大雁塔、荐福寺小雁塔、长安香积寺善导大师塔、澄城大塔、登封法王寺塔、礼泉香积寺塔、周至八云塔、武陟妙乐寺塔、富县柏山寺塔。这些都是唐代原物，充分反映了唐代砖塔的面貌和构造方法。唐代砖塔式样，影响到南诏(云南)以及渤海国(牡丹江地区)。

从唐代开始，还有一种"中国窣堵波式塔"。这种塔下端为一个八角形基座，上端建造一个大型圆球体，代替塔顶，又代表塔刹，常常用在墓塔之中。规模比较大的如云南省大姚白塔。天童寺殿堂内、少林寺塔林中也都有这种形式的塔。

五代十国，战争频繁，但统治阶级仍然提倡佛教。其间"阿育王塔"得到很大发展。这种塔其实是佛教《宝箧印经》所讲的"宝箧印塔"，它已形成一种类型。据佛教史籍记载，远在公元前270年古印度阿育王统治时期，为了供奉佛舍利，建过84000座塔。从那个时候开始，所建立的寺院称阿育王寺，所建立的佛塔称阿育王塔。我国建造阿育王塔，开始于三国时代。西晋时，西三藏安法钦所译《阿育王传》记述，称阿育王所造的94000座塔，在中国有19座。五代时期，吴越王钱弘俶仿照阿育王的事迹亦建84000座塔，分别隐藏于各大名山中，塔的形象有大塔，也有小塔，至今获得的遗物很多。它的初始形式如同河南登封嵩岳寺塔第一层塔身雕刻出来的"阿育王塔"，南响堂山石窟第一窟左壁佛龛上雕刻之塔，天龙山石窟外浮雕塔，宁波阿育王寺舍利殿的阿育王塔，天台国清寺香案上的塔。泉州、漳州、长沙等处都有实物存在。从这些塔可看出各个时代阿育王塔的式样。

宋代，佛教中的一派——禅宗得到很大发展。当时禅宗分为五宗，各宗都建寺造塔。宋代的佛塔，平面一般做成八角形，只有很少部分做成六角形，采取楼阁式。塔的内部有十几种结构形式，其中主要的有壁内折上式结构，宋代以后都运用这种结构方式，遍及全国各地；回廊式结构，分布在江苏、浙江一带，苏州、杭州的塔做回廊式的比较多；穿心式结构，分布在江苏、四川、江西、河南、内蒙古等地；穿心绕平座式结构，以广东、广西、安徽、河北各地的塔为主。壁边折上式结构在江西、福建的一些塔中运用较多。其他还有旋梯式、圆形折上式、方形折上式、错角结构、穿壁式等结构方式，实例很多。如上海松江兴圣教寺塔、定县开元寺塔、杭州开化寺六和塔、苏州报恩寺塔、武安常乐寺塔，都是这一时期的代表作品。宋代建塔的数量比较多，遗留至今的也为数甚多，内容异常丰富。宋代是我国古塔发展史上的一个改革时期。

宋代对砖塔内部结构进行了较大改革。因为唐代的砖塔，仅仿照木塔的结构建筑，四面砌砖，砌成一个空筒，各层用木梁板做成楼层，再用木梯上下。若遇火灾，塔内木梁板构件焚毁一空，只留下一个砖造空筒。况且空筒结构纵横之间，没有拉接的构件，极不坚固，遇地震时，门洞与窗口部位易开裂，或者倒塌。由于这种方形空筒结构很不合理，所以从宋代开始吸取唐塔毁坏的教训，对塔内部进行改革，出现了很多的结构方式，普遍增加了塔内部的横向结构强度。

例如，壁内折上式结构的方法。在塔的外壁壁内设塔梯，按塔的平面形状折上。塔的楼层改用砖层，砌塔的外壁时，就考虑到楼层，因此楼层、外壁、塔身三部分结合在一起。层层如此，这样就使塔的内部有了整体性，上下左右能连接在一起，具有较大的刚度。这种结构方法，在宋塔中普遍采用。

塔的造型艺术也有各样的风格。关于轮廓线，在魏、唐时代，一座塔上下收分很严格，都做出柔美的曲线，曲线圆和，又有韵律。到宋代以后，轮廓线变得刚直挺拔，柔软的姿势有所减少。关于雕刻，魏、唐时代大型的塔不做什么雕刻，简洁朴素，多半在小石塔上进行极为细致的雕刻。宋代砖塔塔身上，大量模仿木构建筑作为装饰。

从唐代开始在塔上出现平座，到宋代普遍运用平座。一塔有平座的设备，可从塔的各层室内走到外廊。平座有栏杆，用斗拱支承，实际和现代建筑上的阳台是别无二致的。宋代造塔普遍运用这一点，改变了魏、唐以来从塔内不能走出外廊眺望的缺陷。

关于塔的位置，一般都是将塔建在寺院的中轴线上。南北朝时期将塔建立在寺院正中，佛殿绕塔而筑。例如，北魏时代洛阳永宁寺塔、登封嵩岳寺塔，都是以塔为中心的布局方式。到了隋唐仍然以塔为崇奉对象，但常常将塔建在大殿的前端，建成塔院，塔后建立大殿，塔仍然居于主要的地位。洪洞广胜上寺，在唐代时已建设了塔院，其他如大理崇圣寺、介休虹霁寺都建设了塔院。还有的将塔建立在大殿旁侧，形成塔与殿并列的布局方式，如正定开元寺、周至大秦寺、永济普救寺等。到宋代以后，大殿作为崇奉对象，将塔建在大殿之后，塔退居次要地位，以殿为主。还有的将塔建在寺院的外围，或建在寺院附近的高山顶端，使塔成为标志，从很远的地方就能望见塔，知道寺院的所在。山西交城玄中寺、中条山栖岩寺等，都是如此。

辽塔分布在河北、山西、内蒙古、辽宁、吉林等处。这一时期的塔大多做成实心密檐式，极少做成楼阁式。第一层塔身比较高，雕砌佛像、狮子、莲花、飞天等，从第二层以上做密檐式塔，层数为 9～13 层，如山西灵丘觉山寺塔、昌黎源影塔、北镇崇兴寺双塔、朝阳凤凰山中寺塔等。金代佛塔的数量比较少，塔的式样分为两种：一种仿照辽代密檐塔的式样；一种吸取唐代造塔的方式，做方形密檐塔。河南沁阳天宁寺塔、开原崇寿寺塔均属这一时期的杰作。

元代统治者信奉藏传佛教，曾大量建筑覆钵式塔。它分布在我国的西南、西北、东北、华北，甚至延伸入中原，风行一时。除覆钵式塔之外，其余的塔杂乱无章。

覆钵式塔的式样，无论怎样变化，都有统一的风格，如北京妙应寺塔、河南安阳乾明寺塔、镇江观音寺过街塔，等等。从这些塔可以看出这一时期覆钵式塔的发展规模与形象的统一。这个时期还有金刚宝座塔，数目不如覆钵式塔那样多。这种塔也都建在寺院里，或寺院的外围，平面方形，每座都建筑在一个较高的台基上。从洞门中可以登上平台，台上中心都建一大塔，四角建设小塔，共 5 塔，所以人们常常称它为五塔。据《续高僧传》中的《隋京师静觉寺释法周传》记载：在韩州(今山西河津)修寂寺里就已建有金刚宝座塔。中国 1300 多年前就已建造这种塔，现存只有元明清三个时期的遗物。昆明官渡金刚宝座塔、北京大正觉寺塔、呼和浩特慈灯寺塔、襄阳多宝塔，这些都是比较有名的。

明塔仍然以楼阁式为主，继承宋塔的结构方法。目前全国最高的砖塔，就是明代建筑的陕西泾阳县崇文塔。明塔还有江苏丹阳万寿塔、山西永济万固寺塔、咸阳铁塔、南京大报恩寺塔、洪洞广胜寺飞虹塔……从明塔的数量与质量来看，这个时期又是建塔的一次大发展阶段。

从五代开始，还用铜铁材料造塔。五代时钱弘俶制造的“阿育王塔”有 84000 座，其中一部分是用铜铁制造的，如广州光孝寺南汉铁塔、镇江甘露寺宋铁塔，当阳玉泉寺宋塔，山东济宁宋铁塔。明代用铜铁材料建塔，得到进一步发展，留下来的铜铁塔遗物更多。例如，五台山大显通寺铁塔、山东泰安岱庙铁塔，都是用铁制造的。当时铜铁产量毕竟是有限的，用铜铁造塔造价昂贵，而且塔的本身重量大，不能做得太高。因此，经过尝试，用铜铁造塔的做法以后逐步被淘汰。

从宋代开始建造琉璃塔。大型塔在砖表面上镶嵌琉璃，小型塔直接用琉璃烧制。明代大量建造琉璃塔，并且都很精美。大家都知道，琉璃塔造价贵，但是防水、防雨效果特别好，而且五彩缤纷，达到了美观的效果。有名的如南京大报恩寺塔、山西霍山广胜上寺飞虹塔、山西阳城琉璃塔、河南开封佑国寺塔、五台山狮子窝琉璃塔，都是明代建造的琉璃塔。

清代已是封建社会晚期，佛教到了衰落地步。在个别地区也建筑一些楼阁式塔，但是式样与结构方面没有什么创新。许多地方建塔，没有统一的章法、风格，塔从内部到外部都比较简单，远远没有唐、宋、明时期的塔那样高大。

清代覆钵式塔的数量比其他的塔多，如北京北海白塔，妙峰山白塔，沈阳东、西、南、北四座塔，呼和浩特席力图召覆钵式塔，造型都有一些变化。

另外，从公元 14 世纪开始在国内各地发展起来的文峰塔，是在风水学说发展下产生的。在一个县城里，由于地势缺乏气势，如没有高山，或在东南、西南等一个方向的地势低洼，景物空缺，必然要建筑一座塔。它象征本县风水，能出人才。有的地方叫做文峰塔，也有的地方叫文笔塔、文笔星、风水塔，等等。它的形式多半采取佛塔的式样，甚至在塔身上雕刻佛像，变化也很多。

南方塔、北方塔的造型艺术和风格迥然不同。南方塔以浙江、江苏、安徽、江西、广东等地为主，已查到的有200多座。上海松江兴圣教寺塔、杭州六和塔可以作为代表。塔身有平座、栏杆、腰檐、飞檐、挑角，给人一种玲珑秀丽的风格；北方塔以河北、河南、山西、陕西、甘肃、辽宁等地为主，仅山西省就有唐代塔31座，五代4座，宋代17座，金代12座，元代17座，明代34座，清代17座，共计132座，北方塔表现出梁枋、斗拱、腰檐，精工细做，气魄雄伟壮观，以河北定州开元寺塔为代表。

总体来看，中国的古塔从佛塔到文峰塔，从小到大，从砖到石，从方形到八角形，从六角形到圆形，至今还保留不下数千座。它们矗立在我国广大的土地上，代表着我国的传统文化、建筑工程的水平。它不仅仅是佛教史迹，而且是中国古代建筑发展方面的一大成就。因此，我们要保护塔，要维修塔，要研究塔，以总结吸取古代高层建筑的经验。

三、房

这里的房是指宫殿、寺院、庙宇等。此外还有与房有关的砖石牌楼、华表、碑、石雕等。

（一）无梁殿

无梁殿就是以砖石拱券结构筑成的较大型建筑物。它是从墓室的拱券结构发展而来的。

古代建筑造型受木结构形式的影响巨大，甚至采用砖石拱券结构也要做成坡顶木架房屋的外观形式，因其内部没有梁架，故这类建筑俗称无梁殿。无梁殿的建造以明代最为普遍，遗存至今的实例很多，如南京灵谷寺无梁殿(图2-8)、苏州开元寺无梁殿、太原永祚寺无梁殿、五台山显通寺无梁殿、北京天坛斋宫、北京皇史宬、武当山永宁殿、峨眉山万寿寺无梁殿等，同时也大量应用于坛庙的大门建筑上。无梁殿结构之所以在明代得到发展，其内在原因是技术条件的成熟，主要表现在三方面。第一，解决了大跨度支模技术，能建造跨距达11m的大券，完全可以满足使用功能的要求，这与汉代墓葬中所用仅可容放一棺的3m左右的券洞已不可同日而语。第二，石灰胶泥的应用普及以后，增强了筒券结构的强度。第三，制砖技术提高，可以提供大量较经济的黏土砖。材料工业的发展带动了建筑结构的发展，明代城墙及民居开始大量用砖砌造即证明了这一点。

图2-8　江苏南京灵谷寺无梁殿

中国无梁殿的设计虽然受着传统木构建筑概念的形式制约，但也包含着不少匠心独运之处。无梁殿的内部空间设计尽量与坡屋顶的外形相适应，减少不必要的结构或构造体量。例如，南京灵谷寺无梁殿内部空间设计成三列筒券，中间筒券高，前后筒券低，与外檐的重檐形式相一致。五台山显通寺无梁殿的二层也是中间为大券，四周为较低小券，这样的券洞组合与屋顶曲线也是一致的。在一般城门洞和坛庙门洞的横向筒券的中间一段加高，一可以解决门扉开关问题；二可以减少屋面垫层，节约工程量。在增强券体的稳定性方面，古代匠师有自己的处理方式。欧洲的高耸挺拔的高直建筑采用拱肋构造，券脚比较高且必须在拱券两侧加设扶壁或飞扶壁才能稳定。而我国券洞的高跨比较小，券脚低，往往通过主券、副券间的排列组合来加强整体的稳定性。例如，南京灵谷寺无梁殿的主券洞前后为平行副券洞，两端为厚墙以支持主券洞。太原永祚寺底层主券洞前后为厚墙，两端为横券洞以支持主券洞。五台山显通寺无梁殿更有特色，因为主券洞高逾两层，故底层周围为一周厚墙，墙身开了一串横向券洞作为门窗，二层围绕主券设一周廊券洞作为通道。这样做既满足了使用要求，充分利用建筑空间，又可加强建筑稳固性，是一项巧妙的设计。

拱券结构在传统建筑中虽未成为主流，但也不可忽视它在技术上、艺术上对传统建筑的影响，有时也会在某些建筑中成为主角。假如从建筑物中取消了这类半圆形的造型，中国古建筑将大为减色。

与拱券结构并行发展的还有拱壳结构，约产生于公元前 1 世纪的西汉末年，像拱券结构一样，也是首先用于地下墓室的一种结构。它与拱券或筒券结构不同的是可将顶盖的荷载均匀地传布于四面墙壁上而不是左右两壁。拱壳适用于方形或长方形墓室。地面建筑使用拱壳结构的实例不多，只有宋代以后伊斯兰教在我国传布开来，圆顶壳屋顶在礼拜殿建筑中才得以应用，如杭州凤凰寺的主殿屋顶即三个圆拱壳结构。新疆维吾尔族建筑由于受到中亚的影响，采用土坯发券及砌筑拱券的例子是很多的。

（二）古建筑中的石构件和石部件

古建筑中的石构件和石部件主要有台基、柱础、栏杆、台阶等。

1. 台基

台基分为普通台基和须弥座两类。

1）普通台基

据在汉明器、画像石和石阙中所见，从秦汉起，台基已成为建筑中不可缺少的一部分。这时的台基已有压栏石、角柱石、间柱等构件。宋、清普通台基做法基本相同，侧面光平，宋代台基上缘用压栏石、角上用角柱，清代称阶条石；宋代在压栏石以下，角柱石以内，一般砌砖，清代有时镶石板，称陡板石。

2）须弥座

须弥座是一种侧面上下凸出，中间凹入的台基，由佛座逐渐演变而来。最早见于北魏石窟，形式比较简单，雕饰不多。从隋唐起使用渐多，成为宫殿、寺观等尊贵建筑专用的基座，造型也逐渐复杂华丽，并出现了莲瓣、卷草等花饰和角柱、力神、间柱、壸门等。宋《营造法式》中规定了须弥座的详细做法，上下逐层外凸部分，称为叠涩，中间凹入部分称束腰，其间隔以莲瓣。从元朝起须弥座束腰变矮，壸门、力神已不常用，莲瓣肥硕，多以花草和几何纹样做装饰，明清成为定式。但在相似大小的建筑物中，清式须弥座栏杆尺度比宋式为小(图 2-9)。

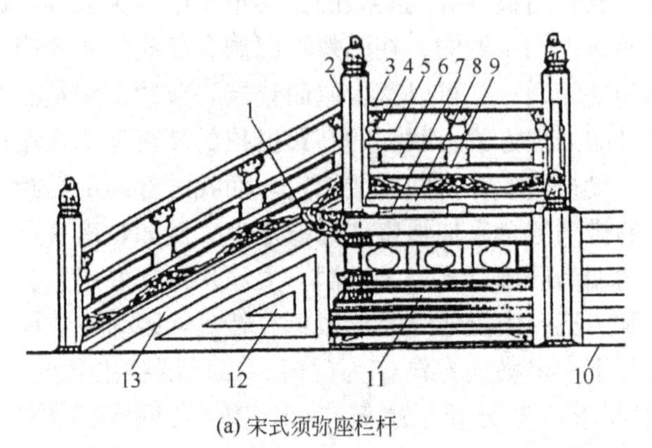

(a) 宋式须弥座栏杆

1—螭首;2—望柱;3—寻杖;4—云拱;5—瘿项;6—花板;7—螭子石;
8—地栿;9—地霞;10—踏道;11—须弥座;12—象眼;13—副子

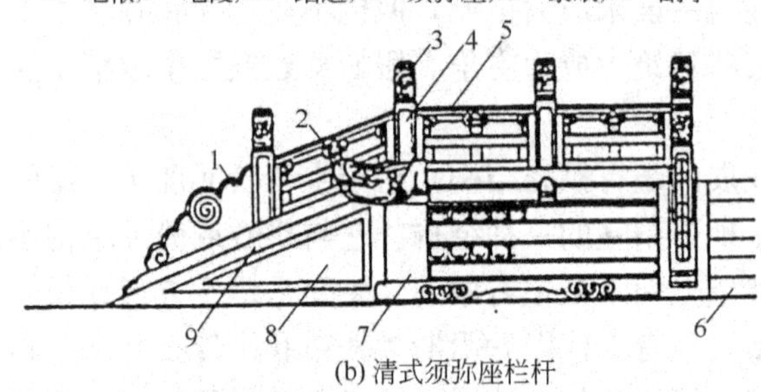

(b) 清式须弥座栏杆

1—抱鼓;2—螭头;3—柱头;4—柱子;5—栏板;
6—踏跺;7—角柱;8—象眼石;9—垂带石

图 2-9　须弥座

2. 柱础

宋称柱础，清称柱顶石，是放置在柱下端的石制构件，为扩大柱下承压面及木柱防潮而设。早在商朝时已知在木柱下置卵石或块石做柱础。秦代已有方 1.4m 的整石柱础，一般的柱础有覆斗等形式。魏晋时出现了莲瓣柱础。宋《营造法式》中规定柱础的做法有素平(平面方石)、覆盆(方石上雕凸起如覆盆)、铺地莲花(雕莲瓣向下的覆盆)、仰覆莲花(铺地莲花上再加一层仰莲)四种形式。为了防潮，南方各地的柱础较高。柱础形式多样，雕饰花纹丰富，是重点装饰的部位。

3. 栏杆

宋时称栏杆为勾阑或钩阑，最早使用的是木栏杆，石栏杆出现较晚，目前所见最早的为隋建安济桥和五代建造的南京栖霞寺舍利塔上的石栏杆，是仿木形式。宋代和清代的石栏杆构造基本相同，都是用整块石板仿同时代木栏杆的形式镂雕，称栏板，板间立石柱，称望柱。栏板、望柱间用榫连接，一般均一板一柱相间。宋代栏板可以接续，有时可隔几板才用一柱，清代栏板望柱下加地栿。石栏杆端头望柱外需要支顶，金建卢沟桥两端置石象为最早的实例。明清时发展了抱鼓石，并成为定制。宫殿须弥座台基边设石栏杆，每望柱下要加一外雕做龙头状排水口的石条，称“螭首”。

4. 台阶

台阶即登高的道路。分阶级的宋称踏道，清称踏跺；做坡道的宋称墁道，清称礓磜，但宋代墁道没有石砌的。

(1) 踏跺。宋式和清式基本一样。两边各斜置一条石，宋称副子，清称垂带石。其间装条石踏步，高度比为1∶2，宋称踏，清称踏跺石。垂带外侧的三角形垂直面，宋代用条石层层退入砌成，称象眼石；清式用一平石板，称象眼石。在踏跺前方和两侧铺和地面相平的条石，宋称土衬石，清称在最下一级之下的为砚窝石，垂带下的为土衬石。明清宫殿主殿和主殿门中间的踏跺是皇帝专用御路，多做成中央斜置一条雕云龙御路石，两侧各有窄的踏跺。雕云龙御路实际不能行走，由太监抬辇舆走在两侧踏跺上，把坐在辇舆中的皇帝从御路石上空抬过去。清代还有两边不用垂带，踏跺逐层缩短，在两侧也形成阶级的踏跺，称如意踏跺，多用在园林中。

(2) 礓磜。两边加垂带石、象眼石，下加土衬石、砚窝石，形成与踏跺相同，斜坡道表面铺凿有防滑的横向细齿的石条，清式规定坡度为1∶3。

(三) 古建筑中的砖构件与砖部件

古建筑中的砖构件与砖部件主要有基础、阶基、墙壁、砖墁地、雕砖等。

1. 基础

宋以前的建筑建在夯土地基上，把柱础下的部分加密夯实；金代宫殿在夯土中按设础坑，用砖渣和土逐层相间夯实，上放柱础；明清建筑在柱础石下砌砖墩，称为磉墩，上置础石。每一柱下用一个磉墩的，称之为单磉；檐柱与金柱较近时，二者连砌，称为连二磉；转角处还可4个连砌，称为连四磉。磉墩之间砌砖墙，与柱础下皮平，称为拦土。

2. 阶基

建筑下部的台基，宋代称之为阶基，后世俗称台明。比较考究的阶基，全部用石包砌；一般的阶基，在阶条石与好头石之间，不用陡板石而是砌砖，即为砖阶基。有的建筑在台基之前接砌稍低一点和小一点的平台，清代称月台，做法与阶基同。

3. 墙壁

房屋的墙壁一般都依柱子垒砌，从柱子中线分为里外两皮，外皮将柱子完全包在墙内。清式在墙的下部(1/3柱高部位)，用砖砌出裙肩，即宋式中的"隔减"，上部为墙身。墙面不摸灰的称清水墙，抹灰的称混水墙。清水墙有干摆(即磨砖对缝)、丝缝、淌白、糙砌四种砌法。前两种砌法的用砖，都要经过砍、磨。墙表面不留或只有极细的灰缝。内外两皮的中间，填入普通砖后，灌注灰浆。这在某种意义上具有镶面砖的性质。后两种是一般露灰缝砌法。墙的顶部一般按1∶2做成斜坡，与檐枋下皮相接，叫做墙肩(外墙也有做馒头顶的)。墙壁因所在地位不同，可分为下列几种。

1) 山墙

山墙是砌在房屋左右尽端的砖墙。山墙因屋顶类型不同而有多种形式。悬山山墙有顶到椽子和望板的，也有依梁柱的分布把墙肩砌到各梁的下皮，成为阶梯形的五花山墙的。

硬山山墙由台基的上皮直砌到瓦顶，正面用墀头等逐层挑出，其上陡立一微前倾的方砖，称为戗檐。最上层线脚转至山面，成为与瓦顶平行的两层拔檐线砖(或用混砖)，上承砖博风，如图 2 - 10 所示。南方民居布局紧凑，山墙高出屋面，或与院墙连成整体，形成各种形式的封火墙。

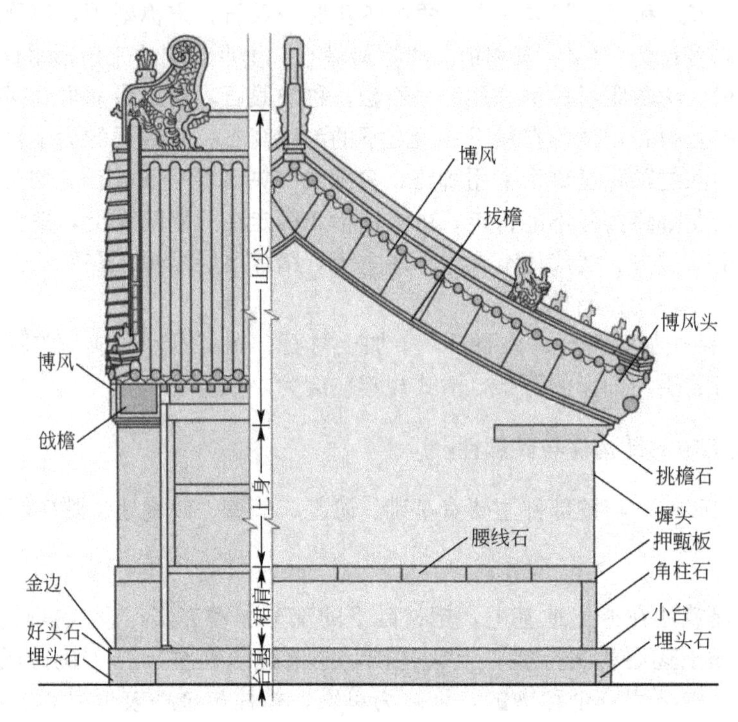

图 2 - 10　清式硬山屋顶山面图

2) 檐墙

檐墙是沿檐柱砌筑的砖墙，根据所在部位，有前后檐墙之分。宫殿和讲究的民居，多把前檐做成通间的木装修，不用砖墙。檐墙一般均高至檐枋下皮。封护檐墙则用外皮砖把檩椽封住，有各种形式，如冰盘檐、抽屉檐、菱角檐等。

3) 扇面墙和隔断墙

扇面墙和隔断墙都是室内隔墙。凡砌在金柱之间与檐墙平行的墙(高至金枋下皮)，叫扇面墙；与山墙平行的墙(高至梁下皮)，叫隔断墙。古代木构架建筑的砖墙均非承重墙，但后世砖木混合结构的房架均落在檐墙的梁垫上，也有不用房架把檩放在隔断墙和山墙上的，称为硬山搁檩。

4) 槛墙

槛墙是窗下面的矮墙，高度为柱高的 3/10；如安支摘窗，高度为柱高的 1/4。考究的槛墙多用干摆做法。宫殿、庙宇等主要建筑的槛墙有用黄、绿色六方形琉璃砖拼贴成龟背锦纹等图案的。

5) 院墙和围墙

院墙和围墙是分隔庭院和围护总体庭院的界墙，一般分墙基、下肩、墙身、墙檐和墙顶等部分。墙基糙砌，下肩多细砌，墙身有混水墙和清水墙两种做法。园林建筑中有的墙身留些窗洞，如带有什锦灯窗、漏明窗的墙，叫做漏明墙；大部用砖砌成透空图案的墙身，叫做花墙。

4. 砖墁地

房屋的室内和廊内多墁尺二、尺四、尺七方砖地面，或尺七、尺二金砖地面。金砖是在苏州以特殊工艺制作的砖。简单小房用斧刃砖和陡板砖墁地。墁地有粗墁和细墁两种做法。粗墁地面用普通砖铺墁；细墁地面(磨砖对缝)须用五面加工的方砖，油灰挂缝，坐浆铺墁，然后水磨平整，再上生桐油润透。

庭院里一般多在纵横轴线方向上墁方砖甬路，沿房屋周围铺墁向外微坡的“散水”，以免雨水浸泡房基。北京紫禁城宫殿太和门前面的御道用砖石混合铺墁，两侧侧砌绉砖为边线，称为柳叶砖地面。御道上墁成八字形砖趟，称为斜柳叶地面。御道两侧大面积的墁砖地面，称为海墁。

5. 雕砖

明清建筑中的如意门、影壁、透风、花墙以及清水脊上均有雕砖装饰。早期在制砖坯时塑造，然后烧制成花砖，逐渐变成在砖料上进行雕刻。从事这种雕砖专业的人称为花匠。雕刻手法有平雕、浮雕、透雕等，南北手法不同，各有特色。雕砖是中国古代特有的建筑装饰。

(四) 石制附属建筑和建筑小品

石制附属建筑和建筑小品有阙、牌坊、华表、石幢、碑碣、石座、石人、石兽、石灯、石坊、石航等。著名实物如渤海国石灯、明长陵石坊、宋河北赵县陀罗尼经幢、北京颐和园的石舫(清宴舫)等。

四、桥

中国古代桥梁数量极多，分布很广。有些古桥已有1000年以上的历史，至今还在发挥作用。中国江河纵横、湖池密布，故桥必然多。中国古桥以用料来分，有木桥、砖桥、石桥、竹桥、铁索桥、竹索桥等；以其结构形式来分，有平桥、拱桥、浮桥、悬索桥等；以大小来分，有大桥、小桥、长桥、短桥、高桥、矮桥等；以颜色来分，有白桥、蓝桥、红桥等。

(一) 水上交通用桥

水上交通用桥不同结构形式如下。

1. 跳墩子

跳墩子严格来说不能算桥，不过也解决一些交通问题。在窄而浅的小溪上，水不太深，涉足可过的地方，常用石墩立在水中，石上部露出水面，这样人就可以踏着石墩子走过去或跳过去，所以人们称它为跳墩子。

2. 浮桥

在水宽和水流速度不大的地方，常做浮桥。浮桥是我国很早就有的东西，因为它施工很方便，不必打筑桥墩。浮桥有两种：一种是用竹或木筏连在一起横亘在水面上；另一种是用船连锁起来横在水面上。连接常用铁索(或称铁缆)，因为水流常将浮船冲成弯形，如果铁索不够粗大时，则浮桥常易被水冲断。浮桥上面铺板，人行其上略感上下颠簸。在浮桥两端也常用装饰物。《元和志》记载，天津桥在河南县北四里，隋大业元年(605 年)初建，以铁锁维舟，勾连南北，夹路对起四楼。这四楼并不是单纯的装饰物，而是拴铁锁的地方，不然浮桥就被水冲跑了。

3. 木石板平桥

这是最常用的桥。最小的平桥常建在园林小溪等处，只用一块石条或木板即可。不过，过去园林里有的刻意将石板雕凿成漫圆的形体，看起来别致生动。在较宽的水面上架平桥时必有桥墩。桥墩的种类也很多，有的用石轴柱，在黄河流域用的很多。每桥墩可用五六颗圆形石柱排起，每柱相距约二三尺，石柱的多少取决于桥面的宽度，如西安沣桥用六根，而浐桥则用五根。柱上纵横排列着横枋，然后在柱墩间再架梁及桥面。石柱采用圆形以减弱水的冲击。也有用木柱做桥墩，可见于宋画《水殿纳凉图》及近代实物。

最常用的桥墩是石墩。石墩在唐代起就用分水尖以杀水势。在石墩上置石板或长条石即成桥。不过在南方如四川等处常多沙石，极易风化，因此长条石时常有折断的危险。为了防止意外，不得不在长条石下先铺以木梁再铺条石。如果石断，不致即刻伤及过桥的人、畜等。石平桥在园林里很常见，而且变化也很多，这些变化体现在平面布置上，时常由岸到水心亭做成三曲、五曲或九曲乃至更多的曲折：有的呈弓字形，有的呈之字形。而水中的万字廊，如果桥上不做廊的时候也可以算是曲折桥的一种。九曲桥已是中国园林里习用的曲桥的专名词。曲石桥上用石坐凳栏杆较为轻快佳妙。石平桥在园林的水面上如何曲法，及安置何处，要临时决定，要与当地四周情况相呼应，不然，乱曲一通必定失败。

4. 券桥

券桥用石或用砖做圆券(或称圆孔、圆洞、圆空)，它的好处是桥面不易折断而跨度又可很大。中国发券的做法大约在殷代就有了，但是何时用在桥上则不确知。实物则在隋代就有了。不过，隋代李春建造安济桥那样精美的工程，绝不是一蹴而就的，如何能达到这种精美程度，则应是更早的事情，不过早到何时暂不能断定。

中国现有券桥多为石制(砖券多用在墓室、城门券洞上)。券数目以河宽而定，有单孔券、双孔券、三孔券、五孔券、七孔券、九孔券、十一孔券……以至数十孔券不等。有半圆形券、双圆心券、弧状券。南方多半圆形券，而北方多双圆心券，弧状券则较少。园林内多用单孔券桥，如颐和园玉带桥(也叫罗锅桥)就是形制很优美、值得欣赏的一座桥。它的券孔如此高大是为了行船。这种大孔单券在南方也很多。此外，单孔弧状券则以隋代赵县安济桥(又名大石桥)较为出名。这座桥跨度达 37m 余。大券两端各有两个小孔券，是为了泄水势和减轻大券荷重。这种做法比欧洲要早 1000 多年，充分展现出隋代工程技术的高度成就。这座桥与明清的桥最不同的地方就是用 28 道单券拼成一道大券，而不是用一个整券砌的。这种做法一直到明朝还在采用，不过我国在很早如汉代的砖发券也有用整个桶状券的。另外还有一种石券，是一排立摆、一排横摆，然后又立摆又横摆，很像砌砖。这是很不科学的。石桥的券石以南方为最薄，而且有的厚度比一般计算上规定的数字还小，但是也很坚牢。

在北京帝王园林里常用石券桥，如颐和园内的十七孔桥，大有“长桥卧波”之势。北海的堆云积翠桥以及金鳌玉虹桥也都是券桥。这些券桥在大水面上确能增加风景上的生动姿态，但是小水面上以不用发券为妙，而以曲桥较佳。

北方石桥发券的做法：北方清官式石桥券洞不是半圆形而是近于尖券式样，即双圆心券。券高比券跨度高约 1/10，即在起券线上的双圆心彼此距离 1/10 的券宽(跨度)。通过这样的办法起圆弧，券高自然比券宽度大。这种券顶上是尖形的，不过券正中用龙门石，所以看不见尖顶。

券石的大小：在券外面的叫券脸石，高度按桥中央最大孔面定。面阔 1 丈 1 尺以下，每丈用高 1 尺 6 寸(即按面阔的 1.6/10)，长按高的 11/10，厚按高的 9/10。龙门石外常雕吸水兽，所以石需另加厚(按高的 1/3)。

内券石是券脸石内的券石。高略低于券脸石少许，宽按高的 6/10，长按宽的两倍(参见中国营造学社汇刊第五卷四期王壁文的《清官式石桥做法》)。

5. 廊桥

廊桥也叫楼桥或风雨桥(见芥子园画谱及四川县志)。它是下为桥墩，上为长廊的木桥，也是汉唐以来复道的制度，不过将木支柱改为石桥墩而已。在桥面上加盖长廊的原因不是为了美观，而是为了保护木板桥面。因为木地板暴露在多变的气候里很容易朽烂，所以必须加盖廊屋来保护木地板。并且长廊也为当地风景增添了无限的画意，即使由桥廊内向外看也觉得山水多姿，所以廊桥是为一般人所喜用的。不过这种廊桥仍然以南方多雨少风的地方为最适宜。至于北方，因雨少风大则很少使用廊桥。兰州的飞桥上做长廊是一极少见之例(此桥已拆)。

也有在石券桥上加盖廊屋的，但也较少见。

6. 飞桥

飞桥在中国西北部或西南少数民族地区，如甘肃、青海、云南等处常用。它是采用枋交错架叠，从两岸桥墩层层向河中心挑出，挑到最后相连成桥。这种桥的好处是不必在河中安桥墩以免河水深急工程繁难。这种桥可以长达一百多尺，但是不能载重只能行人，且需小心行走以免闪动有危险。

7. 索桥

索桥在中国西南部最多。它是用竹索或铁索做成的悬桥。其起源可追溯至西汉或更早。一般在激流上，即在两岸安墩子然后架索，索上铺板即可行人，如泸定铁索桥、乌江铁索桥。灌县的竹索桥是用竹做索，因为水面太宽，所以在浅水处有桥墩数处。无论铁索或竹索，它们的做法均是用许多根索编成栏杆及桥面，所以尚属安全，不过人行至桥中，索桥即上下左右摇摆，令人畏惧。竹索桥需要时常更换新的竹索，因为四川产竹，所以造索并不太难。竹索桥或铁索桥在桥两端全要将索缠绕在很牢固的墩上(或做门楼式)，不然拉力不足是很危险的。

(二) 城池中的桥

中国古代城市是一种防御性的工程，城周一般都有护城河，故必须建桥。往往一座城池，桥梁多达几十个。它们不仅是交通工程，而且还是一种造型艺术。

在城内建桥也很多。中国古代城池选址充分利用地形，有的城在河边，有的河入城中。特别是明清时代的城池，在大河上必然有桥，如郑州的新通桥，贵阳的南明桥、浮玉桥，昆明的正义桥，沈阳的大南门桥，广州的海珠桥，四川万县的万安桥、万州桥，衡阳的青草桥，安庆的小石桥，洛阳的缠河桥、洛阳桥，兰州的锁运桥，漳州的中山桥，北京的后门桥、御河桥、太平桥、大石桥、北新桥等。这类桥基本上可分为梁桥与拱桥两类，桥台上带有扶手与栏杆，雕刻纹样丰美，做工很细致，装饰艺术性强。

中国南方水乡河网地区，建成一种河街水巷的布局，在河街与水巷中架设许多桥梁，这是桥梁的一个集中点，成就突出，影响很广。明清两代的绍兴城、苏州城的河街都是此类桥中的典型。另外，如湖州城、宁波城、临海城、余姚城、衢州城等都有河街与桥。

（三）大建筑群中的桥

中国古代的建筑群有庙宇、寺院、宫廷、书院、会馆、明堂以及园林等。在这些建筑群中都常常引入水系，开凿湖池，或临近江河，建筑群与水有密切关系，有水必有桥。

庙宇是中国封建社会中用于祭天、祭神、祭祖的场所。庙宇内建桥是一种礼仪制度，日久形成一种规矩。庙宇里桥的特点是：形状较小，构造精巧，都选用石材建造。这类桥的实例如曲阜孔庙内的碧水桥、北京白云观的池桥等。

寺院是由大片房屋构成的，寺院内也有山石园林的布局，体现出一种礼制建筑制度，用中轴线贯穿，左右对称。寺院常常引水入院，通河挖池，建立桥梁。寺院建桥，有的设在山门前，如湖北当阳玉泉寺、山西平原县灵泉山灵岩寺、北京谭柘寺；有的设在山门里，即寺院内土地全部挖掘为池，一进山门，大殿前后均为水院，从山门至大殿、大殿至后殿、左廊屋右廊屋至大殿都有桥来通行，即“水院”建桥式。这类桥小巧、玲珑、秀美，装饰纹样多，成为寺院中的一种艺术点缀，如福建迁游县三会寺、山西高平县六名寺、福州鼓山涌泉寺等。

中国在宫廷的总体布局上要求有河道，必然有桥。例如，北京明代的皇宫中有长庚桥、金水桥，清代北京太和门前建有金水桥、断虹桥等。

明堂、辟雍原为祭天、祭祖建筑，流传到清代叫国子监(太学)，即高等学校。其四周一般都有河水泉池，水上四面建桥，有河水相隔，能造成一个安静的读书环境。

园林，是中国古建筑中的一个精华所在。南方园林风格秀丽，山石水榭，楼台殿阁，布置小巧玲珑，紧凑得体。北方园林规模宏大，雄伟壮美，富丽堂皇，气魄豪放。无论哪一种园林，都有假山叠石，树木花丛，亭阁楼台，曲榭回廊，都有河池湖泊以及各种桥梁。

南方园林的桥以平桥(梁桥)为主，有石平桥(石板桥)，如苏州的艺园、留园、拙政园中；有曲桥，分三曲桥、五曲桥、九曲桥，造型别致，如苏州拙政园、网狮园中；有廊桥，桥上有廊，如拙政园、网狮园中；有亭桥，在桥中心建亭，如扬州瘦西湖的五亭桥等。

北方园林宏大而豪放，其中的桥也很壮观。有平桥，桥面平坦，略带曲线，如北京北海的金鳌玉虹桥、堆云积翠桥、谐趣园的知音桥，南海的流水桥等；有拱桥，桥洞为拱，桥面也带有突出的弧度，优美异常，如北京颐和园的玉带桥、十七孔桥、后湖石桥、长廊小石桥；也有亭桥，如颐和园的西堤亭桥、药桥，河北承德避暑山庄的三亭桥等。北方园林里的桥主要用石材构成，桥台厚重，桥面上有栏杆、栏板及栏柱等，基本上用汉白玉制成；桥体为青石，桥栏为白石，洁净秀丽，十分美观。北方园林一般很大，建桥也多。例如，被八国联军毁坏的北京圆明园，3 个园共有 180 座桥，其中万春园有 50 多座，长春园有 20 多座，圆明园有百余座，材料为青石与白石。

（四）名桥举例

1. *河北赵县赵州桥——石拱桥*

赵州桥，又称安济桥，始建于隋代大业年间（605—617 年），至今仍在正常使用，是中国石拱结构的瑰宝，是中国及世界桥梁史上的巨构，如图 2-11 所示。

图 2-11　河北赵县赵州桥

赵州桥是在名匠李春主持下建筑的，坐落在县城南门外五里的洨水之上。桥身是一道雄伟的单孔弧券，跨度达 37.37m，券身是由 28 道并列的单券组成。它不仅跨度大，而且选用的是矢高较低的弓形券，券身弧线仅为圆弧的 60°角部分，由此推算整个半圆弧的跨度达 55.4m。为了保证大桥各道券身的稳定，除了在券背砌上一层伏石，增加钩石钩住大券外表面及券间加设联系铁条之外，主要措施是将券身两端基部尺寸加阔，券身中部尺寸减小，形成细腰状态，各道单券自然向中心倾侧而互相压紧，这是一项设计周密、构思巧妙的措施。两端券背之上又增设了两个小圆券，名为空撞券，即唐代名人张嘉贞所作的《安济桥铭》中所描述的“两涯嵌四穴，盖以杀怒水之荡突”的状貌。这种空撞券的处理方法，一方面可以防止洪水季节激流对桥身的冲击，一方面可减轻桥身的自重，再者还可形成桥面的缓和曲线，便于车辆行走。空撞券法表现出古代工程设计中所包蕴的科学精神。欧洲直到 14 世纪才在法国的某座桥梁上使用空撞券法，比安济桥晚了 700 余年。时至今日，赵州桥不仅仍以其优美的艺术造型为人所叹赏，同时在工程意义上继续发挥作用。在一些农村偏远地区中，我们还会发现不少类似赵州桥式样的公路桥，其中有些不用石材而采用钢筋混凝土建造。

2. *福建泉州洛阳桥——石墩石梁桥*

泉州洛阳桥又名万安桥，在福建省泉州市东北 10km 处，横跨于洛阳江入海口的江面上（图 2-12）。这是中国现存建造时间最早的一处石墩石梁海港大桥，与河北赵州桥齐名，故有“北有赵州桥，南有洛阳桥”之说。现在，泉州洛阳桥已被国务院列为全国重点文物保护单位。

图 2-12　泉州洛阳桥

洛阳桥所在的洛阳江万安渡，是从泉州北到福州，西到江西、湖北乃至河南等地的交通要道。然而，湍急的洛阳江水从西往东狂奔而下。落潮时，水急如箭，一泻千里；涨潮时，江水与海水相撞，浪高如山，声若轰雷。这样的自然景观固然令人惊叹，但它却给人们的出行带来了极大的不便。

“泉州万安渡，水阔五里，上流接大溪，外即海也。每风潮交作，数日不可渡。”宋人方勺在《泊宅编》中的这番话，便是对这里交通困难的真实写照。

据记载，洛阳桥的初建于北宋庆历元年(1041 年)。但是，那时的桥梁是一座浮桥。

图 2-13　洛阳桥桥墩分水尖

北宋皇祐五年(1053 年)，即在宋朝四大书法家之一的蔡襄任泉州郡守时，将浮桥改建为石桥。此项工程历时 6 年零 8 个月，于嘉祐四年(1059 年)完成。“蔡襄守泉州，因故基修石桥，两岸依山，中托巨石，桥岸造屋数百楹，为民居。”方勺在《泊宅编》中的这一段话，说的就是蔡襄造洛阳桥的事情。

蔡襄主持修建的洛阳桥，长 1200m，宽 5m。全桥共有桥墩 46 座，栏杆 500 个，石狮 28 只，石亭 7 座，石塔 9 座。桥墩为船形，两端砌为尖状(上游端称分水尖，见图 2-13)。两墩之间，铺花岗岩石梁 7 根。每根石梁长 11m，宽 60cm，厚 90cm。

由于洛阳桥不断地受到洪水的冲击，自修建之后的数百年间曾多次毁建。明宣德(1426—1435 年)、万历(1573—1620 年)年间均曾重修。现存的洛阳桥，重建于清乾隆二十六年(1761 年)。

为便于行车，人们在兴修福州至厦门的公路时，于 1932 年对洛阳桥进行了改造：铺设了水泥路面，安装了水泥栏杆，并把桥面提高了 2m 左右。1949 年以后，人们又对洛阳桥进行了维修，使它不仅保留了古桥的原貌，而且也成了车辆来往繁忙的一座现代公路桥。现在的洛阳桥，长 834m，宽 7m，两侧的栏杆高 1.05m，全桥还保存着原来的船形桥墩、石狮子、石亭、石塔。洛阳桥上有精美石刻，如图 2-14所示。

图 2-14　洛阳桥石刻

3. 云南永平霁虹桥——铁索桥

霁虹桥，又名澜津桥，位于云南省永平县与保山市的交界处。这是我国也是世界上现存最早的一座铁索桥。在永平与保山之间的澜津江渡口修建铁索桥，大约是汉代的事情，明成化年间(1465—1468 年)又在这里修建了这座铁索桥。

霁虹桥高悬于澜沧江上。两岸峭壁，江深水急，一桥飞跨，气势壮观。

霁虹桥长 113.4m，桥面宽 3.7m。全桥由 18 根铁索组成。铁索的两端分别固定在博南山和罗岷山的岩壁上。桥头各建一亭。过去，在桥的两端还各建一座关楼。现在西关楼已毁，仅剩东关楼。山上古寺众多。这里的佛教寺庙有元代建筑，也有明代和以后时期的建筑。由于景色美、古寺多，再加上古桥的雄伟，历代来此观览的达官名流，不但留下了许多诗文，而且也留下了难以数计的碑刻、题记。在桥西的绝壁上，“霁虹桥”、

"西南第一桥"、"人力所通"、"悬崖步渡"等，依旧历历在目。

五、墓

(一) 陵墓

人既有生也必有死，但是各时各地对于死的看法不同，则对死后如何埋葬也不同。死有重于泰山的人，或是对人类有卓越贡献的人，虽死犹生，不论如何埋葬皆可。不过早期如奴隶社会、封建社会等统治者们则视死为可畏，视饰终典礼为大事。富家子弟则是不以老人死去为可哀，而以丧事不事炫耀铺张为可耻，于是竞起祠堂坟墓以厚葬为孝。所以历代帝王陵墓及商贾豪富坟墓有不被盗掘者是很少的。

早在十几万年前，我们的祖先即有埋葬的习惯，如新石器时代的石棺及石桌坟。石桌坟多在辽宁半岛及山东半岛一带，用巨石叠落，坟如大石桌式。这在新石器时代是一件很费力的工事，足以证明那时人们已很重视死后的情况。

原始人民知识贫乏，对一切事物都感到不解，于是迷信万物有神，更迷信人死后仍然在阴间活着，所以对于死者的尸体是要注意埋葬的。不过原始社会的工程技术不高，难用很大的坟墓。到了奴隶社会，奴隶主们很残暴地进行饰终大事。他们常将死者生前的用具择优送入墓内。大墓有的跨度达到 29m，四通羡道，每阶上放置人头，墓侧也有侍从奴仆等尸坑。杀殉最多的墓有 400 余人。这一方面说明那时迷信风气盛行，一方面也说明奴隶主的残暴。

这种殉葬的风俗到周代已显著地减少，而且常用木俑代替真人。汉代则常用陶制的器皿代替真物。秦时统一天下，国力富强，秦始皇在骊山大造陵墓，做金字塔式，规模很大。传说秦始皇墓内，上有星月，下有山河，并埋葬后宫无子者以及工匠多人。秦皇无道，轻视人命，犹有殷人遗风。举世瞩目的兵马俑坑也只是目前秦陵开发出的一部分。

西汉帝国为了实行"强干弱枝"的政策，所以每当皇帝驾崩后，在长安附近要起大陵，并将天下富豪移来守陵，在陵旁起陵邑。这是汉代非常重要的政策，从而使中央更加巩固。这对建筑的影响则是将天下建筑做法及习俗移到关中来，丰富和提高了关中文化。

汉陵也是四方形的，略同金字塔，四面有围墙，墙中为门阙，陵内也是四通羡道。汉武帝时，茂陵人口比首都长安还多，可见当时长安不过是帝王贵族们的居住区，而汉陵则是大地方富豪们的居住区。这是研究汉代都市规划要注意的地方。

东汉帝王仍造陵，不过已不迁移天下富豪，可能是因为洛阳居天下之中，不同于长安(接近胡人)。同时东汉的大宗豪强可能已不如西汉初年那样盘踞称雄，所以不必再"强干弱枝"了。东汉的一般大官僚地主们的墓，仍多做四方金字塔状，在前面很远处有双石阙，有单座的，有带子阙的。这些阙都是仿木阙雕制的，不过以四川雅安高颐阙雕制最佳。至于一般富人的墓，多为空心砖墓，或花砖墓，规模都不是很大，墓内有很多明器，墓多用真券。

在南北朝时，北朝帝王陵制不详。南朝建康附近多帝王陵。陵不起坟，所谓"不封不树"想即如是。不过石兽形制雄猛，石柱身多凹槽，这些石雕非中国匠人所能雕刻，显然是受了西方建筑的影响。

唐宋陵仍然有四方形坟，四周有围墙，墙正中辟门阙，在正前面有石人石马等物。唐太宗、唐高宗等陵则是因山凿穴纳棺，不失是一个省工力而效果好的方法。在陵前有许多功臣的墓作为陪葬。对于功臣来说，这是一种特殊的荣誉。至于唐陵内部情况可参考五代南唐烈祖李昇陵。

元人入主中国虽然一切均喜沿用中国典制，但是坟墓则取不封不树的方法，外观不留坟墓的任何痕迹，所以不易发现。

明清之际，帝王陵制又变(可能是受了佛教的影响)。起土为圆形陵墓窣堵波式。墓不四通羡道，而是沿着一根中轴线向南延长。在中轴线上有许多建筑物及院庭，最主要的是祾恩殿(享殿)及左右配殿。在殿后为陵寝，围以砖墙，前面正中起明楼为全陵中最高的建筑物，后为陵墓。陵内用砖石发券砌成前堂后寝的屋室，后寝内置棺。在祾恩殿庭的前面还有正门，门外为神道，有碑、亭、华表、石翁仲(石人石兽等)、石牌楼及石桥等物而达陵外，这些建筑高低起伏、连绵不断，给人以极生动的印象。这样伟大的陵墓，在全世界上也是难得的。

明代十三陵在北京北面昌平天寿山下。十三座陵墓沿山麓修建，远看如一个大公园，或一群离宫别馆，现已成为旅游胜地。

陵墓的豪华与否，与主人的生前事业、阶级、财富成正比关系。奴隶死亡仅是埋葬而已，或如杀殉埋在奴隶主的墓内。封建社会的一般地主、富人的墓也不过是砖室、石室或木椁数间，墓外可能有石柱、石兽或石坊等物。一般贫苦百姓等死后则不过是一抔“黄土”。有代表性的几种陵墓内部情况如图 2-15 所示。

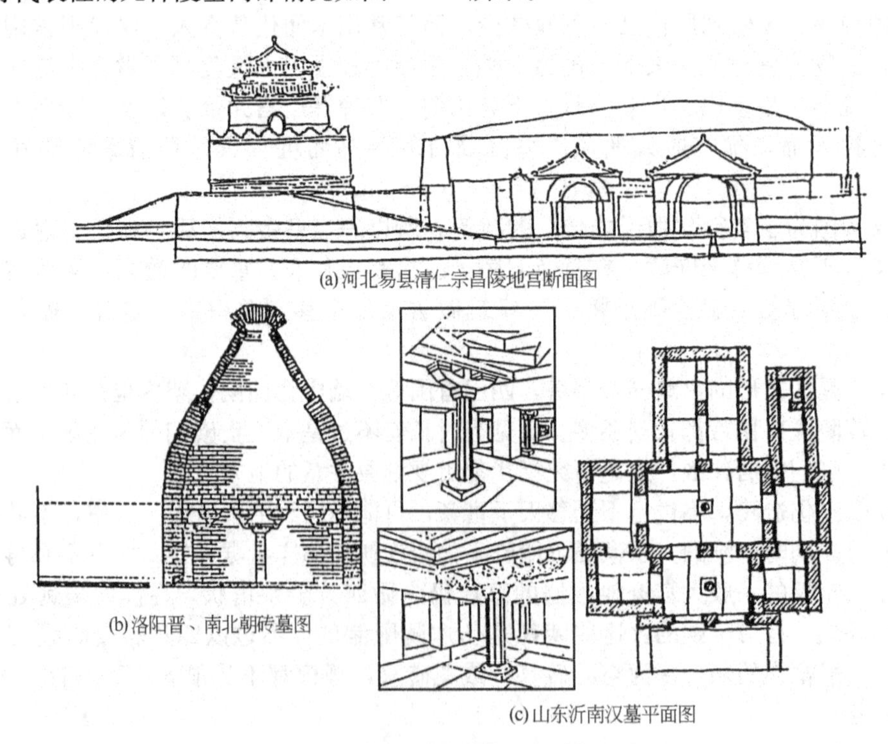

(a)河北易县清仁宗昌陵地宫断面图

(b)洛阳晋、南北朝砖墓图

(c)山东沂南汉墓平面图

图 2-15　陵墓内部情况

（二）陵墓的拱券结构

中国早期的砖石拱券结构多用于地下陵墓建筑，后来才发展到桥梁及防火要求高的地面建筑。

为了克服木椁墓容易朽烂的缺陷，西汉中叶出现了用条砖砌筑的筒券结构墓室，如图 2－16所示。

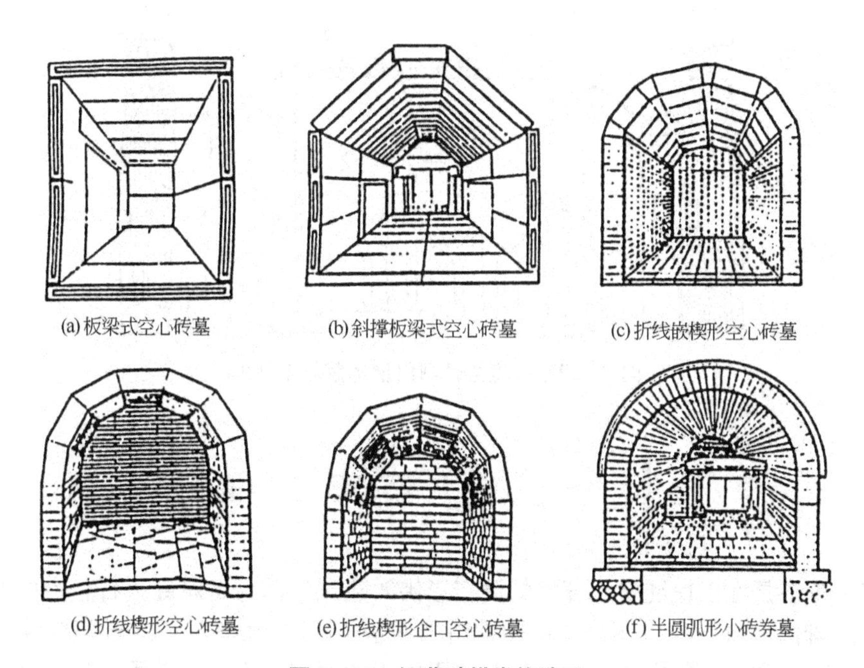

(a)板梁式空心砖墓　(b)斜撑板梁式空心砖墓　(c)折线嵌楔形空心砖墓

(d)折线楔形空心砖墓　(e)折线楔形企口空心砖墓　(f)半圆弧形小砖券墓

图 2－16　汉墓砖拱券构造图

当时由于胶结材料仅用黄土胶泥，强度低，砌筑用的拱券砖有的做成楔形的，或带有榫扣的子母砖，以加强拱券内部联系。当在实践中认识到拱券砖只承受压力的原理以后，这种加强方式也就不再应用了。筒券结构一直是地下墓室的主要结构形式，一直延续到明清时代。在明十三陵的定陵地宫、清东陵裕陵地宫中都可看到十分精致坚固的筒券结构，两千年来筒券结构的发展变化表现在矢高加高，跨度加大，改用石灰胶泥，由并列式改进为纵联式砌筑，券上加一道称为“伏”的扁券以加强联系，说明此时使用筒拱结构的技术已经很成熟了。自唐宋以来，它也大量被用于砖塔及桥梁。随着军事上火器的发明，自元代开始，城门洞也由木构架转变为砖砌筒券结构，以防御火攻。明代以后制砖业发达，一些防火要求高的建筑，如藏书楼、档案库等，也改用砖石筒券建造，即无梁殿。

产生于公元前 1 世纪西汉末期的拱壳结构，也是首先用于地下墓室的一种结构。拱壳适用于方形或长方形的墓室，用于地上陵墓。新疆维吾尔族的陵墓受到中亚文化的影响，采用土坯发券及砌筑拱券的例子也很多，图 2－17 所示为新疆喀什阿巴伙加陵墓的剖面图。

图 2-17 新疆喀什阿巴伙加陵墓剖面图

第三节 石窟工程

石窟工程就是在山崖陡壁上开凿的洞窟形佛教建筑，称为石窟寺。石窟寺的开凿起源于印度，随着佛教而传入中国。中国石窟寺开凿盛行于南北朝。开凿石窟要综合考虑地形、石质、朝向和交通等因素。石窟往往位于山川壮丽的地方，借助于自然景色，衬托出佛的尊严。中国著名的石窟有山西大同云冈石窟、山西太原天龙山石窟、河南洛阳龙门石窟、甘肃敦煌石窟、甘肃永靖炳灵寺石窟、甘肃泾川百里石窟长廊、甘肃天水麦积山石窟、河北邯郸响堂山石窟、四川大足石窟、四川乐山凌云寺大佛、内蒙古阿尔寨石窟、新疆库车石窟群、陕西彬县大佛寺石窟等。

石窟工程进行的顺序大致如下。

(一) 斩山

石窟宜在峭壁上开凿，但天然峭壁不多，因此要人工造成峭壁，称为斩山。龙门石窟的宾阳三洞前广庭宽 33m，深 15m，峭壁高 30m，《魏书・释老志》记载，斩山花费 24 年，用人工 82000 多个。云岗三号石窟斩山石方在 16000m^3 以上，龙门奉先寺石窟和四川乐山凌云寺大佛斩山的石方都在 30000m^3 以上。

(二) 洞窟开凿

在峭壁上开凿洞窟，通常按自上而下、自外而内的顺序进行。但一般洞窟顶部远比门框高，开凿时必须自门洞向上开辟一条施工道，进入预定高度位置，再自上而下大面积开凿，如云冈的昙曜五窟。这类石窟在门洞上面都开有窗洞，有的窗洞多至三、四层，窗洞就是最早开凿的洞口，以便进入窟内施工。开凿出一个施工台和施工面后，便可对窟顶、壁面以及造像进行自上而下、由粗至细的雕琢加工。这种施工方法可以免搭大量脚手架，省工而又安全。在数十米高的峭壁上开凿石窟，工程比在崖脚复杂得多、艰巨得多。从炳灵寺、麦积山等石窟的实际情况看来，其施工顺序是先在峭壁开壁道或修栈道，作为交通和工作平面，再开洞窟，而后完成全部石窟工程。

（三）壁面加工

壁面加工同岩石性质有着密切的关系。现存石窟一般开凿在石灰岩、砂岩和砾岩上。石灰岩石质均匀细密，硬度适中，耐风化，最适宜于雕刻加工，龙门石窟就开凿在石灰岩上。各种砂岩的矿物成分和硬度差别很大，四川地区的红砂岩疏松，云岗地区的砂岩比较坚硬。在石灰岩和砂岩的岩壁上开凿石窟，壁面加工主要采用石雕。云岗、龙门等石窟，除石雕造像外，壁面雕满佛教故事和装饰花纹，整个洞窟就是一个大型的雕刻艺术空间。在石窟雕刻艺术中，综合运用了线刻、浮雕、高浮雕、圆雕等手段。敦煌石窟开凿在酒泉砾岩中，这种砾岩由卵石、砾石和砂泥等混合胶结而成。由于卵石、砾石、砂泥的硬度、大小、密度都差异较大，所以开凿的洞窟表面高低不平，给壁面加工带来困难。针对敦煌石窟这种情况，工匠巧妙而科学地借助于泥作进行了很好的处理。匠师们把石窟开凿同泥塑、彩绘结合起来。石窟表面加工要经过打底、找平、粉面等工序，再施彩绘。

（四）洞窟保护

洞窟开凿后，原有的自然倾角变为人为的峭壁，原为实体的岩石布满洞窟，破坏了山石的结构，使岩石的应力分布发生了较大变化，最主要的是山石失去了侧支撑力，容易产生与崖面平行的崖边剪切裂隙，不少石窟因此而破坏或崩坍。

岩石的崩坍、风化跟水的渗透有密切关系。大气降水从顶部和四壁渗入岩石中的孔隙和裂缝，渗入窟内，使岩石中的胶结物碳酸钙溶蚀，并使岩石中的主要矿物长石蚀变，成为松散的黏土矿物，从而使岩石解体，加速岩面的崩坍和风化。因此，在石窟工程中必须解决排水问题。龙门奉先寺佛龛，在峭壁上方和两侧修筑了一条宽1～2m，深1～2m，长120m的排水沟；乐山凌云寺大佛，在头部发髻里安装了三条排水系统，使雨水从背面排掉。这些措施对石窟的保护有良好的效果。

中国丰富多彩而伟大的石窟工程，虽然是在宗教信仰与热诚的推动下，历经千年而形成的宗教建筑群，但在中国和世界的建筑史和文化史上，都是一个无与伦比的瑰宝。任何一个石窟寺，其本身的结构及其内的雕刻、装饰、壁画，都直接成为自北魏至宋、元间的文化艺术、科学技术和建筑发展的具体形象的记载和证明。换言之，石窟寺是一部活的、形象化的艺术史、文化史、建筑史，或者说，石窟寺是最生动、鲜活、现成的美术馆、博物馆。

一、敦煌石窟

敦煌石窟，一般指莫高窟，也叫千佛洞，在甘肃省敦煌县三危山和鸣沙山之间长1600多米的峭壁上，地处“丝绸之路”的要冲。相传敦煌石窟始凿于两晋南北朝时期十六国的前秦建元二年(366年)，经北魏、西魏、北周、隋、唐、五代、宋、西夏和元(1368年)等10个朝代，历代都在凿建，工程延续千余年。现存已编号、保存较好、有壁画或雕塑的洞窟共492个，以唐代凿成的为最多，约占总数的一半。窟内保存有壁画45000m^2，彩塑

2000余座，唐宋木构窟檐5座。如将壁画展开布置，可形成一个长达25km的画廊。敦煌石窟不仅是中国最重要的石窟，而且是闻名世界的文化艺术宝库。窟室本身、木构窟檐遗物以及壁画中所展示的建筑形象，是研究从十六国晚期到宋之期间建筑史的宝贵资料。

敦煌石窟的形制：较完整的窟室都有前后二室，绝大多数前室完全开敞，只有极少数的前室有前壁或凿成二石柱。在敞开门洞上原来应当建有木构窟檐(现仅剩5座)。后室形制以中心塔柱式、覆斗式和背屏式为最多，可分别作为北朝时期、隋唐时期和五代、宋时期的代表形制。中心塔柱式窟跟以塔为中心的早期佛寺布局类似，这同右旋绕塔的佛教礼仪有关。覆斗式窟的窟模仿斗帐，为方形顶，其正壁(后壁)佛龛早期为圆拱龛，中唐以后龛顶演变为矩形，平面的盝顶。背屏式窟的中心佛塔和坛后的背屏模仿的是佛殿中的坛和扇面墙。

敦煌石窟壁画中的建筑形象主要有阙、佛寺布局、城垣、塔、住宅及其他建筑、建筑部件等。

二、云冈石窟

云冈石窟在山西大同市西16km的周山南侧，东西绵延约1km。它依山开凿，规模宏伟，是中国的大型石窟群之一。现存主要洞窟53处，洞窟内外造像51000余尊。

398年，北魏皇帝鲜卑族的拓跋珪定都平城(今大同)，至北魏孝文帝迁都洛阳为止，中间近百年，这里便是当时中国北方的政治和文化中心。拓跋氏贵族崇信佛教，在5世纪后期至6世纪初的50年中，开凿了云冈石窟。

云冈石窟继承了秦汉以来崖墓、藏书石室的开凿技术传统，又吸收了西域凉州一带石窟寺手法，成为当时最大的石窟寺院。云冈石窟可分为四种类型：①平面椭圆，顶板近于球顶的形式，如中央窟群第5窟，第16～20窟，窟内多雕凿大佛，高度为13～17m不等；②平面略呈方形，置中心柱，顶板呈水平形式，不少洞窟的中心柱雕成多层多檐的方塔轮廓；③平面分为前后两室，前室前壁掏空雕成面宽三间的岩阁；④平面方形，三壁各有立龛，顶板呈水平形式。

云冈石窟工程大致可分三期，编号16～20的石窟也称“昙曜五窟”，是第一期的作品。从艺术的观点来看，这五窟的五尊大佛都是16～17m高的巨佛，反映中国石雕艺术在北魏已达到高峰。五尊佛祖的雄健姿态、磅礴气势令观者赞叹不已。第20窟的主佛像，造像安静、和蔼，口角含着微笑，是表现人性感情的典型形象；而身披千佛袈裟的释迦佛立像，其手掌显得厚重而富有弹性，柔中带刚，似乎让人感到佛身上带着体温。

三、龙门石窟

龙门石窟在洛阳市南13km处伊水两岸，绵延1km多的天然岩壁上。伊水西岸的山叫龙门山，东岸的山叫香山，东西两山对立如阙，故龙门石窟又称为伊阙石窟。龙门石窟是中原地区的大型石窟群，保存着北魏后期至唐代的许多建筑、雕塑和书法等艺术资料。

龙门石窟的开凿是从北魏太和十二年(488年)北魏宗室比丘慧成开凿古阳洞开始的。太和十七年(493年)，北魏孝文帝自平城迁都洛阳，带来了开凿石窟的风气。北魏以后，历经东西魏、北齐、北周、隋、唐、北宋，连续营造龙门石窟，先后达400多年之久。

龙门石窟共有洞窟1352个，龛785个，大小窟龛共计2137个，造像约10万尊。有代表性的洞窟为古阳洞、宾阳中洞、莲花洞、潜溪寺、奉先寺、万佛洞、看经寺等十余处。

龙门石窟的造像艺术，呈现了中国化与世俗化的情况。早期佛教艺术那种宗教的神秘色彩越来越淡化。它不但具有鲜明的民族特点和风格，并达到了艺术上的成熟期与鼎盛期，为中国古代的艺术和文化留下光辉灿烂的一页。

下面介绍龙门石窟中三个较有代表性的石窟。

（一）宾阳洞

宾阳洞是一座三佛窟，分为南、北、中三洞，是龙门名窟中雕刻精美且年代较久的一个。自景明元年(500年)开始凿洞，至正光四年(524年)才完成，历时24年。洞内有11尊大佛像，本尊是释迦牟尼，高8.4m，面目清秀，微露笑容，眉做弧形，目大，鼻不太高，唇厚，其形象多少受印度雕刻艺术的影响，但已走上中国化的道路。前壁本有两大幅《帝后礼佛图》的浮雕，是绝妙的艺术品，可惜已被盗走。

从宾阳洞的整体看，其雕刻作品完整，富丽堂皇。窟内壁面未留一点空白，全被雕刻品占满，并全部敷以鲜艳色彩，犹如敦煌莫高窟那样灿烂辉煌。宾阳洞佛像在艺术上承云岗昙曜雕塑整体性极强的显著特点，又下启隋、唐造像圆润、丰满，更加写实，从而渐渐有世俗化的趋向，是中国佛教雕刻艺术逐渐民族化的一个突出标志。

（二）奉先寺

奉先寺是龙门诸窟中最大的一个，东西长约35m，南北长约30m，始建于唐咸亨三年(672年)，到上元二年(675年)完工，共费时3年9个月。现存佛像中以本尊卢舍那佛像最大，高17.41m，仅头部即高4m。此佛头部与上身比例尺度有所夸大，使主像显得鲜明突出，通过现实主义与浪漫主义的巧妙结合，造成了以形写神、形神兼备的艺术效果。

（三）万佛洞

万佛洞位于龙门西山中部，是一座分内外龛的方形平顶洞，于唐永隆元年(680年)完成。因内龛南北两壁较整齐地刻满15000尊不坐佛，故名万佛洞。该洞主尊名阿弥陀佛，趺坐在须弥座上，面相丰满圆润，显得格外静穆安详。

除了雕刻，龙门石窟还保存了很多最好的碑碣，单就各个朝代的造像铭记就有3600多种，如《龙门二十品》绝大部分作品都是北魏书法艺术的精华。

四、炳灵寺

炳灵寺建于甘肃永靖县西北部黄河北岸的小积石山中的大寺沟的岩壁上。此岩壁是黄砂岩，质地较坚硬，宜于雕刻。

炳灵寺石窟已有近1600年的历史，现存窟、龛共编号183个，造像776尊，壁画有900m^2，大型摩崖石刻4方，石碑1通，墨书及造像题记6方。其间部分精华是西秦、北魏和唐代艺术品。炳灵寺最有代表性的是169窟，它是利用天然洞穴稍事修凿而成的大型洞窟，窟内有一尊身高4m的立佛，两侧有多尊较小坐佛，是造型古朴的石胎泥塑。这批造像时代较早，可上溯至4世纪末西秦复国之前。另有一尊大佛身高30多米，上半身利用天然石柱雕成，下半身用泥塑成，这是唐代建造的精品。

五、麦积山

麦积山在甘肃天水县东南 45km 处，是另一个历史悠久、规模宏伟，堪称古代塑像宝库的石窟寺。因为整个山形像一个大麦积垛，故名麦积山。麦积山高约 130 余米，石窟多在 100m 以下，危崖峭壁，非常险峻。现在，全山的龛洞有 194 个。麦积山的宋代造像特别多，它的特点是雕刻手法基本上是凸起的圆缘，如 43 窟的菩萨与窟外的力士，雕刻细腻而劲健，代表了 7 世纪以前中国的雕刻艺术。

六、大足石窟

大足石窟位于四川省东南部的大足县。大足石窟是唐末、五代、宋代的造像代表作，它的石刻集中于下列两处：一是唐末及五代的造像，主要集中在北山的佛弯，又名龙冈山；二是宋代造像，多建造于宝顶山。

大足石窟展示了在中国南方，于唐末、五代、宋时的宗教信仰及造像艺术的演变和发展方向，其中尤以宋代佛像艺术独具特色。石窟艺术在宋代虽已衰落，但大足造像石刻却格外引人注意，闪耀着特殊的光彩。自唐以后，石刻艺术逐渐摆脱外来文化的影响，形成自己的民族风格。宋代大足石刻所雕的天人、佛、菩萨已完全中国化了。慈悲为怀、娟秀妩媚、娴静文雅的菩萨，塑造得充满人性，令人感到十分亲切。至于富有浓厚生活情趣的、纯朴的《养鸡女》，天真的《吹笛女》，以及如田园诗般的《牧牛图》，都是人间生活的写照，更加动人心魄。

第四节 金属建筑及雕塑

中国用金属作为建筑材料的历史可追溯到很早的时候。商周时期制造了大量用于生活的铜器，后来在建筑上也使用金属作为装饰材料与金属结构材料或金属雕塑。金属装饰材料中有春秋时期的铜构件，如陕西凤翔先秦宫殿用的铜质建筑构件，多用于宫殿的门框部位；秦代咸阳宫殿遗址中，也出土铜制折页、铺首等；汉唐时期在屋顶上常用金属制成凤鸟等；金属结构还有宋辽时期的铁塔、铁刹等；明清两代又进一步用做金属瓦块，做铜建筑(铜殿)，如五台山大显通寺的铜殿，高 8m，宽 4.6m、深 4.2m、重 500t；云南昆明鹦鹉山太和宫铜殿，高 6.7m，宽 7.8m，深 7.8m，重约 250t；湖北武当山铜殿，高 5.5m，宽 5.8m，深 4.2m，仿木结构；颐和园宝云阁铜殿，高 7.55m，重 207t。所列各处均保存有实物。此外，还有铁塔、铜塔。

此外，也有一些金属雕塑，如河北沧州高 5m 多的铸铁镇海狮子、山西运城黄河边的铸铁镇河群牛等。

第五节 琉璃建筑及制品

中国从汉代开始使用琉璃釉，汉代明器(随葬的器物)中就有涂有琉璃釉的房屋。从北魏开始烧制非常坚硬的琉璃瓦。琉璃是中国的特产，是一种贵重的建筑材料。在等级森严的封建社会里，琉璃只使用在宫廷、寺院、庙宇、佛塔上，色彩也有着严格的规定，如黄色琉璃瓦只能用在宫廷和少数寺院主要建筑上。宋元时，山西、陕西、河南、河北都烧制琉璃瓦，元代琉璃最为有名。

除琉璃瓦外，还有琉璃砖，各种墙体上常用琉璃砖作为贴面材料。宋明时期用琉璃砖贴面的砖塔有河南开封佑国寺塔、山西赵城广胜寺飞虹塔等，它们都是有名的琉璃塔。清代宫廷建筑的墙面普遍用琉璃砖贴面，这是建筑材料方面的一项伟大创造。

第六节 失去的建筑

在古建筑专家罗哲文、杨永生所编写的《失去的建筑》一书中，列出了中国重要的、已失去的古建筑，读来令人心痛，也激起我们的反思：我们该怎么做呢？如何才能更好地保护、修复、利用中国的古建筑呢？

有人把建筑称为“石头的史书”、“凝固的乐章”等，意在说明建筑除了它本身的实用物质功能之外，还具有重要的历史文化和艺术价值。

翻开一部人类文明的历史，马其顿亚历山大的武功，大流士的改革与专制，释迦牟尼、耶稣基督的说教以及中国秦皇、汉武、唐宗、宋祖的丰功伟业，都如大江之东流，一去不返。然而，埃及的金字塔，希腊、罗马的神庙、城堡、剧场、亚洲的佛寺和欧洲的教堂，秦皇、汉武的高坟巨冢，却还巍巍屹立。当我们看到高大的方锥形金字塔和狮身人面像的时候，立刻会想到埃及的古老文化。帕提农神庙、雅典卫城、奥古斯都广场、卡拉卡拉浴场、大斗兽场以及制度严谨、雕刻精美的多立克、爱奥尼克、科林斯柱式，反映了辉煌一时的古希腊、古罗马文化。不仅西方如此，在东方也一样，当人们看到起伏于崇山峻岭之间的万里长城、金碧辉煌的故宫、亭台楼阁水池山石组成的园林的时候，必然想到中国文化，当人们看到法隆寺的塔影、唐昭提寺大殿、枯山水庭院的时候，必然想到是日本文化。柬埔寨的吴哥佛寺、印度的泰姬陵、俄罗斯的尖顶教堂等莫不代表他们国家和民族的文化。直到近代建筑，如美国的帝国大厦、澳大利亚的悉尼歌剧院等，它们都无不闪烁着人类文明的光辉，反映了各个时期科学技术与艺术的水平和社会政治经济的力量。建筑，可以说是各个国家、各个民族、各个时期文明的标志。

然而，历史的车轮是一样的无情，不仅碾碎了如梭的岁月，也碾碎了许许多多“石头的史书”。许许多多珍贵的古建筑被人为和自然的原因破坏了。翻开历史的记载，古往今来不知有多少高楼杰阁、玉宇琼台、弥山别馆、跨谷离宫以及梵宫宝刹、坛庙、陵园，在人为破坏之下，倾刻之间化为了灰烬。其中尤以改朝换代的需要、战争的破坏最为严重。秦始皇苦心经营了多年的阿房宫、始皇陵就是在项羽入关之后被焚毁，所谓的“楚人一炬，可怜焦土”。中国佛教史上的“三武一宗之灾”，使许多天下名山宝刹变成了废墟。被称之为“万园之园”的圆明园，在英法帝国主义侵略军的纵火、抢劫之下，倾刻之间变成了废墟遗址。另外，还有一种自然力的破坏，雨水、潮湿、风化、虫蛀以及地震、风暴、雷电、洪水等，使历史上许多杰出的建筑巨构被毁灭了，如像公元前 1 世纪被列为世界的上古七大奇迹，除埃及的金字塔之外，其余六处早已无存了。在几百年前被列为中古七大奇迹中的中国南京琉璃塔(金陵大报恩寺塔)也毁于一场战争之中。

由于人为和自然破坏以及其他种种原因，在中国失去的建筑杰作不知有多少。有的只留下了传说，有的留下了文献记录，有的留下了图画和仿体。这些都为重温历史、研究文化和科学技术提供了十分宝贵的资料。一本北魏时期的《洛阳伽蓝记》中所描述的永宁寺浮屠(塔)为研究早期的古塔和木构技术提供了十分珍贵的资料。一篇唐代诗人王勃的《滕王阁序》和杜牧的一篇《阿房宫赋》，还有其他许许多多的文献记载、诗词歌赋、游记、笔记、小说等所记载描述的古建筑，为研究历史文化、建筑史、艺术史等提供了非常丰富珍贵的资料。中国古代绘画中所保存的失去的古建筑的形象尤为珍贵，如隋代展子虔《游春图》、宋代张择端《清明上河图》、传为张择端的《金明池争标图》、宋人《滕王阁图》、《黄鹤楼图》、元人《卢沟运筏图》以及石刻、壁画、陶屋等记载的失去的古建筑的形象，不可胜数，是中华历史文化、建筑史、艺术史十分宝贵的形象资料。

这些历史上留下文字或图像的、记载失去的古建筑的资料虽然十分珍贵，但较之近代科技和摄影技术来说，由于历史的局限，毕竟稍逊。近代摄影对表现原物的形象来说，要算是最科学、最准确了。这是历史发展、科学技术进步的成果。以其保存失去古建筑的资料，是最为真实、最为准确的了。

中国有许多建筑专家和摄影艺术家，对各类中国古建筑以测绘或摄影的方法，保留下它们的身影。其中有些专家和艺术家，还将他们摄影留下的、已经因各种原因失去的古建筑的照片加以说明，编辑成本，实在是一件十分有价值的事情。这不仅可将失去的重要古建筑的形象永久保存下去，而且为研究中华民族悠久的历史文化，研究中国建筑史、艺术史等提供宝贵资料，还可以为某些古建筑的修复、重建提供科学的依据，可以说是具有远见卓识，功莫大焉。

中国重要的、失去的建筑一览

明清北京城城墙	北京隆福寺藻井
北京中华门	圆明园
北京天安门前千步廊	清朝总理各国事务衙门
北京正阳门瓮城	北京东四商店店面
北京西直门	北京国立艺术专科学校
北京永定门、朝阳门、东直门	古北口长城
北京正阳桥	天津鼓楼
北京前门正阳桥牌楼	戈登堂
北京东长安街牌楼	忽必烈紫堡
北京西长安街牌楼	承德珠像寺
北京西四牌楼	承德避暑山庄“文园狮子林”
北京东单牌楼	承德避暑山庄“梨花伴月”
北京东交民巷牌楼	承德避暑山庄珠源寺宗镜阁
北京大高玄殿习礼亭	河北井陉花塔
北京大高玄殿牌楼	河北正定阳和楼
北京历代帝王庙前牌楼	河北正定广惠寺华塔
北京大庆寿寺双塔	天津宝坻广济寺三大士殿
北京护国寺	大同钟楼
北京智化寺藻井	大同古城墙

（续）

山西榆次永寿寺雨花宫	福建泰宁县甘露庵
太原定光佛、化身佛舍利塔	济南古城墙
哈尔滨原火车站	济南孝堂山无梁殿
哈尔滨圣尼古拉教堂	济南督城隍庙
南京报恩寺琉璃塔	山东兖州天仙庙牌楼
苏州亭子桥	津浦路德州老火车站
苏州古城墙	黄鹤楼
苏州“先忧后乐”牌坊	长沙天心阁
苏州弥罗阁	成都鼓楼清真寺
苏州壶园	成都皇城清真寺
苏州惠荫园	成都贡院(皇城)
太仓亦园	昆明武成庙武成门
杭州雷峰塔	昆明滇南首郡坊
滕王阁	昆明金马、碧鸡坊
福州古城区鸟瞰	丽江玉皇阁
天后宫湄洲祖庙	山陕龙门

（资料来源：罗哲文，杨永生．失去的建筑. 北京：中国建筑工业出版社，1999）

第三章
古建筑保护与修复必须遵循的原则

第一节 文物保护工作及主要保护措施

2007年中国颁布了修订的《中华人民共和国文物保护法》。

1984年，中国文化部、公安部公布了《古建筑消防管理规则》。

1964年，从事历史文物建筑工作的建筑师和技术人员国际会议(ICOM)第二次会议在意大利威尼斯召开，通过了《保护文物建筑及历史地段的国际宪章》(简称《威尼斯宪章》)。在此宪章中，提出了“文物建筑”这一概念。

(一) 保护文物建筑的措施

保护文物建筑可采取六种措施：防止破坏(或称间接保护)，维持现状，加固(或称直接保护)，修复，适宜地使用，重建。

(1) 防止破坏。主要是经常地、定期地检查文物建筑和它的环境，及时清除隐患，避免破坏的发生。这是文物建筑保护的最重要措施。因为破坏后的任何修缮都会降低文物建筑的历史价值。检查与改善环境包括：减少空气与水质污染，减少交通振动，预防洪涝，防止风化腐蚀，保持地下水位，监视滑坡与地震，防火、防盗等。检查文物建筑本身包括：控制内部湿度、温度和照度，清洁卫生，去除野草杂树、蚁洞鼠穴，防水堵漏，清理雨水管和下水道，检查各种设施，等等。负责这项工作的人，应该具有关于保护文物建筑和它的环境的全面综合的知识。在预防破坏上花钱投工是最经济实惠的。等发生了破坏才去修缮，那就需要花费很多财力和人力了。

(2) 维持现状。当文物建筑的现状没有什么问题时，保护工作应限于使它不改变现状。只有为了防止进一步的破坏，才允许修缮。水、蒸汽、冰冻、化学反应、动植物和真菌等造成的一切破坏都要予以制止。

(3) 加固。在文物建筑现有组织中注入黏结材料，或对它局部施加支撑材料，以保证文物建筑结构的稳定和完整。这种措施只有在确定判明文物建筑的结构和材料强度已经无法支持下去时才能采取。结构体系的完整性和外形必须严格不受扰动。任何历史见证都不得破坏。首要的是必须利用传统的工艺和材料。如果传统方法已经不能保护文物建筑而必须采用现代方法时，那么，新工艺和新材料的长远效果必须是有把握的，它们跟文物建筑原有部分的共同作用必须是可靠的。

文物建筑所使用的易损材料，如芦苇、黏土、夯土、土坯和木材等，在腐朽破坏之后，允许以同样的材料用同样的工艺来替换，在这种情况下，维护它的原设计就很重要。

一切加固措施都应是可逆的，即可以把它们除去而不致损伤文物建筑的现状(不包括因除去它们而使原有的破坏趋势继续的情况)。

加固措施应该尽可能地少，并且不应妨碍以后采取其他更有效的保护措施。在许多情况下，临时性的加固措施更为合理，争取时间，留待更理想的技术的出现。

(4) 修复。当文物建筑的初始形式有特殊的历史意义，而缺失部分在总体中只占很小分量时，允许修复缺失部分，但修复要有考古的精确性，对原状要有权威的证据。修复部分要跟其余部分形成整体，但必须可以识别其为修复的，以保持文物建筑的历史的可读性，不做假，不使文物建筑的历史失真。

《威尼斯宪章》规定，文物建筑在其存在过程中所获得的一切有意义的东西都应该保留，一切后加的东西，除了可以判断为纯粹的维修措施的之外，都含有历史信息，应该保护。当一座文物建筑有互相叠压的部分时，只有当上面的一层确实没有什么价值，而下面的一层不但价值高，并且还可能保存得相当好的时候，才允许去掉上面的一层。但做出上述判断的，必须是范围很广的有关各方面专家，任何个人都无权做出判断。

用从文物建筑上倒塌下来的材料复原文物建筑，必须有严格的考古证据。如果需要补充的材料太多，则这种复原就没有意义。因为这种复原十分困难，所以工作必须是可逆的，要做好详尽的记录，以便发生疑问时拆开重来。

(5) 适宜地使用。维持文物建筑的一个最好的方法是恰当地使用它们。最好是按照它原来的用途去使用它们。此外，如国外把中世纪的修道院用来当学校或其他文化机构，把18世纪的谷仓用来当住宅，也是最经济可行的保护方法。

旧城区成片保护的老建筑，在不能动外形、不损害历史价值的前提下，可以改动内部，使它们现代化。但文物建筑则不允许这样做。

旧城区保护有很困难的社会、经济等问题。

(6) 重建。在严重损坏的废墟上重新按原样建造文物建筑。只有在极特殊的情况下才允许重建文物建筑。它很容易造成文化史的错误认识、真假不分甚至虚伪欺骗。

在火灾、地震或者战争之后，也许有必要重建文物建筑和历史中心，如果这是当地人民普遍的感情需要的话。重建也必须要有严格的根据和证明，绝不可以臆测。即使如此，它们也不可能有任何历史的痕迹和信息，没有真实性，所以，重建不符合《威尼斯宪章》(它是排斥重建的)，联合国教科文组织的《世界文化遗产公约》也不承认重建，拒绝登录重建的文物建筑和历史中心。

迁移也是一种重建。当事关国家民族的重大利益时，才可以迁移文物建筑。但必须指出，迁移必然会损坏文物建筑的历史价值，并且还会有使文物建筑在新环境下遭受破坏的危险。例如，为建造埃及的阿斯旺水坝而迁移了的阿布·辛波庙，现在正受到风的侵蚀。

(二) 保护措施必须遵守的基本要求

(1) 任何措施必须由经过专门训练的专家主持，必须有文物、考古、历史、民俗、美术、建筑、规划、结构、材料、施工、化学、物理、环保、水文、地质，甚至动植物等各学科的专家参加。

(2) 任何措施都必须有严密的计划。这项计划必须建立在对文物建筑本身和它的环境的过去、现在、未来的全面而充分的调查研究之上。这项计划必须有明确而连贯性的政策作为背景。计划的实施过程要有详尽的记录。调查研究和记录应该形成系统的档案，公开供人查阅，并且争取出版。

(3) 必须保护文物建筑在其存在过程中的全部历史见证，使它的全部历史见证显现出来，也就是使文物建筑的历史具有可读性。决不可以使它的历史失真或者混乱，做假是不允许的。

(4) 必须全面保护文物建筑所具有的历史、文化、科学、情感等方面的价值，不可以只见到某些方面而忽略了其他方面。

(5) 一切措施都应该是最必要的，非做不可的，坚决避免做过头，做得太多。有时候可以采用临时措施，以待将来更理想的办法。

(6) 最大可能地保存文物建筑的原存部分，包括一砖一石。在各种措施中尽可能地使用原来的工艺和材料。一切新材料、新工艺都只有在十分必要时才可使用，而且要经过实验证明它们长远的可靠性。

(7) 一切措施都应该是可逆的，并且不妨碍日后采取进一步的措施。

(8) 修复缺失部分和拆除后加部分，一般是不允许的。在有经过充分研究并经公认的理由时，才可以修复和拆除，但这些部分必须只占很小的比例。

(9) 凡加固措施、修复部分都应该是可以识别的，决不可以与原有部分混淆，不可乱真。凡拆除部分，也应留下可以恢复其原状的痕迹。这也是保持文物建筑的历史可读性的一个重要环节。

(10) 保护文物建筑，必须包括保护它的环境，从环境中排除一切自然的和人为的可能导致文物建筑破坏的原因。

(三) 建筑专家陈志华阐述的几个重要问题

1) 什么是文物建筑

文物建筑包括了大部分古建筑(“古”的时限在各国不一致，有些国家不予限定)，但不限于古建筑。它也应该包括近现代在社会史、经济史、政治史、科技史、文化史、民俗史、建筑史等领域里有重要意义的建筑物。意义也应该是多种多样的：记载事件、刻画过程、代表成就，等等。一个国家、一个地方、一个城市或村镇，在制定保护建筑的名单时，应该从整体着眼，力求使列入名单的建筑物能够构成这个国家、地方、城市或村镇的全面的、完整的、系列化的历史和创造活动的见证。要使它们能够跟其他可移动文物一起，向世人生动、形象、实在地叙说他们生活环境中的全部历史和人们的成就，建立和维持世世代代人们的感情联系。从这个“总体保护”的战略高度考虑，北京的前门火车站、东交民巷、大栅栏、原燕京大学校园等，都应该是保护单位。甚至连“国耻史”的见证都应该保护。这就是世界各国现在受保护的文物建筑越来越多、数量十分惊人的一个原因，也是简陋的磨坊、破旧的谷仓、小小的驿站能列为文物建筑的一个原因。

现在的文物保护单位的范围太狭窄，因此有许多有价值的文物建筑“不受保护”，面临破坏的危险。世界各国都以普查、审定、列表入册作为文物建筑保护的基础性工作，这是很有道理的。

认识文物建筑的意义，可以帮助我们建立一个十分重要的观念，即文物建筑首先是文物，其次才是建筑。对文物建筑的鉴定、评价、保护、修缮、使用都要首先把它当做文物，也就是从历史、文化、科学、情感等方面综合着眼，而不是只从或主要从建筑学的角度着眼。因为世界上大多数文物建筑保护师都是建筑师出身，所以克服专业的片面性是一个普遍的问题，在中国也不例外。这种片面性往往是文物建筑遭到忽视、破坏或者部分丧失价值的一个原因。当然，其他的任何一种片面性也是有害的，最有害的一种是片面的牟利观点。

为此，文物建筑保护工作必须由各有关方面的专家合作进行，以避免片面性。

2）什么叫文物建筑保护

保护文物建筑，就是保护它从诞生起的整个存在过程直到采取保护措施时为止所获得的全部信息，包括它在历史、文化、科学、情感等多方面的价值。建筑师出身的文物建筑保护师最需要警惕的是，仅仅从建筑风格的统一、布局的合理、形式的完美和环境的景观等自己习惯的角度，去评价文物价值并且采取相应的措施。从19世纪中叶到第二次世界大战前夕，欧洲文物建筑的重要破坏者之一就是这样的建筑师。他们往往热衷于在修缮文物建筑时“做设计”，把它恢复成“理想”的样子，或者在废墟上重建古建筑。其结果是把真古董弄成了假古董，失去了原有的文物价值，虽然也有可能成为另外一种意义上的文物。英国的文艺和建筑理论家拉斯金愤怒地谴责说：“翻新是最野蛮、最彻底的破坏。”美国的散文家霍桑也曾说：“翻新古迹的人，总是比毁灭古迹的人更加伤天害理。”

可见，修缮不等于保护。它可能是一种保护措施，也可能是一种破坏。只有严格保存文物建筑在存在过程中获得的一切有意义的特点，修缮才可能是保护。而文物建筑的有意义的特点，在立档之始就应该由各方面的专家共同确认。这些特点甚至可能包括地震造成的裂缝和滑坡造成的倾斜等“消极的”痕迹。因为有些特点的意义现在尚未被认识，而将来有可能被认识，故《威尼斯宪章》一般地规定，保护文物建筑就是保护其全部现状。

对于中国文物建筑的保护工作来说，很重要的一条是克服无原则地“整旧如新”的修缮思想。所谓“焕然一新”，往往意味着历史信息荡然无存。这种不科学的传统必须抛弃。

中国文物建筑保护的先驱梁思成先生曾经说过，保护文物建筑“是使它延年益寿，不是返老还童”。这句话虽然还不够严密、具体，但是精辟地概括了文物建筑保护的最基本的原则思想。

例如，有一座历史文化名城的主管文物工作的部门，认真而努力地工作，积极地争取把道台衙门列为文物保护单位。但他们随即把大堂拆掉，在原址造了一幢地道清式木结构的二层楼房，他们高高兴兴把这件事叫“进一步发展了文物建筑保护的原则”，其实则是在背道而驰。

可以说，“重建”不是保护。重建起来的建筑，不是文物建筑，而是假古董。

3）怎样保护文物建筑

保护文物建筑，首先要预防破坏，修缮是万不得已才做的，因为任何修缮都不可避免地会使文物建筑的历史价值受到损失。但对于中国的木结构建筑来说，油漆彩画是预防破坏的措施，而且所用涂料又是易损的，需要经常更新，所以一些有重新油饰传统的建筑，保持这种传统是可以允许的。

预防破坏，就是杜绝文物建筑本身和环境中的一切隐患。

我们有些人提倡保护文物建筑的环境，只着眼于景观效果，其实，保护环境首先是为了保护文物建筑本身。例如，空气和水质的污染，地下水位的高低和成分的变化，汽车、火车的振动，湿度和温度的升降，还有洪涝、滑坡、火山、地震等这些环境因素，都直接影响到建筑物。意大利威尼斯城的存亡危机就是由环境因素造成的，包括地下水位下降、空气污染、潮水冲刷、海风腐蚀等。要拯救威尼斯，也只能从改变环境下手。

另一种需要预防的破坏是旅游公害。为大规模旅游业服务的大量旅游设施，如果规划不当，管理不严，设计不佳，就会破坏文物建筑的环境。过多的游客拥进文物建筑，除了机械的磨损之外，人们身上和呼吸中散发出来的蒸汽和二氧化碳对陈设品、壁画和装饰都有很大的危害。所以欧洲有些国家已经开始限制一些文物建筑对普通游客的开放，甚至在旅游旺季关闭，即使损失大量收入也在所不惜。文物建筑是文化珍宝，应首先把保护放在营利的前面。

任何文物建筑都有一个最大游览容量的问题。不能来者不拒，无限制地开放。例如，北京的北海、颐和园、故宫等处，早已是超负荷运行了，这是有破坏性的。

至于为了迎合一般游客，赚取经济利益，在文物建筑里设很多商业、服务业，不但冲淡了文化气息，拆改了文物建筑，而且使许多早应采取的保护措施不能采取，这也是一种颠倒。例如，天坛的树林本应补种，现在却是利用缺树的地方搭建了商店、餐馆，进行所谓“开发”。

除预防之外，修缮也是一项重要的保护工作。这项工作在《威尼斯宪章》里都写得很具体。需要强调一下的是，修缮工作必须保持文物建筑的历史纯洁性，不可失真，为修缮和加固所加上去的东西都要可识别，不可乱真；并且应该设法展现建筑物的历史，即文物建筑的历史必须是清晰可读的。

文物建筑的历史可读性是很重要的原则。《威尼斯宪章》规定，当文物建筑因特殊需要有所增补时，新建的部分必须采用当代的风格。欧洲各国把这项规定引用到古城区的保护中去，当在古城区内建筑新房屋时，也必须采用当代的风格，同时要在规模、色彩、尺度、体形等方面跟古城区相和谐。总而言之，现代的东西就是现代的风格，不可做假，不可伪造历史，不可失去历史的具体性和准确性。

一座建筑物，一个城市，在它们的面貌上看不到历史，那么，它们的活力也就衰弱了。

前故宫博物院院长吴仲超先生力主在故宫内建造的一些附属用的小房子不可仿成清式木结构。他说：“造了这几个假古董，人家会以为别的也是假古董。”他从另一个角度说明历史可读性的意义。改建后的琉璃厂，很有可能使人怀疑别处的真文物建筑。罗马城也是因为仿文艺复兴式的建筑物太多，以致使真正的文艺复兴建筑失去了光彩。

有人认为，为了保护文物建筑的环境，为了保护历史名城，就必须建造假古董，必须抹杀我们时代的风格去跟旧的协调，这是一种误解。

旧的要保存好，新的要创造！

第二节　古建筑修缮必须遵循的基本原则

文物保护工作，在一定意义上也可以说是针对破坏而言的。针对各种不同的破坏原因，采取各种不同的方法，以制止其破坏，达到保护的效果，这是文物保护工作的重要内容。

文物破坏的原因很多，归纳起来分为人为破坏和自然破坏两种。人为破坏即由于人为的原因所造成的破坏，如拆毁、改造、敲砸、污染、失火烧毁、环境破坏、游人破坏行为等，主要采取宣传教育、说服劝导和执行法律、命令、规章制度、加强管理等措施来加以解决。下面主要介绍防止自然破坏的问题。

古建筑的自然破坏主要是指非人为所引起的破坏，如风雨侵蚀、阳光照射、空气干湿变化、冷热缩胀、洪水、雷电、地震及鸟兽、虫蚁、细菌的损伤等。对于自然破坏，主要采取科学技术的方法，通过保养、维护、修理、修复及灭菌、除虫、驱鼠、防兽、避雷、防水、防火、抗震、控制温度、防止紫外线等手段加以解决。防止古建筑的自然破坏所要做的工作很多，涉及的科学范围很广。而且随着人为破坏日益减少，防止自然破坏的任务就显得越来越重要。

在防止自然破坏的每一个方面都有专门的方法和技术问题，如安设避雷针和消防设备，请专业部门和相关方面的专家来解决。下面介绍有普遍性的古建筑修缮原则和在修缮工作中应用现代材料与现代施工技术的问题。

一、不得伤害古建筑的文物价值

古建筑的文物价值表现为以下几方面。

(1) 历史的价值：古建筑充满着它所在时代的信息，可以之确定历史的真实性。

(2) 文化的价值：它是社会文化的纪念碑，历史建筑的纪念碑；它有文献的、历史的、考古的、审美的、建筑的、人类学的、景观与生态的、技术的价值。

(3) 科学的价值：历史物质文明的例证。

(4) 美学的价值：展示及确定建筑的美学形态。

(5) 感情价值：认同作用、历史传承感、新奇感。

(6) 艺术情绪价值：接受艺术和情绪的相互作用。

(7) 城市规划价值：规划布局及建筑设计相关的历史城市规划因素。

(8) 功能的价值：将现代的功能赋予最终修复的状态。

古建筑和其他一切历史文物一样，其价值在于它是历史遗留下来的东西，不可能再生产、再建造，一经破坏就无法挽回。即使有条件照旧重建，也只是一件复制品，较之原物，其价值大大降低了。因为任何一座古建筑或任何一件历史文物，它们都是在当时的历史条件下产生的，反映的是当时社会的生产和生活方式、当时的科学技术水平、当时的工艺技巧、当时的艺术风格、当时的风俗习惯等。它们可贵之处在于它们是历史的产物，是历史的物证。以古建筑为例，哪个时代出现什么样的平面布局，哪个时代出现了哪一种建筑类型，哪个时代出现了什么样的建筑材料，因而产生了什么样的结构方式，都是历史发展进程中所留下的痕迹。因此，如果某一座古建筑失去了它的历史特征，也就失去了自身的价值，就不能称之为文物建筑，只能当做一般房屋来使用了。如果一座古建筑只是作为一般房屋使用的话，则远远不如现代的房屋适用，当然也就得不到保护了。例如，山西五台山的佛光寺大殿，如果把它宏大的斗拱去掉，把梁和柱子换掉，那么这一座唐代建筑就没什么价值可言了。其他任何文物也都是如此，如果失去了原貌，它的价值就大大减少，或完全没有价值。

古建筑的保养维修工程，其目的本来是要利用科学技术的方法来保护古建筑，使之能“益寿延年”，长留人间。但是，有时就在维修工程中，反而造成了对文物的破坏。而这样的事例并不鲜见。历史上许多重要的古建筑、塑像、石刻、壁画等，由于善男信女们的“好善乐施”，在重修庙宇、再塑金身的美名下被破坏了，这种例子不胜枚举。近几十年，在维修过程中破坏古建筑原貌的例子也不少。我们参观山西五台山佛光寺时，都会惋惜那一堂精美的唐代塑像被火红翠绿的油漆涂抹。河北正定隆兴寺内原来满壁精美的宋代塑壁，我们只能从五十多年前《中国营造学社汇刊》上梁思成先生文章中所附的照片上观赏了。这堂精美的塑壁就是在20世纪30年代的一次修缮工程中被毁掉的。

新中国成立以后，我们在古建筑的维修工程中是力求按照原状来进行工作的，在国务院公布的《文物保护管理暂行条例》、文化部制定的《革命纪念建筑、古建筑、石窟寺修缮管理办法》中都有明确规定。但是由于人们对古建筑修缮原则的认识程度、长官意志和其他各种原因，也产生了一些(甚至不少)由于维修所造成的损失。这与因为新的建设而破坏了文物所称的“建设性的破坏”一样，可称之为“保护性的破坏”，从而使古建筑的价值受到很大的损失。例如，浙江宁波宋代建筑的天封塔，原来外形古朴美观，尚是原物。但是在20世纪50年代修缮时，外部使用了大量的水泥包砌，外表的结构装饰也改变了。人们批评说，这个塔已不是八百年前的天封塔，而是现代化的水泥塔了。佛光寺大殿旁的祖师塔，是北魏时期所建的，是中国现存最早的古塔之一，是佛光寺初期的遗物，而且塔的形制特异，具有极高的价值。但是在50年代的修缮工程中，这个古塔特有的历史和艺术价值被损坏了。其一是把塔身上层檐下所绘的人字形斗拱和额枋蜀柱随着铲除旧灰皮被去掉了，这一绘画不仅有艺术价值，而且也是鉴别该塔的时代标志；其二是塔内原来有两个泥塑，是塔的主人、开创佛光寺的祖师的肖像，其形象十分精当，有北朝风格，很有历史和艺术价值，也在这一次的修缮工程中被毁掉了。它们已经保存了一千多年，在维修工程中被毁掉了，真是可惜。最近的一件事情发生在四川成都附近的新都宝光寺，寺里的一块千佛碑为梁大同六年(540年)的石刻，有很高的历史和艺术价值。但是在移交给宗教部门管理之后，寺僧不懂得维持文物原状的重要性，为了好看便把碑文加以深刻了。这也许是好意，但它的艺术价值就一落千丈。这种行为可以叫“无知的破坏”，也是令人痛心的。像这种重翻碑刻，重描壁画，重刻、改塑佛像、神像、人像的事，恐怕还是不少的。因此，我们不得不大声疾呼，千万不要因为保护维修，反而造成了破坏，把好事变成了坏事。

二、保存现状，修旧如旧，修旧如初，或恢复原状

这是古建筑修缮的一个重要原则，曾经多次写入文物保护管理条例和修缮办法之中，文物保护法把它概括为“不改变文物原状的原则”。这一原则是总结了多年实践工作经验并参考了国外的经验而得出的，在实践工作中证明也是可行的。但是，在什么是原状，如何恢复原状和什么是现状，如何保持现状问题上，还有各种不同的理解，这里谈谈一些看法。

关于什么是原状，有的人认为不少的古建筑都是历经多次修缮或改动，很难说哪个是原状。我们认为问题虽然复杂，但是只要认真分析一下，还是不难解决的。我们的看法是某一建筑最初建成时的面貌，就是它的原状；如果后来经过修改过，就不能算是原状了。为什么一定要坚持最初建成时的原状呢？前面已经谈到，文物是历史的产物，反映的是历史当时的情况，只有它的原状才能说明问题，才最有价值。古建筑的原貌可能有两种情况。一种是单个的建筑或规模不大的建筑群，如一个楼阁，一座殿宇，一座桥梁，一座寺观，一个坛庙，一个陵墓等，它们大多数是在较短的时间内建完的，或者说是一次建成的。恢复原状即恢复最初创建时的原状。另一种情况是经过长时间形成的古建筑群，有的几十年，甚至几百年才完成。例如，北京故宫，是经过了明、清两个王朝，几十个帝王相继不断兴建才完成的。它的原状在总体布局上可以以它的鼎盛时期为主要原状，当然不是

说以后建的都无价值，而是以它内容最丰富的一个时期为主，作为代表性的时期，更不能把以后的都拆掉。在单组建筑和个体建筑上则仍以它建成时期的面貌为原状。若古建筑是明朝的建筑，就恢复它明朝的原状；若是康熙、乾隆时期所建成的，就恢复它康熙、乾隆时期的原状。又如，承德的避暑山庄也是经过康熙、雍正、乾隆三朝将近90年才建成的，它的总体布局即应以乾隆完成的时期为主要原貌。单组或单个建筑，应以它们各自建成的时期为原貌。至于像明十三陵、清东西陵这样的建筑群，一个皇帝对应一处皇陵，最初不可能预测有多少人葬在这里，也不可能有完整的布局。前后几百年，建了数个皇陵，各个皇陵的建筑都有自己的时代特征和艺术风格，也代表了各个时期的建筑特征。恢复时只能按每个陵建成时期的原状去恢复。另外还有一种情况，如一些历史悠久的寺庙，它们最初建成时的原状在后来已有所改动、重修、重建，改动的时间也较早，重建部分的价值也很大，它们的原状也只能按照各个时代的原状来恢复了。例如，山西五台山佛光寺，主要建筑东大殿是唐代的，但是金代重建的文殊殿价值也很大，决不能把它拆掉恢复成唐代的模样。有时在一个殿上也会出现各个时期所维修的不同风格的构件，如何恢复就要进行认真的研究，根据具体情况而定。在结构或形式上被后代修缮时篡改了，就应当去除其不合理的部分，恢复原来的形式。例如，河北正定隆兴寺内的两座宋代建筑转轮藏和慈氏阁，在维修时就将后来增添上去的腰檐去除了，使建筑物的外貌恢复为宋朝初建时候的旧观。这里还必须强调的是，在恢复原状的时候，必须要有可靠的科学依据，不能凭想象或臆测。在有些建筑物或艺术品的身上，如果后来增添的部分年代已久，而且价值也较大，就不能轻易拆除，而是要设法把拆除的部分也保护下来。近年有关部门勘查敦煌石窟中的一个窟门，发现一千多年前的壁画被稍晚的壁画覆盖了，而早期的壁画保存得尚好，于是经过细致的工作，把覆盖上去的壁画揭取了下来。而覆盖上去的壁画也有上千年历史，艺术价值也很高，这样便有了两份精美的窟门壁画，不仅恢复了原状，而且增加了一份珍宝。像这种后来覆盖一层或几层的壁画、雕塑，如果经过认真检查，内部确定保存良好，的确值得使其显露的话，可以以这种方法处理。但必须慎重对待，技术上要保证内外都在无损的情况下才能进行，千万不要造成损坏。

保持现状是指在原状已无可考证或是一时还难以考证出原状的时候所采取的一种原则；也是一种由于恢复原状需要较大的投资和较高的技术含量，目前还不能进行时所采取的措施。这种保持现状的修缮工程，目前还是一种慎重的办法。因为保持现状可以留有继续进行研究和考证的条件，待到找出复原的根据以及经费和技术力量充实时再进行恢复也不为晚。相反，如果没有考证清楚就去恢复，反而会造成破坏。关于保持现状的问题，曾有两种不同的说法，一种说法是一切都不能动，甚至是后来增添的不合理的部分也不能动；一种说法是凡是后来增添的都一律去掉。这两种说法都有些过于绝对化。保持现状不是一丝一毫也不能动，我们所要保持的现状是有价值的部分。那些与原来建筑布局、建筑结构等毫不相关，而且有损这一古建筑艺术面貌、危及这一建筑安全的东西，如近年来在保护范围内添建的杂乱房屋、棚子，在建筑物身上添设的多余部分，不仅不应当作现状保存，而且还应当逐步加以清理、拆除才是。但是那种不了解情况，不管有无价值都一律拆除的做法也是不当的。

修缮古建筑的目的，不但要以科学技术的方法防止其损毁，延长其寿命，而且必须最大限度地保存其历史、艺术、科学的价值，而后者尤为重要。如果因为修缮工作而损害了它原有的价值，那么这一维修工程就毫无意义。在维修工程中如何才能保存其原有价值呢？我们认为必须保存以下四个方面的内容，即坚持“四保存”。

（1）保存原来的建筑法式、形制。古建筑的形制包括原来的平面布局、造型、艺术风格等。每一个朝代的建筑布局都有它的特点，它不仅反映了建筑的制度，也反映了社会的情况、民族和地区的特点、思想信仰等内容。宫殿、坛庙、寺观等建筑的每一个时代的布局都有所不同，因为它们都是随着历史的进程发展着的。建筑形式、艺术风格也都是如此，各个时代、各个地区、各个民族都有自己的特点。正因为如此，它们才能作为历史的物证、多民族文化的物证，如果改变了原状，或张冠李戴，这个古建筑的价值就损失了。

（2）保存原来的建筑结构。古建筑的结构主要反映了科学技术的发展。随着社会的发展，对各种建筑物的要求不断提高，各个时期和各种建筑物的结构方式均有所不同，它们是建筑科学发展进程的标志。建筑结构也是决定各种建筑类型的内在因素，如同人的骨骼，什么样的骨骼出现什么样的体型。如果在修缮过程中改变了原来的结构，这一建筑的科学价值就会遭到破坏。需要特别注意的是，一些特殊形式的结构，如佛光寺大殿顶的人字义手(唐代)是国内仅存的孤例，万一损坏需要加固时，绝不能在当中加顶一根蜀柱。佛光寺文殊殿的复梁(金代)、朔县崇福寺观音殿的大义手梁架(金代)、赵城广胜寺的大人字梁(元代)、广西容县真武阁的杠杆悬柱结构(明代)等都是有特殊价值的结构，在维修工程中是一点也不能改变的。砖石结构、铜铁结构、竹篾结构也都有其时代、地区、民族等的特点，在修缮工程中要特别注意保持原样。

（3）保存原来的建筑材料。古建筑中的建筑材料种类很多，如木材、竹子、砖、石、泥土、琉璃、金、银、铜、铁等。它们都是根据不同建筑结构的需要而有选择性地使用的，什么样的建筑物用什么样的材料，什么样的材料产生什么样的结构与艺术形式，都要合乎力学原理。木材的性能产生了抬梁式和穿斗式的结构，砖石材料产生了叠涩或拱券式的结构，铜铁金属必然要用铸锻的方法才能建造。因此，建筑材料、建筑结构与建筑艺术是不可分割的。建筑材料随着建筑的发展而不断产生、更替、组合，它反映了建筑工程技术、建筑艺术发展的进程，反映了各种建筑形式的特点。如果随意用现代化的材料来代替古建筑原来的材料，将使古建筑的价值蒙受巨大的损失。即使能用新的材料把古建筑的形式、构件、外观、结构等都模仿得非常相像，甚至可以乱真，但是这座古建筑只剩下了躯壳，它的“灵魂”已不复存在。它那经过历史沉淀的价值也荡然无存。所以在修缮古建筑的时候，一定要保存原有的构件和材料，想尽一切办法护存它的“本质精华”。原构件确实必须更换时，也要用和原来材料相同的材料来更换，如原来是木材就用木材，原来是砖石就用砖石。最好是原来是什么就用什么，如原来是松木就用松木，原来是柏木就用柏木。

现在有些人对水泥十分欣赏，极力推行用水泥来代替古建筑原来的砖石和木材。其理由，一是水泥坚固，二是木材缺乏，三是水泥现代化，可能还有别的说法。乍听起来似有道理，但实际考查一下并不如此。我们曾经调查过多处近代纪念建筑，凡用石料修筑的，至今完好无损，而用水泥修造的，则多已产生裂缝或崩塌，有的甚至土崩瓦解了。水泥做灰浆勾缝、铺顶更不可用，很难做到其不漏雨、渗水。木材缺乏是事实，但是就全国范围来说，古建筑修缮所用的木料数量实在不多，只占全国用材的千分之几、万分之几。为了保存祖国的珍贵文化遗产，计划部门是给予支持的。至于说水泥比木材坚固也未必。佛光寺大殿的柱子梁架已经有一千多年，仍然十分坚固，如果保护得好，再过一千多年也还是坚固的，水泥恐怕就难说了。再说，水泥的性能与木材完全不同，很难捏合在一起。一位国际上著名的文物保护专家、英国的费尔登教授在清华大学讲学时曾说："水泥是古建筑维修工作中的大敌。"我们很赞赏他的观点，千万不要让水泥的运用在古建筑维修工作中泛滥成灾。

(4) 保存原先的工艺技术。要真正达到保存古建筑的原状，除了保存形制、结构与材料之外，还需要保存原来的传统工艺技术。人们认为新创作、新设计不必复古，应该推陈出新，这是历史发展的规律。但是修缮古建筑则与之相反，就是要"复古"，"复"得越彻底越好。陈毅同志曾经说过："对文物古建筑千万不要实行社会主义改造。"这是一句至理名言，因为经过改造的古建筑就不是文物了。对古建筑维修的工艺技术，我认为应该提出"继承传统工艺技术"的口号，而不要改革和创新。例如，油饰彩画中的地仗，原来是三麻五灰、七麻九灰的，绝不能把它改成一层厚厚的油灰或是采用其他的做法。铺瓦时的灰背按原来传统做法是要拍打出浆，晾干后再铺瓦，绝不能不拍打，尚在出水的情况下就把瓦铺上去。因为这种工艺程序不仅是保存原来传统的需要，而且关系到建筑物的安全与坚固问题。许多古建筑维修工程的实例说明，不按原来工艺程序操作施工，很快就会出问题。再如故宫铺地的金砖，是由苏州工匠以专门的传统工艺，用运河黏土泥制成的，用现在的制砖方法是难以达到那样好的质量的。

"四保存"，就是保存古建筑的文物价值。在保证达到这一目的的情况下，古建筑的修复不仅不排除现代工程技术及材料的使用，而且还应高度重视和研究这一课题。现代工程技术及材料使用得当，不仅能更好地保护古建筑的原状，而且更有利于原结构、原材料、原工艺的保存。因此，必须坚持的原则仍然是有利于古建筑价值的保存。

下面着重说明两个方面。

(一) 现代材料的应用

现代材料的使用不是替换原材料，而仅仅是为了补强或加固原材料、原结构。

明确了这一点，在进行古建筑的修缮工程时，许多问题都容易处理。例如，在木结构建筑的维修工程中，常常会遇到大梁或柱子等构件糟朽、劈裂的情况。修缮可以采用多种办法，是把它换掉，还是想办法不换而保存下来，需要认真考虑。举一个例子：浙江宁波保国寺大殿是一座北宋大中祥符六年(1013 年)的建筑，已经有一千年的历史了，是中国现存为数不多的早期木结构建筑之一。大殿的柱子大部分被白蚁蛀蚀，在修缮时可采用三种办法：一种是换水泥的柱子，这种办法绝不能采取，因为它大大降低古建筑的价值，广州光孝寺大殿已是一个教训了；第二种是用新木材来替换，这种办法虽然也保存了木结构的本质，但是原来那些柱子一千年的历史沉淀价值就荡然无存了，况且与原来那些柱子质地相同的木料也不容易找到；于是采用了第三种办法，即用新材料、新技术的方法来解决。采用的办法是用环氧树脂配剂予以灌注、充填，这样既保住了上千年的大殿主要构件，又解决了柱子的加固问题。这是在维修古建筑工程中的一个佳例。环氧树脂配剂可用于黏结木料、拼镶一些原来构件的残缺、糟朽部分，还可以用于在砖石建筑、石窟崖壁的黏结加固和灌注填充。如山西大同云冈石窟、河南龙门石窟的崖体加固、溶洞缝隙填充工程都收到了较好的效果。但使用环氧树脂也必须慎重，因其一经使用就很难改正了，是不可逆的。

钢、铁、铜、锡等金属材料用于古建筑的维修和加固，本是我国古建筑加固的传统材料，在中国古建筑的实物中经常可以看到，如用于木结构梁柱劈裂加固的铁箍，梁柱拔榫加固的铁扒锔、铁拉杆，梁头榫卯加固的铁托垫等，其效果都非常显著。金属材料加固的最大优点是，它不改变原来材料的本质，而只是作为附加的东西；也不改变原结构的性能，只是起辅助加强的作用。如果因其他的原因需要去掉时也比较容易拆除。现代化锻制技术的进步，更有利于所需钢铁加固部件的制作，钢材性能也比从前的铁件提高很多。因此，金属材料用于古建筑维修工程的加固之中，很值得重视。

金属材料不仅适合于木结构的加固，用于砖石建筑的加固，效果也很好。在一千多年前的隋代建筑赵州桥上就应用腰铁、铁拉杆等来增加它的坚固性。在中国南方各地许多民居、祠堂、寺庙的高大砖墙上也用了丁字形的铁拉杆来拉固。在近几十年来的古建筑维修工程中，使用金属构件加固也取得了显著的效果。如在古塔的加固工程中，在破裂的塔身外壁加钢箍箍住，把钢箍嵌入塔体表层之内，外观依然如旧，西安小雁塔就是一个很好的例子。北京大学红楼的抢险加固工程是另外一个用钢材加固的创造性设计的实例。该楼是一座20世纪20年代建成的砖木混合结构，在1976年唐山大地震波及之下，已出现了墙裂顶塌、门窗破损的情况。设计人员采用了水平钢桁架和槽钢、扁钢壁柱相结合的隐蔽钢制框架结构体系，把原来摇摇欲坠的结构提高到能抗8级以上地震的能力。这些钢结构大都嵌入了墙体之内，水平钢桁架则隐藏于楼板夹层之内，使全楼外观如旧。

环氧树脂黏结与钢铁金属构件加固组合使用往往能收到很好的效果。例如，木构梁柱的加固，除了用钢箍、钢钉、暗榫等之外，再加环氧树脂配剂黏结就更加坚固了。又如，砖石建筑和岩壁加固，除了用环氧树脂配剂黏结灌注之外，再加上钢箍、钢钎相结合，效果就更显著。水泥虽然称之为古建筑维修的大敌，但是由于目前条件的限制，有时仍不得不使用。这种新的建筑材料在现代化建筑中使用非常广泛，有许多优点。但在古建筑维修中，必须慎重。如果确属必须使用，也只能在“不是替换而仅仅是补强、加固”的前提下才能使用，如赵州桥内部的加固就是一例。近年来一些非关键性的维修工程，如故宫的地面铺砖，采用了以水泥砖代替的办法。其砖的尺寸、规格、颜色都尽量与原来的相似。用水泥砖代替的原因是原来的青砖不生产了，即使有一些，质量也很差，因而不得已而采取水泥砖。我们认为这种临时性的小部分的更换犹可，若把故宫大部分的地面砖都换成水泥砖，那是不可取的。其他重要的古建筑，如古塔、长城、宫殿、寺庙的墙壁等绝不能用水泥砖来替代。有关部门应该恢复一些高质量的青砖的生产，古人能生产，我们今天也一定能够生产出来。水泥的使用仍要慎之又慎，切不可随意乱用，这是因为它有以下8大缺点。

(1) 它是不可逆的，这是最重要的一点。

(2) 它的强度太大，黏结力太强，跟文物建筑的较弱的材料不匹配。

(3) 跟白灰砂浆相比，它缺乏弹性和可塑性，又加上前述第(2)点，容易使相邻的原材料产生过大的应力而破坏。

(4) 它孔隙率很低，不可渗透，所以抹在墙面会滞留水分和蒸汽，阻止蒸发，使水分上升而很不利于受潮的墙。如果用来做砌筑砂浆，它会增加内部凝结水，促成冻害。

(5) 它在凝固时收缩，造成裂缝使水分侵入却不易排出，从而增加了潮湿所造成的破坏。

(6) 它在凝固时析出可溶性盐类，会溶解和破坏多孔材料和装饰。

(7) 它导热性强，所以如果用做注射剂来加固外墙，会形成冷桥。

(8) 它的颜色是冷灰色的，相当暗淡，而表质却又过分光滑和冷酷。这种特点跟文物建筑在审美上是完全不协调的。

(二) 现代工程技术的应用

在古建筑维修工程中应大胆地采用现代工程技术，但是这种技术的采用必须有利于保持原来的工艺效果，有利于施工，有利于保持原状，有利于维修加固效果。

(1) 新的测绘技术和仪器应广泛采用。因为测绘的目的是要准确、方便、迅速地把修缮之前建筑物的情况记录下来，以便更好地进行研究和编制设计方案。它对古建筑本身毫无影响，只会有利。近代的水平仪、经纬仪、绘图仪已比较普遍地应用了，近些年来又使用了照相测绘技术，对于测绘复杂的不规则建筑外形，以及石刻、塑像等立体艺术品非常有效，应当加以应用。例如，在陕西扶风有一座法门寺塔，突然崩塌了2/3，摇摇欲坠，一般测绘比较困难，因为人不敢接近。用了经纬照相测绘仪，才很好地解决了问题。至于施工中用水平仪抄平、放线，用经纬仪测倾斜垂直等，其使用就更为经常了。

(2) 现代化运输工具和提升机具的采用。运输和提升机具在古建筑维修工程中所占的劳动量往往很大。古代劳动人民曾经创造性地利用各种自然的条件，如水的流动和升降、冰面滑行以及简单的机具，完成了艰巨的运输、提升任务，但主要还是靠人力艰苦劳动。现代化运输工具、提升机具等的应用，大大地减轻了工人的劳动强度，加快了运输速度，有利于维修工程的进行，应当视条件予以采用。

(3) 现代化电动、机动锯、刨、钻、磨等新工具的使用。新工具的使用在古建筑维修工程中可以减轻劳动强度，加快施工进度，还能提高工程的质量，如钻孔、磨砖、刨平等。但在采用这些新工具时，千万注意不要改变原有的工艺效果。如原来是用锛斧砍出的板面就不能把它刨得光平，原来是用手锤剁平的石面也不能把它磨得光亮。当然，如果运用新工具、新技术，仍能表现出原来的工艺效果，那是允许的。

(4) 附加工程的隐蔽技术问题，是古建筑维修中的一项重要项目。关于这一项目，各国和国内同行之间还存在两种不同的看法。一种意见是要完全隐蔽，使外表看不出任何痕迹；另一种意见则认为应当予以暴露，认为既然是附加上去的，就应该让人们知道是后来加上去的，不要与原结构混淆起来，从而扰乱原结构的真实情况。两者都有一定的道理。我们认为，这应该根据加固的建筑的具体情况适当处理，最重要的一个原则是，不管是隐蔽或暴露，都应该以是否有损或有利于建筑本身和附加结构的安全和坚固为准。例如，西安小雁塔的混凝土钢箍，除下层通过窗口之处有少许暴露之外，全都隐蔽在砖体之内，这样不仅对塔的外观无损，而且可使附加结构免去风雨侵蚀，使之能保存得更久。原北京大学红楼的加固工程，为了保持室内的原貌，把附加水平钢桁架隐藏于楼层之内，立竖槽钢则按其尺寸，用特制工具在砖上开浅缝，嵌入砖体内，收到了较好的效果。但是为了不损伤原结构的强度，在外墙的槽钢和角钢则部分未开槽嵌入砖内，而是在钢件上刷以与原来墙身近似的红、灰两色油漆，结果并不显眼，效果甚好。钢铁等金属构件，如能隐藏在内部可经久不生锈，也有利外观的保护，所以还是把它隐藏在内部为好。至于与原来的结构的区别问题，可以用档案资料记录在案，也可刻碑、刻石记载。如果能刻记于结构内部，待将来再进行维修时，就更有据可查了。

(5) 关于修补部分的“做旧”问题。古建筑，包括其他文物，在修补之后是否要把新修补的部分按照原样做旧，现在世界各国专家们也有两种不同的看法和两种不同的办法。一种意见是将修补的部分完全按照原来的颜色、质感、纹饰等做旧，达到“乱真”的效果。另一种意见是新修补的部分要与原来的有所区别，明确表示出它是新修补的，不要与原来的相混淆。多年来的许多维修工程基本上是采取按原状做旧的办法。凡是新补配的斗拱、梁枋都按对称的和相邻的部分做旧，使之协调。石刻和壁画的修补部分也是按原状做旧的，如云冈石窟第二十窟的露天大佛和龙门奉先寺阿难头像的修补部分，在做旧之后，很难分别出来了。永乐宫壁画在搬迁复原时，也将切割的缝隙予以描绘复原，看不出切割的痕迹。我们认为这种办法是好的，否则，如永乐宫的壁画，在复原时仍保持着满壁切割的痕迹，很不雅观。

另一种情况是可以不完全做旧，即修补的部分是大面积壁画，大体量的雕刻、塑像部件，如一只手、大半个身子等，其艺术性也是很强的，可以与原来有所区别，以表现其为新补配者。但也需要“随旧”一下，使之不要过于刺目。其程度是粗看不突出，仔细一看能区别就行了。

需要强调的是，中国维修古建筑还有许多宝贵的传统技术与工艺，如打牮拨正、偷梁换柱、拼镶补缺、墩接暗榫、剔砖等，都必须很好地继承，有的还需要大力研究和发掘，绝不应该让它们失传。

三、保证抵抗各种作用的能力

任何一个建筑结构设计的目的，都是用经济的手段，使结构在一定的时间内和规定条件下，完成各项预定的功能要求。结构各项预定功能的具体要求如下。

(1) 安全性。结构应有承受在正常施工与正常使用期间可能出现的各种“作用”。施加在结构上的集中力或分布力，或引起结构外加变形或约束变形的原因，称为结构上的“作用”。

(2) 适用性。结构在使用过程中具有良好的工作性能，如不产生过大的变形，不出现共振等。

(3) 耐久性。结构在正常维护的条件下应具有足够的耐久性，不致因材料性能变化或外界侵蚀而减少预期的使用年限。

(4) 稳定性。结构在偶然事件(如强震、强风、爆炸等)发生时，仍能保持必需的整体稳定，即结构只产生局部损坏而不会产生连续倒塌。

结构在规定的时间内和在规定的条件下，完成预定功能的概率，称为结构的可靠度，它是衡量结构可靠性的重要指标。

(一) 结构的极限状态

若整个结构或结构的一部分，超过某一特定状态就不能满足设计规定的某一功能要求，则此特定状态称为该功能的极限状态。结构的极限状态分两类。

1. 承载能力极限状态

承载能力极限状态表明结构已达到最大承载能力或达到不能继续承载的变形。当出现下列状态之一时，就认为超过了承载能力极限状态：

(1) 结构或构件或构件的连接处因应力超过材料强度(包括疲劳强度)而破坏，或因过度的塑性变形而不能承载。

(2) 结构或构件某些截面发生过大转动而使结构变为机动体系。

(3) 结构或构件丧失整体或局部稳定。

(4) 结构或构件作为刚体失去平衡，发生倾覆或滑移。

结构承载能力极限状态的表达式为：

$$r_0 s \leqslant R \tag{3-1}$$

式中，s—作用效应。作用包括各种可能施加在结构或构件的集中荷载与分布荷载，如恒荷载、楼面活荷载、风荷载、雪荷载等，这些可称为直接作用；还有引起结构外加变形和约束变形的其他作用，如地震、基础沉降、材料收缩、温度变化、焊接等，这些可称为间接作用。作用效应则指上述直接或间接作用对结构产生的效果、结局(如作用产生的轴力、弯矩、剪力、扭矩等内力及挠度、转角、裂缝等变形)。r_0—结构重要性系数，对安全等级为一级、二级、三级的结构件，分别取1.1、1.0、0.9。R—结构抗力，是指整个结构或构件所能承受内力和变形的能力，如构件的承载力、刚度、抗裂度等。结构抗力是材料性能、几何参数、计算模式、施工条件等因素的函数。

结构承载能力极限状态的设计实用表达式为：

$$r_0\left(r_G G_G C_k + r_{Q_1} C\,Q_1 Q_{1k} + \sum_{i=2}^{n} \psi c_i r_{Q_i} C_{Q_i} Q_{i_k}\right) \leqslant R(r_R, f_k, \alpha_k, \cdots) \tag{3-2}$$

式中，r_0—结构重要性系数；r_G—永久荷载(恒荷载)分项系数，一般情况下可采用1.2；r_{Q_1}，r_{Q_i}—第1个和其他第i个可变荷载(活荷载)的分项系数，一般情况下，可以采用1.4；G_k—永久荷载的标准值(荷载标准值是在规定使用年限内，结构在正常使用条件下的荷载最大值)；Q_{1k}—第1个可变荷载的标准值，该标准值的效应大于其他任意第i个可变荷载标准值的效应；Q_{i_k}—其他第i个可变荷载的标准值；C_G、C_{Q_1}、C_{Q_i}—永久荷载、第1个可变荷载和其他第i个可变荷载的荷载效应系数，即单位荷载所产生的内力或变形；ψ_{C_i}—第2个及以后可变荷载的组合系数，当风荷载与其他可变荷载组合时，可采用0.6；$R(\cdots)$—结构构件的抗力函数；r_R—结构构件抗力分项系数；f_k—材料强度的标准值；α_k—几何参数的标准值。

各有关参数可查阅国内现行的各有关建筑结构设计规范。

2. 正常使用极限状态

正常使用极限状态表明结构或构件已达到影响正常使用和耐久性的某项规定的限值，当出现下列状态之一时，就认为达到了正常使用极限状态。

(1) 结构或构件的变形达到按正常使用或外观要求所规定的限值。

(2) 结构或构件局部损坏(包括裂缝)达到按正常使用或耐久性要求所规定的限值。

(3) 结构或构件的振动达到按正常使用要求所规定的限值。

(4) 结构或构件的其他特定状态达到正常使用要求的限值。

正常使用极限状态的设计表达式如下。

① 变形验算：

$$\delta \leqslant [\delta] \tag{3-3}$$

式中，δ—按荷载标准值计算的变形值；$[\delta]$——结构或构件的允许变形值。

② 抗裂度与裂缝宽度验算。这只用于钢筋混凝土结构。我国古代建筑结构无钢筋混凝土结构，但可作为文物建筑的近现代建筑结构中有这种结构。

上述现代建筑结构原理，原则上也可用于对古建筑结构的检验，但必须实事求是。比萨斜塔的倾斜，按正常使用状态是不允许的，但正是因为其倾斜，才成了一大建筑奇迹。但如其继续倾斜，就会倒塌，故又要纠偏，使倾斜程度减小到必要的状况，即塔既不会倒塌，又能保持倾斜的稳定性，作为一个奇迹供人欣赏。

四、保证建筑结构的耐久性

建筑结构的耐久性取决于材料的耐久性。耐久性是泛指材料在使用条件下，受各种内在或外来因素的作用，能长期不破坏、不失去原有性能、仍能正常使用的性质。

材料在建筑物使用过程中，除材料内在原因使其组成、结构和性能发生变化外，还受到使用条件和各种自然因素的作用。这些作用可概括为物理作用、机械作用、化学作用、生物作用和复合作用。

(1) 物理作用。包括温度和湿度的交替变化，即冷热、干湿、冻融等的循环作用。在这类作用下，材料发生膨胀、收缩，或产生内应力，长期反复作用，使材料逐渐破坏，如在寒冷地区，冻融的循环作用，对材料的破坏最为明显。

(2) 机械作用。包括使用荷载的持续作用，交变荷载引起的材料疲劳、冲击、磨损，外部机械撞击等。

(3) 化学作用。包括大气、环境水及使用条件下酸、碱、盐、油等液体或有害气体对材料的侵蚀作用等。

(4) 生物作用。包括菌类、昆虫等的作用，使材料腐朽、蛀蚀而破坏。

(5) 复合作用。老化，即有机高分子材料由于光、热、空气(氧和臭氧)等作用而发生结构或组成的变化，从而出现各种性能劣化的现象，如变色、变硬、变脆、龟裂、发黏、发软、变形、出现斑点及机械强度降低等。

在一般情况下，木材、天然石材、砖、瓦、陶瓷、水泥混凝土、砂浆等，暴露在大气中，主要受到大气的物理作用和大气中有害气体、有害粉尘的化学作用；当材料处于水中或处于水位变化区域时，会受到水的化学侵蚀作用或干湿循环、冻融循环的物理作用；金属材料在大气或潮湿条件下，易遭受氧化(生锈)及电化学腐蚀；木材、竹材及植物纤维材料，常因腐朽、虫蛀而遭到破坏；高分子材料在阳光、空气和热的作用下，会逐渐老化而破坏。

修复古建筑时，查清造成结构材料损坏、老化的原因，予以根除或隔离，对耐久性已降低的材料予以更换，以保证结构的耐久性。

五、保证结构的稳定性

结构的稳定性分整体稳定性及局部稳定性。

（一）整体稳定性

整体稳定性主要是指地基的稳定性和基础的稳定性，以及某些类型结构（如拱券结构）的稳定性。

（1）地基稳定性。一般包括在一定范围内的土坡是否会整体地沿某一滑动面向下或向外移动，即土坡稳定性；经常受水平载荷作用的建筑物或构筑物是否会因地基沿某一滑动面向外或向下移动而发生倾覆。

土坡或地基失稳的原因主要有：①土坡或地基上的作用力发生变化，例如，在坡顶或地基上的荷载过大，或由于打桩、车辆行驶、爆破、地震等引起的振动改变了原来的平衡状态；②土的抗剪强度降低，例如，土体中含水量或超静水压力增加；③静水力的作用，例如，雨水或地面水流入土及岩石中的竖向裂缝，对土体或岩体产生侧向压力，从而促进土体或岩体滑动等。

（2）基础稳定性。一般包括某些建筑物的独立基础承受水平荷载很大时产生滑动；当建筑物较高或很轻，而水平荷载又较大，建筑物会连同基础发生倾覆；当地基发生较大不均匀沉降时，较高建筑物倾斜过大而倾覆。

（3）其他结构稳定性。拱券因拱脚移动或不均匀沉降过大而整体破坏。

修复古建筑时，必须首先消除其整体不稳定因素。

（二）局部稳定性

局部稳定性则是保证各个受压构件不会失稳或产生压屈。受压构件要保持稳定，就要控制其长细比及形状。原来稳定的构件，会因其截面削弱、长细比增大，或是产生过大的挠曲而失去稳定。如失去稳定的构件是在关键部位或是多个构件失稳，也会引起结构整体破坏。另外，构件连接点损坏，也会引起失稳。

因此，必须保证结构的构件是稳定的。

六、安全、经济、创新

修复古建筑时，保证结构的安全和工作人员的安全，要比新建或现代建筑修复中保证结构的安全和工作人员的安全难，甚至难得多，这是因为古建筑往往较复杂、脆弱，但却十分重要。必须仔细、深入地研究，弄清每个细节，制定妥善的安全措施，并在修复施工过程中不断修正、完善。

古建筑修复也要讲经济效果，必须编制施工方案预算，合理使用投资。

创新，就是要开发新的施工技术、新的施工工具和机器、新的材料，以更好地保证不损伤古建筑的文物价值，保证修旧如旧的原则下，同时增加结构的承载能力、耐久性、稳定性，增加施工安全，缩短工期，节约投资。

第四章
古建筑修复前的勘测工作与修复方案制定

修复古建筑前，必须对古建筑的历史状况进行充分研究，摸清底细，然后进行深入、细致的勘查、测量，在此基础上，制定修复方案，并编制工程预算。

第一节 制定维修方案的方法和程序

一座古建筑遇有不同程度的损毁时，在维修之前首先要对它的损毁情况进行详细的观测和检查，然后依据检查的结果，根据经济、技术力量、材料、施工机具等条件，并结合“利用”的要求来制定维修方案，编制工程预算和施工计划，最后按照有关规定进行审批和验收。

一、损毁情况的勘查与观测

进行古建筑的保护维修工作，首先需对它现存的情况进行了解，这项工作就是损毁情况的勘查与观测。通常情况下，在损毁情况勘查前或同时，先对将要维修的古建筑的构造、工程做法等进行复查，这是因为在维修前虽然大部分古建筑都有勘查报告，但大都很少提及工程做法。此外，在勘查损毁情况时，如遇有整体歪闪，或是重要梁枋弯垂劈裂、砖石结构中承重墙体裂缝等情况，当时不能确定其安危程度时，就应进行科学的观测工作，根据观测的结果，判定结构是否稳定和病害是否继续发展等情况，再研究它是否需要维修或如何进行维修。

（一）建筑构造的复查

在勘查一座建筑物的时候，必须对它建筑构造有比较清楚的认识与了解。虽然许多要维修的古建筑，在维修前都有一些勘查报告之类的文字或图纸、照片资料，但这些报告和资料多半是介绍它的“法式”和历史、艺术、科学等方面的价值。对于它的详细构造则较少涉及，如梁枋木材的树种、砖墙的砌筑形式、灰浆的成分，特别是基础的探查工作就更少进行。为此，在进行损毁情况勘查之前或同时，对此应进行补充勘查。

另外，在一般的调查报告中所绘的图纸，其中所注尺寸都是经过详测后统一而来的，这是为了研究它原来设计的情况而绘制的，是扣除在施工中的误差而取得的数据，但在维修时仍应按现存尺寸不能改变，因为任何改变都会引起一系列的不适应而影响整体构架。例如，一座建筑物东西两次间的面阔，实测时东次间为501cm，西次间为505cm，考虑它设计时就很少有可能是这样的，为此在绘图时需统一尺寸，一般是根据它的材栔分数或是上面额枋、檩子的长短，求出一个比较合理的统一尺寸，因而图纸中注尺寸很可能就是这两个的平均数，或是以某一间为准。但在实际施工时，若按平均数字，由于施工误差所造成的现存情况，那么两间的构件都要发生或长或短的问题，为此，在勘查损毁情况之前或同时，必须对主要尺寸的面阔、进深、柱高、举架高度等项进行复测，如有原来测绘时的草稿，这道工序就可以省略。

另外，在重要建筑物中，若遇有严重歪闪、地基下沉的情况，还应对基础做法、地质情况进行勘测，一般要邀请专业的部门进行此项工作。古建筑维修工作部门要提出意见和要求。

（二）损毁情况的勘查方法

损毁情况是决定进行保护维修的重要依据之一。必须仔细认真地进行工作，任何勘查中的失误，都会给维修工作造成不必要的浪费或漏项。勘查的步骤如下。

第一，勘查一座古建筑的损毁情况时，首先要注意它的整体情况。以木结构建筑为例，首先，它的整座建筑是否歪闪，歪向那个方向，具体尺度，都要搞清楚。过去的勘查报告只写“某某建筑物歪闪严重”这种词句是不能说明问题的，严重不严重是有界限的。对于整体建筑的歪闪，一定要量出它的数字，这种情况在维修砖、石佛塔时更为重要。中国有句俗话，“十塔九歪”，许多塔由于古代施工时的误差，往往它的塔刹尖与基座的中心点都不是严格对中的。但是如果歪闪到一定程度就将要发生倒塌现象。这种情况下的歪闪数字就更显得重要。

观察了整体情况后，就要检查主要构件，如木结构中的主要梁、枋和柱子，是否弯垂和糟朽，明确损毁的部位、范围大小、裂缝和糟朽的深度。对于梁、柱内部糟朽的检查，还需借助于一些简易的工具，如麻花钻或和手摇钻等。一般情况下，柱子多在根部，梁枋多在有明显漏雨痕迹处。如遇包镶梁柱更应特别注意，往往是中心木糟朽，但从外表的包镶板看可能还很完整，故在重要建筑物中，对包镶梁柱都要进行仔细的检查，检查结构除用文字记录外，还应辅以草图。

如为砖石结构的建筑物，首先应注意墙身的裂缝情况，并应记清裂缝的部位、宽度、裂缝的走向、延伸的长度和裂缝起止的位置等。此外，发券券洞更是不能忽视的重要部位，这也是检查拱桥时最重要的部位。

第二，围护结构的勘查是不可缺少的工作。围护结构中首先应检查屋顶是否生草、漏雨，瓦件的残存情况，包括瓦件的时代、质量、损毁数量都要详细检查，如果准备做修复工程时，对构件的制作时代更应特别留意研究。然后检查装修、檐墙、地面的残存情况。

第三，建筑物的附属艺术作品如彩画、壁画、塑像、碑刻等，也是勘查中不能忽视的部分。以彩画为例，不仅要记录彩画的绘制的题材、地仗的做法，还应注意色彩、地仗保存的情况，记录其残破的部位、范围，对于壁画的勘查应对其空臌、裂缝、颜色是否脱胶等进行检查。对于空臌的检查，还必须使用医用橡皮槌轻轻击打，不得使用任何金属物接触画面。

第四，用文字和草图记录的同时，最好应有照片记录，这种照片的艺术性要求不高，只要求画面清楚，能说明问题即可。经验不多的人员，更应多利用照片记录的方式，以便勘查后向经验较多的人征求意见。经验证明，在向各方面说明损毁情况及维修意见时，照片的作用有时比图纸、文字说明更为有力。此外，这一类的照片，在维修工作的宣传上，也是新旧对比的好材料。近代兴起的录像设备，在忠实记录损毁情况和新旧对比的宣传上，更是有利的工具。

第五，勘查损毁情况时，最好能同时考虑初步维修的意见，并清楚地写在记录本上。这样做的好处是，当检查时面对损毁情况的印象最深。经验多的人员往往在检查中就决定了维修的方案；但对于经验不多的人员，这样做也是对自己技术的一种考验。堪察回来后查阅参考资料或征求意见，如果你的意见是对的，又取得大多数人的同意，说明你的判断正确，增强信心；如果错了，可以总结自己的不足，今后可防止类似误差的发生。

（三）损毁古建筑的观测方法

任何物质都在不断地变化，而且由渐变发展到突变，用建筑的术语描述就是已达“破坏阶段”。许多物质的使用期限或是保固期限，就是利用此规律而求得的。危险的古代建筑，其残坏情况由结构形式、建筑或维修时间的远近、工程质量（包括材料与施工技术）、地理条件、地质条件以及其本身经历过的种种意外灾害（包括地震、雷击、飓风、暴雨等）等因素综合决定，这些不同的因素错综复杂地对建筑物的“健康”起着作用。每座建筑各不相同，因而很难确定其保固期限。例如，“某某塔歪了，会不会倒下来”，“某某建筑物坏了，还能维持几年不塌”都是极难回答的问题。要解决这些疑问，最正确的方法就是对已经发生危险情况的建筑物，进行经常性、定期的科学观测，寻求其残坏部分发展的具体规律，然后依据一定时期的观测结果，分析研究其危险程度，计算其保固期限。对损毁建筑的观测是非常有意义的工作，首先通过观测得出的结论，应能比较清楚地了解建筑物的危险程度。实际情况当中，常常有些看来是危险的建筑，但经过观测得出结论并不那么严重。同时这个工作更为我们有计划、有步骤地进行古代建筑维修工作提供了科学依据，从而能合理地使用资金。需要急修的建筑，能及时地得到修缮与保护，避免了因不了解情况而造成的损失。

1. 简易的观测方法

观测建筑物的危险情况，首先须将现存的情况了解清楚，然后观测损毁处结构“动”的方向与尺度。求“动”必须以“不动”为依据。因而不论用任何方法观测，每一观测处都要具备两个标点，即定点和动点。观测重点不同时，也可采取两个都是动点的做法，两点之间的水平距离或垂直距离尺度的变化，说明结构危险情况的动态。动点永远应置于危险构件变化最快的一端，定点不能置于容易活动的构件上，最妥当的方法是置于地面的砖、石上或建筑附近的砖石结构物上。

（1）简单观测。梁、枋弯垂时可以沿梁、枋侧面的底边，用线绳做出一条基线，然后依此基线用钢直尺（观测工作必须要求使用钢直尺）量出弯垂的尺度、距离梁任何一端的距离，同时还需量出梁、枋的长度（中线至中线的距离）以便于计算和分析情况。

木结构建筑梁架局部歪闪时，通常观察柱头的变化情况，柱根不易移动，多将定点置于柱础和柱根的中线上，将动点置于柱头中线的最顶端，然后用垂球自动点垂下，量出垂球距定点的尺寸，减去柱根、柱头的直径差，有侧脚时也应减除，求出柱歪闪的尺寸。连同上述梁枋弯垂可量的尺寸，都是第一次观测的尺寸，这些尺寸只能作为今后观察的基数，还不能就此得出保固期限的数据。因而，最简易办法也仍需定期观测，第一次观测以后每隔一个季度、半年或一年进行一次观测。时间长短应根据危险程度确定，可以延长或缩短。但最主要的是间隔均匀，不能随意变更。“持之以恒”才能得出科学的数据。

（2）仪器测定。砖、石塔歪闪时，由于体积大，通常使用经纬仪进行观测。虽用仪器，但方法却很简单，观测时先用眼睛观察，初步找出歪闪的方向。首先在地面上找出塔底平面的纵横中线，依据塔高和空地的情况在中线上各选一处观察点，也就是支放经纬仪的地方，距离塔中心 30～50m。每个观察点必须装置牢固的标记，有条件时最好埋石桩或钢筋混凝土桩，以后的观测都应在此固定的观测点进行，不能随意挪移。布置妥当后，开始逐点进行观察，每次每个点的观测步骤简述如下。

① 经纬仪的望远镜对准塔底边中线，即为观测中的定点，应做出明显的标记。

② 将望远镜沿垂直度盘转动，照准塔顶，此处即为定点在塔顶的水平投影。塔身如不歪闪，此点应与塔顶中线相重合。

③ 望远镜沿水平度盘转动，对准塔顶歪闪后的中线，此点即为动点，其位置通常选在塔刹基座中线，或最上层塔檐的中线。一般情况下不能选在塔刹的尖顶上，否则，将会出现错误的结果，影响正确的判断。

④ 将望远镜沿垂直度盘转动，照准塔底边，得到动点在定点附近的水平投影。用钢直尺量出其水平距离的尺寸，就是该塔向某一方向歪闪的尺寸。

⑤ 自两个方向上的观测点所观测的结果，按比例绘成图纸，就可以求出歪闪的准确方向和尺度。这种观测一般应每年进行一次。进行此项工作如仪器等条件不具备时，可以委托当地勘测部门勘测人员进行。

(3) 安置观测器。砖石结构建筑物上较细的裂缝，用钢直尺直接测量不方便时，或位置过高不易攀登时，可以在裂缝处安置若干个观测器。这种工具目前尚需自制，只用两片长度相同的薄铁皮，一般长 8～10cm，宽度各为 3cm 和 1cm，两片相叠，铁片在上，各自有一端固定在结构物上，铁片正中画上中线和“0”点，底片上自“0”点向两边划出尺度。裂缝继续发展时，两个铁片自然随之移动。观察时由上下两铁片中线“0”点的差，可以直接读出裂缝发展的数值，即使很微小的发展也能清楚地表现出来(两个铁片上的“0”点都是动点，如需明确知道究竟裂缝向那个方向裂开多少，就需另在结构物本身以外寻求定点，观察方法也相当复杂)。使用这种方法可以节约观测时间，因而定期观测的时间都较短，可以每旬、每月或每季进行一次。裂缝较大的地方，仍应使用钢直尺直接测量，但应在观测处画出明显的标志。

(4) 记录与记录本。观测时的记录是非常重要的一项工作，因而对要观测的建筑物，最好每座建筑物各立专用的观测表。观测时，各种情况、数量必须书写清楚。记录时，一般应采取填表的方法，格式可依据具体情况绘制。记录本的最前页一般应详细记录下列几项主要内容：建筑物的名称、地址、时代、损毁情况、观测方法、目的、要求、观测期、观测点等(必要时应用图表示)。记录表格应包括观察日期、观测结果、情况分析及观测人等。可以每次用一个表，也可每个观测点用一张表，依需要而定。

2. 观测后的情况分析

1) 情况分析

观测结果，大致会出现以下几种情况。

(1)“静止”的情况。观测的结果，每次的定点与动点的距离，都维持第一次观测的数字。一般情况下观测五次(但最少不应少于两年)，连续得出上述结果，就可以认为损毁发展已呈“静止”状态，说明结构继续歪闪或裂开的因素已经基本消除。遇到这种情况，观测五次以后可以暂停。但重要的梁、枋如弯垂超过其长度的 1/100 以上，或砖、石建筑歪闪的尺寸自中心向外已经超出其底径的1/6时，仍应认为是危险状态。应继续进行观测，每次的观测时间可以相隔得更长一些。

（2）平均进展的情况。损毁情况发展的速度，若是逐渐增加的，有5～10次以上的记录，而且每次观测的结果都相近，即认为损毁情况的发展是平均进展的。这时已属于比较严重的时期，应依据平均发展的数字，求出还能维持的安全时间，与此同时，应做出适时的修缮计划。

（3）逐期累进的情况。每次观测数据逐渐增多时，说明已临近危险状态。在计算安全期的同时，应积极进行修理准备工作，或立即进行修理。

（4）“突飞猛进”的情况。这种情况出现在建筑即将倒塌的时候。稍有较大的振动即可发生危险，遇有这种现象，应立即进行抢救。通常在已经进行观测的建筑物，不能允许发展到此阶段。

以上四种情况，通常遇到的多为前三种。第一种“静止”的情况，可以认为是安全的建筑；第二种，平均进展时是否危险，首先要看它进展的速度及依此速度计算出的安全期限而定。进展的速度很小，安全期在百年以上的，也可认为是比较安全的建筑；如安全期只有三五十年则应认为是比较危险建筑；第三种逐期累进的情况，应认为是危险建筑；如累进数大时则是最危险的建筑，应立即进行抢救。

2）计算安全期的一般依据

各个建筑物损毁部分的安全计算是相当复杂的，一般需由专业人员进行核算。在此，仅介绍一些粗略的依据数字作为参考。

梁、枋弯垂时，其危险程度应以弯垂尺寸与梁枋长度的比例来观察。设梁长为L，弯垂尺寸f，则$f/L=1/200$时，可以认为是正常状态；$f/L=1/100$时，已接近危险状态，超过此规定应认为是已经危险状态。

梁枋糟朽超过其断面面积1/6以上时，应认为已达危险状态。

砖、石砌体(塔、幢等)的危险程度，应以砌体重心的垂直线偏出原重心线的距离与砌体底面直径的比例为依据。设底面直径为d，偏心距为L，则$L=0.055d$，可以认为是安全状态；$L=0.17d$，已达危险期的边缘，但如不超过此限，应认为还是安全状态；$L=0.203d$，应是危险状态，超过此限就有倒塌的可能。

如以上所述，对古建筑损毁情况的勘查，可能概括成这样几个字，即一望、二量、三记、四测：一望即观望整体结构损毁情况及主体构件损毁情况；二量即丈量构件损毁的长、宽和深度；三记即用文字、草图和照片详细记录构件损毁的部位、范围、损毁程度；四测即必要时应进行定期观测，依据观测结果研究是否需要维修，如果要维修，则要制定维修方案。

二、设计方案的拟定

众所周知，基本建设中新建的建筑物，一定要请工程技术人员进行建筑设计，画好图纸，写好说明书，才能交施工单位按设计图纸进行施工。对于古建筑的维修，有些人就认为，维修古建筑就是“依样画葫芦”，可以不进行设计，只要照原样维修就行了，这种认识是不正确的。因为任何一项维修工作，都要事先有一个详密的计划，修哪些部位，如何修，用多少人工、多少材料、多少钱等都要事先计划好。无论维修工程的规模大小，都应事先做好工程设计，这不仅是国家的规定，也是事实的需要。对于古建筑来说更重要的原因是，古建筑的维修是保护工作的重要手段之一，要使它完好地保存下来，流传下去，维修时，就必须严格遵守和掌握国家保护文物的政策，科学地分析其损毁的原因，合理地解决维修中的一切技术问题，与此同时还要贯彻节约的精神，少花钱，多办事，因而维修古建筑必须要进行周密的设计。

(一) 维修工程的分类

在研究制定维修方案之前，首先应介绍一下我国现在进行古建筑维修分类如前面已经谈及的，它大体上分为六种，即保养工程、抢救工程、修缮工程、修复工程、迁建工程和复原工程。

1. 保养工程

保养工程指不改古建筑的内部结构、外貌、色彩、装饰等现状而进行的经常性的小型修缮。例如，屋顶拔草、补漏；庭院清理、排水；梁、柱、墙等的简易支顶；检修防潮、防腐、防虫措施及防火、防雷装置等。此类工程每次进行的工程量都不大，但需经常进行。对于损毁尚不十分严重的古建筑来说，经常性地进行保养维修，可以较长时期地保持不塌不漏。保养工程一方面避免了损毁情况的继续发展扩大，延长了建筑物的寿命；同时也为彻底维修所用材料、经费以及技术力量的筹集，赢得了时间。

保养与修缮，就是防与治的问题，加强日常的保养维护工作，就会减轻或延缓修缮的任务。因此我们提倡，在古建筑的维修方面，仅就全国范围而言，应是“保养为主，修缮为辅”。这样做不仅节省了成本，而且由于古建筑长期的保留现状，为详尽的研究工作提供了更为有利的条件。

2. 抢救工程

抢救工程又称抢险加固工程，是在古建筑发生严重危险的情况时，所进行的支顶、牵拉、挡堵等工程。此种工程的目的在于保固延年，以待条件成熟再进行彻底的修缮。因此抢救工程的任何技术措施都应该是临时性的措施，并应考虑不得妨碍以后的彻底修缮工作。因而一切技术措施都要做到既要安装方便，又要能比较容易地拆除，一定不能采用浇灌式的固结措施。

3. 修缮工程

修缮工程又称重点维修工程，一般是指中型或大型的，按照保存现状的原则进行维修的工程。例如，翻修整个屋面，更换部分大木构件，或是全部落架重修等。修缮工程是当前我国大型古建筑工程中的主要类型，在保存现状的同时，在有充分科学根据而又工程量不大的情况下，也可能部分地予以复原。

4. 修复工程

修复工程，过去习惯称为复原工程。有些年代较早的重要古建筑，由于年久，经过历史上多次修理，原来的面貌多被部分地改动，以致整体看来和它原建时期的风格面貌不够协调，在有充分科学根据的前提下，在维修工程中，将后代改动部分取消，恢复它的原貌。这种性质的工程，在未制定工程方案前，需要对它原来建筑时的面貌，做大量的科学研究工作。恢复原状是古代建筑维修的最高要求，必须慎重从事。这是我们这几十年的时间里，所占比例最少的工程项目，而且是带有试验研究性质的。

5. 迁建工程

迁建工程是新中国成立后新兴的工程类别，指由于各种原因，要将古建筑全部拆迁至新址的工程。新中国成立后，大规模的基本建设与古代地下、地上的文物保护单位，在建设用地方面产生了很大的矛盾。为解决这一矛盾，党中央和国务院制定了既对文物保护有利，又对基本建设有利的“两利方针”。根据具体情况，有时基本建设改选基址；个别情况下，古代建筑就需要搬迁重建，为基本建设让路。这种工程的性质，根据科学研究的结果，可以是恢复原状，也可以是保存现状。

在此应该说明，迁地重建的工作，对于古建筑的保护是有些不利影响的。因为一座古建筑与它原来所在的位置，已经形成了密切的关系，有些更是某一历史事件、某一重要历史人物功绩的实物例证。在一般情况下，古建筑的保存，应以在当地为最相宜，只有在迫不得已的情况下，才能采用迁建的办法。这种做法对保护古建筑来说不能说是最好的，但总比拆除扔掉要好得多。所以这种性质的工程数量不多，而且是国家严格控制的。

6. 复原工程

复原工程又称复建工程，是指有时为了某种特殊的需要，将仅存遗址的重要古代建筑，按它原来的式样、结构、质地和工艺重新建造起来的工程。近年来，由于旅游事业的发展，在重要古代建筑保护单位里，有选择地恢复一部分过去塌毁、仅存基址的古建筑。在有充分科学根据和缜密研究的情况下，进行了一些试验性的复原工程。对于这种性质的工程，必须强调，要在对基址进行周密的考古发掘后才能进行。至于那些仅凭传说，或者不按原来的式样、结构、质地和工艺而进行的所谓复原工程，虽然也沿用了原来建筑物的名称，但这样的工程是新创造的，是不符合保护古代建筑原则的；如果是在原基址上进行的，则不仅不是保护，反而是对古建筑的破坏，这是要坚决反对的，这样的工程与所说的复原工程是完全不同的。

（二）工程方案的确定

确定一座损毁古建筑的维修方案，最基础的条件是依据损毁程度来确定。原则是：该小修的不要大修，可以修补继续使用的构件不要轻易决定更换，这样做不是单纯为了节约工料费用，更重要的是尽量保存原来建筑的历史、艺术价值。试想一座古代建筑，过多地用新材料更换后，即使式样分毫不差，也仅是一个原大模型，作为文物的价值将会大大地降低。当然，每次修理都必不可免地要更换一部分构件，应该掌握在最小范围内的最小数量，任何更换的构件要严格按照“法式”，不能随意变更，更不能独出心裁，“画蛇添足”。

在此应该特别指出的是，维修方案的制订应力求使建筑坚固，但不能无限制地加强，对于材质力学性能不高的构件，如果施以大强度的加固材料，反而会对原构件造成新的损害。另外，任何修理都不能是一次性的，后代子孙还会要修理的，因此制定方案时还应考虑长远一点，为后代修理留有方便，因而制定的加固措施应带有适当的可逆性。例如，维修墙体，有些地方会有古砖重砌，如采用高强度的水泥砂浆来砌，当时似是非常坚固，但过些年墙体因受其他影响须要重砌时，全部古砖就会因连接太强而损坏、报废，只能用新砖代替，这就大大有损于它的历史技术价值。

维修方案的确定，除了残损情况外，还受到许多条件的制约。例如，维修的目的是力保古建筑原貌，则根据“古为今用”的方针，急需的先修，不急需的缓修。此外，还有经济条件、技术条件(包括设计技术力量和施工技术力量)、施工机具、建筑材料等，都是要综合考虑的内容。

1. 经济条件

保护文物是国家重要的工作之一。国家每年都拨出相当数量的经费，对保护单位中的古建筑和历史纪念建筑进行不断的维修，但和实际需要还相差很多，因此必须分出轻重缓急，有计划、有步骤地进行。例如，由于地震或水灾造成古建筑严重歪闪，常常需要大修才能解决的情况，一时经费不足，则应改为抢救性的工程，先临时支撑，以待其他条件成熟后，再进行彻底的维修。有些古建筑虽有损毁，如先小修就可维持若干时日，也可暂缓进行大修。因而，按哪一种性质进行维修，经济是很重要的一个条件。

2. 技术条件

维修古建筑是保护的手段之一，为保证维修的实际效果，保护维修过程中不损害建筑物的文物价值和科学价值，必须要由有相当经验的技术人员进行设计和施工。从事这项工作的技术人员不仅需懂得古建筑，还需十分热爱古建筑，才能达到预期的保护目的。施工人员是否有足够的经验，对于施工的好坏是十分关键的问题。遇到特殊的工程项目，更需慎重对待。现在出现这样一种情况，即仅凭热情去维修古建筑，热情是好的，但需要和科学相结合，对古建筑基本不懂的人或似懂非懂的人从事此项工作，往往会做出“画蛇添足”的事。这种使古建筑完全走样的例证也是不少的。由于无知，好心办坏事，对古建筑名为保护实为破坏，是应该特别注意防止的。应当采取的做法是，对于某一项维修工程，如果技术力量不足，宁可采取支撑保养的办法，待技术条件具备后再进行彻底维修，也决不能草率从事；一旦修坏了，将是无法弥补的损失，因为文物是不能再生产的。维修质量的好坏，技术力量十分关键。

3. 工具和材料

“工欲善其事，必先利其器”，维修工程没有合适的工具是不行的。现在古建筑维修工程中最难解决的工具就是支搭脚手架需要的杉槁、脚手板，最难解决的材料就是木材，总之都是木材。古建筑由于外形线条多变化，支搭脚手架还不能完全依靠钢架，必须使用相当数量的杉槁、脚手板。在对古建筑，特别木结构建筑物进行维修时，施工需要的木材数量按平方米计算，有时要超过基本建设中使用木材数量的几倍或几十倍。进行古建筑维修工程，如果未在施工前准备好施工使用的木料，一般情况下就要延误工期，造成窝工浪费。还有些古建筑中特需的材料，如油饰彩画的桐油、颜料、金箔、瓦顶上用的琉璃瓦等，都是不易解决的建筑材料。许多工程常因工具和材料的关系，一拖几年不能开工。因此在制订方案时，这也是不能忽视的重要条件之一。

总之，古建筑维修方案的确定，必须根据以上所述几个主要条件，即损毁程度、维修目的、经济、技术、工具和材料等项综合考虑，才能得出切实可行的维修方案，忽视了其中任一项，都不可能顺利地达到预期效果。当然，在确定方案时，需特别注意前面已经提到的维修方针，即能小修的不大修，能局部拆落的不要全部落架大修，尽量多保留原构件，维修的范围应尽量缩小，更换构件的数量要减少到最低限度。

（三）设计文件的编制

设计文件，一般根据设计的性质、工程的性质不同而有所区别，但最主要的，也是必需的文件，至少应有工程做法说明书、设计图纸和工程预算书。

1. 工程做法说明书

工程做法说明书又称做工程计划书，用于说明维修意图、方法，它是施工中技术措施的重要依据之一，也是大小维修工程必备的文件之一。工程做法说明书没有固定格式，但必须包括以下几个内容。

(1) 指明维修目的。此项内容在一般保养或修缮工程中只是简单说明即可，在修复、迁建和复原工程中就需比较详细地叙述，说明理由和要达到的目的。

(2) 指明古建筑物时代、法式特征和其他特征。此项内容主要是为了让设计者以外的有关人员，如审批和施工部门对预备修理的古建筑的价值和特征有所了解，对施工部门尤为重要，指明特征，以免施工中被忽略造成不应有的损失。

(3) 指明损毁情况和修缮的技术措施。此项内容是工程做法说明书的最关键的部分。首先必须详细说明损毁的部位、范围大小、主体大型构件(如梁、枋、柱、檩)及瓦顶中大型瓦件(如大吻、垂兽等)，还需指明损毁的数量，然后指明采取何种技术措施，对每项维修时的操作程度，技术要求，使用材料的规格、加工的程度，灰浆的配比等都要详细地说明，切忌用古代碑文中的“残者补之，朽者更之”的词句。在大型工程中，由于项目繁多，也可将损毁程度与维修技术措施，列成上下相对的表格，更为简明。然后将每项的技术措施、工艺要求、材料规格等另列条目详细说明。

属于更换重要构件，或比较复杂的加固措施，应在工程做法说明书内附加结构计算书；属于迁建工程，应附新址地基勘察资料和试验报告。

2. 设计图纸

设计图纸是表达设计意图的最好工具，因而必须详细、准确。根据工程的性质、工程量的大小、技术的难易程度等决定设计图纸的数量、内容、比例尺等。

(1) 一般保养工程。如瓦顶拔草勾抹、地面排水、整修甬路等项目，设计时只绘一张平面图，图中指明维修位置、损毁情况及维修措施即可。一般情况下单体平面的比例尺为1/200～1/100，总体平面的为1/500～1/200。

(2) 抢救工程。如支撑大梁、柱子或翼角等，设计图纸除在平面上注明位置，必要时应有断面图，画出支撑物的形状、尺寸。

(3) 修缮工程。这种性质的工程都是属于中型或大型工程，对设计图纸要求较多，大体上分为两种类型，即实测图和设计图。

① 实测图。这是说明现存状况的图纸，通常是绘制古建筑健康面貌的图纸，残毁状况用照片辅助说明。一般情况下，实测图应包括平面图、正立面图、侧面图、背立面图、纵横断面图、梁架仰视图、瓦顶俯视图。以上图纸的比例尺为1/100或1/50，总平面图比例尺为1/1000～1/500，其他大样图，如斗拱、装修、石栏板等大样图的比例尺不应小于1/20。

② 设计图。这是表达维修后预期达到的式样图，在完全保存现状的修缮工程中，设计图可用实测图代替，但应补充施工大样图，包括复杂的加固措施图纸，比例尺一般不应小于1/20，个别部位，如拱头分瓣、麻叶头等雕制构件的修配大样图，根据需要，还应绘制足尺大样。若在修缮工程中部分恢复原状，则应绘制设计图，不能用实测图纸代替。设计图的比例尺应与实测图一致，以便于对照研究。

(4) 修复工程。这是技术比较复杂的大型工程，一般情况下，除了绘制实测图外，设计图应分为两种，即初步设计和技术设计。

① 初步设计。也称方案设计，一般要求至少提出两个以上的方案，供研究和审批时比较。初步设计图只要求平面、立面、断面的图纸，比例尺为1/200～1/100。

② 技术设计。待方案确定后，绘制技术设计图纸，种类、比例尺与实测图同。

(5) 迁建工程。如为现状迁建，除实测图外，应补充迁建新址的总平面图和新筑基础图；如为恢复原状迁建，则应另绘复原图，包括新址总平面图和新筑基础图，不能用实测图代替。

(6) 复原工程。这是仅存基址，依据科学资料在旧址上重新建筑的工程。这种工程的图纸与修复工程类似，只是没有实测图，按一般程序，分为方案设计和技术设计，图纸的数量、类型、比例尺也都与修复工程相似，但是为了施工方便，应增添大样图，特别是属于雕刻花纹的构件和有关法式特征的重要构件等都应绘制足尺大样。

3. 工程预算书

根据设计图纸、工程做法说明书，通过单方工程定额和工程数量计算，求出工程所需人工、材料和经费的数量，就是工程预算。其目的主要是合理使用资金，控制计划，提高设计质量，注意节约，改善施工管理，降低成本和加强财务监督。

一般小型工程可直接编制一次性的工程预算，大型工程应先编制工程概算，批准后，由设计单位编制设计预算，施工部门编制施工预算。工程预算书也是大小工程必需的设计文件之一。

第二节 编制工程预算

工程预算，简单地说就是在进行某一项工程之前，根据设计文件(图纸和工程做法说明书)和工程人工与材料定额，计算出工程数量及需用的人工、材料数量和金额，再加上管理等费用，然后得出某一项工程的全部所需金额。它的作用不仅是为了向财政部门请款而制定的，同时它也是在工程进行时使用人工和材料的主要依据，对施工起着一定的约束与控制作用：对于任意扩大工程范围、任意提高工程标准或任意改变工程做法等都可起到有力的约束。工程预算在财务上是不能随意增添的。施工中应在工程预算的控制下，按照批准的图纸和工程做法说明书来完成预定的工程项目。

我们国家古建筑遗存很多，虽然每年都由国家支出不少的维修费用，而且是年年有所增加，但由于数量多以及旅游事业的发展需要，维修项目每年都是成倍地增加，但国家拨给的维修经费和实际需要还相差很大，不能完全满足我们保护维修任务的需要。为此，更需要用有限的经费，尽量地多维修一些，为我们的后代尽量多保留一些古建筑。除了不断地向上级部门反映，向社会大力宣传，多争取一些维修经费外，从事古建筑保护维修的人员更应精打细算，认真编好工程预算。施工中严格执行工程预算，成为保护古建筑工作中一项十分重要的工作。

（一）工程预算的分类

工程预算一般情况下分为概算与预算。

概算：依据初步设计或方案设计进行编制，是一项工程在财政上的最大控制数字。

预算：依据已确定的工程设计编制，一般情况下不得超出概算的金额，具体又可分为以下两种。

（1）设计预算。由工程设计单位，依据设计文件和设计预算定额编制。

（2）施工预算。由工程施工单位，依据设计文件及施工预算定额进行编制，一般情况下不得超出设计预算。

古建筑工程，如为直营工程，即由保管单位自己管理施工，可只编制一次预算，直接称为施工预算；如为小型工程，常以设计预算代替施工预算。

（二）工程预算的编制步骤

（1）熟读设计文件，包括设计图纸和工程做法说明书。古建筑维修、设计或施工者在编制预算时，不仅要依据设计图纸和工程做法说明书，施工者还必须到现场仔细勘查、核对后才能动手编制施工预算。

（2）依据设计图纸和工程做法说明书，计算出各工程的工程数量。

（3）了解当地工人工资和所需建筑材料的价格、运输费用等情况。

（4）查阅有关各项工程定额。各地区基建工程都有国家公布的工程定额，故在古建筑维修工程中遇有与基建相同的工程项目，应按各地区有关定额执行。目前在古建筑维修工程方面，尚缺乏全国统一的工程定额，应依据各地的古建筑工程定额，或参照试行时间较长地区的定额执行。例如，北方各省市多参照北京地区的古建筑工程定额。

（5）依照各种项目的定额，计算出各项工程所需人工、材料及金额，填入表格内。常用的表格有以下五种，即工程概算总表、工程预算总表、工程数量计算表、工程单价分析表、工料预算总表。此外为施工备料方便，直营工程中多用工料预算总表。

（6）工程费用一般情况下分为直接费、间接费和不可预见费三种。

① 直接费。包括全部工程的人工费、材料费、机械使用费及材料和工具运输费。材料中已包括运输费的不能另列运输费。古建筑工程中所用脚手架，由于各地情况不同，应按具体情况列入。直营工程中购置架木作为今后维修继续使用的，经有关部门批准；作为专项购置处理的，在工程预算中可列摊销费，计入直接费用内。

② 间接费。属于为完成本项工程，除上述工料、运输、机具架木摊销或租赁费用以外的费用，如工地施工人员的办公费，工地防护措施、临时用的工棚、工程勘查、设计、技术指导所需费用及一些零星工具的购置等。这种费用的计算是按直接费用的总额，依照国家或地方主管部门规定的百分比计算出来的，各地应按当地规定执行。一般直营工程则按工程大小、施工期长短来确定收费的百分比，一般是大型工程的百分比低一些，小型工程的百分比高一些。据近年来对直营工程的统计结果分析，间接费一般占直接费用的5％～15％。

③ 不可预见费。古建筑维修工程，在未动工之前，有些隐蔽部分不易探查清楚，如墙内柱的糟朽情况。为此，在古建筑的大型维修工程中，允许开列一项预备费用，称为不可预见费。保养工程一般不允许列入此项费用，此项费用一般也是按直接费用的多少而定，依百分比计算，为直接费的1%～5%，工程金额大的比例应小一些。

(7) 工程概算的编制。一般来讲，概算比预算简略一些，但绝不是随意而为，也是根据规定的概算定额编制的。

(三) 工程数量的计算

根据建筑物的构造形制、构件尺寸以及损毁程度，采取不同的计算方法。

(1) 按面积计算。如地面、瓦顶、铺瓦、苫背、铺钉望板、墙面抹灰刷浆、装修、油漆彩画、断白及壁画修复等，通常以面积计算工程量。

(2) 按体积计算。如拆砌墙体。

(3) 按长度计算。如瓦顶的调脊、压檐石的归安或更换等。

(4) 按件计算。如瓦顶中的吻兽、勾头滴水等瓦件的添配，石活中的栏板，望柱的补配，大木作中的梁、枋、檩、柱、椽子、飞椽等的修补或更换。

(5) 按单位计算。如斗拱的拆卸、归安，一般以“攒”或“朵”来计算；梁架的拆卸或归安，一般是以“缝”来计算。缝，是梁、柱成组的计算单位。例如，前檐从明间算起，东面的叫“前檐明间东一缝檐柱”，等等。

(6) 按项计算。如大型工程中的零星修补项目，一般是将各小项的工料合并计算为一个项目，称为零星工程。小项工程的梁架或斗拱的补配小斗等一般也按项来计算，大型工程中的打牮拨正也是常以项来计算的工程。

以上各种计算，应将主要计算过程，填写在工程数量计算表内。

(四) 查阅工程定额与填写单价分析表

依据工程做法说明书的规定，在工程定额中查找合适的工料定额数字和当地的工资金额、材料价格等一并填入工程单价分析表内。

查找定额时，凡与基建相同的项目，如刨槽、打普通灰土等项应依据基建工程定额。凡属于古建筑特有项目，如铺琉璃瓦、修配斗拱等项，应依据古建筑工程定额。

使用定额还应注意以下几点。

(1) 定额中的材料定额，凡是做法、尺寸合适的可以直接引用，合理的材料损耗已包括在内，引用时不能再加损耗，没有开列材料数字的应另加材料损耗。

(2) 定额中的人工定额是平均先进定额，既不是最低的，也不是最高的，是一般工人经过努力可以达到的。

(3) 古建工程中有些项目的定额，由于损毁情况、工人技术熟练程度不同，有些项目的人工、材料数量则需在现场由工人、技术人员共同研究制定。例如，梁架的打牮拨正、打点残旧砖墙面等工程项目，应该经过现场研究后填报上去。

(五) 编制工程预算总表

计算并填写工程数量计算表和工程单价分析表以后，开始编制工程预算总表如表4-1～表4-3所示。

表 4-1 工程数量计算单

______工程

工程编号： 工程数量计算单 第 页 共 页

工程项目	计算内容	数量	备注

审核者 计算者

表 4-2 工程单价分析表

______工程

工程编号： 工程单价分析表 第 页 共 页

工料名称	说明	数量	单位	单价	合价	备注

审核者 计算者

表 4-3 工程预算总表

______工程

工程编号： 工程预算总表 第 页 共 页

审核者 计算者

编号	工程项目	数量	单位	单价	合价	备注
	(直接费)工料合计					
	间接费					
	不可预见费					
	总 计					

审核者 计算者

(1) 按工程项目的顺序，填入工程数量和单价，两者相乘后求出每一项工程的金额，各项工程的金额相加，就是整个工程所需的工料总金额，称为直接费用。

(2) 依据直接费用的总金额按规定的百分比计算出间接费和不可预见费，最后将直接费、间接费和不可预见费相加，即得出整个工程的总金额。

(3) 一般工程中需要上级调拨的材料，主要是被称为三大材料的钢材、水泥和木材。故在预算总表的后面，还需附加三大材料及维修古建筑特需的材料，如彩画用的桐油、金箔、补配塔刹的紫铜等申请批准材料的清单，单中应详细开列规格、数量，以便转请有关部门办理。

（六）编制工料预算总表

这种表格一般是施工单位习惯用的工程预算表，其主要优点是分项工程和整体工程所用工料数量列在一张大表格上，可以一目了然，对于工程进度的安排和材料的购置都提供了重要的参考；缺点是从表上不能直接看出单方造价和工料数量是否符合国家规定的定额标准。

第三节 编制施工计划与施工管理

维修古建筑，首先要有正确的维修设计、合适的技术方案，但若没有良好的施工，则一切预期目的都不能圆满达到，因而施工是维修古建筑工作中的重要阶段。为此，必须在开工前编制好施工计划。

一、施工计划

一般古建工程的施工计划包括施工进度计划、用工计划、用料计划和施工经费计划。

（一）施工进度计划

施工进度计划是施工中最主要的计划内容之一，按照工程先后次序，用工、用料的情况，以及季节、气候等情况综合考虑后，编制整体施工计划，明确何时开工，何时完工，中间按工序分为几个阶段等，大型工程还要做出分年进度计划。古建筑施工的季节性强，受气候的影响大，如雨季、冬季不宜做泥背、铺瓦，冬季不宜做地仗、画彩画等。在安排进度计划时都应慎重考虑，既要使工程能连贯进行，又不影响各种工程的质量；既要保证工程质量，又要不窝工浪费。对施工进度要考虑周到，绘出施工进度表，并经全体施工人员讨论同意后，遵照执行。如因特殊原因需要变更，应申报主管部门批准。

施工进度主要依据用工、用料及经费的情况而定，因此，在编制施工进度计划时还应编制用工、用料及经费使用的计划。

（二）用工计划

整体工程根据设计预算或施工预算，统计出总的用工数量，并分工种列出各工种的总数量，然后根据工人的技术程度和可能参加本工程的人数，计算出各项工程需用的时间，这就是编制施工进度的基本依据，然后扣除气候和其他的可能出现的影响工人出勤的因素。同样的工程量，一般是用工多，所需工期就短，但有时限于建筑物的大小不同、场地宽狭不同，还有各工种互相间的配合等问题，人多了反而窝工，人少时又影响进度，因而施工中的用工计划是否合适，都关系到工程节约或浪费的问题，必须仔细研究、妥善安排才能做到既快又好地完成施工任务。此外，在用工计划中，还应说明依据施工进度、各工种，何时进入现场，何时退出现场。在大型工程中，各工种的项目都有，特别是最常用的木工、瓦工、普工，正常情况应保持一个比较固定的数量。

（三）用料计划

首先是大量建筑材料的备料问题。根据设计要求，一般大量的建筑材料和一些古建筑特需材料，常在正式开工前就需准备齐全，如施工中脚手架的架杆（或钢管架）和脚手板、更换大型木构件的木材、需要更换椽子的细圆木、维修瓦顶需要更换的琉璃瓦件、特别雕刻纹样的吻兽等。维修地面、檐墙的古式方砖或条砖，更需早日订货。对于一般明清官式建筑的瓦件，窑厂都有其固定的模具可以烧制；对于非官式的地方手法的吻兽和瓦件，还需取样制模，更需早日预定。其他地方材料如石灰、砂等可根据进度计划的情况，分期分批购买。此项计划因为市场情况时时变化，不易掌握，故常被忽视。为此，在施工前，施工主管部门应首先对市场供应情况进行调查了解，并对各地、各厂的产品从质量、价格上进行分析比较，然后制订购料计划。对于国家调拨材料，要按规定办理手续，努力避免停工待料的现象发生。停工待料是维修工程中造成浪费的重要原因之一。

（四）施工经费计划

小型修缮工程大都是一次拨款。中型和大型工程多数是分期拨款。施工部门要根据施工进度和用料、用工情况，编制施工经费计划。由专业施工部门承包的工程应按国家有关规定分期拨付。古建筑维修工程中的重要项目多为直管工程，这种性质的施工经费计划，一般是开工前先需购置木料，订购砖瓦等的经费，拨款数目应稍多一些，一般为总额的30％～50％。其余部分按施工进度与财务管理部门协商解决。

二、施工管理

施工中有了合理的计划，还需有正确的施工管理，才能真正圆满地完成施工任务。最重要的是要按照设计要求和施工进度计划进行工作，保证按质按量如期完成施工任务。为此，在施工中必须做好以下几项工作。

（一）掌握修缮原则，注意工程质量

维修古建筑是保护古建筑的重要手段之一，全体施工人员都应热爱古建筑，还需掌握文物保护法及古建筑设计与施工规范中有关维修古建筑的方针、政策和原则。在施工管理工作中，应把宣传文物修缮原则放在首位，首先要让全体施工人员都了解并认真贯彻执行。只有这样，大家才能在施工中有更多的保护古建筑的共同意识，在施工中才能注意对工程质量的要求。热爱它才能千方百计地保护它，这是保证工程质量的重要问题。当然，规章制度的约束也起一定的作用，但归根结底，思想认识是更为重要的。

（二）熟读设计文件

维修工作开始之前，有关施工人员应熟读设计图纸和工程做法说明书，认真领会设计意图和一些特殊的要求。除此以外，应对所维修的古建筑的价值和特征有所了解。为此，应尽量对该建筑的研究报告、文献资料等进行学习和研究，这样才能在施工过程中自觉地注意它在各方面的特征，使之不致因施工而受到不应有的损害。

(三) 做好施工现场布置

工地各种设施的安放是否合理，是关系到施工中安全、节约的问题。在中型或大型工程中，此项工作更为重要。施工现场布置任务包括堆放材料，拆卸构件，对于古建筑中有些带有彩画、雕刻的构件，还应支搭保护棚存放，以免风吹雨淋损伤构件。此外，如工人操作的临时工作棚等，都要妥善安排。要计划出合理的运输路线，既要注意工作线路的缩短，又需考虑防火、防盗等安全需要。

(四) 做好施工记录

古建筑施工现场的施工记录，概括起来有两种：一种是与一般基建工程相同的记录，如每日工人出勤情况、用料情况、每日完成的工作量和其他应记录的事项；另外一种就是古建筑施工中特殊需要的记录，就是隐蔽结构和文献资料的发现。因为我们平时对古建筑的了解只停留在表面，而内部结构如墙内结构、木构件的榫卯、基础等只能在大型修理中可以见到，这是极为难得的好机会。因此要求在施工中，尤其是在大型的修缮工程、修复工程和迁建工程中，常把了解隐蔽部分的结构作为施工中的重点工作之一，在拆卸、修配或归安时，要随时用文字、图纸和照片进行记录，作为对一座古建筑进行深入研究的重要资料。对于重要的题记、绘画等，还需补充临摹记录。

第四节 工程报批与验收

在我国，被维修的古建筑大多数是属于已被各级政府公布为文物保护单位的古建筑，为此，在维修古建筑时，应根据古建筑的级别和工程性质，经管理部门，将设计文件(包括图纸、说明书、工程概算或预算)报请有关主管部门审查批准后才能开始施工。工程完工后，应报请原批准单位进行工程验收。

一、工程报批

古建筑维修工程，必须在施工前按国家或各省、市、自治区有关规定向主管部门报批后才能正式施工。需要报批的文件，因工程性质、工程量大小不同而异。一般情况下，报批的文件，除做法说明书和预算外，报批的图纸因工程性质而有所区别。

(1) 保养工程。一般只需呈报平面图，比例尺为1/200～1/100。

(2) 抢救工程。需呈报加固位置和式样图。

(3) 修缮工程。应有实测图，包括平面图、立面图、断面图和斗拱、装修大样图。完全按现状修缮时，可以用实测图代替设计图，如有部分恢复原状时，应增报部分复原图。

(4) 修复工程。分两次报批，第一次为确定方案阶段，应先报实测图(种类同修缮工程)、方案设计图，至少应用两个以上的方案，供审批单位选择。此外，应附修复研究报告和每一种方案的简要说明书和概算。等方案审批确定后第二次呈报时，即为技术设计阶段，只呈报修复设计图、做法说明书和工程预算。

(5) 迁建工程。分两次报批，第一次为确定方案阶段，除实测图、方案图、方案说明和概算外，还应附迁建新址的选择报告及新址地基勘探资料。审批确定后，再呈报技术设计图纸说明和工程预算。迁建工程的技术设计图应包括基础设计，必要时还应附基础承载力计算书。

（6）复原工程。分两次报批。确定方案阶段，主要是方案设计图、说明书和概算，方案应为两个以上，且须附原基址发掘报告书和历史资料的研究报告。技术设计阶段呈报文件与修复工程相同。

二、工程验收

维修古建筑，不论工程大小，完工后都应进行验收。验收标准应按国家或各省、市、自治区的有关规定执行。通常情况下，按工程性质和古建筑的级别，报请设计审批单位，按设计文件的要求进行验收。

（1）保养工程。各级保护单位中的古建筑日常保养工作，一般只需管理部门的上一级验收即可，验收文件除工程小结外，还应附财务开支报告。

（2）抢救工程。各级保护单位中古建筑的抢救工程，一般需报请省级文物主管部门进行验收，验收文件同保养工程。

（3）修缮工程。国家级保护单位中的古建筑修缮工程，不论其修缮费的来源如何，都必须报请国务院文化部进行验收。省、市、自治区级文物保护单位中的古建筑维修工程，应报请原审批部门验收，重要的应报国务院文化部验收或备案。县级文物保护单位中的古建筑修缮工程，应报县文物主管部门验收，重要的应报省级文物主管部门验收或备案。

验收时，须由设计和施工单位共同提供供审查的文件，主要包括工程施工总结报告书、竣工图纸(包括平面图、立面图、断面图和施工中改变部分的大样图)和工程用款结算书(应包括实用工料数目)。

大型落架修缮工程中，对于隐蔽部分，如整体木构件落架安装后的整体加固工程，瓦顶的苫背工程，油漆彩画的地仗工程，均应于施工过程中由原审批部门及时进行阶段验收以保证工程质量。

（4）迁建工程。程序和提供的审查文件与修缮工程基本相同，唯在阶段验收中应增加基础验收。

（5）复建工程。程序和提供的审查文件与修缮工程基本相同，如需重做基础或部分基础加固后，应及时进行阶段验收。

【说明】

（1）本章所述古建筑维修工程报批与验收程度和必须提供报批的设计文件和验收应提供的审核文件，都是按过去通常惯例而讲述的。在实际工作中，如遇有与国家规定不同的地方，应按国家有关规定执行。

（2）本章所述古建筑专指已列为各级文物保护单位中的古建筑。对于那些历史、艺术价值较高但尚未列入文物保护单位中的古建筑，在修缮时也应参照本章所述精神办理。

（3）各种性质的古建筑维修工程，不论其经费来源如何，包括国家拨款、集体投资、赞助或个人捐款，都应按国家有关规定执行报批和验收手续。

（4）中国已制定《古建筑修建工程质量检验评定标准》的行业标准，分南方地区和北方地区，各有一册，施工、验收及修复工程质量评定，都应按这些标准执行。

第五章 一般建筑中木结构的损坏及其修复

中国古建筑中的木结构与现代建筑中的木结构在造型、构造、构件、部件、施工技术上有明显的不同。但木结构的材料都是木料，结构的内力分析与计算、结构承载能力的确定和结构稳定性及耐久性的保证，都要符合力学、物理学、化学、结构工程以及生物学的基本原理。为了对古建筑木结构的损坏原因及修复方法能有系统、深刻的了解，本章较全面地介绍了一般建筑中木结构经常发生的损坏及其原因、损坏的修复方法，为第六章所讲的木结构古建筑的损坏分析及修复方法提供基本的理论与实践依据和参考。

木结构具有就地取材、制造简单、便于加工、建筑速度快等特点，因而在房屋建筑上应用最早，在中国更有着十分悠久的历史。目前在城镇既有房屋中，木结构和砖木结构还有较多的数量。木结构在正常的使用条件下是耐久而可靠的。但是，木材是天然生成的建筑材料，具有下列一些缺点：各向异性，有木节、裂缝、斜纹等天然缺陷，易腐朽，易遭虫蛀，易燃，易裂，易翘。由于影响材质的因素较多，如果使用不当，保养不妥，设计不周，施工不良，则会使结构面临损裂、腐朽、倾斜或过度变形、蛀蚀以及着火等多种危险和病害而过早破坏。因此，相对于其他结构，木结构更需要正确的使用和检查、及时的预防和维修，以保证结构安全，延长其使用寿命。

第一节 木结构损裂的预防与控制

木材有着干缩开裂的缺陷以及木节、斜纹等疵病，当这些缺陷、疵病处于结构的不利部位时，会给结构带来危害，甚至导致结构因损裂而破坏。因此，在木结构修缮上，应根据木材开裂的规律以及缺陷和疵病对力学性能的影响，对木材正确地选用，并采取有效的预防措施，控制损裂的发生、发展，防止或消除危害承重结构安全的隐患。

一、木材的干裂

木材由于在干燥过程中沿年轮径向、环向(切向)的收缩变形不同，同时其结合水沿截面内外分布和蒸发速度不均，因而收缩时，沿年轮切线方向产生拉应力，使木材产生翘曲或者开裂，即干裂。木材的干裂是难以避免的。

(一) 影响干缩裂缝的因素

一般干缩裂缝均为径向，由表及里地发展。最早出现的第一条裂缝的宽度、深度最大，称为主裂缝。在干燥过程中，当含水率处于平衡含水率(15%～18%)时，干缩裂缝的发展即趋于稳定。当木材有斜(扭)纹时，干缩裂缝必然沿着斜纹方向发展而形成危险的斜裂缝。

干缩裂缝的大小、轻重程度及其位置，与树种、制作时的含水率和选材措施等因素有

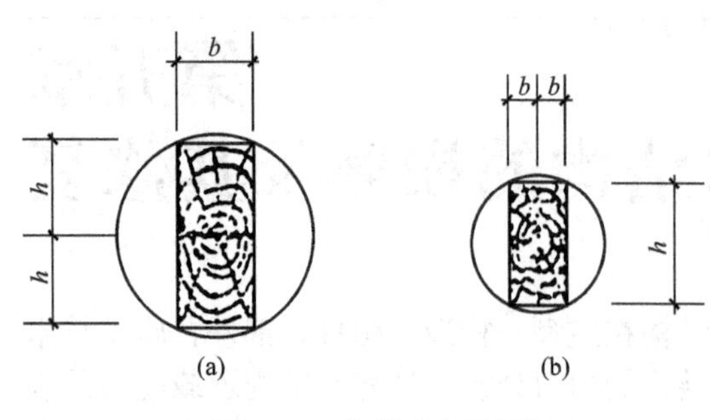

图 5－1　木材破心下料图

关。在树种方面，黄花松、硬杂木等容重较大的木材，因收缩变形较大而易于开裂。制作时木材的干燥程度和选材是否正确对裂缝的影响很大，制作时含水率低，翘曲、裂缝就轻而小。在锯料中由于木材年轮被切断，其裂缝比圆木为少。宽板最易翘曲。有髓心的木材，裂缝较重；没有髓心的木材，裂缝较轻。采用“破心下料”法下料，如图 5－1 所示，即将木材从髓心处锯开，可获得径向材，使髓心居于一个小面上，可减小木材干缩时的内应力，所以能大大减小裂缝出现的可能性。

（二）干裂对结构受力的影响

杆件上局部长度范围内的干缩裂缝，如果不处于榫槽或齿的受剪面上，不贯穿于受拉接头的螺孔之间，对承载力影响较小，一般没有直接危险。但如干缩裂缝位于受拉接头的螺孔之间和榫槽或齿连接的受剪面及其附近时，则危害很大，可造成接头或榫槽的破坏，如图 5－2 和图 5－3 所示。特别是主裂缝对受拉构件连接受力的危害最大，必须引起足够的重视。

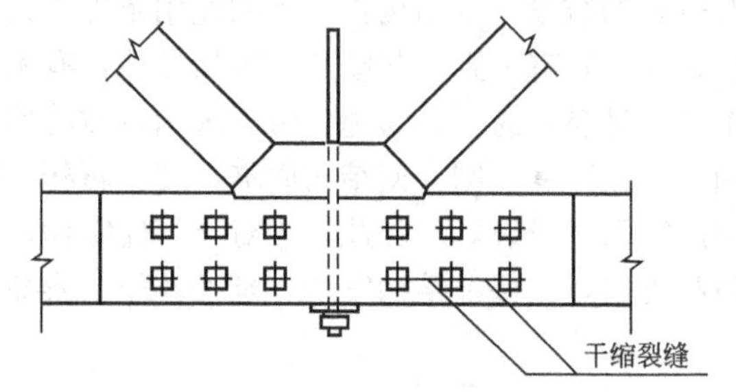

图 5－2　受拉接头螺栓连接螺孔干缩裂缝图

例如，北京某仓库，15m 跨度杉木屋架，下弦接头为单排螺栓连接。由于螺栓通过髓心，在木材干裂过程中，干缩主裂缝出现在螺孔与螺孔间，以致下弦拉脱。

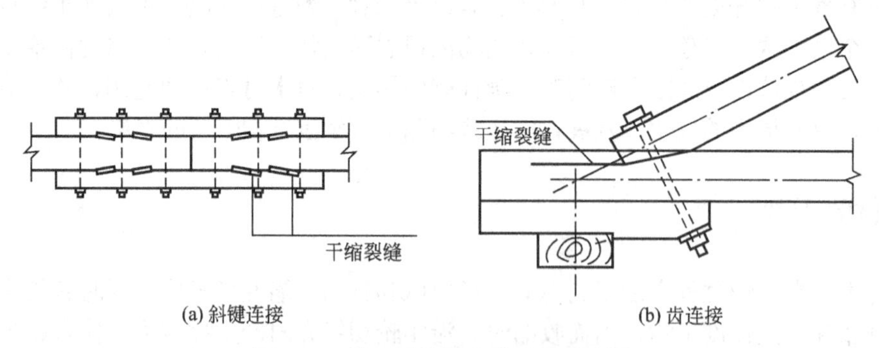

图 5－3　槽口受剪面上的干缩裂缝图

又如，某地区铁路俱乐部的 22.5m 跨度方木桁架，下弦由三根方木以单排螺栓连接，上弦由两根方木平接。使用两年后，上、下弦因干缩而严重开裂，主裂缝通过连接螺栓，形成危房，不得不停止使用。

在受压构件上，如干缩裂缝长而深，会使构件分成两半，而降低了构件的刚度，因此使构件较早失去稳定。

受弯构件受拉区干裂的影响，同受拉杆件。在受弯的侧面，如因木材干燥而形成纵向裂缝，就会使抗剪力面积减小。特别以出现在构件端部及在截面高度中央的双面裂缝最为危险，因为该处剪应力最大。侧面裂缝还能引起其削弱的纵向截面附近一带的剪切变形增加，使梁的上半部对梁的下半部产生因剪切变形而出现的位移，并引起附加应力，如图5-4所示。

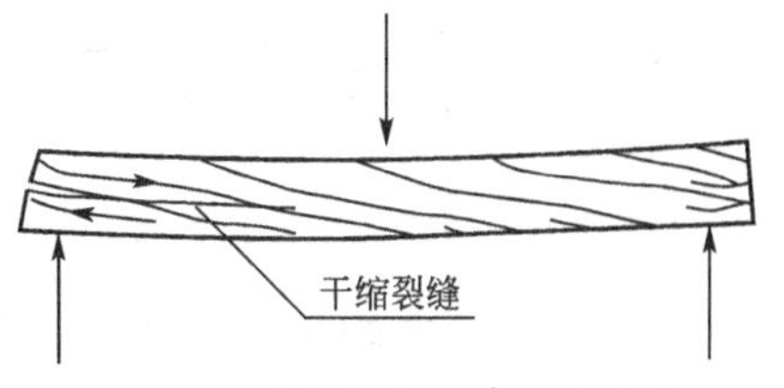

图5-4　受弯构件侧面干裂引起梁上半部对下半部产生位移示意图

综上所述，干裂出现在剪力面上是最危险的，因为剪力面被削弱容易使构件或连接处遭受破坏。

二、木材疵病的危害

(一) 斜纹

斜纹一般出现在树干处的表面，呈螺旋状木纹，沿径向向轴心逐渐减少。当木材的锯面不平行于木纹方向时，木纹与其构件纵轴间产生偏斜，也可形成人为斜纹。斜纹的量度或以木纹方向与构件纵轴间的交角表示；或以该交角正切的百分数表示，即木纹倾斜率。由于木材横纹方向的抗拉强度、抗压强度和抗弯强度，均低于顺纹方向，而斜纹使木纹与作用在构件中的力的方向偏斜，因此使木材的力学强度降低。如以无缺陷木材的强度作为基数1，当斜纹为各种倾斜率时，构件在各种受力情况下的强度降低系数如表5-1所示。

表5-1　斜纹对木材强度降低系数表

构件受力情况	斜纹的倾斜度						
	7%	10%	12%	15%	20%	25%	30%
顺纹抗压	0.92	0.86	0.82	0.78	0.70	0.60	0.56
顺纹抗弯	0.90	0.82	0.75	0.62	0.50	0.32	0.21
顺纹抗拉	0.80	0.65	0.60	0.47	0.32	0.21	0.17

表5-1表明：斜纹对木材抗拉强度削弱最大，对抗压强度的影响较小，对抗弯强度的影响则介于抗拉强度和抗压强度两者之间。在直纹木纹受拉杆件中，纵向干裂在很多情况下对木材强度的降低影响不大，但斜纹裂缝能使受拉杆件的承载能力大大降低。

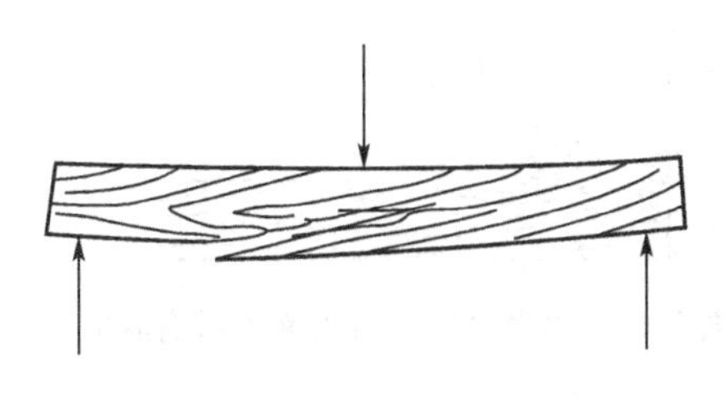

图5-5　斜纹受弯构件破坏情况图

斜纹受弯构件在破坏时，沿斜纹方向呈特殊形状裂开，并有部分横纹撕裂，如图5-5所示。斜纹对抗压强度的影响虽然较小，但在受压杆件上应考虑由于出现纵向弯曲而对承载能力的影响。

有不少木结构因斜纹裂缝而影响了结构安全，甚至导致破坏事故。例如，北京某学校食堂，17m跨方木屋架，下弦因斜纹受力而沿三个面扭裂，扭裂后的净截面仅为原截面的1/3，严重地降低了结构的安全度。

又如，西昌某影剧院，16m跨木屋架，上弦木斜纹的倾斜率达60%，木材在使用干

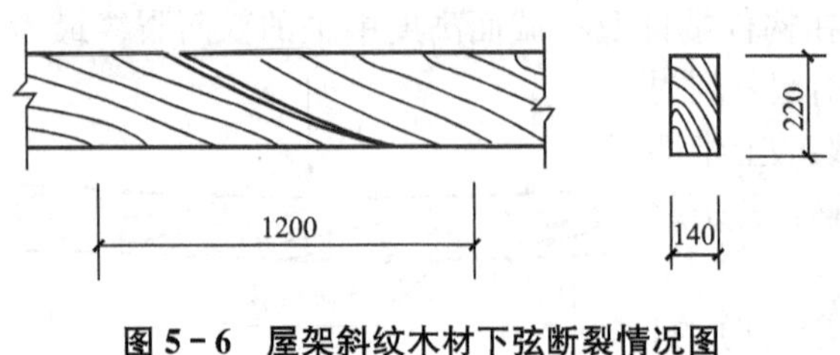

图 5-6 屋架斜纹木材下弦断裂情况图

燥过程中，上弦因斜纹影响而显著扭出屋架平面，产生了附加应力，降低了结构安全度。

再如，某俱乐部 20m 跨木屋架，因下弦使用了倾斜率达 18.3%的斜纹木材，终于造成木材干裂折断事故，其断裂情况如图 5-6 所示。

(二) 木节与涡纹

木节是木材中常见的一种疵病。木节的硬度比周围木材高出 1～1.5 倍，木节附近存在涡纹，其木纹方向与树干的木纹方向不一致，使得年轮产生局部弯曲，破坏了材质的均匀性，降低了木材的力学强度。

对木材的抗拉强度影响很大，这是因为：

(1) 木节的强度比其周围木质的顺纹强度高，且与周围木质之间的结合很差。有的甚至与周围木材无联系而成脱落的死节，这相当于截面削弱，且在削弱处产生应力集中，因此增加了木材的脆性，降低了木材的抗拉强度。

(2) 由于木节破坏了木材的正常组织，在木节附近木纹倾斜，产生了局部斜纹，即涡纹，因而也促使木材的强度更加降低。位于杆件截面边缘的木节(偏心木节)，比位于中间时影响更大。此时，由于截面削弱不对称，因而产生了附加弯矩，使截面应力增加。

图 5-7 为有受拉杆件木节部位的断裂情况。图 5-8 为因木节而使构件截面削弱的情况。

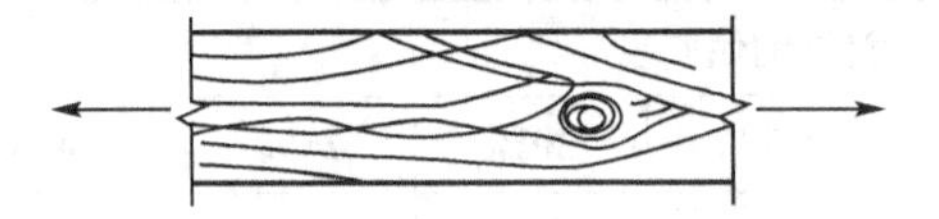

图 5-7 受拉杆件木节部位的断裂情况

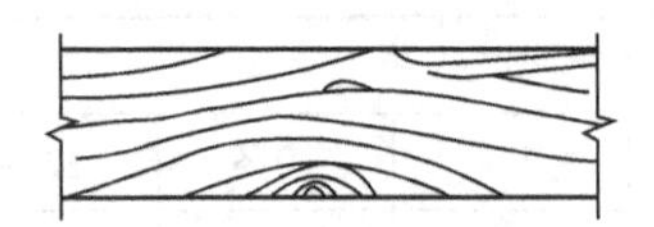
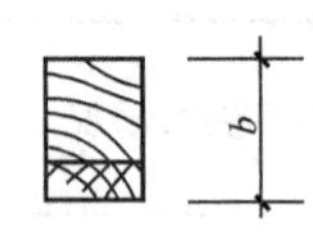

图 5-8 因木节而使构件截面削弱的情况

(3) 在受压构件上，木节对木材的抗压强度影响较小。试验表明：对于顺纹受压构件，当木节在截面中间，且其直径等于 1/3 板宽时，抗压强度降低 17%；若木节在截面边缘，则降低了 35%，在木材横纹受压时，木节影响可不加考虑。木节的存在还可提高横纹的平均抗压强度。

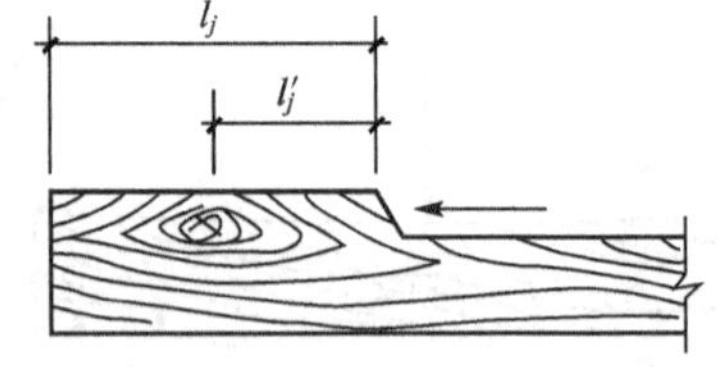

图 5-9 木节对剪力面长度的影响情况

(4) 在受弯构件上，受压区存在木节，对构件强度影响小；但在受拉区有木节时，承载能力就要显著降低。特别是当木节位于受拉区边缘时，影响最大。在同样条件下，圆木比方木影响较小，这是因为圆木纤维未被切断的缘故。

(5) 木节本身对抗剪强度没有很大影响，但因木节的存在而使木节周围的木纹产生涡纹，而斜纹限制了剪力面的长度，使受剪面的工作长度减少，对剪切不利，如图 5-9 所示。在构件的剪力面上，因木节斜纹的影响，使实际工作的剪力面长度从 l_j 减小为 l'_j。

(6) 如以无缺陷木材的强度作为基数 1，其木节对受力构件的木材强度降低系数如表 5-2 所示。

表5－2 木节对木材强度降低系数表

构件受力情况	木节节径与材面宽度的比值							
	1/6	1/5	1/4	1/3	2/5	1/2	3/5	2/3
顺纹抗压	0.80	0.80	0.75	0.65	0.60	0.50	0.40	0.30
顺纹抗拉	0.52	0.45	0.36	0.27	0.20	0.13	—	—
弯　　曲	0.68	0.63	0.57	0.44	0.37	0.26	0.17	0.10

三、防裂措施

修换木结构时，为预防由于木材开裂而对结构构成危害或隐患，应采取以下防裂措施。

（一）严格选料，合理使用

（1）承重木结构的用料，一定要严格按现行《木结构设计规范》的选材标准选用。

（2）受拉杆件要避开斜纹，其连接部位要避开主裂缝和髓心；受弯构件的受拉区要避开斜纹和木节。榫槽的受剪面及受拉接头的螺孔间要避开干缩裂缝和髓心。对于已出现干裂的木材，可经挑选或利用锯削方向调整，控制裂缝对受剪面的影响。

（3）正确地选取锯面方向，防止人为斜纹或控制并减小斜纹的倾斜率。

（4）对于已发生的较大的干缩裂缝，可用铁箍及螺栓夹紧，以防止干缩裂缝的发展，如图5－10所示。

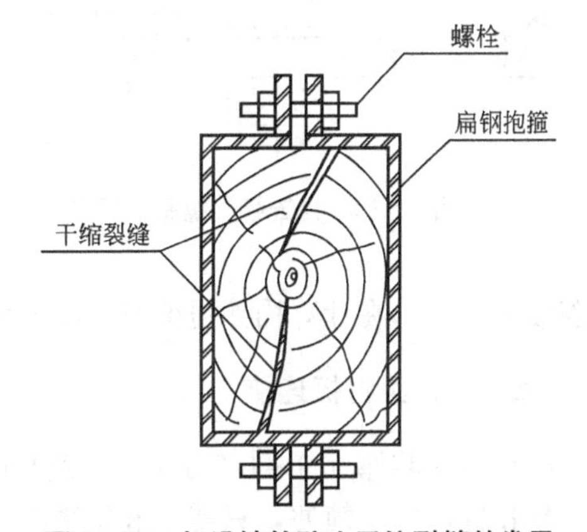

图5－10 加设铁箍防止干缩裂缝的发展

（二）干燥处理

制作木结构构件，尽可能采用含水率低的木材。一般地面以上木结构使用木材，制作时的含水率不宜大于25%；对受拉接头的连接板，不宜大于18%。当使用含水率较大的木材时，制作前应采用自然（大气）干燥法或蒸汽窑烘干法或红外线干燥法等，进行干燥处理。堆放板材时，应将宽板放在堆的中、下部，并在上部加重物压置。为减少木材开裂，在干燥前，可对木材进行水煮处理。为防木材端裂（难于干燥的木材），在堆积前应用桐油石灰或石灰浆涂刷木材的端部。

（三）构造措施

对于髓心位于横截面内的木材，可在表面锯出纵向槽口，在减少干缩水平裂缝或防止其扩展上，具有一定的效果。

（1）拉杆接头的螺栓或钢销连接，在主杆上垂直于螺孔（销孔）的方向锯槽，用以防止裂缝出现于或扩展至螺栓孔间，如图 5－11 所示。木夹板应选用材质可靠而又干燥的木板。

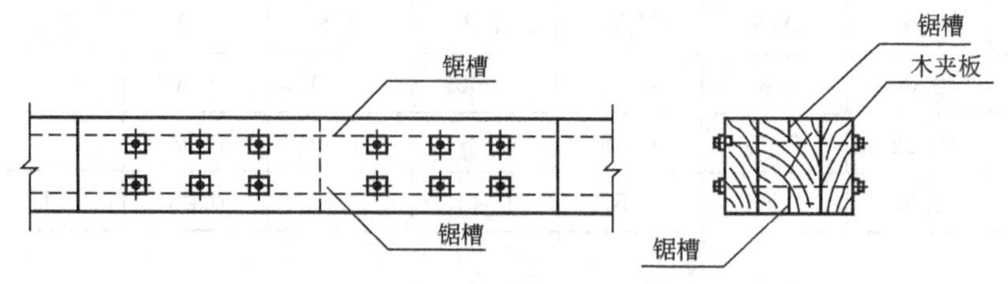

图 5－11　拉杆螺栓连接接头处锯槽防裂图

（2）齿连接时，可在受剪面木材的底部锯槽，以预防在受剪面上发生水平裂缝，如图 5－12 所示。

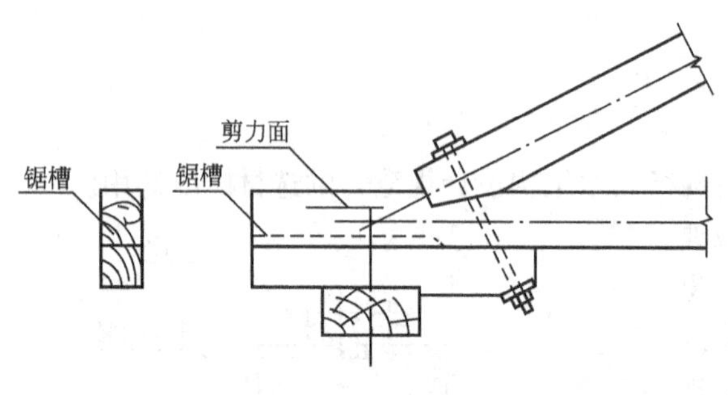

图 5－12　齿连接处锯槽防裂图

（3）对于受弯或压弯杆件，可在杆件的上、下两个面上各开一纵槽，也可仅在一面锯槽，如图 5－13 所示。

（4）锯槽应设置在与髓心对应的位置，并在贴近髓心的一边，如图 5－13(b)所示。在节点处，为了施工方便，可不按髓心位置设槽，而是在截面的中线上锯槽，如图 5－12 所示，锯槽的总深度约为截面宽度的 1/3。在屋面构件上，为防雨水渗漏入槽内，可在锯槽上预涂防腐涂料并覆盖油毡保护。在计算构件强度时，应考虑锯槽削弱构件净截面面积的影响。

（四）采用组钉板连接

组钉板是将厚 0.9～1.5mm 薄钢板冲压而成的钉板扣件，是近年来用于木结构连接的一种新扣件，施工简便，只需用液压法或人工锤击将组钉板钉入木构件接合处的两侧，就可达到传递剪切力的目的，如图 5－14 所示。试验表明，组钉板每个钉的抗剪能力平均可达 100kgf(1kgf=9.8N)左右。同时，由于组钉板具有足够的刚度，可以抵消木材在干缩过程中出现的阻力，因而对防止木结构开裂具有良好的效果。

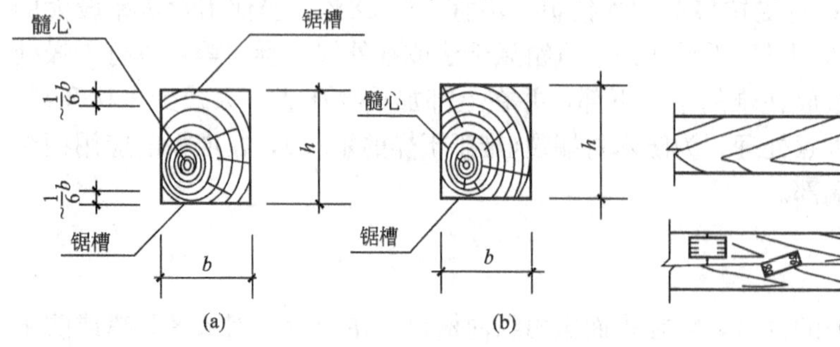

图 5－13　受弯或压弯杆件上锯纵槽防裂图

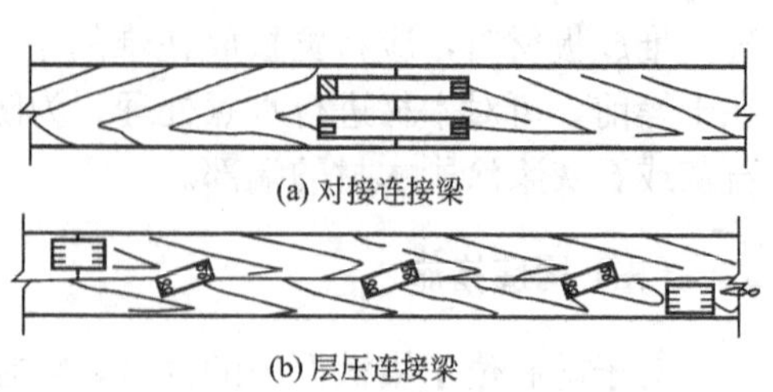

图 5－14　木结构的组钉板连接图

第二节 木结构的防腐与防火

使木结构遭受损坏的外来因素，主要是腐朽、虫蛀及着火燃烧。因此在木结构的修缮和维护上，必须注意做好防腐、防火、防蛀的“三防”工作。虫蛀对木结构的破坏很大，南方地区以白蚁危害较严重。由于白蚁的防治工作是对南方蚁害地区木结构维护的特殊要求，因此，本章未予论述，请参阅其他有关资料。本节仅叙述防腐与防火问题。

一、概述

(一) 木材的腐朽

腐朽是木材最严重的一个缺点，木结构的使用寿命往往主要取决于腐朽的速度。因木材腐朽原因而造成破坏性事故的，在木结构事故中占有很大的比重(约60%)。

1. 发生腐朽的条件

木材腐朽是由木腐菌寄生繁殖所致。木材放在空气中或与其他建筑材料共同组建成结构时，感染菌类是难免的，但只有在具备使菌类繁殖的良好条件下，才会发生腐朽。试验研究表明，菌类繁殖的必要条件有以下几方面。

(1) 木材含水率大于20%，最适宜的含水率为40%～70%，不同木腐菌的要求不同。

(2) 周围的温度为20～40℃。

(3) 周围空气的相对湿度为80%～100%。

(4) 有氧气供给，木材内含有5%～15%的空气量。

在上述四个条件中，对房建木结构进行人为控制后三个条件是很困难的，但如能控制木材的含水率，使其在使用期间保持在20%以内，使菌类失去其繁殖所必须的条件，则腐朽就难以发生，这是有效而可行的办法。通过自然干燥后，含水率稳定在15%～18%(平衡含水率)的木材是不会腐朽的。如果木材长期保持较高含水率，或者一度干燥，又复受潮，腐朽就易发生。所以防止木结构腐朽的关键问题在于，避免木材潮湿，应从构造上采取措施以达到防潮、防腐的目的。当构造上或使用过程中不可能以构造措施达到防腐目的时，则采用具有杀菌作用的药剂进行防腐处理。

2. 腐朽常见部位

木结构腐朽病害，常发生在下列部位。

(1) 处于通风不良环境，经常受潮的部位。如被封闭的屋架支座底部、房屋底层的木地板及其搁栅、木柱脚等。

(2) 屋面失修、经常漏雨的部位。如天沟下部的杆件和节点处，屋面板、椽子、檩条的顶部，天窗侧立柱与屋架上弦的连接处，屋架端节点处等。

(3) 由于冷凝水作用而使木材时干时湿的部位。例如，在北方严寒地区的屋盖吊顶中，当保温隔潮设施失效时，每到冬季就在屋顶内表产生大量冷凝水，顺坡流到屋架支座处，日久引起腐朽。

(4) 坐泥屋面的木基层。特别是屋脊处或山墙搁檩处以及屋架的端部，因潮气大而常出现腐朽。

(5) 温度、湿度较高房屋上的木构件。例如，需要保温的浴室、厨房或某些喷雾车间，由于通风条件差，湿度高，木材经常处于受潮状态而易腐蚀。

(6) 采用易受菌害、耐腐性差的木材制作的木构件，如马尾松、云南松、桦木等制作的木构件。

(二) 木材的可燃性

木材不仅本身可能燃烧，而且在燃烧过程中会产生热量，加速火势的发展，这对木结构的防火是十分不利的。木材在燃烧过程中，截面由外向内逐渐炭化，炭化的深度随燃烧时间而增加，平均速度为0.6～1.0mm/s。由于木材炭化发展的结果，减小了构件的有效截面积；此外，由于温度增加而降低了炭化面内残存木材层的强度，最终使构件失去其承载能力。在着火的难易程度上，潮湿的木材较干燥的木材不易着火，木材端头较板面难着火，刨光木材比具有更多接触面的不刨光木材难着火，整块的构件较细碎的构件难着火，构件的侧面较肋边难着火。

房屋建筑上木结构的防火，首先应从构造上采取措施，使木构件与炉灶、火炕、烟囱、烟道等高热部位或其他高温、火源间，保持适当的距离(空气隔离)；必须紧贴热设备时，应采取局部绝热措施，以免过热而引起着火危险。必要时，对木结构进行药剂防火处理，变易燃体为难燃体。

二、药剂处理

当构造上或使用过程中，不能以构造措施达到防腐、防火目的时，对木结构可采用药剂处理进行防腐或防火。用于木结构的防腐药剂或防火药剂的要求是：有效时间长；能渗入木材内部；不损害金属连接体；用于室内时，对人体无害；对木结构强度影响较小。各类防腐药剂、防火药剂的配制成分和适用范围，应符合现行《木结构工程施工及验收规范》的规定。

(一) 防腐药剂处理

1. 防腐剂的特性

1) 水溶性防腐剂

如氟酚合剂、硼酚合剂、硼铬合剂、氟砷铬合剂、铜铬砷合剂、六六六乳剂。

(1) 这类防腐剂易溶于水，并可以以水为溶剂，注入木材。

(2) 经处理后风干，无特殊气味，不污染，可以油漆保护。

(3) 属于不燃物质，有些药剂还有防火性能，但如浓度过高，对金属有腐蚀作用。

(4) 适用于室内木构件处理，有些抗流失性好的药剂，也可用于室外木构件的处理。

(5) 对施工安装要求高的结构和装修，应先处理干燥后，再行施工安装。

2) 油类防腐剂

如混合防腐油、强化防腐油。

(1) 主要是炼焦副产物，以及煤焦油蒸馏物。

(2) 抗流失性能好，毒性持久，适用于暴露在大气中的木构件。

(3) 黏度高，处理后表层一旦挥发完毕，就不会再有着火危险。

(4) 一般不适用于对需要油漆的木构件处理。

(5) 有臭气味。

3) 油溶性防腐剂

如五氯酚、林丹合剂。

(1) 这类防腐剂溶于油类或有机溶剂中。溶剂本身无毒，作为防腐剂注入木材；溶剂有高沸点和低沸点溶剂之分，可依木材处理要求分别采用。

(2) 本身不挥发，抗流失性好，室内外的木构件都适用。

(3) 对金属无腐蚀性。

(4) 采用低沸点溶剂时，注意防火。溶剂挥发后，就降低了木材的可燃性。

(5) 处理后的木材，在溶剂未挥发前，不应和橡胶接触使用。若需油漆，只有在溶剂挥发干燥后进行。当采用高沸点溶剂时，溶剂干燥挥发时间长，需要油漆的构件，一般不宜采用。

(6) 采用低沸点溶剂时，木材注入深度通常高于其他类型防腐剂，因此最适宜于涂刷或常温浸渍处理工艺。

4) 浆膏防腐剂

如氟砷沥青浆膏。

(1) 这类防腐剂是将水溶性防腐剂与胶结剂(沥青、黏土等)和稀释剂(煤焦油、柴油、煤油和水等)调和成浆状的混合物。

(2) 适用于湿材和难以浸注的木材以及经常处于潮湿条件下的木构件。

(3) 有污染，有气味。

2. 常用木材防腐处理方法

(1) 涂刷法。适用于现场处理。采用油类防腐剂时，在涂刷前应加热；采用油溶性防腐剂时，选用的溶剂应易被木材吸收；采用水溶性防腐剂时，浓度可稍微提高。涂刷不少于两次，有裂缝处应先用防腐剂浸透。

(2) 浸渍法。把木材浸入常温防腐剂中处理，适用于易浸注、易干燥木材。如木材含水率较高，应当提高防腐剂浓度。

(3) 热冷槽浸注法。通常采用双槽交替处理，一为热槽，温度为85～95℃；一为冷槽，温度为20～30℃；采用油溶性防腐剂时，热槽温度为90～100℃(但必须低于所用油剂闪点5℃)，冷槽为4℃左右。浸渍时间随树种、含水率、截面大小不同而异，原则上要使防腐剂达到预定吸收量。

(4) 压力浸注法。将需要处理的木材放入密闭压力罐中，充入防腐剂后，密封施加压力(压力为10～14kgf/cm^2)，强制注入木材。这些工艺较复杂，对于防腐要求高的木材，应由专业防腐单位处理。

(5) 扩散法。以高浓度(8%～10%)水溶性药剂浸渍湿材，药剂借分子扩散作用渗透入木质内，但浸渍时间一般为10天左右；浸渍后，再密集堆积一段时间，四周用塑料薄膜覆盖，借以增加透入度。木材含水率越高(40%以上)，扩散效果越好。

（二）防火药剂处理

木材进行防火药剂处理的作用在于：当燃烧时，药剂分解，能减少可燃气体的形成，以减轻木材的燃烧程度；或者在木材的表面生成一层薄膜，保护木材在短期内不燃烧。防火药剂处理的方法有两种：一种是表层或深入浸渍药剂，一种是涂刷防火涂料。

目前采用的防火浸渍药剂有铵氟合剂和氨基树脂两类。其中铵氟合剂既有防火作用，又具有防腐作用。当其受热分解时，放出磷酸和硫酸等强酸，使木材脱水，夺去木材中的氢和氧，留下元素状态的碳，在800～900℃温度下，不会起焰燃烧；而且由于碳的导热性小，对内层木材又能起到绝缘作用。药剂浸渍等级应按房屋建筑耐火等级对木材耐火极限的要求确定：一级浸渍，保证木材不可燃烧；二级浸渍，保证木材缓燃；三级浸渍，在露天火源作用下，能延迟木材燃烧起火。

防火涂料，如丙烯酸乳胶涂料，能起到小火不燃，在具有初起火时火势不会迅速发展，离开火焰后能自行熄灭的作用。但这种涂料无抗水性，只适用于顶棚、屋架及室内木构件。

第三节　木结构的检查与维护

由于木结构在制作和使用过程中，产生病害和缺陷的因素较多，病害的发展较快，木材的受拉和剪切都是脆性破坏，因此为了及时预防病害的发生、发展，保证木结构的正常工作，并延长其使用年限，必须经常对木结构进行检查，加强日常维护工作。检查中发现的需要修理和加固的问题，应立即进行处理，负责日常保养的单位应对主要木结构建立检查和维护的技术资料。

一、检查的内容与方法

木结构工程竣工后，在交付使用前，应进行一次全面检查。在交付使用后，每年至少应进行一次定期性检查。对于温度、湿度较高的生产车间、有侵蚀气体污染的化工车间、通风条件较差的浴室和厨房、长年锁闭的库房以及露天的木结构等，检查期更要缩短。当由于某种特殊原因，对结构的安全发生怀疑时，应进行突击性检查。

木结构的检查应包括结构的变形、结构的整体稳定性、受力构造的工作状况、有无腐朽和蛀蚀现象、材质缺陷的影响等方面。在交付使用前的检查，应着重于检查以下内容：木材是否符合选材标准，其含水率、强度和树种是否与设计相符；防潮、防火及通风措施是否符合要求；杆件的连接和节点是否抵紧、咬合和密贴，并处在同一工作轴线上；屋盖支撑系统是否正常有效；对钢拉杆、钉栓等，应逐个检查，松动者要拧紧；对主要杆件的初始裂纹情况，应做成记录。

在使用过程中的检查内容和要求如下。

（一）结构的变形

木结构的变形随着时间的增长而积累增加，变形较大是木结构的一种缺陷，又往往是其他病害的综合反映。较大变形会产生或增大杆件的受力偏心矩，在杆件和节点中产生新的附加内力，当发展到某种程度时，会影响到结构的安全。较大变形还会影响到房屋建筑的美观和正常使用，甚至引起其他病害。国内外调查资料表明：当屋面檩条的相对挠度不小于 1/150 檩条跨度时，屋面就呈现不正常的波浪式变形，并会发生漏雨。当梁的相对挠度接近 1/150 梁跨度时，抹灰顶棚就会多处呈现裂缝。产生较大变形的原因比较复杂，常见的原因有：木材的收缩、腐朽和局部损坏；刚度不足或支撑不足；制作安装时缝隙过大、偏差过大；建造起拱较多；设计或使用中形成的缺陷等。

木结构变形的检查，对于桁架及水平受弯构件，主要是测定最大挠度和挠度曲线，通常用水平仪或拉弦线或细铁线的方法直接测量；对于竖向杆件，应测定其倾斜度和侧向变形及其变形曲线，可采用经纬仪或悬挂线锤的方法直接测量。较大变形还可以从顶棚下垂、顶棚抹灰裂缝、屋架支座下竖向结构的倾斜等现象观察到。

木结构的变形超过以下的限度时，应视为有害的变形，此时应按实际荷载和构件尺寸进行核算，并根据具体情况采取重点观测或加固措施。

(1) 榫结合桁架的挠度超过桁架跨度的 1/200 时。

(2) 受压杆件的侧向弯曲度超过杆件长度的 1/150 时。

(3) 屋盖中的檩条、楼盖中的主梁或次梁，其挠度 f 超过下列计算值时：

$$f=\frac{l^2}{2400h} \tag{5-1}$$

式中，l—檩条或梁的跨度；h—木檩条或梁的截面高度。

木结构的挠度曲线形式与结构轴线上荷载的分布和结构刚度的变化有关。若木桁架的荷载分布和刚度变化均对称而均匀，但通过检查量测得到的实际挠度曲线不对称或存在着突变异常点，意味着异常已发生在木桁架的相应位置上，结构可能产生了局部破坏现象，如图 5-15 所示。

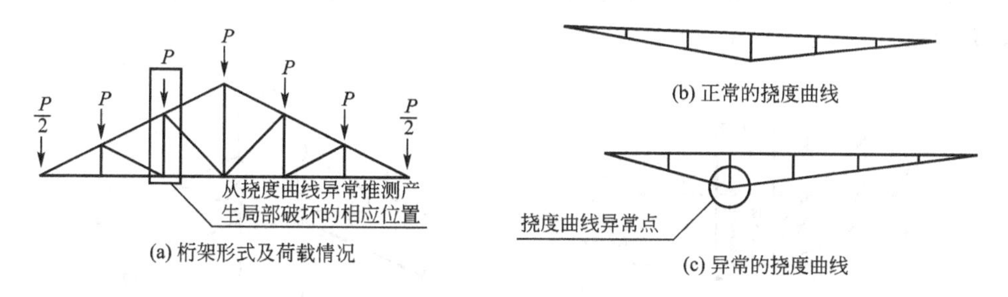

图 5-15 木桁架正常和异常挠度曲线示意图

木结构变形随时间增长而增加的速度，在正常情况下是越来越慢。如检查发现变形突然增大或增加速度越来越大，属于异常现象，这往往由于结构中产生了局部破坏的隐患，是结构进一步遭到破坏的预兆，必须引起重视，考虑对策。

(二) 结构的整体稳定

木结构的整体稳定及侧向变形的限制，一般是靠支撑系统和其他构造措施来保证的。如支撑不完善或布置不适当或锚固不可靠，因而整体结构的侧向(纵向)刚度薄弱时，在垂直于结构平面的外力(如风力、悬挂起重设备的制动力等)作用下，结构会产生过大的倾斜和侧向变形；此外，由于施工偏差(如桁架上弦接头抵接面有偏心)或材质缺陷(如压杆翘曲、材质不匀)等原因，在垂直荷载作用下，也会引起受压上弦向桁架平面外凸出。这些情况都可导致结构丧失整体稳定而破坏。木结构失稳破坏，往往会在短时间内发生连锁性的倒塌事故。因此，检查时，必须注意木柱、木桁架、天窗架等结构的整体稳定问题。应检查屋盖空间支撑的布置是否适当，是否符合设计规范的规定；支撑的数量是否足以保证屋面刚度；支撑系统及锚固措施有无松脱失效等情况；观测柱、架的倾斜和侧向挠曲度；桁架上弦及其接头部位有无平面外凸出现象。特别是房屋较高、跨度又大或有振动影响的生产房屋、跨度较大(6m 以上)的冷摊瓦房屋、无端山墙的敞棚、带天窗架的屋架等，其屋盖木结构的稳定性，尤须加以注意，检查时不容疏忽。

(三) 受力构造的工作状况

结构受力构造的损坏或杆件局部退出工作，表现为杆件本身的折断、劈裂、压弯变形等，或连接节点的松脱、拉开、破坏、局部变形等。因此，对受力构造的检查内容应包括以下几方面。

(1) 检查受拉杆件有无断裂现象；钢拉杆是否受力，螺帽有无松动；垫板有无陷入木材的现象。

(2) 检查受压杆件和压弯杆件，是否有过大的屈折。

(3) 检查各种连接的受剪面是否有裂缝。产生裂缝的原因主要有木材的干缩、劈裂、受力破坏等。裂缝产生后，会使一部分受剪面退出工作而使另一部分受剪面承受超载，严重时会导致结构破坏。对于采用齿连接的屋架端节点(支座上)，应检查受剪面的长度，往往因处理挑出不当而削减了剪切面的长度，必须通过核算分析后做出鉴定。对于钉连接(包括耙钉)，应检查钉孔处是否出现劈裂，如图 5 - 16 所示，钉孔劈裂会严重削弱钉连接的受力工作。

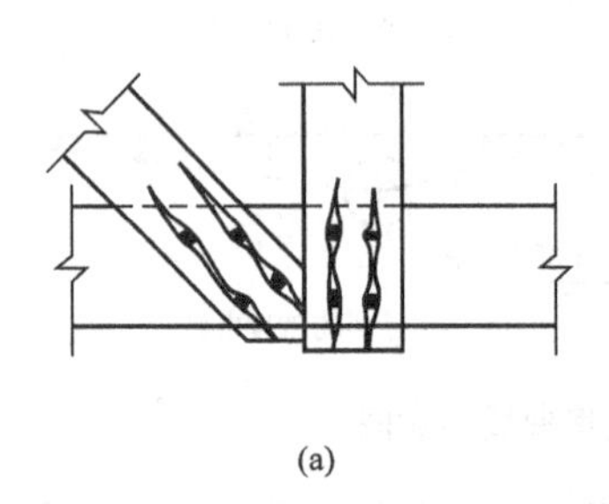

(a)

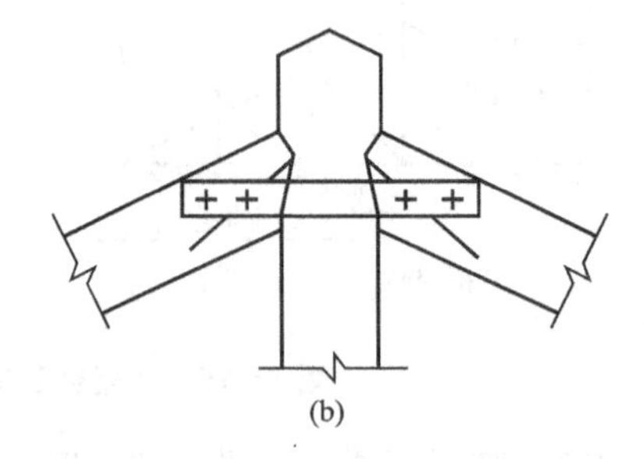

(b)

图 5 - 16 钉孔劈裂

(4) 检查受拉接头是否有过量的滑移；螺栓(或钢销)的排列是否合乎标准；栓孔(销孔)间是否出现裂缝，栓孔间的裂缝是受力要求所不允许的，如同时伴有过量的滑移，说明接头已发生破坏。

(5) 对节点承压面的工作状态，应检查承压面是否出现离缝(图 5 - 17)，或者是否出现挤压变形(图 5 - 18)。承压面出现裂缝的原因多数是由于木材收缩变形，使压杆退出工作。而压杆退出工作后，会使其他杆件超载。承压面的挤压变形主要由于荷载过大或结构变形较大而增加了局部挤压力，使承压处的木材遭受破坏。

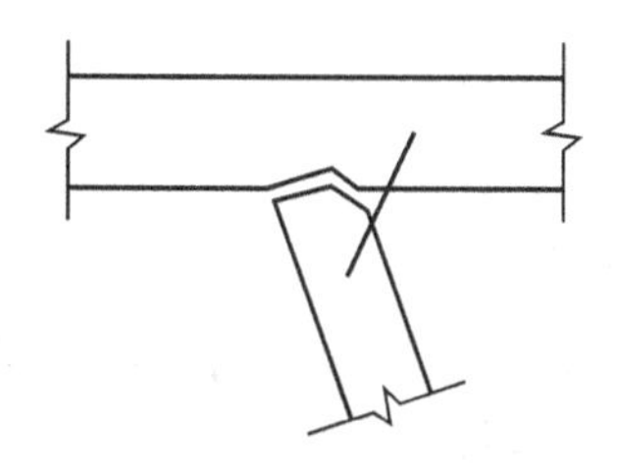

图 5－17　节点承压面离缝、腹杆退出工作情况

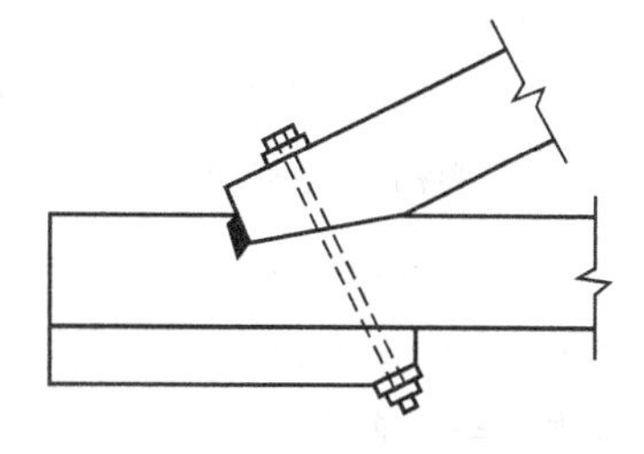

图 5－18　节点承压面挤压变形

(四) 腐朽或蛀蚀

对木结构腐朽病害的检查，应包括木材和钢铁构配件两部分，特别是木材的腐朽与虫蛀，会严重影响结构的承载能力。木结构易遭腐朽的部位，已在本章第二节中述及，在检查时应特别注意这些部位，不容遗漏。由于木材的腐朽多数发生于通风不良的隐蔽处所，而且往往从木材的内部(髓心)开始，有时在表面上不易直接观察到，因此检查的难度较大。以下是检查、鉴定木结构隐蔽部分腐朽、虫蛀的一些传统经验和方法，可供参照。

1. 木构件内部

(1) 用检查铁锤轻轻敲击被检查的木料，仔细听辨发出的声音，如有空壳“扑扑”的声响(如敲击木鱼发出的音色)，则木材内部多数已腐朽或蛀蚀出现空洞。

(2) 用钢钎插入木材的可疑部位，如有内部松软的感觉，则内部已开始腐朽。

(3) 用木钻钻入木材的可疑部位，根据内中松紧程度及钻出木屑的软硬情况来判断内部材质状态。此法比较准确，但缺点是造成构件断面减弱，影响构件承载能力，必须有选择地采用，并应采取补救办法(如受压构件加硬木楔将钻孔填塞)。

2. 木屋架及檩条端部埋入砌体的部分

(1) 详细观察靠近墙体处一段木料的表面情况，如有霉白色或黑点出现，则木材的内部或埋入砌体部分已发生腐朽的可能性很大。

(2) 如发现屋架支座处的顶棚有下沉现象，顶棚抹灰和墙面抹灰开裂，这很可能是屋架端部木材的搁置面腐朽下沉引起的，应局部拆开屋架下的顶棚，做进一步检查。

(3) 对埋入砌体的木材端部如需做深入检查，可用钢凿将木材左右两侧的砌体各凿除10cm 宽左右，再将手伸进探测；或用铁锤敲击听声音；或用钢钎插入试探，以确定是否已腐朽。

(4) 铁皮屋面的钉子(用于固定铁皮)出现松动，或瓦片屋面的屋面板出现松动，很可能是由于下面木檩条顶部腐朽而造成浮钉所致。

3. 隐蔽在墙内的木柱

(1) 观察包围在木柱四周的墙体及其抹灰层的情况，如有相对移动或裂缝发生，很可能是木柱腐朽下沉造成的。

(2) 观察檐口的平整度情况。如木柱腐朽下沉，则相应于木柱处的檐口，也会随之下沉，使檐口出现显著的高低不平现象。

(3) 从外表检查固定于木柱上的木板壁及踢脚板、护墙板等木装修件，如在木柱部位出现向外翘突现象，则可能是由于木柱腐朽、钉子失效造成。

4. 木地板搁栅及其他部分

(1) 木地板沿墙四周下沉，多数原因在于压椽木或木搁栅端部发生腐朽。

(2) 检查人员在地板上用力跳动时，完好的木地板虽有下垂颤动现象，但没有杂声，弹力也较好。当木搁栅腐朽时，则用力颤动时，会出现沙沙响。

(3) 木楼板下的顶棚出现突肚下垂现象，可能是由楼搁栅腐朽引起的，应将楼搁栅端部处顶棚局部拆开，做进一步检查。

(4) 外表油漆的木构件，如油漆颜色转变为灰暗，则木材内部有腐朽可能。

对于某些重要的木结构，当上述方法仍不能达到要求时，必要时应根据其腐朽的可能性，较大范围地拆开隐蔽构造，进行彻底地暴露检查，有关白蚁的检查方法见其他有关白蚁防治的文献。

已出现腐朽、虫蛀的木结构，必须查明腐朽的部位、腐朽部分的长度、宽度和深度等，找出腐朽的原因，并对危害程度做出鉴定。

(五) 木材的缺陷

对于受力构件上存在木节、斜纹、髓心等疵病、缺陷的部位，应进行重点检查，查明有无影响受力的裂缝，是否出现异常变形现象。特别是对于受拉构件、受弯构件的受拉区以及连接、接头的剪切面等不利部位上存在的材质缺陷，检查中必须按实进行验算分析，做出鉴定。对影响受力较大的部位，采取加固措施。

靠近炉灶、烟囱、火墙、火炕等处的木结构，还应检查防火措施是否适当，是否符合规定要求。

二、维护要点

木结构在使用过程中，必须注意做好日常维护工作，防止结构的损坏、病害、缺陷的扩大。维护工作通常与检查工作结合进行。检查中发现的一般缺陷，可通过日常维护及时处理，消除隐患；较大的病害缺陷，则宜安排大、中修计划，进行修理和加固。木结构日常维护的主要内容有安全使用的维护，保持受力杆件正常工作的维护，防潮、防腐的维护。在南方蚁害地区，还应做好白蚁的日常防治工作。

(一) 安全使用的维护

为保证木结构持久地安全使用，在日常维护上应做到以下几点。

(1) 防止结构的超载。造成承重木结构超载的因素很多，常见的包括：在木屋架、檩条、木梁或搁栅上任意悬挂设计外的设备或重物；改变房屋用途而使用荷载或设备荷载较大地超过设计荷载；改换较重的屋面盖材，或原无吊顶的，增设吊顶；在无天窗的木屋架上增设天窗；保温层超厚或变换为较重的保温材料；任意变一般吊顶为阁楼层使用等。对于这些情况，日常保养单位应进行监督，在未经鉴定、未采取措施前，应予以制止，保证结构安全。

（2）防止在梁、柱、檩条等承重构件上，任意钻孔、打眼、砍削，使截面减弱；或任意拆改结构杆件的连接、节点。对已发生且构成危害的部位，应立即采取补强措施。对易遭受外来损伤的重要构件，应加设防护设施。

（3）维持正确使用。禁止一般木结构房屋改用为高温或湿度较大的生产车间，或任意安设具有强烈振动的机械设备。

（4）维持防火措施。经常注意观察木结构的防火安全；保持靠近炉灶、烟道及其他高温设施的木结构的防火构造，符合规定要求，对不符合要求的结构应及时进行改正。

（5）对发现有危险的木结构，及时进行临时性支撑、减荷、加固，或采取其他应急措施。

（二）保持受力杆件正常工作的维护

（1）拧紧桁架上松动的钢拉杆和其他连接螺栓至合适程度。钢拉杆和连接螺栓的松动，多数是由木材干缩变形造成的。钢拉杆松动，会使结构的变形增大；连接螺栓（特别是受拉接头）松动，影响各个螺栓之间的共同工作，削弱了连接的受力。许多实例说明，及时维护钢拉杆和螺栓的正常工作，对防止木结构过度变形和延长木结构的寿命具有重要的作用。

（2）及时处理节点承压面出现的离缝现象，恢复压杆的正常工作。离缝缝隙较小时，通过拧紧钢拉杆，可使缝隙弥合；离缝缝隙较大时，在节点增设传递压力的双面连接铁夹板或木夹板及钉栓。

（3）补设锚固松脱的支撑系统杆件。

（4）补设带天窗的主屋架的脊檩（即通长的纵向水平系杆）。

（5）补齐缺损的连接件。

（三）防潮、防腐的维护

保持木结构具有较好的干燥通风环境，避免受潮，是木结构维护的重要任务。其主要工作有以下几方面。

（1）及时疏通屋面排水，修补局部渗漏，为开敞式天窗设置挡雨板，以防止雨水渗入木结构。

（2）对露天木结构的积水部位，采取措施，予以消除，使雨水及时排除。

（3）对受水气或结露影响的木结构，采取隔汽或保温措施。

（4）对于埋入屋盖保温层的屋面木结构，对保温层进行改进处理，使木结构四周留出通风空隙。

（5）改善、增设木结构的通风洞口及其他通风、防潮构造措施。

（6）对于开始腐朽的木材，将腐朽部分进行削补，以防腐朽蔓延。

（7）局部重涂木材防腐油膏。

（8）对钢拉杆及钢铁连接件进行定期除锈涂油防腐工作。

第四节 木结构的修理与加固

木结构的修理与加固应在对结构检查、鉴定的基础上进行，承重结构修理与加固部位的设计计算及其构造要求应符合现行《木结构设计规范》的规定。对于整个结构基本完好，而仅是局部范围或个别部位有病害、破损的结构，应尽量在原有位置上对原结构进行局部的修理或加固，更换破损的杆件。只有在结构普遍严重损坏或系统性的承载能力不足的情况下，并经多种方案综合比较后，才采取整个结构翻修或换新的措施。

对原结构进行加固施工时，必须注意：首先，要尽量不影响到结构的旧有部分，如必须拆换部分杆件时，应加设可靠的临时支撑，同时要避免过分的敲击或振动，以防影响结构的其他部分。其次，加固工作往往是在荷载作用下进行的，此时结构初期的不紧密性已经基本消除，节点和接头中已有若干移动，整个结构已产生挠度。因此，新设的加固杆件应当坚实牢固，能立即参加工作。在装置和紧固加固杆件时，应利用支柱、斜楔或千斤顶等设施撑托结构，尽量减轻结构上的荷载，以保证加固质量和施工安全。

一、木梁和檩条的加固

（一）构件端部劈裂或其他缺陷的加固方法

（1）端部两侧面各加设木夹板并用钉栓连接紧固，如图 5－19 所示。加固的木夹板厚度为梁截面厚度的一半，而高度与梁相同，连接钉栓的反力按下式计算：

$$R_1=\frac{M_1}{s}，R_2=\frac{M_2}{s} \tag{5-2}$$

式中，R_1—距支座较远的钉群或螺栓群承受的反力；R_2—距支座较近的钉群或螺栓群承受的反力；M_1—距支座较近的钉群连接中心处的弯矩(图 5－19)；M_2—距支座较远处的钉群连接中心处的弯矩(图 5－19)；s—两组钉群或螺栓群的间距。

根据承受的反力，按双剪连接计算确定钉栓的数量和直径以及垫板规格。计算时，要注意螺栓受力方向及排列位置，避免原木梁因穿孔而断面强度不足或产生顺纹开裂的情况。

（2）端部用短槽钢及螺栓托接于梁底加固，螺栓分为架设螺栓(距支座较近处)和受力螺栓(距支座较远处)两种，如图 5－20 所示。架设螺栓可按构造要求取用。受力螺栓承受拉力，其值可按下式计算：

$$T_1=\frac{M_1}{s} \tag{5-3}$$

式中，T_1—受力螺栓(距支座较远的螺栓)承受的拉力；M_1—距支座较近的螺栓中心处的弯矩；s—受力螺栓与架设螺栓之间的距离。

（3）用短木及螺栓连接于原梁端部的底面或顶面。螺栓分为架设螺栓和受力螺栓两种，各自位置如图 5-21 所示。受力螺栓的拉力，同样可以式(5-3)计算求得，加固短木的断面可按弯矩 M_1 计算确定。在短木与原木梁间最好增设一个硬木键，以承担相互间的剪力，因木键使原截面减弱，对此应进行强度核算。

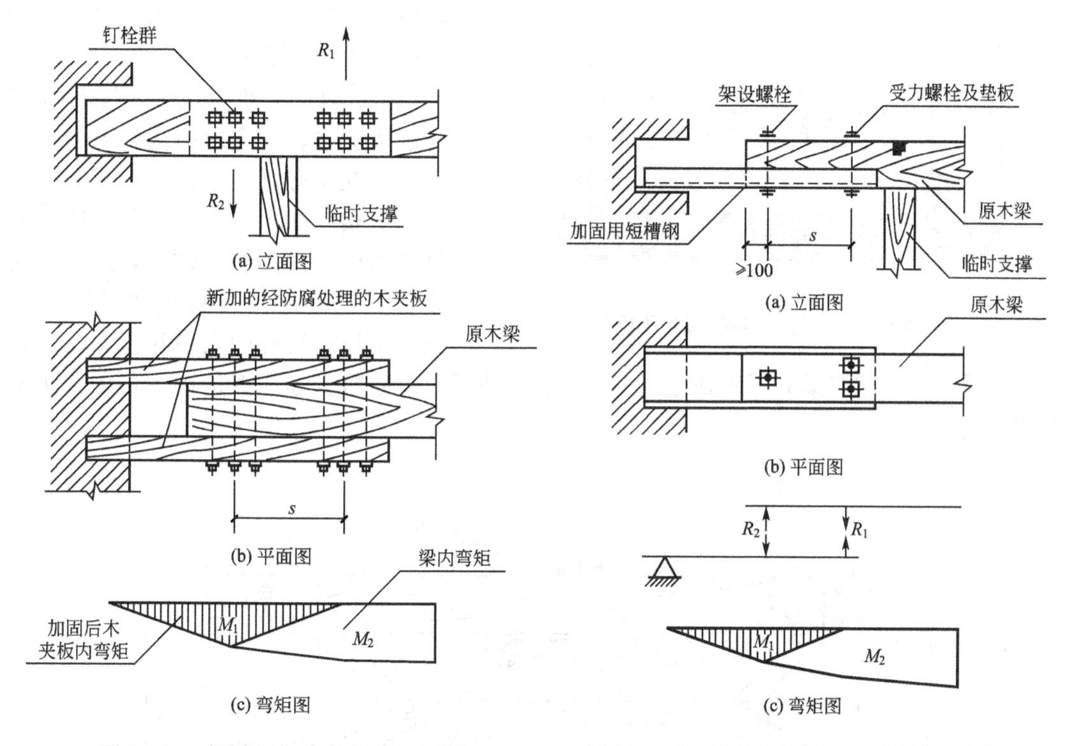

图 5-19　梁端用木夹板替换加固图　　图 5-20　梁端底部用短槽钢替换加固图

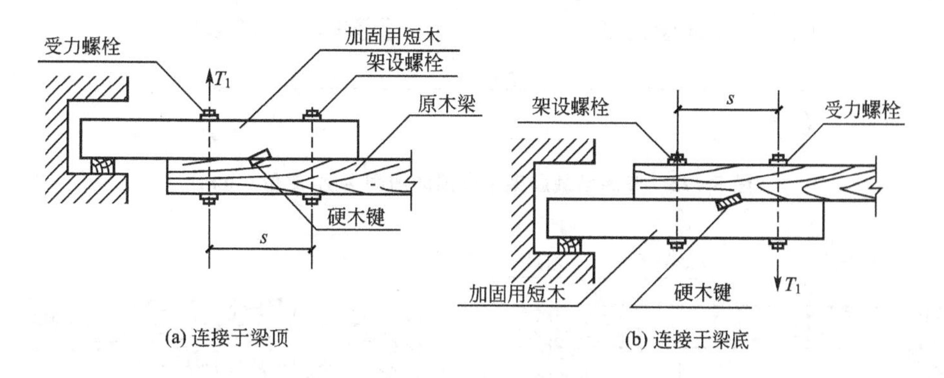

图 5-21　梁端用短木连接加固图

(二) 刚度不足，或跨中强度不够的加固方法

(1) 加设“八”字斜撑，增加梁的支点，减小计算跨度，此时原梁在新设支撑点处产生负弯矩。当为檩条时，斜撑的一端支撑檩条，另一端支承于屋架下弦，为平衡此处支撑的水平力，以免下弦变形，一般可采取在屋架左、右两侧对撑的方法，或借助于屋架间的吊顶搁栅，如图 5-22 所示。

如加固木梁时，斜撑下端可支撑于墙或柱上，也应左右对撑或采取其他平衡水平力的措施。图 5－23 为某车库承载屋架木大梁的加固实例。

（2）跨中因裂缝、折断或木节疵病等原因影响安全时，可采用左、右两侧加设木夹板（或钢夹板）并用钉、栓与原梁紧固的加固方法，如图 5－24 所示。

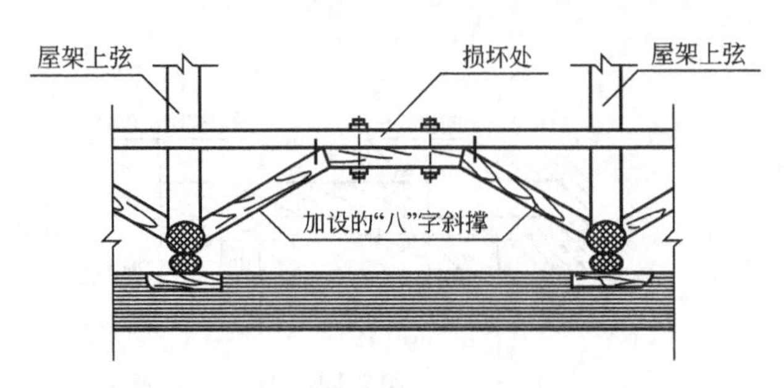

图 5－22 "八"字斜撑加固檩条

（3）对于挠度过大或需要提高承载能力的梁，在室内净空许可的条件下，可在梁底增设钢拉杆，变简支梁为组合梁。如图 5－25 所示，原木梁从受弯构件变为压弯构件，改变了受力情况。钢拉杆可利用两端螺帽拉紧，也可在拉杆中安设花篮螺栓以拉紧，并通过短木撑与梁共同工作组成组合结构。木梁、钢拉杆及短木撑的内力可用分析桁架的方法求得。

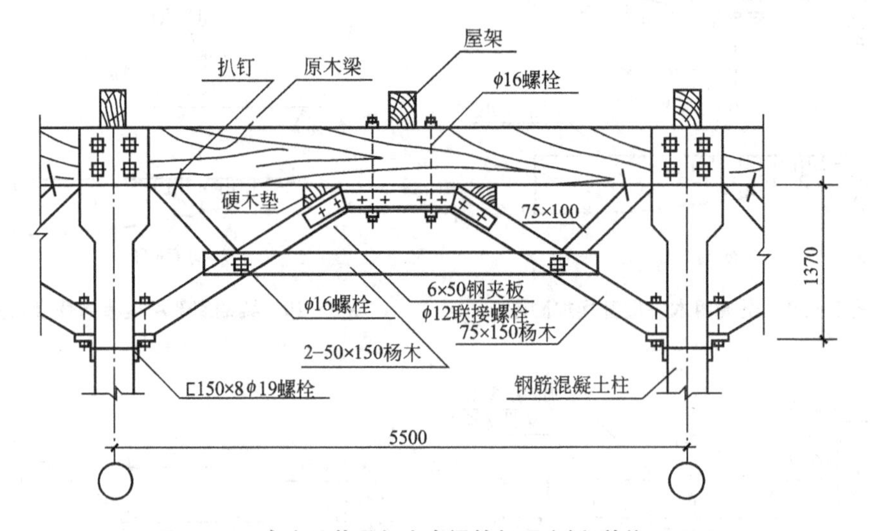

图 5－23 车库承载屋架木大梁的加固实例(单位：mm)

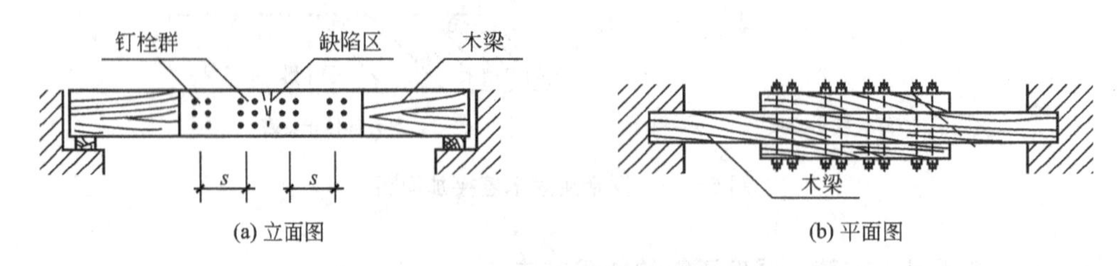

图 5－24 木梁跨中缺陷加固示意图

（三）立帖式木结构的加固方法

普遍问题是：檩条间距过大，即相应的檩条的截面太小，因而往往挠度大而使屋面容易漏雨。不变动原结构的加固方法：可在檩条间增设新的檩条及相应的横梁与短柱，使屋

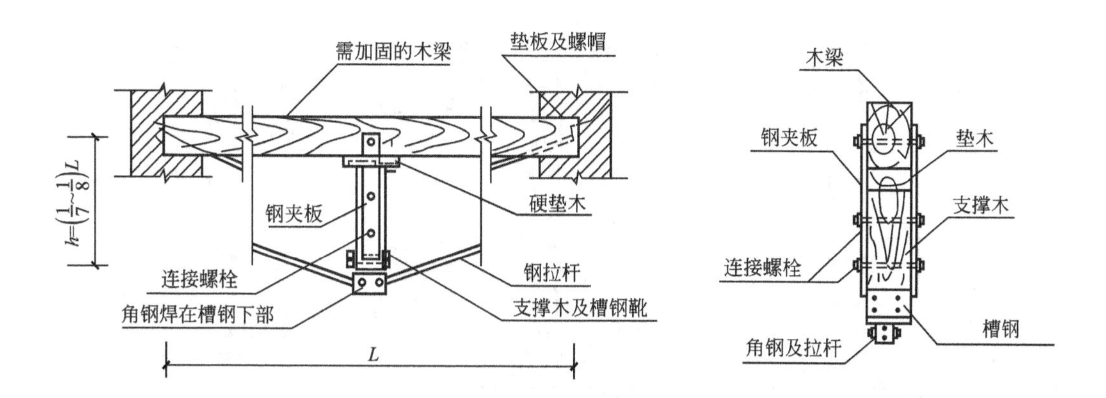

图 5-25 简支木梁变为组合梁的加固示意图

面结构的强度和刚度都得到提高，但旧的横梁必须经过核算，若断面不够，应予加固或改大，图 5-26 为杭州地区某结构房屋的立帖式梁柱结构的檩条加固实例。

二、柱子的加固

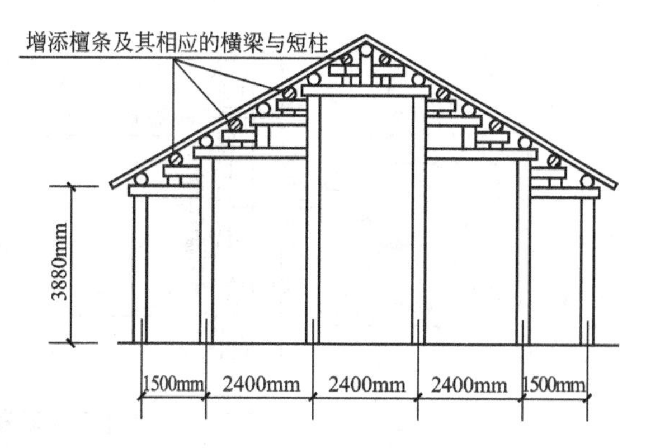

图 5-26 立帖式架柱结构檩条加固实例

(一) 侧向弯曲的矫直与加固

木柱发生侧向弯曲后会在柱内引起附加弯曲应力。随着弯曲的发展，附加弯曲应力也不断增加，最后导致结构破坏。因此，对侧向弯曲柱子进行加固，必须先对弯曲部分进行矫正，使柱子回复到直线形状。再增大侧向刚度(减少长细比)，防止侧向弯曲的再度发生。

(1) 对于侧向弯曲不太严重的柱，如为整料柱子，可从柱的一侧增设刚度较大的枋木，用螺栓与原柱绑紧；通过拧紧螺栓时产生的侧向力来矫正原柱的弯曲，加固后的柱子回复平直，且具有较大刚度，如图 5-27(a)、(b)所示。对于组合柱，可在肢间填嵌方木或在外侧夹加方木增加刚度，进行加固，如图 5-27(c)所示。

(2) 对于侧向弯曲较严重的柱，如直接用拧紧螺栓方法进行矫直有困难时，则可在部分卸荷情况下，先用千斤顶及刚度较大的短枋木对弯曲部分进行矫正，如图 5-28 所示。然后安设用以增强刚度的枋木进行加固。

(二) 柱底腐朽的加固

木柱的腐朽多数发生在与混凝土或砌体直接抵承的底部。可根据腐朽的程度，采取以下加固处理方法。

(1) 轻度腐朽时，把腐朽的外表部分除去后，在柱底的完好部分涂刷防腐油膏，最后装上经防腐处理的加固用夹木及螺栓，如图 5-29 所示。

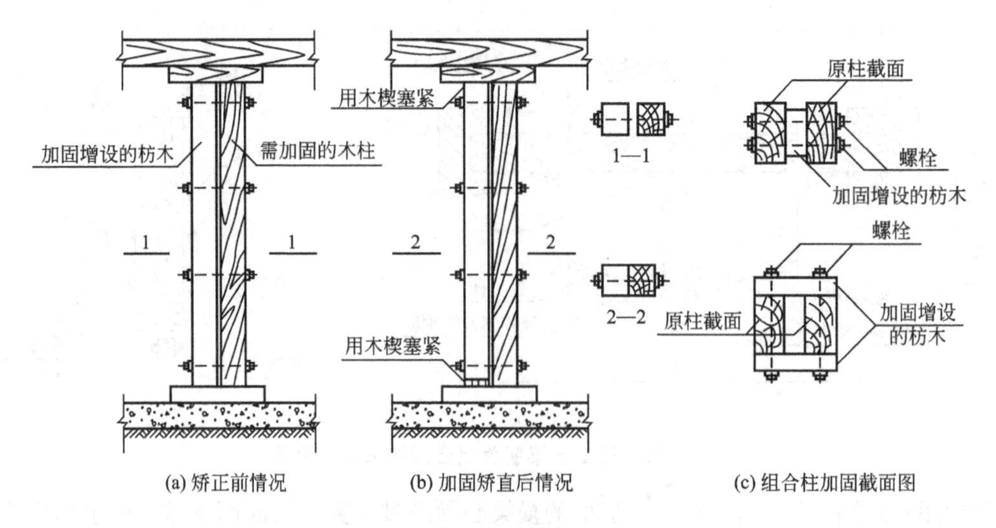

图 5－27　木柱侧向弯曲的矫正和加固

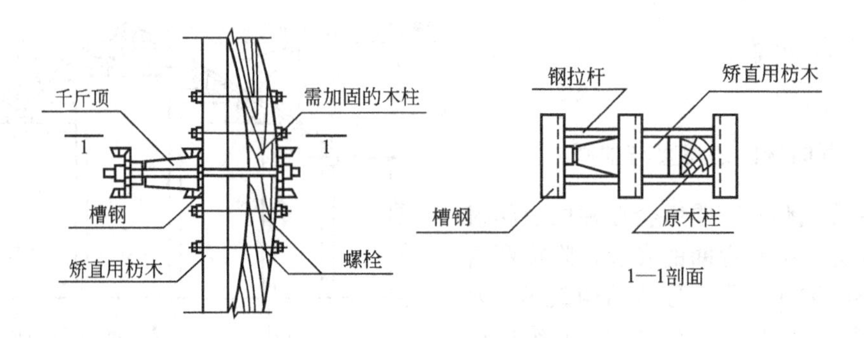

图 5－28　用千斤顶矫直木柱的弯曲示意图

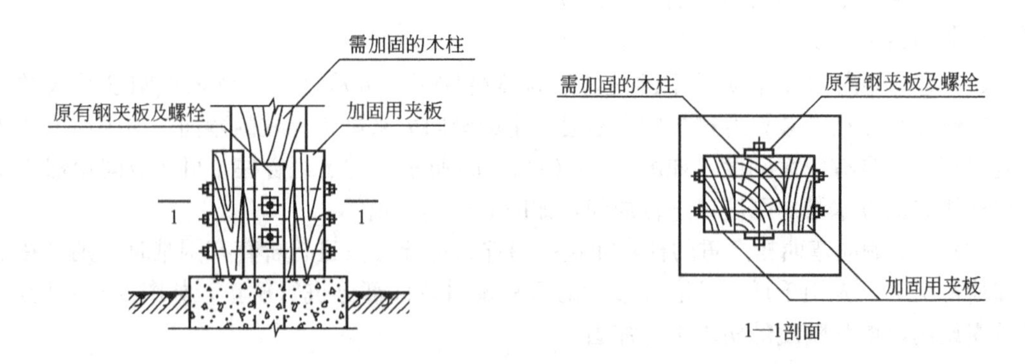

图 5－29　轻度腐朽的木柱脚加固图

(2) 柱底腐朽较重时，应将腐朽部分整段锯除后，再用相同截面的新材接补，新材的应力等级不能低于木柱的旧材。连接部分加设钢夹板或木夹板及连接螺栓，如图 5－30 所示。

(3) 对于防潮及通风条件较差，或在易受撞击场所的木柱，可整段锯去底部腐朽部分，换以钢筋混凝土短柱，如图 5－31 所示。原有固定柱脚的钢夹板可作为钢筋混凝土短柱与老基座间的锚固连接件。

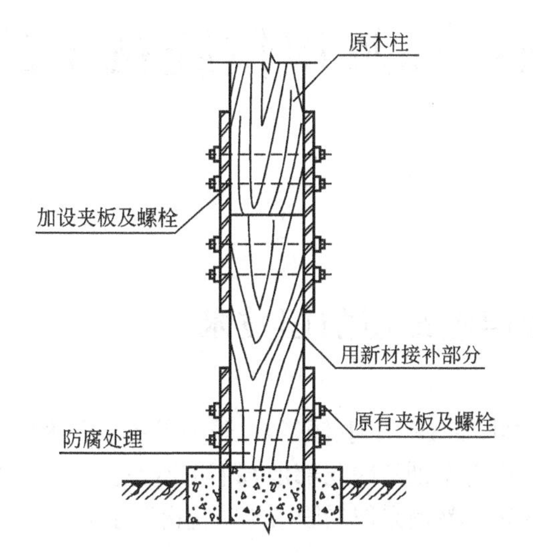

图 5－30　木柱脚整段接补图

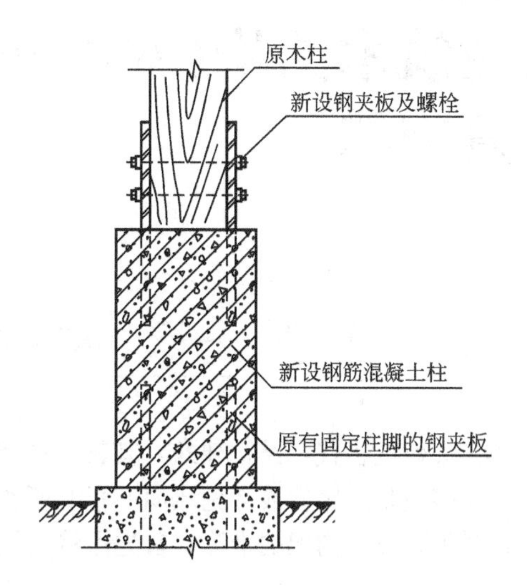

图 5－31　钢筋混凝土短柱加固木柱脚图

第六章
古建筑木结构(木作)的损坏及用传统技术的修复方法

第一节　整体构架的维修加固技术

年久失修的古代木结构建筑，其整体构架常见病态是歪闪(倾斜)。歪闪是由多种因素造成的，大多数是因地震或常见风向的影响所致，也有个别的因局部地基下沉所致。在歪闪情况下，对于整体木构架的维修，首先需将构架扶正，然后采取加固措施防止再度歪闪。

一、整体木构架的歪闪与扶正

如果主要构件梁或柱子有糟朽中空不能承重的情况，只有拆落修整构件后，再重新按原制归安来达到扶正构架的目的。如果在主要大木构件基本完好的情况下，就不需全部落架归安，而是采取“打牮拨正”的方法，这是我国传统的扶正木构架的方法(图 6－1)。

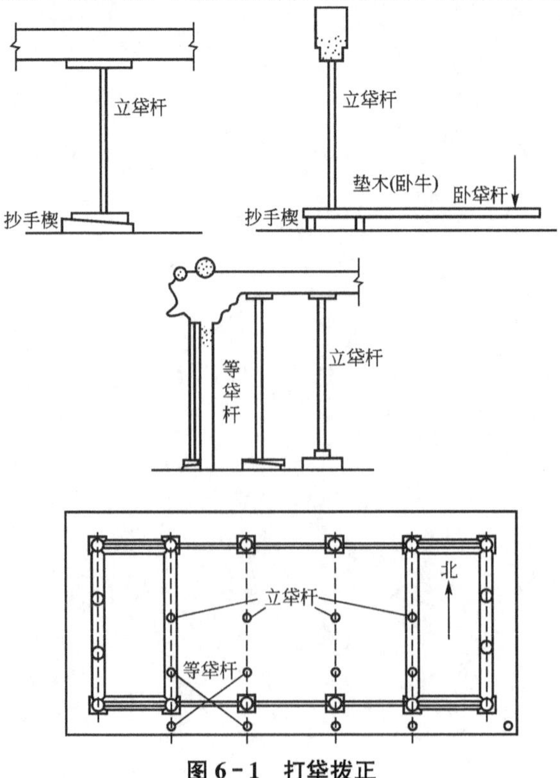

图 6－1　打牮拨正

打牮拨正的方法是，使用较为简单的工具，一方面将下沉构架抬平，叫做“打牮”；另一方面将倾斜的构件归正，叫做“拨正”。实际工作中二者是不能分开的，所以这项工作被统称为“打牮拨正”。古文献中叫做“扶荐”。清《工部工程做法》记载这项工作是“不拆头停(顶部梁架)搬罾，挑牮(吊起)拨正，归安榫木”。

打牮，是用一根称为立牮杆的立杆顶在要抬平的梁底皮，杆下垫以抄手楔子(两个木楔子尖尖相对相垒放置)，打牮时，左右相对打紧木楔，立牮杆逐渐升高，顶起构件以达到抬平的目的。这是利用力学上的尖劈，以小力发大力的道理，这种办法在唐代已有记载。如果起重的结构沉重时，另加一根卧牮于立牮杆底部，卧牮的中间垫木块作为支点，另一端加重物，使立牮杆向上升起，这一方法是利用杠杆的作用以节省用力。

打牮是从下向上使下沉构件逐渐抬平，天秤是从上向下将下沉构件吊起的工具。天秤是利用杠杆原理，用长杉槁(一般用 3～5 根杉槁捆扎成一根大料)作为秤杆，中间用支架作为支点，一端加压，另一端吊起重物。这种工具的使用早在战国时期已有文献记载(见《庄子·天运》)，当时称为“桔槔”，汉武梁祠画像石中的形象更为明确，这种工具和起重方法至今仍在民间流传。

拨正用绞车又称绞磨(图 6－2)，古代为木制，近代多改用铁制。这种工具早在晋代石季龙发掘赵简子墓时已使用(《晋史》107 卷)，宋《武经备要·前集》更有比较详细的记载：“绞车，合大木为床，前建二叉手柱，上为绞车，下施四轮，皆极壮大，力可挽二千斤。”现在所用的绞车，木床用方木做成，长约 2m，高宽各约 1m，中间置径约 20cm 的木轴，上绕大绳(直径为 3～4cm)，牵引重物，木轴上部凿孔穿推杆作为用力点。工作时，手扶推杆使木轴转动，大绳牵动构件可做上下或左右移动，再配合一些简单的滑轮调整受力的方位。它的工作原理与农村普通汲水用的木制辘轳相同，推杆相当于辘轳的曲柄，由于它的旋转半径比木轴半径大几倍或十几倍，加力点的速度恒大于生力点的速度，因而加

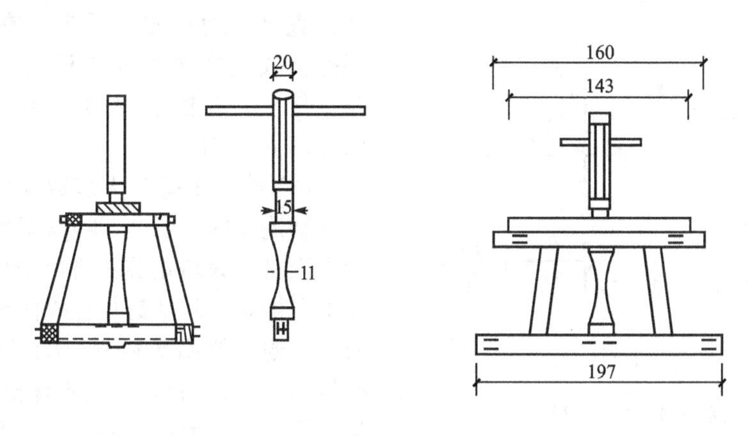

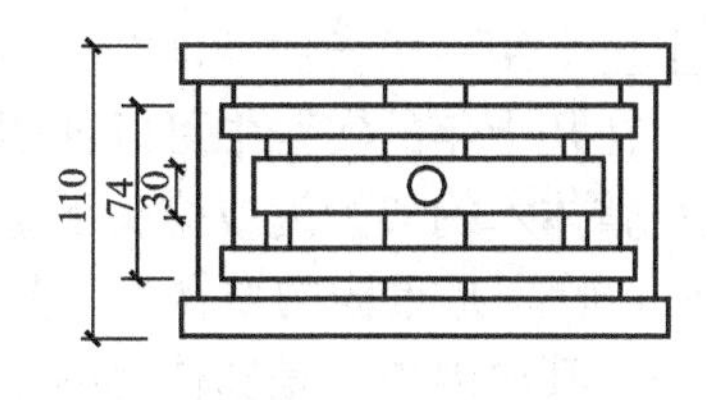

图 6－2　绞　　磨

小力可以产生大力的作用。

具体操作时，一般情况下，如仅是檐柱歪闪可直接用绞车拉正；如整体倾斜时，应在倾斜方向的相反方向安置两台绞车扶正；如倾斜又伴随梁枋下沉时，应同时加用立牮杆或天秤吊起梁枋。总之，这是一件省工但又极为需要高超技巧的工作，必须详细制定施工方案后才能达到预期的良好效果。稍不慎重将梁枋榫卯拉断，其效果则适得其反，不如拆卸后重新安装比较稳妥安全。

二、整体木构架的加固

整体木构架发生歪闪，经过打牮拨正或拆除重新归安后，为防止木构架继续发生歪闪，一般采取以下几种加固措施。

(1) 柱头与额枋之间加钉拉板，以防木构架歪闪，常由于额枋插入柱头的榫卯很小，特别是明清建筑物，一般仅为柱径的1/4，形式多为直榫，遇震极易拔出。木构架归正后，在柱头顶部钉一连接左右额枋头的铁板，中间留出孔将柱头的馒头榫套入，两翼伸在额枋上皮，用镊头钉钉牢［图6-3(a)］。这样一周圈的柱头都钉好铁板，其效果类似现代建筑中的圈梁，可以防止柱额局部拔榫和整体歪闪。板厚一般为0.3～0.4cm，宽度和总长度视建筑构件的大小而定，一般情况下宽度为5～10cm，总长除柱头直径另加50～60cm。

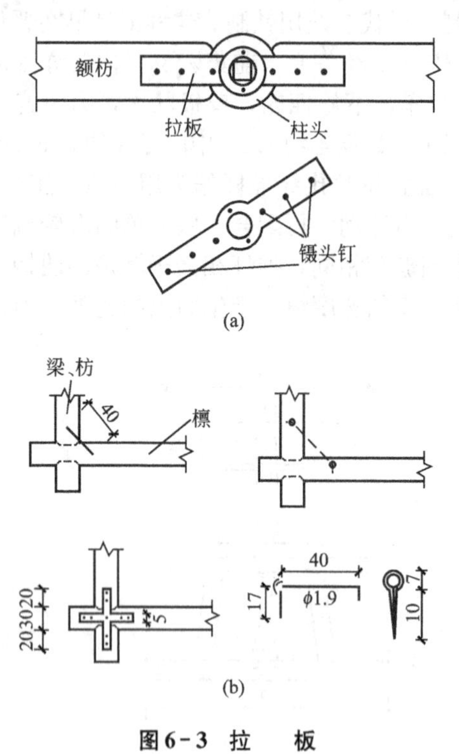

图6-3 拉　板

(2) 檩头连接。檩条是木结构建筑中的纵向主要联系构件，但檩头连接榫卯一般都是直榫，而且多不严实。在大型工程中揭除瓦顶更换椽子和望板时，一般都在檩头交接点，在檩上皮架钉铁扒锔或铁板加固［图6-3(b)］。

(3) 檐头下垂，大多数原因是由檩条向下滚动造成的。因此，在考虑整体木构架是否牢固时，为防止檩条再次向外滚动，在每间上下檩条之间加钉拉杆椽两根，如图6-4所示。通常要用新料制作椽子(旧椽子两端有钉眼，不适用)，两端用螺栓与檩条钉牢，自上至下，自前坡向后坡，各檩条间的拉杆椽基本上成一条直线。在斜搭掌式铺钉椽子的木构架中，也可以在椽档间自上至下用一根长铁条，在与檩条相交处用螺栓钉牢，这种做法又称铁板椽。以上两种做法，在几十年的实践中可以证明，凡采用这种拉杆椽的都没有再发生檩条外滚的现象，对防止整体木构架歪闪或檐头下垂都有明显的效果。

(4) 外廊加固。在重檐建筑中，特别是重檐的城楼，下层为周围廊式的建筑中，周围廊向外闪的情况是常见的病症之一。其原因主要是檐柱上的抱头梁或挑尖梁后尾插入老檐柱的榫头长度小，且多为直榫，当檩条外滚或斗拱外闪时，直榫的梁极易拔出，造成廊柱外闪或向左或向右倾斜。元代开始，在明清时期比较普遍的檐柱头的里侧增加一根穿插枋，但后尾仍为直榫，尚不能彻底解决问题。现在常用的加固方法有两种［图 6－4(c)］：一种是在挑尖梁上皮或下皮隐蔽处用铁拉杆，前端钉在梁头，后尾穿过老檐柱用螺帽拧牢(嵌于柱身内不露明)；另一种是钉在穿插枋的上皮，两端分别穿过檐柱和老檐柱，用螺帽拧牢(嵌于柱身内不露明)。

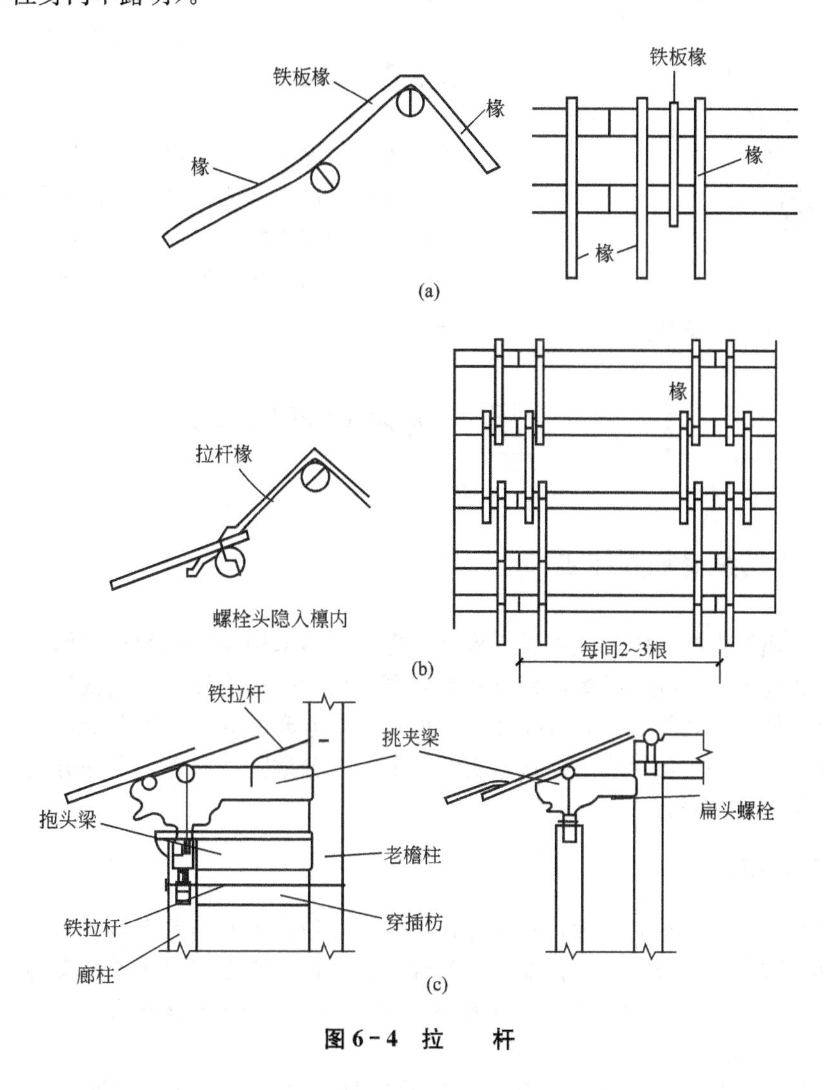

图 6－4　拉　　杆

三、临时支撑加固

木结构古建筑遇到地震、暴风、水灾等意外灾害时，常易发生整体歪闪或局部沉陷等情况。遇有这种现象，由于彻底修理需经过勘查、设计、请款、备料、审定等一系列的准备工作，时间较长，为防止损毁情况继续扩大，甚至全部坍塌，必须及时进行抢险加固工作。一般是进行临时支撑，由于结构情况不同，损毁程度不同，很难制定出统一的方案，但加固工作中最基本的原则应该是一致的。

(1) 依据构架歪闪的方位，在其相反方位用木杆斜撑，角度以 45°～60°为宜，杆头应顶

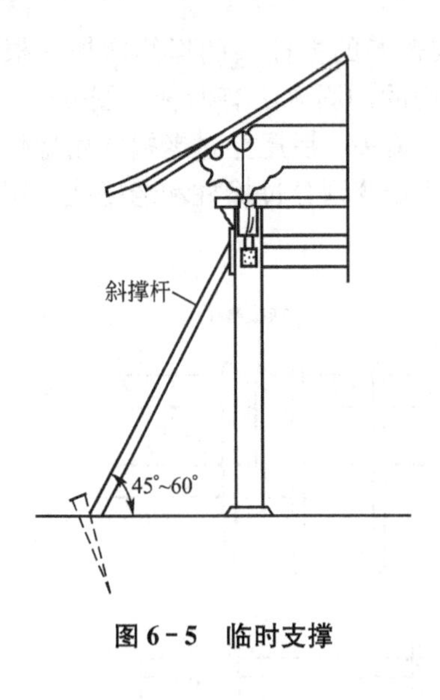

图 6-5 临时支撑

在最大歪闪部位。木杆的细长比不宜大于 1/20，斜撑底部应支垫牢固，勿使滑动(图 6-5)。

(2) 梁枋折断、弯垂，应用木杆支在最危险部位，支杆上需加垫木托以扩大受力面积，支杆底部用抄手楔子支牢。

(3) 柱子下沉时，应支垫四周的梁枋以减轻柱子受力，避免继续下沉。

(4) 局部坍毁时应局部拆卸，保存好构件，或支搭保护设施，避免损毁情况继续扩大。

此外，过去曾采用过拆卸保存的办法，实践证明，这种方式由于保存旧构件的方法不当，或由于管理上的制度不严，收效甚微，故近年来已基本被淘汰。

第二节 大木作维修技术

一、受压构件的维修加固技术

木柱是古建筑木构架中的主要受压构件，也是整体木构架下层的支撑构件。按力学计算，在大多数建筑中，柱子的断面超过实际需要的尺寸一倍或几倍，这就为维修提供了许多方便，有的柱根糟朽虽然已超过断面面积的 1/2，建筑物本身仍然安全屹立。但有些情况如被白蚁蛀空，外表虽无明显症状，实际情况却十分危险。此外，木柱劈裂、木柱局部糟朽等也都是常见的病害。

(一) 劈裂加固

木柱劈裂的原因大约有两种，一种是自然劈裂，建筑时使用的木料尚未完全干燥，建成后在干燥过程中形成裂缝。这种细小的裂缝，只要在油饰之前用腻子将裂缝勾抿严实即可；裂缝宽度超过 0.5cm 时，应用木条镶嵌粘接牢固；缝宽 3～5cm 或以上的，除嵌木条外，还应用铁箍加固。

另外一种情况是受重力压劈，多数是柱头劈裂。这种情况虽不多见，但必须妥善处理，除对劈裂部位进行粘接并用铁箍加固外，一般在条件允许下(如墙内柱)，在靠近柱子的梁枋或额枋端部底皮增加抱柱，以减轻柱子的荷载。

(二) 柱根糟朽加固

墙内柱最易发生这种症状。表皮糟朽不超过柱根直径的 1/2，一般采取剔补加固，但必须将糟朽部砍刮干净，因为糟朽部分的真菌残留后，遇适当气候仍然会繁殖，进一步损害构件。

糟朽自根部向上不超过柱高 1/4～1/3 时，一般采取墩接的方法，常用的有以下几种式样(图 6-6)。

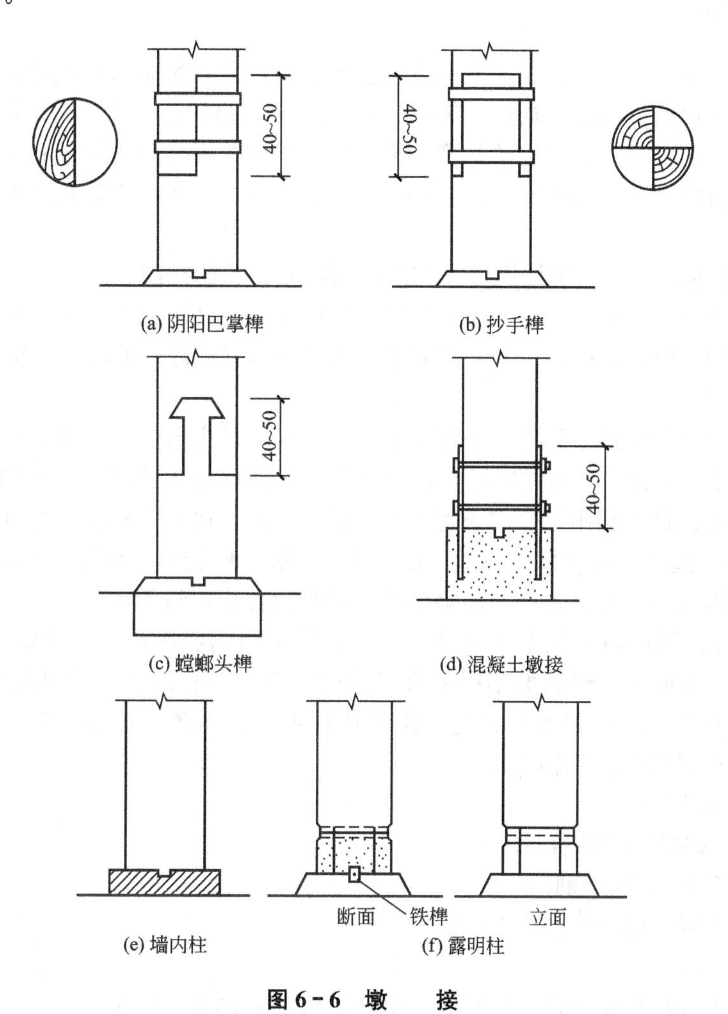

图 6-6 墩 接

(1) 巴掌榫。这是最简单的式样，搭交榫长至少应为 40cm，粘牢后外用二道螺栓或二道铁箍加固。

(2) 抄手榫。在柱断面上划十字线分为四瓣，剔去搭交的二瓣，上下相对卡牢，外用铁箍加固。

(3) 螳螂头榫。墩接部分的上部做成螳螂头式插入原有柱内。

以上几种适用于木料墩接。

墙内柱糟朽高度为 50cm 以上时，可以用混凝土墩墩接。预先量好糟朽尺寸，筑打长方形的混凝土墩，内插两块铁板，施工时将糟朽部分截去后墩接，两铁板夹住原柱身，用二道螺栓钉牢。

墙内柱的柱根糟朽高度为 50cm 以下时，一般将柱根截平，用方石块支垫即可。

露明柱的柱糟朽高度较低时(一般为 20～30cm)，一般用短石柱墩接，直径应小于木柱径 10cm 左右，垫好扣在石墩表面包以 5cm 厚的木板，接缝处用铁箍打牢，因为高仅 20～30cm的木墩，顺纹受压容易劈裂。

（三）柱子糟朽中空的灌浆加固

木柱中空的现象是南方木结构建筑中常见的病情，大多数是被白蚂蚁蛀蚀的结果。过去只能以新木柱更换，因此要局部拆卸梁架，施工费用昂贵。20 世纪 70 年代初期，采用高分子材料灌注的方法，单根柱子计算比换木柱的费用要高几倍。但这种方法不需拆落梁架，整个施工费用比更换木柱要节约几倍，因此，这种方法得到普遍的重视和推广。操作程序如下：

（1）将要灌浆加固的柱子周围支撑牢固，以减除柱子的荷载。

（2）在柱的一面，开宽 10～15cm 的深槽于柱空处，自上到下开通，将柱内空处的糟朽部分剔除干净，以见到好木为止；并将柱内空处的木屑等杂物清除干净，如内有杂物，会影响灌注效果。

（3）柱身裂缝及孔洞需全部用环氧腻子封闭严实，以防灌注时浆液流淌。

（4）柱身孔洞堵封后开始配料灌浆，一般用自制的漏斗人工灌注，不加压力，自下而上分段灌注。先在最底部用槽口木条将已开的槽口堵严，高 0.5～1m，灌注浆液每次所用树脂为 3～4kg，灌注的高度以不超过 1m 为限，一次用量过大，热量增大影响质量。两次灌注时间应相隔在半小时以上，即需等待灌浆初步固化后再继续灌注。

（5）每灌完一段后再补配上段的槽口木条，用环氧树脂粘牢，等干燥后再进行灌浆。但需特别注意，灌浆后柱子表面不得留有浆液的污迹，若有污迹，需用丙酮或香蕉水（用酯类、酮类、醇类、醚类和芳香族化合物制成的液体，无色、透明、易挥发，有香蕉气味，可作为稀释剂）随时擦拭干净。

（6）灌浆材料配方。

307－2 不饱和聚酯树脂：100g。

过氧化环已酮苯（固化剂）：4g。

萘酸钴苯乙烯液（促进剂）：2～3g。

石英粉：100g。

（7）粘接槽口木条和勾缝、补漏洞所用环氧腻子配方质量比如下。

E－44 环氧树脂：100g。

二甲苯：10g。

二乙烯三胺：10g。

石英粉：适量。

（四）新换木柱

原来木柱由于种种原因或全部糟朽，或是下半部糟朽高度超过柱高的 1/4～1/3 以上，原木柱已不适于墩接时，则应允许更换新料，应该注意以下几点。

（1）柱子的形制，需严格按照原状制作，对于柱头卷杀和梭柱，在施工中应做出足尺样板，不能随意砍削。

（2）更换柱需选用干燥木料，材料应与原来用料尽可能一致，如后来维修时换成劣等材质，应按原来材质更换。墙内柱应预先做好防腐处理。

二、受弯构件的维修加固技术

古代木结构中的受弯构件主要包括梁、枋和檩(桁或桁)等构件。这些构件都是上部承受压力，下部承受拉力。由于荷载大或年久漏雨，局部糟朽，以致整体构件常常出现弯曲，劈裂或底部折断等现象。中国古建筑中的大梁，虽然多属简支梁，但又多是承受二处集中荷载的受弯构件。因而它的损毁因素比一般受均布荷载的简支梁更加复杂一些。常用的加固方法根据损坏情况的不同有以下几种。

(一) 大梁劈裂、弯垂的加固

大梁弯垂是常见的现象之一，依据有关建筑法令规定，按建筑物的文物价值和大梁所处的位置，对大梁弯垂尺度的限制也不一致，一般情况允许为梁长的1/250～1/100，超过1/100梁长的被视为危险构件，应考虑加固处理。重要的大梁一般限制在1/200左右。事实上，凡是弯垂严重的，一定带有劈裂现象出现。加固的技术措施按以下两种情况分别处理。

1. 弯垂的处理

大梁的弯垂在允许的范围内应视为正常现象。超过规定范围时，如果大梁无严重糟朽或劈裂现象时，一般在拆卸后反转放置，即将梁底面向上，用重物加压，经过一定时间(10～20天)一般可以压平，就被认为是可用构件。这里所说的“平”，即指弯垂在允许范围以内的尺度。事实上，这种情况下弯垂的梁，大多数在卸除梁上荷载时，常常是自动弹回一部分，经过加压后是可以恢复到允许范围以内的。经过反置加压后，如果仍不能恢复，只要大梁无严重裂缝或糟朽情况时，凡是重要构件，也不主张更换，在主要受力点支撑细钢柱以保持它的史证价值。同时对小的裂缝，局部进行粘接，糟朽处进行剔补。

2. 裂缝的处理

通常采用打箍的和(或)粘接的方法，梁侧面有裂缝时，一般打铁箍2或3道防止继续开裂，铁箍宽5～10cm，厚0.3～0.4cm。裂缝宽度超过0.5cm时，在打铁箍前应用旧木条嵌补严实，并用胶粘牢(图6-7)。

近些年也常用玻璃钢箍代替铁箍，主要材料为玻璃布，用不饱和聚酯树脂为粘接剂，它的优点是造价较低，用手糊法易于操作，可以表面做旧，最大优点是固化后收缩性较大(4%～6%)，解决了用铁箍不易卡牢的缺点。所用材料质量配比如下：不饱和聚酯树脂100g；过氧化环己酮苯4g；萘酸钴苯乙烯液1～2g。

所用玻璃布以无碱脱蜡无捻方格为宜，厚度为0.15～0.3mm。制作时应注意，先将玻璃布按需要宽度截成布条，两块布条接头时，需重叠10cm以上，操作时需注意不得留有气泡，以免影响质量。

裂缝宽且深时，在加铁箍前，可灌注高分子材料粘接加固，通常用环氧树脂灌注，先将裂缝外口用树脂腻子勾缝，防止出现漏浆，勾缝时需凹进表面约0.5cm，留待处理后最后表面做旧。每条缝应预留两个以上注浆孔，一般情况下用人工灌注，配方如下：E-44环氧树脂∶二乙烯三胺∶二甲苯＝100∶10∶10(质量比)。

勾缝用环氧腻子，在上述灌浆液中加适量的石英粉即可。

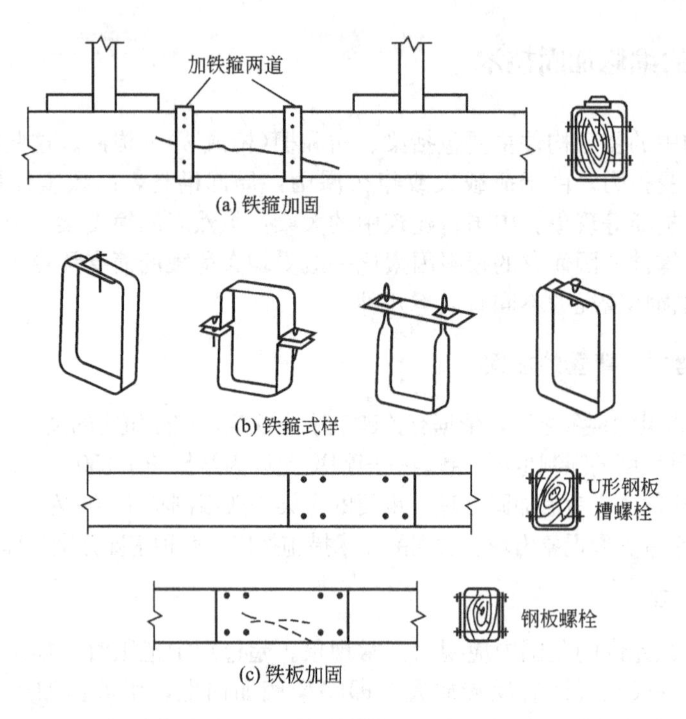

图 6-7　裂缝的处理

大梁底部断裂和局部糟朽的情况值得特别注意，这种情况说明大梁的承载能力随着断面减小而减少。对剩余的完整断面应进行力学计算，如超过允许应力 20%以上时，应考虑更换或加顶柱。经计算后剩余断面仍符合要求，可在大梁两侧先将断裂处粘牢或糟朽处剔补完，然后用钢板螺栓加固或用 U 形钢板槽螺栓加固。

(二) 额枋的加固

额枋弯垂、劈裂的处理与大梁相同。额枋的榫头常易因梁架歪闪拔出，甚至劈裂折断。若榫头完整，在维修中按原位安装后，一般在柱头上加拉扯铁活。劈裂、折断或糟朽时，只要额枋正身无严重劈裂，糟朽的部分可以考虑采取只换榫头的方法予以加固。

额枋的榫头为枋宽的 1/5～1/4，更换榫头时应先记录原构件的尺寸，然后将损毁的榫头锯掉，用硬杂木(榆、槐、柏等)按原尺寸、式样复制，后尾加长为榫头的 4～5 倍嵌入额枋内，用胶粘接牢后，用螺栓与额枋连接牢固。如不用螺栓，也可采用玻璃钢制作为新榫头代替，操作顺序如下(图 6-8)。

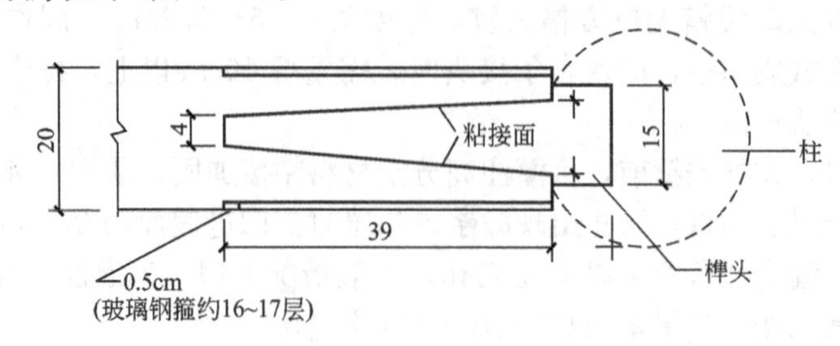

图 6-8　用玻璃钢制作榫头

先将糟朽劈裂榫头及其延伸部分去除，然后在额枋端部开卯口，长度需为榫的 4～5 倍。用一块干燥硬木心，按原榫头尺寸制成新榫头，然后将新榫头推入额枋的卯口内，用环氧树脂粘接牢固，最后将额枋开卯口处表皮破去 0.5～1.0cm，用玻璃布和不饱和聚酯树脂缠绕，固化后安装就位。用料配比见“大梁劈裂弯垂加固”。

在明代以前的木结构古建筑中，常常发现额枋断面小，压弯后不易调直或卸载后虽然恢复平直，但负重后仍有弯垂现象。这说明枋的断面主要是高度不足，遇到这情况时，可有两种加固方法。一种是在普拍枋为直榫的情况下，在普拍枋与额枋间加暗梢，并用胶粘合，使之成为拼合梁；另一种方法可在柱头处额枋底皮嵌入角钢，成为暗藏的雀替来增强额枋端部的抗剪力，并缩短了额枋的实际长度。角钢嵌入额枋底皮部分，需用玻璃钢箍缠绕隐蔽或将底皮砍薄，钉木板隐蔽。

(三) 承椽枋的加固

承椽枋最常见的损毁情况就是扭闪，主要原因是其受力情况。它本身是承托山面椽子或是下层檐的檐椽后尾的横向构件，原来的结构式样有以下三种(图 6-9)。

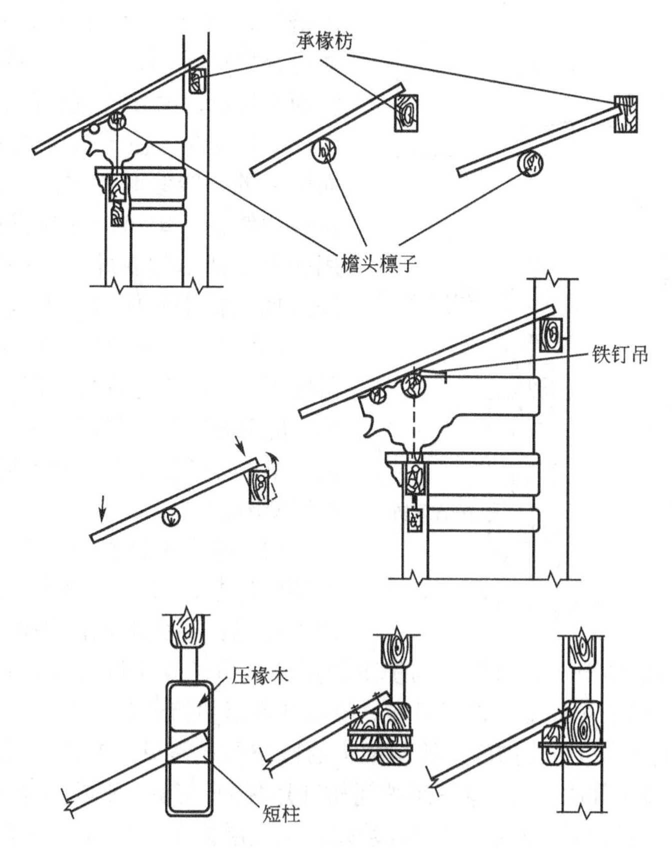

图 6-9 承椽枋的加固

(1) 椽尾搭在在椽枋上皮，出头超过枋子的里皮。

(2) 椽尾搭在承椽枋上皮不出头。

(3) 椽尾搭在承椽枋外侧的椽窝内。

这几种做法共同的弱点是：当檐头檩子发生向外滚动时，带动椽尾及承椽枋向外扭闪，第二、三两种情况的偏心受压较大，扭闪的可能性也就更大一些。承椽枋如果严重糟朽，可以更换新料，但通常情况多属扭闪带有劈裂，可先修补完整(方法同大梁)。为防止再次发生扭闪情况，应做防止扭闪的加固处理。

首先，应做防止檐头檩子滚动的处理，通常加铁钉吊，然后按不同结构情况对承椽枋采取加固措施。第一种式样时可在枋上皮增加一根压椽木，用铁箍、螺栓连接或在额枋和压椽木之间用短柱支顶，将椽子后尾夹在压椽木与承椽枋之间。第二、三种式样的结构，可在承椽枋的外侧，附加一根枋子，增大椽尾与枋木的接触面。以上这几种方法，经过几十年来各地施工的结果验证，效果是比较明显的。

(四) 檩子的加固

檩子的损毁情况，常见的有顶面糟朽、局部糟朽、拔榫、折断、劈裂和向外滚动等现象。通常采取修补、更换或在隐蔽处增加预防性构件(图 6－10)的方法。

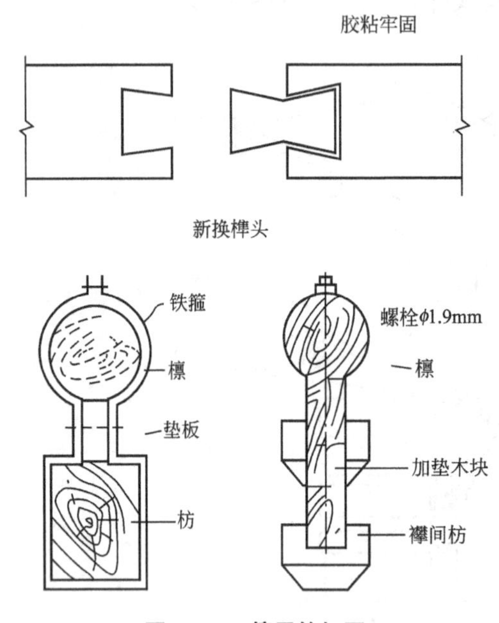

图 6－10 檩子的加固

(1) 上皮糟朽和局部糟朽。如果仅是上皮糟朽 2～5cm，只要剔除糟朽部分，按原尺寸钉补完整即可。对于局部糟朽，经过计算断面不足承重时，应更换新料。

(2) 拔榫。檩子拔榫主要是由梁架歪闪而引起的，维修时待梁架拨正或重新拆装归位后加铁锔子即可。如果仅是榫头折断，可用一个硬杂木的新榫头，一端做成银锭榫头嵌入檩端粘牢并加铁箍卡牢。

(3) 弯垂。超过檩长的 1/100 时，可先做翻转压平，如果弯垂程度仍不能达到 1/100 以内，应考虑更换新料，如果已减少到 1/100 以内，施工时可在檩上皮垫木板找平，旧檩仍可继续使用。

(4) 遇有特殊情况，经过力学计算，证明原构件断面尺寸不够大，此时可以从两方面来考虑：首先考虑减轻檩上荷载；如果不可能，在条件允许的情况下，将檩子与檩下的垫板、枋子等用铁箍或螺栓连为一个整体，变成复梁的形式。如果几种方法都不可能，最后才考虑更换新料。

(5) 檩子向外滚动的加固措施。檩与梁头的搭交形式常见的有以下几种：檩、垫、枋三件联用(或檩、垫两件联用)。檩下用襻间枋和用托脚。第一种圆檩置于梁头半圆槽内；第二种搭在枋上，梁头凹槽更浅，稳定性较差。当上层椽子受力后，在檩上产生向下的推力，促使檩向外滚动；第三种有托脚的，断面尺寸大的尚可挡住，断面小的作用不大。因而在修理过程中，为防止檩向外滚动，经常采取加固措施来加以预防。最简单的方法是在梁头上皮紧贴檩搭缝处，用楔形木块顶住檩头，并用铁条钉在梁头两侧。经验证明，这种做法并不理想，因为檩外所露梁头尺寸很小(一般长为半椽径)，楔形木块受力后常易滑脱。比较有效的方法是利用檩上的椽子作为加固构件，习惯上称为“拉杆椽”(详见本章

第一节整体木构架的加固)。

(五) 梁枋糟朽与更换

根据糟朽后所剩余完好木料的断面尺寸，进行力学计算，如仍能安全荷重，应进行修补。将糟朽部分剔除干净，边缘稍加规整，然后依照糟朽部位的形状用旧料钉补完整，胶粘牢固。钉补面积较大时外加 1 或 2 道铁箍。如原构件为贵重木料制成，如楠木，在钉补时更应严格要求，因为这种构件外部多无油饰或彩画。钉补木块的边缘应严实，表面要干净，不得有污点。事实上，这种钉补是一项非常细致而特殊的艺术加工。

糟朽严重，经过力学计算不能承担荷载时，可以更换新料，严格按照原来式样、尺寸制作。最好选用与旧构件相同树种的干燥木材。新砍伐的木材应经干燥处理后才能使用。制作时应注意以下几点。

(1) 榫卯式样、尺寸，除依照旧件外，并应核对与之搭接构件的榫卯，新制构件应尽量使搭交严密。

(2) 梁、枋断面四边抹楞的，应仔细测量其尺度。找出其砍制规律后，再进行制作。如为月梁，对其梁头上下弧线，需逐段进行测量以后，再进行制作。如原构件是用铁锛砍制的，则不要刨光，以保持原有建筑物的特征。

(3) 原构件为自然弯曲构件，如元代的斜梁，在选料时应特别注意寻找弯曲形状相似的树木，进行复制。

(4) 更换梁、枋，原则上应按照原制，用整根木料更换。如遇特大构件，木料不能解决而影响施工进度时，可以改用拼合梁，内部拼合处理可采用新结构的技术，但外轮廓及榫卯式样不得改变。如原构件为包镶做法，也不要无根据地用整料代替，应保持原来建筑的时代特征。

(六) 梁枋修配时的预安装

各种维修的梁、枋构件，在修补或更换的过程中，都需要随时与其相连接构件校核榫卯是否严实，尺寸是否相符。在安装前，修配构件较多时，一般要进行预安装，这是中国木结构施工的传统做法。实践证明，这是一项保证工程质量的必要工作。具做做法是，在施工现场的空地上将每缝梁架的大梁两端支垫平稳，按结构次序自下而上地进行实地安装。凡尺寸不符、榫卯不严的，应及时进行修改，然后拆卸保存以等待正式安装。如果是落架重新安装或新复原的梁架，预安装就是一道不可缺少的工序。

三、角梁的加固

通常的角梁部分包括老角梁与仔角梁一组两根构件。其结构有两种，第一种是仔角梁较长，后尾与老角梁尾合抱于檩子搭交处。第二种是仔角梁较短，后尾渐薄，附在老角梁的背上。由于角梁所处位置最易受风雨侵蚀，故常出现梁头糟朽、梁尾劈裂或糟朽折断等现象(图 6 - 11)。

1) 梁头糟朽

老角梁头糟朽不超过挑出长度的 1/5 时，可以将糟朽部分锯掉，用新料依照原有式样

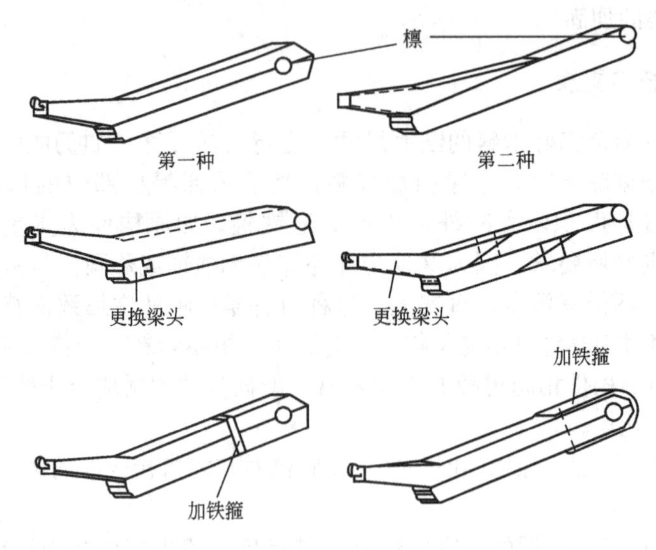

图 6-11　角梁的加固

更换，与原有构件刻榫粘接。如糟朽超过上述限度，应自糟朽处向上锯成斜口，更换的梁头后尾抹斜，与原构件搭交粘牢后，用螺栓或铁箍 2 或 3 道加固。属于第一种结构式样的仔角梁糟朽处理与此相同。属于第二种结构式样的仔角梁头糟朽时，通常需要整根更换。

2）梁尾劈裂

这种现象常见于第一种结构，因后尾与檩合抱，开卯口后所剩断面较小，常易劈裂。加固时，先将劈裂部分灌浆粘牢。安装时，在梁上加铁箍一道，以加强老角梁和仔角梁的连接；或在梁的尾部用钢板包住梁尾，延长至檩外皮，用螺栓贯穿老角梁与仔角梁。糟朽或折断的处理与大梁相同。

四、椽子的加固

椽子、飞椽、望板、连檐、瓦口等是木构架最上层的构件，因多受雨水直接侵蚀，维修中更换比例最大。在时代较早的木结构古建筑的维修中，连檐、瓦口大多数全部需要用一等红松照原尺寸更换。望板糟朽的比例也比较大，在此仅将椽与飞椽的维修技术介绍一下。

椽子中毁坏的情况多为糟朽劈裂和弯垂。通常以檐椽损坏较多。糟朽部分如在受力最大的支点上，一般需要更换；劈裂弯垂不严重的，一般应列为可用构件，予以适当粘接加固。椽尾劈裂不能钉钉的则需更换，换下的檐椽一般考虑改为花架椽或脑椽。弯垂不超过长度 2%的，应继续使用。

飞椽一般是椽尾折断或糟朽，凡椽尾长度小于正身两倍的，原则上应更换新料。

凡需更换新料的，应按原规制、尺寸，用干燥木材制作。椽子应用圆木（用方木截圆椽子，费工、费料，容易出现断裂）。飞椽需用一等红白松木，遇有卷杀、飞椽需按原椽制作。

重新铺钉时，应注意要新旧构件搭配铺钉。

第三节 斗拱的维修技术

木结构古建筑中，斗拱的构件多且小，结构复杂，易于变形，各构件互相搭交，剩余的有效断面仅为构件本身的1/3～1/2，因此，极易发生扭曲变形、榫头断裂、劈裂、糟朽，斗耳脱落，小斗滑脱等现象。

一、斗拱构件的加固

斗拱主要由斗、拱、昂、枋等构件组成，经常采用的维修方法如下(图6-12)。

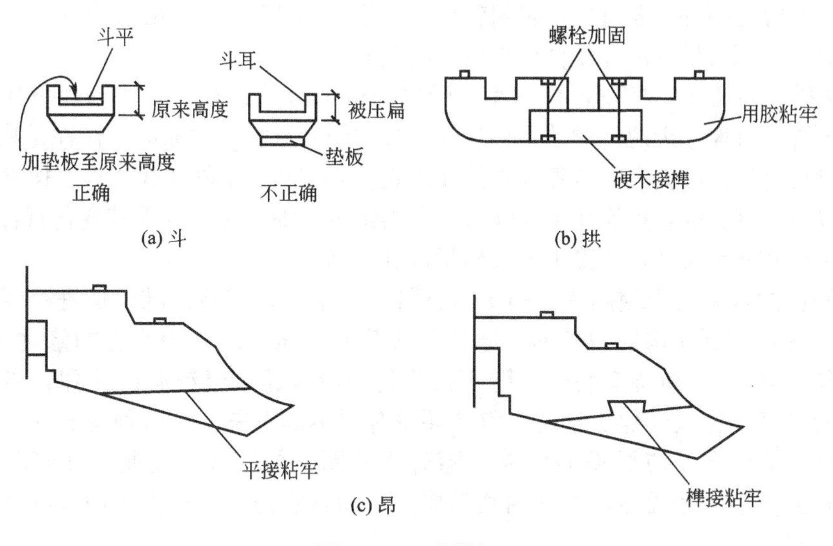

图6-12 斗拱加固

(1) 斗。劈裂为两半、断纹能对齐的，粘接后应该继续使用。断纹不能对齐的或严重糟朽的应更换。斗耳断落的，按原尺寸式样补配，粘牢钉固。斗“平”被压扁超过0.3cm的，可在斗口内用硬木薄板补齐(应注意补板的木纹与原构件一致)。在此限度以下的可不修补。有些地区在维修时，采用斗底垫板的方法恢复原来的高度。这种做法施工虽然简易，但严格地说改变了原来的制度。在可能条件下，最好不用。

(2) 拱。劈裂未断的可灌缝粘牢。左右扭曲不超过0.3cm的应继续使用；超过的，可更换。榫头断裂无糟朽现象的灌浆粘牢；糟朽严重的可锯掉后接榫，用干燥硬杂木依照原有榫头式样尺寸制作。长度应超出原有长度的2～4倍。两端与拱粘牢，并用直径1.2cm的螺栓加固。

(3) 昂。最常发生的是昂嘴断裂，甚至脱落。裂缝粘接与拱相同。昂嘴脱落时照原样用干燥硬杂木补配。与旧构件相接，平接或榫接。

(4) 正心枋、外拽枋、挑檐枋等。此类构件长度与面阔或进深相同。斜劈裂纹的，可在枋内用螺栓加固或灌缝粘牢。部分糟朽时，剔除糟朽部分后用木料钉补齐整。糟朽超过断面面积2/5以上或折断时应更换。

以上所述粘接材料皆指用环氧树脂高分子材料，配方同梁枋维修。

二、斗拱构件的更换

更换斗拱构件，首先应定出更换构件的标准式样和尺寸。斗拱构件按原来的设计意图，都有一定式样和尺寸的标准构件。事实上，调查证明，各攒斗拱中的相同构件并不完全一致。建筑时代越早，这种现象越显著，主要是由以下几种原因造成的。

（1）古代建筑中的木构件都是手工生产的，原设计虽有一定的标准，制作时经过划线、锯截、锛凿、开卯榫等工序后，不可避免地产生一些误差，构件大时不易察觉；构件小时，差异就比较明显。

（2）构件数量多时，所用木材的干湿程度很难一致，在逐步干燥过程中收缩程度不同。锯截时相等的构件，经过一段时间就会出现不同的结果。另外由于年久，干湿变化产生裂缝以后，与原来设计尺寸就会出现更大的差异。

（3）斗拱大多位于屋檐下，构件小，受风雨侵蚀容易损坏。后代修理更换的比例较多，大多数并没有像今天规定的“保存现状”或“恢复原状”的原则。往往是依据当时通用的式样进行补配。因而有的古建筑物的斗拱就保存有几个不同时代式样的构件。

由于以上这些原因，更换斗拱构件时，必须经过仔细研究，寻求其变化规律，定出更换构件的标准式样和尺寸，并做出足尺样板以利于施工。

更换构件的木料需用相同树种的干燥材料或旧木料，依照标准样板进行复制。根据实际经验，先做好更换构件的外形，榫卯部分暂时不做。对于中小型的修理工程（多为不拆落梁架和斗拱），留待安装时，随更换构件所处部位的情况临时开卯，以保证搭交严密。遇有落架大修或迁建工程时，整个斗拱都要拆卸下来。在这种情况下，修理时应一攒一攒地进行。凡是应更换的构件可随时比照原来位置进行复制，并随时安装在原位，以待正式安装。各攒斗拱之间的联系构件，如正心枋、外拽枋等构件的榫卯，应留待安装时制作。

斗拱构件修补和更换时，对其细部处理应特别慎重。例如，拱瓣、拱眼、昂嘴、斗凹、耍头和一些带有雕刻的翼形拱等，它们的时代特征非常明显，有时，细微的改变都会说明时代的不同。因此在复制此类构件时，不仅外轮廓需严格按照标准样板进行，细部纹样也要进行描绘，将画稿翻印在实物上进行精心地雕制，以保持它原来的式样和特征。

第四节 小木作的维修技术

小木作一般包括门、窗、天花、藻井、栏杆、楼梯以及佛道帐等，属于木工和雕刻工合作的结构。现将经常遇到的维修门、窗、天花的技术措施，简要介绍一下。

一、板门维修

板门是由多块厚木板拼装而成的，常因原来用料没有干透，年久，木料收缩出现裂缝，不严重时可用木条嵌缝，裂缝大时，应拆卸后重新拼装，增加一块木块，补齐原来尺度。外观比逐缝嵌木条的效果要好。

二、槅扇门、窗的维修

槅扇门、窗由于年久，常易发生变形，边挺抹头榫卯松脱。维修时一般应拆卸后重新组装，榫卯用胶粘牢。

边框局部糟朽的，应钉补完整；槅心损毁时，缺多少补多少，不要全部新换，尽量保留原构件，因为槅心大多为雕刻品，应尽量多地保留古代的艺术构件。

三、天花的维修

平闇是由支条组成小格式的天花，平闇板多为通长木板。井口天花是由支条组成大方格的天花，天花板是分块安装。两种天花共同常见的毛病是整体下陷。处理的技术措施是，首先在底部用木板托住，然后用千斤顶顶平，最后在上部用铁拉条吊装在梁架的梁枋上。

井口天花板残裂的，一般应钉补齐整，尽量以少换为宜，缺欠的部分按原尺寸补配。井口天花中经常出现的现象是支条折断，因为这些支条大多数不是整料，长度有一档、二档、三档之分。各档支条相接榫卯多不牢固，遇到这种情况，通常在交接处钉拉扯铁板，宽 5～7cm，厚约 0.3cm，剔槽卧于支条底皮(图 6－13)。

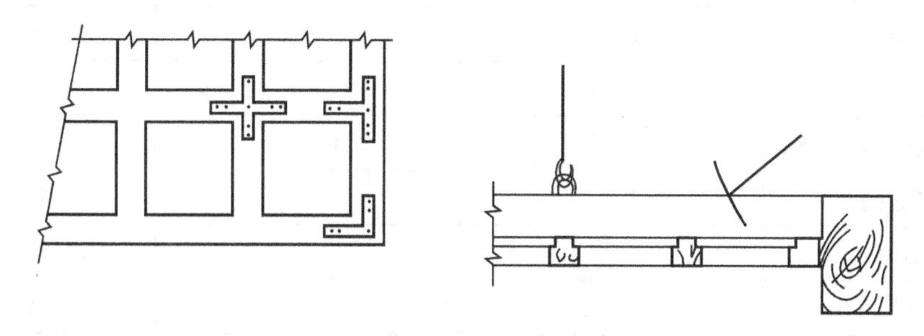

图 6－13　井口天花钉铁板

天花顶部多用帽儿梁吊起天花。施工中，常常发现帽儿梁长度不够，两端未能搭在梁架上，遇到这种情况应将帽儿梁用铁拉杆吊装在附近的大梁或檩上。

第五节　用于木材防火与防生物破坏的药剂

文物建筑木结构在不同程度上会受到生物(微生物如木腐菌、变色菌、真菌、细菌等；动物如蛀木甲虫、白蚁等)的破坏，也会遭到火灾的危险。因此，防火与防生物破坏成为文物建筑保护和修复的一个重要课题。

广泛使用的防火化合物有硫酸铵及磷酸铵，硼砂、硼酸及其混合物也具有良好的防火作用。下面列出以硼砂及硼酸为基础的、防火兼防腐蚀的溶液的配方(质量分数 w,%)，如表 6－1 所示。

表 6-1　以硼砂及硼酸为基础、防火兼防腐蚀的溶液的配方

质量分数 w/(%) \ 序号	1	2	3
磷酸氢铵	6	—	—
硫酸铵	14	—	17.5
磷酸氢钠	—	—	2.5
硼砂	—	10	—
硼酸	—	10	—
氟化钠	1.5	—	1.5
水	78.5	80	78.5

以硼化合物为主，与铬-铜防腐剂形成的组合物能渗入木材的深层，因而不易被水冲洗掉。下面列出的是以硼化合物、五氯酚钠、铬-铜盐为基材的防腐组合(以百分比计)，如表 6-2 所示。

表 6-2　以硼化物、五氯酚钠、铬-铜盐为基材的防腐组合

质量分数 w/(%) \ 序号	1	2	3
硼酸	25～40	30～40	25～40
硼砂	25～45	—	25～40
五氯酚钠	10～50	80～40	—
二铬酸钠	—	—	10～25
硫酸铜	—	—	10～25
醋酸	—	—	0.2～1.0
碳酸钠	—	30～45	—

铬-铜防腐剂对水的稳定性好，最好的是铬铜- 32。下面列出铬-铜防腐剂的组成(以百分比计)，如表 6-3 所示。

表 6-3　铬-铜防腐剂的组成

质量分数 w/(%) \ 种类	铬铜- 32	铬铜氯锌	铬铜铵	铬铜氟	铬铜硅
重铬酸钠	60	20	20	50	50
硫酸铜	40	10	10	30	40
氯化锌	—	70	—	—	—
硅氟酸铵	—	—	70	—	—

(续)

质量分数 w/(%) \ 种类	铬铜-32	铬铜氯锌	铬铜铵	铬铜氟	铬铜硅
氟化钠	—	—	—	20	—
硅氟酸钠	—	—	—	—	10

大多数防腐剂含有铬、铜、砷、锌等的盐，它们在木材中能形成对真菌和昆虫毒性很高的化合物，不溶于水，所以对人畜是安全的。下面列出这类防腐剂的组成(%)，如表 6-4所示。

表 6-4 防腐剂的组成

质量分数 w/(%) \ 序号	1	2	3	4	5	6	7
重铬酸钠	28	16.5	—	—	55.5	47.5	37.5
硫酸铜	28	—	41	10	33.3	50.0	—
硫酸锌	—	43.0	—	10	—	—	—
氧化砷	—	39.5	15.4	50	11.2	—	25
苛性钠	—	—	12.8	—	—	—	—
氢氧化铵	24	—	30.8	—	—	—	—
铬酸	—	—	—	30	—	2.5	—
氟化钠	—	—	—	—	—	—	25
二硝基酚	—	—	—	—	—	—	12.5
硼氟化铵	20	—	—	—	—	—	—

对木材可以采取保护和增强综合处理的组合，它们有的既可溶于水，也可溶于有机溶剂。建议用下列水溶性浸渍组合物(%)，如表 6-5 所示。

表 6-5 水溶性浸渍组合物

物　　质	质量分数 w/(%)
酚醇	90～95
硼酸	2～6
硼酸三羟乙基胺	1～4

上列各种药剂的配方是苏联和某些国家用过的，我们务需经过实验、研究和试用，取得好效果后再在工程上使用。

在木材防生物破坏方面，除参考文献 [24] 外，读者尚可参考下述文献。

(1) 陈允适．古建筑木结构与木质文物保护．北京：中国建筑工业出版社，2007.

(2) 黎小蓉．台湾地区文物建筑保护技术与实务．北京：清华大学出版社，2008.

第七章 一般砖石结构的损坏及修复

第一节 砌体材料耐久性能的破坏及维护

砖石结构是一种耐久的结构，但在一些不利的工作条件下，材料也会以不同的速度遭到破坏。如砖石砌体经常处于潮湿状态，并遭受多次冻融后，其破坏一般由表面开始，形成抹灰层脱落，砌体表面麻面、起皮、起鼓、粉化、剥落等。材料破坏逐渐向内部发展，粉化和剥落的深度不断增加，也可造成内部材料的变质、酥化，强度降低。砌体材料丧失耐久性而破坏，会影响建筑物的使用、安全和寿命。

防止砌体材料耐久性能的破坏，对于保证建筑物的正常使用、安全和延长其使用年限具有重要的意义。砖石结构的修缮，应以预防为主，首先，从认真保证砌体材料耐久性能的维护和管理做起。

(一) 砖石砌体的防潮维护

砖石砌体，尤其是砖墙的防潮维护对建筑寿命有很大影响，其防潮维护要点为：

(1) 对于热工性能不足的外墙，在其檐口等部位采取加厚或其他保温措施，以消除内墙、天棚顶面的“结露”、“挂霜”现象。

(2) 对于湿度较高或者经常用水的房间，应加强对防水抹灰层、下水道的维护，防止水分浸入砌体。

(3) 禁止随意在墙上开洞直接排放下水、热水、蒸汽，以防侵蚀墙面。

砌体的风化是在自然条件下由多种破坏作用形成的综合现象。为降低砌体风化的速度，可采取防潮、防冻措施，或在砌体表面采取抹灰、沥青覆面等维护措施。

从砌体材料耐久性破坏的开始即应加强观测和监视，查明原因，及时采取措施。

砌体材料破坏的检查，一般情况下用目测的方法进行，观测并记录砌块、灰缝、抹灰层的破坏的深度、特征和分布；记录砌体裂缝和变形的形状、位置和尺寸；用手锤和钢钎开凿砌体，检查内部是否酥化、粉化，估测砌体内部强度等。必要时，用物理或化学分析测定砌块和灰浆的强度等级、周围环境的酸碱浓度等。在检查的同时，应根据破坏的特征和具体条件分析破坏的成因。

(4) 经常保持室外场地的标高、平整和排水通畅。

(5) 保持屋面排水系统的正常工作，防止屋面降雨沿墙皮外溢(习惯称“尿墙”)。

(二) 砖石砌体的化学腐蚀

砖石砌体的化学腐蚀存在于自然界，但危害较大的是生产和使用腐蚀性化学品的工厂。对砌体有害的腐蚀介质有酸、碱和某些盐类等，这些腐蚀性介质在生产过程中发生

"跑、冒、滴、漏"而溢散出来，渗入砌体，腐蚀建筑结构。不同的砌体材料对腐蚀介质的抵抗能力不同。黏土砖和水泥砂浆在酸碱侵蚀下都产生腐蚀现象。沉积岩如石灰岩、泥灰岩、白垩和白云石具有一定的耐碱性，而耐酸性较差；火成岩如花岗岩、辉绿岩等，可以抵抗各种酸以及弱碱的侵蚀。

建筑结构修缮，对砖石砌体的腐蚀应抓住"预防"、"设防"和腐蚀后的及时修复等环节。根据腐蚀物质的特性和作用情况，正确地设置砌体的防腐面层并对其及时维护。

砌体材料破坏会影响到结构受力安全。材料破坏严重时，应做强度评定从而决定其处理方案。在其修理或加固的同时，应针对产生破坏的外部条件采取有效的预防措施，防止砌体材料再次遭到破坏。

第二节　砌体的裂缝

砖石砌体裂缝是常见的一种缺陷。裂缝对建筑物的影响是多方面的：在使用方面，它影响到美观和安全感，引起透风、漏雨和损害其他使用要求；对于建筑结构本身，裂缝使砌体整体性受到破坏，降低结构的强度、刚度和稳定性，而在风、雨和温度变化等外界条件下，裂缝加快了砌体材料的破坏。

砖石砌体产生裂缝后，应加以观测、监视，直至裂缝发展稳定为止。

分析砌体裂缝，应查明产生的原因(例地基基础沉降、温度应变和荷载作用等)，分析其不利影响，然后才能正确决定其处理方法。实践中，大量遇到的裂缝是沉降裂缝和温度裂缝，它们的产生与结构受力的安全度无关，但在裂缝产生后会不同程度地影响结构的受力和整体性。荷载裂缝的产生标志着砌体安全度不足。

一、沉降裂缝

沉降裂缝是砌体最常见的一种裂缝。沉降裂缝可由地基基础沉降和砌体灰缝沉降引起。基础的不均匀沉降，改变了砌体下支承反力的分布，在砌体内产生新的附加内力。砖石砌体抗压强度较大，但抗拉强度及抗剪强度较小，因而通常在拉应力或剪切应力作用下产生裂缝。地基不均匀沉降引起裂缝，本质上虽然也是强度破坏，但是它和荷载作用下产生的强度裂缝有很大的区别：荷载作用产生的强度裂缝的位置完全与受力相对应，而沉降裂缝的产生和发展则取决于地基基础沉降曲线的形式和砌体的整体性。

砌体沉降裂缝与基础沉降曲线形式的关系如下。

(1) 当地基沉降曲线为水平线时，如图 7-1(a)所示，沉降为均匀沉降，基础上各点沉降值都相同，不论沉降数值大小，并不产生附加内力，因而并不能使砌体产生裂缝。

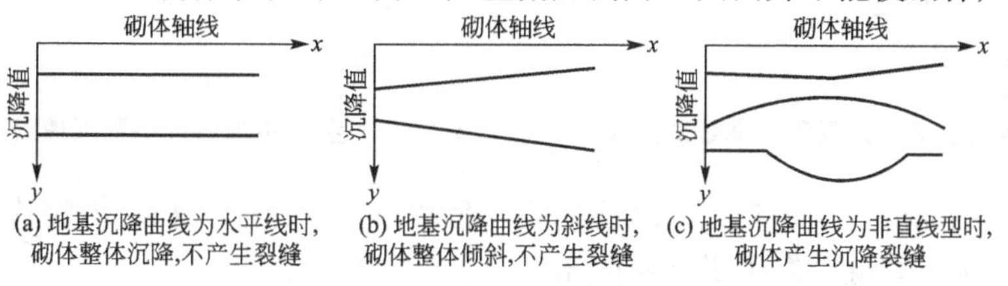

(a) 地基沉降曲线为水平线时，砌体整体沉降，不产生裂缝　(b) 地基沉降曲线为斜线时，砌体整体倾斜，不产生裂缝　(c) 地基沉降曲线为非直线型时，砌体产生沉降裂缝

图 7-1　沉降曲线形式与砌体裂缝关系

(2) 当地基沉降曲线为斜线时，如图 7-1(b)所示，砌体底面仍然保持了原有的平面。因而砌体只产生整体的歪斜，并不产生裂缝。

(3) 当地基沉降曲线为非直线型时，如图 7-1(c)所示，砌体底面不再保持原有的平面，砌体内产生的附加内力增大到一定程度时，通常在抗拉面、抗剪面上开裂，裂缝的具体位置与门洞、窗洞过梁等削减或增强砌体刚度的构造有关。

基础沉降产生的砌体裂缝有斜向裂缝、垂直裂缝和水平裂缝三种。

斜向裂缝最为普遍，它是由剪切内力作用形成的，裂缝具有倾斜方向，倾斜角度常为45°。裂缝从砌体沉降曲线不能保持原有直线的位置开始，向着沉陷较大的一面升高。砌体内有门窗孔洞削弱时，倾斜裂缝的起点、终点和方向受到变形的影响而略有变化。均匀砌体内典形斜向剪切裂缝的位置与地基沉降曲线对应关系如图 7-2 所示。

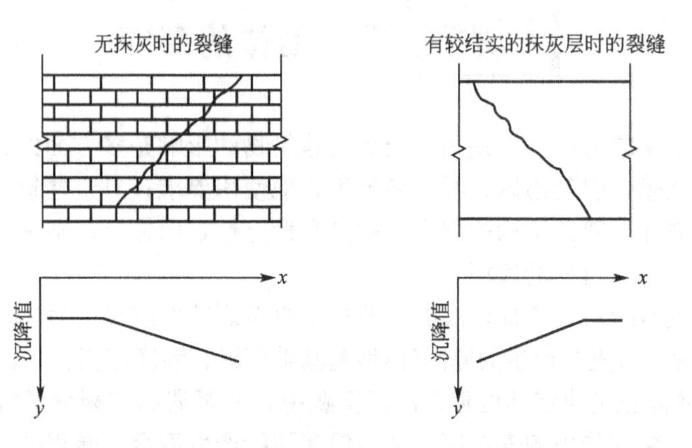

图 7-2　斜向剪切裂缝的位置与地基沉降曲线对应关系示意图

某建筑的纵墙与山墙左侧部分均建造在一个废弃的钢筋混凝土桥墩上，可以认为没有沉降，而墙的右侧部分均建筑在河滩上，地基具有较大的沉降。在该例中，地基沉降曲线是非直线形的，砖墙上的裂缝与地基沉降曲线对应关系如图 7-3 和图 7-4 所示。

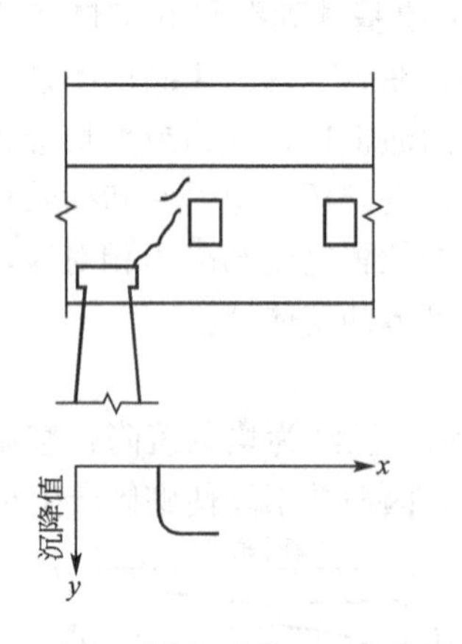

图 7-3　斜向裂缝与地基沉降曲线对应图

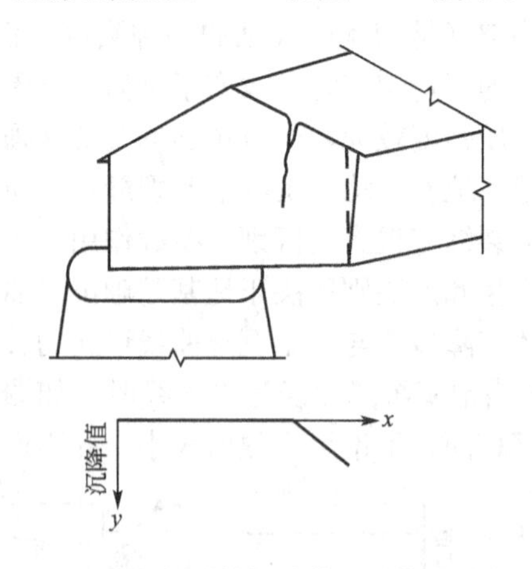

图 7-4　竖起裂缝与地基沉降曲线对应图

基础沉降的原因有：地基土压缩性不同，荷载分布差异过大和砌体构造处理不当等。因此，砖石砌体的裂缝常发生于下列情况：

(1) 地基土的压缩性有明显的差异处，尤其是存在着局部软弱地基时。

(2) 分批建造房屋新旧交接处。

(3) 建筑物的高度差异，或荷载差异较大处。

(4) 建筑结构或基础类型不同处。

(5) 建筑平面的转角部位。

(6) 建筑物使用维护不当，如地面大量堆集材料，地表水大量浸入地基等。

【实例 7-1】 某厂食堂建造在填土层上，砖墙围护，砖柱承重。建成后不久地基显著不均匀沉降，导致结构严重裂缝、倾斜和局部破损，被迫停止使用，决定等待沉降稳定后处理。

一年半后观测资料表明沉降已趋于稳定，结构裂缝不再发展，地基和基础经鉴定可不予加固。对于墙体，根据砖结构裂缝、倾斜和破损程度的不同分别进行了处理。

砖墙一般的裂缝并不严重，但分布较广，采用了压浆修补。

对于裂缝较严重的承重砖柱和砖壁柱，采取加大断面方法加固，以恢复砖柱承载能力。加固方法是在原砖柱断面上每边增砌半砖，增砌部分每 5 行放直径为 6mm 钢筋一层。

个别砖壁柱已达破损阶段，倾斜与裂缝严重，要拆除重砌。在拆除前，应搭设脚手架支撑其上部荷重。

有个别墙面向外倾斜达 4cm，在外部增设砖墩支撑(俗称卧牛)，以保证砖墙稳定。

经过上述处理后，结构使用情况良好。

【实例 7-2】 黑龙江省某厂主厂房扩建端山墙，高度为 34m，钢结构，2 砖厚砖墙填充。砖墙设计为夏季施工，实际是在冬季采用冻结法施工。

次年春天解冻期来临后，该墙与旧墙交接处出现了裂缝，裂缝贯穿于整个山墙。裂缝产生后，发展速度很快，上午尚完好，下午发现时，已发展到 3mm 宽度。采取了日夜严密监视的措施，裂缝发展速度迅速减低，一周后已经稳定。

因为裂缝已经稳定，结构是由钢结构来承重，该墙裂缝未做任何处理。近十年来裂缝未见发展。

二、温度裂缝

结构在温度变化时，伸长或缩短的变形值(ΔL)与长度、温差和材料种类有关，它可以表示为

$$\Delta L=L(t_2-t_1)\alpha \tag{7-1}$$

式中，L—砌体长度；(t_2-t_1)—温度差；α—砌体材料的膨胀系数，对于红砖来说 $\alpha=0.5\times10^{-5}$；对于混凝土来说 $\alpha=1.0\times10^{-5}$。

结构的温度变形受到约束时，产生温度应力可导致砌体的开裂。

钢筋混凝土屋盖的温度变形和屋盖下墙体的温度变形的差异往往引起墙体的开裂，如内、外墙和横墙端部的斜裂缝，以及沿屋盖支承面墙体上水平裂缝等。

当建筑物很长又未按规定设置伸缩缝时，墙壁在寒冷季节缩短，而地基基础变化不大，会引起墙角垂直线向内倾斜，易在门窗洞口的角部发生斜裂缝，如图 7-5 所示；或

者在檐口下发生垂直裂缝，如图 7－6 所示。

图 7－5　砌体冷缩变形受地基约束时的裂缝

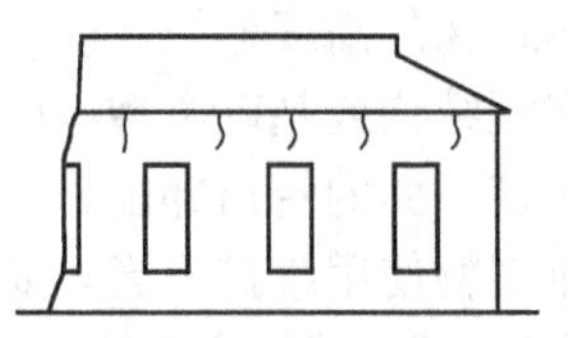

图 7－6　砌体冷缩变形引起檐口下的裂缝

砖石砌体不均匀受热温差较大时也容易引起裂缝。砖砌烟囱的内外温差较大，在热工性能不足时，外壁在水平受温度应力作用下可产生垂直裂缝，如图 7－7(a)所示。一般民用住宅的烟囱通常和墙体一起砌筑，由于反复的膨胀和收缩，易产生垂直裂缝，如图 7－7(b)、(c)所示。

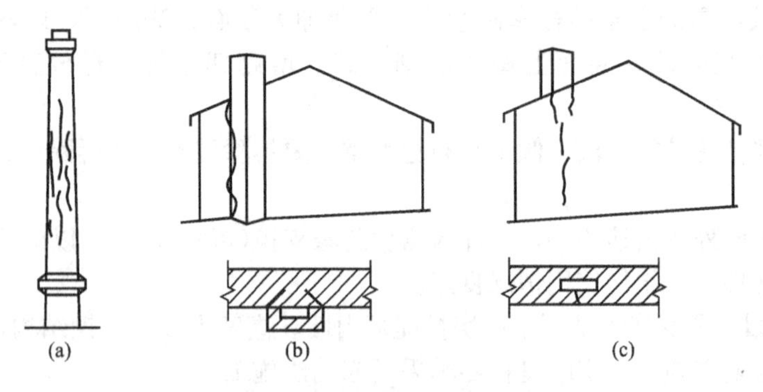

图 7－7　烟囱的温度裂缝

砖石砌体温度裂缝影响建筑的使用、耐久性，削弱了砌体的承载力和整体性。

砌体温度裂缝的修缮和处理应在观察裂缝的发展速度、分析裂缝对砌体危害的基础上，考虑可能性与经济合理性采取措施。一种措施是改善热工构造，防止裂缝继续发展；另一种措施是对砌体裂缝本身的处理，如嵌缝填补、砌体加固等。

【实例 7－3】　某厂砖砌烟囱高 35m，圆形，1958 年建成。底部壁厚为 2 砖半，顶部壁厚为 1 砖。烟囱下部砌有内衬。

1959 年烟囱外壁中部发现竖直裂缝，长约 6m，宽约 3mm。该裂缝位于壁厚减小又无内衬的标高上，它是烟囱内外温差形成的温度裂缝。为此，增设了扁铁制水平钢箍，沿烟囱竖向每 2m 一道，扁铁断面 60mm×5mm。但是该钢箍接头做法不当，当烟囱受热膨胀时，接头随之被拉开，而使钢箍失去紧箍作用。

1963 年烟囱顶部、中部、下部分别发现新的裂缝，处理如下：

烟囱顶部圈梁断裂，竖向裂缝 3 条，长 5m，宽 3mm。处理方法是将烟囱顶部 1.5m 高范围内拆除重砌，重做圈梁，并将断面及配筋增大。

对于烟囱中部发现的竖向裂缝，增加 3 道钢箍，每道长 3m，宽 1.5mm。处理时将上次加固的钢箍重新上紧，并改善接头构造使其不再变形。同时增设新的钢箍，使钢箍间距减为 1m，并使钢箍的接头沿烟囱圆周均匀分布。

烟囱下部发生水平裂缝 5 道，长 0.5m，宽 2mm；竖向裂缝 3 条，长 5m，宽 3mm。其产生原因是烟道及出灰口处的内衬与外壁之间未留空隙，内衬受热膨胀时挤压外壁。处理方法是将内衬与外壁分离开来，并在烟囱底部高度 5m 范围内加设 8cm 厚钢筋混凝土套箍加固。

宽度大于 2.5mm 的所有裂缝均用水泥砂浆嵌实。加固以后未发现问题。

三、超载裂缝

砌体出现超载裂缝的原因有多种：有的是由于对承担的荷载考虑不周，造成砌体局部应力超限；有的是由于块材、砂浆等材质不良或砌筑质量差而降低了砌体强度；有的是由于使用单位任意吊挂重物，或任意改变使用性质，增加荷载，或随意开墙凿洞，削弱了砌体的截面积；有的则是结构构造有缺陷，如漏设梁垫或梁垫面积不够等。超载裂缝一般均直接影响砌体结构的安全，应当查明实际荷载和受力状态、砌体的有效截面以及实际强度等资料，据以进行力学核算后，加以鉴定，并及时采取加固措施。

(一) 超载裂缝的形态和特征

1. 墙、柱砌体的超载裂缝

墙、柱砌体因抗压强度或局部抗压强度不足而产生超载裂缝。一般，在大梁底部或下部墙、柱面或窗间墙上出现贯通几皮砖的竖直裂缝，如图 7－8 所示。如荷载继续增加，裂缝将继续向长、宽方向发展，最后导致砌体压碎或失稳而破坏。

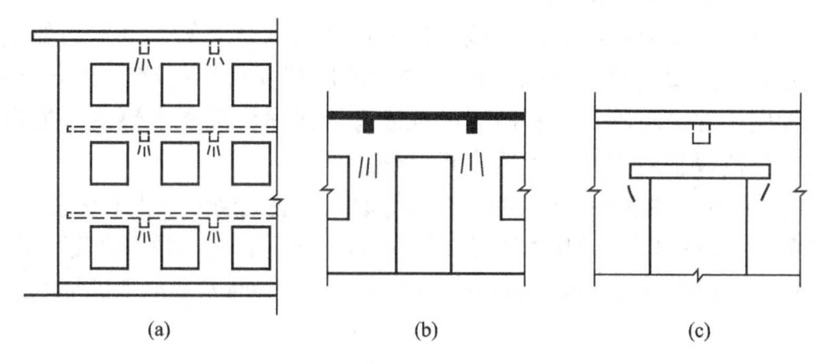

图 7－8　砌体抗压强度不足裂缝图

2. 砖过梁的超载裂缝

当砖过梁上的荷载超过设计荷载并不断增大，跨中垂直截面的拉应力或支座斜截面的主拉应力超过砌体的抗拉极限强度时，将先后在跨中受拉区出现竖向裂缝，在靠近支座处出现近于 45°的阶梯形斜裂缝。钢筋砖过梁下部的拉力将由钢筋承担；砖砌平拱，由两端砌体提供推力来平衡，如图 7－9 所示。这时过梁类似三铰拱进行工作。如荷载继续增加时，可导致三种破坏：

(1) 过梁跨中截面抗弯强度不足而破坏。

(2) 过梁支座附近抗剪强度不足，阶梯形斜裂缝不断扩大而破坏。

(3) 过梁支座处灰缝抗剪强度不足，发生支座滑动而破坏。

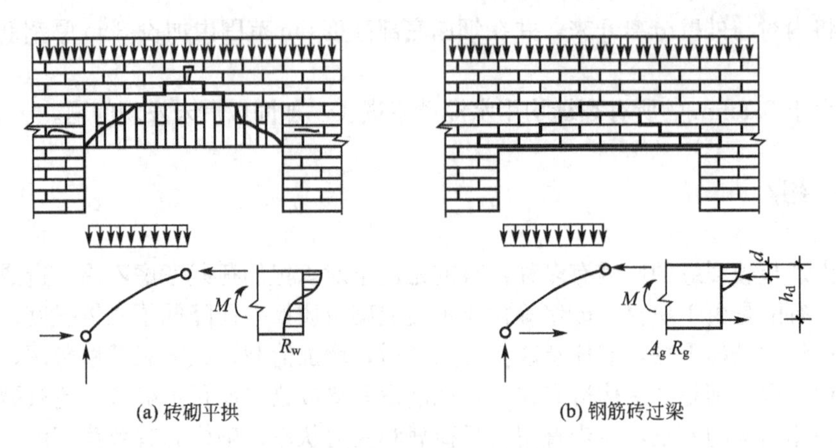

(a) 砖砌平拱　　(b) 钢筋砖过梁

图 7-9　砖过梁超载裂缝图

(二) 超载裂缝的预防和稳定措施

一般应从消除超载因素或加强砌体强度等方面采取措施。

由于违章堆积重物、吊挂重物等原因造成砌体超载，则应搬除超载物件，然后对砌体裂缝进行修理。由于生产发展或建筑物使用情况改变，将造成荷重超载，应预先对砌体和结构进行部分或全部补强改造，以适应新的需要。对于已经发生的超载裂缝，应根据力学核算，进行加固或采取必要的减载等措施。

钢筋混凝土梁、屋架或挑梁底面与墙、柱支承处的砌体下部，由于局部应力较大，有时梁底又未设置混凝土垫块等，使砌体产生较大的压缩变形和裂缝。对于这类超载裂缝，一般应做局部拆砌，提高新砌筑砖和砂浆的强度等级或增设混凝土垫块，加强或扩散局部应力。施工时应先搭设临时支撑，然后进行修理工作。

如砖砌体接槎不好，砂浆的强度等级不合格等原因，造成砌体不能承受设计荷载而引起裂缝。对于这种情况，应认真查明砌体实际强度，可取样试压，然后根据强度计算允许承载值；一般应降低建筑物的使用荷载；若不能降低使用荷载，则对砌体进行必要的加固或拆砌。

四、振动裂缝

(一) 振动裂缝产生的原因

振动，就是物体在某种状态下随着时间变化而做的往复或旋转运动。由于机械工业的发展，在工业厂房中，各类动力机械大幅度地增加，主要有以下几种。

(1) 有固定周期的低频率动力机械，如曲柄连杆机械，破碎、压延设备等。这类机械工作时产生周期不均匀的扰力。

(2) 有固定周期的高频动力机械，如汽轮发电机、汽轮鼓风机等。这类机械由于安装精度要求高，要求基础振幅很小，所以对建筑物振动影响不大。

(3) 安装在楼板上的动力机械，如皮带混合机、筛分机、鼓风机等。这类机械可直接引起相邻的墙柱的振动。

(4) 厂房内吊车行驶，轮压也能直接引起厂房结构的振动。

另外，还有公路、铁路运输时所造成的非节奏性振动，风力、冲击、大爆破等引起的振动。例如，某厂破碎车间撞锤(6～10t 以上)的冲击动力，造成临近地基不均匀沉降，从而使墙面裂缝。

动力机械周期性不均匀的扰力对基础产生强迫振动，引起地基土壤的振动，因而在土壤内产生弹性波。这种弹性波一般分为纵波(因法向应力使土壤体积相对变化所产生的波，也称膨胀波)、横波(因切向应力使土壤形状改变所产生的波，也称畸变波)和表面波(也称瑞利波)。纵波和横波是远离土壤表面处传播的振动波，而表面波是在有一定深度的土壤表面传播的振动波。波的作用效应取决于波的单位能量，与振源的距离平方成正比地减少。建筑结构产生振动，主要取决于表面波振幅的垂直分量和水平分量。

(二) 振动裂缝的形态和特征

砖砌体因振动影响过大而产生振动裂缝的特征，大多呈现规则形状，在砖砌体的薄弱部位或应力集中的开口处(如门窗角)开裂。多层砖房墙体由于地震的强烈振动，常出现斜裂缝或交叉裂缝，如图 7－10 所示，即地表向左运动时，楼板产生向右作用的振动力，在砌体中引起主拉应力，若此时墙体主拉应力超过抗拉强度，就会在垂直于主拉应力方向出现裂缝，墙的半中高是主拉应力最大点，故斜裂缝就从此点开始向对角线两端延伸；当地震力引起相反方向运动时，即当地表向右运动时，可产生另一斜裂缝；两者组成交叉裂缝。在纵、横墙交接处可产生竖直裂缝，沿墙的长度方向可产生水平裂缝，在墙角和墙体还会产生崩塌和压酥等现象。

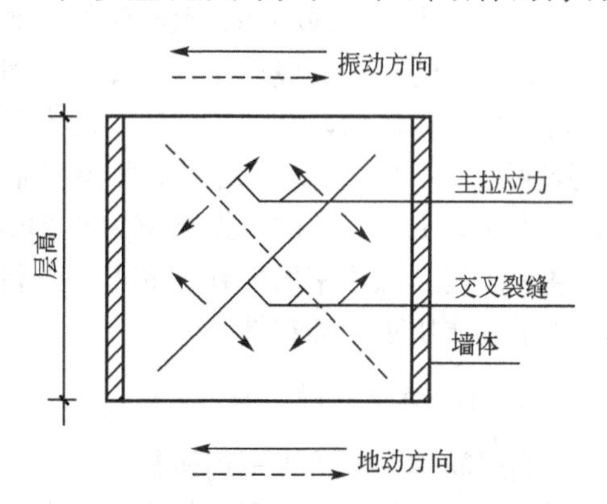

图 7－10　地表运动时砖墙内交叉裂缝示意图

在各种振动速度下，造成砖砌体房屋的破坏状况如表 7－1 所示。

表 7－1　各种振动速度下砖砌体房屋的破坏状况

破坏状况	振动速度/(cm/s)	
	①	②
抹灰中有细裂缝，掉白灰，裂缝有发展，掉小块粉灰	0.75～1.5	1.5～3.0
抹灰中有裂缝，抹灰成块掉落，砖和砖之间有裂缝	1.5～6	3～6
抹灰中有裂缝相关破坏，墙上有裂缝，砖间联系破坏	6～25	6～12
墙壁中形成大裂缝，抹灰大量破坏，砌体分离	25～37	12～24
建筑物严重破坏，构件联系破坏和支承墙间有裂缝，屋檐、墙可能倒塌	37～60	24～28

(三) 振动裂缝的预防和稳定措施

预防、稳定振动裂缝，主要是消除或减弱产生振动裂缝的因素。

1. 设置隔振器并及时加强对隔振器的维修

隔振器是一种比较经济和实用的消振装置，一般设置在动力机械和支承结构之间，以吸收机械冲击和振动的大部分能量，使传到支承结构上的动力只有很小一部分，如锻锤机械采用隔振器后效果较好。低频率振动机械，常用钢制弹簧、液压减振器等作为隔振器。高频率机械振动，采用半弹性体，如橡皮、毛毡、软木、玻璃纤维等做成衬垫。要及时加强对隔振器的维修，保持其正常的工作条件，对损坏或失效者应及时更换或维修；特别是半弹性材料会随时间的延长而弹性减弱，以至失去减振作用，故应有计划停止使用机械，及时更换此类减振器，以防其失效。

2. 改变结构刚度，消除共振现象

当机械振动时，对承重结构产生强迫振动，对其形成干扰力频率，但建筑结构本身也有一个固有振动频率，或称自振频率(也称自由振动频率)。当干扰力频率和自振频率相等或接近时，即发生共振。长期的共振会导致构件(或系统)疲劳(频率造成疲劳)和过大的变形(振幅产生冲击)而损坏。

一般说来，自振频率大致与结构构件的刚度平方根成正比，和其跨度的平方成反比，并和其质量的平方根成反比。因此，一般采取增大结构刚度、缩短结构跨度等方法增大结构自振频率。例如，某厂房安装了两台卧式空气压缩机，在试车时即发现屋盖与机械每隔8分钟发生一次共振，厂房的摇摆幅度显著增大，墙的振幅下小上大。经核算，机械振动频率为6.3Hz，厂房的自振频率为6.2Hz，因而发生共振现象。后经增加梁柱，加强厂房刚度，使其自振频率增加到7.9Hz，与机械振动频率相差25.4%，从而消除了共振现象，防止了砌体出现振动裂缝。

3. 消除负荷的动力作用

利用简单的方法去平衡机械惯性力，如将曲柄连杆机械成对装置；在情况许可时，对楼板上的机械做适当排列，如将竖直方向运动的机械置于结构支承附近；将水平方向运动的机械置于梁的跨度中央，使机械干扰力沿着梁的轴线作用；对于失常的机械，要及时进行检修等。

五、筒拱结构裂缝

筒拱砌体结构不同于一般墙、柱砌体结构，它在拱脚既承受垂直压力，又承受较大的水平推力。即使拱脚产生较小的水平位移，也会明显地改变拱的轴线位置，从而改变拱的受力状态。当拱脚水平位移较大时，会使拱砌体以及和拱体相连的墙体产生裂缝。此外，地基不均匀沉降、温度变化、振动和施工质量等影响，也常易造成拱砌体出现裂缝。

1959—1962年，中国在各地大量推广了砖拱建筑，建造了大量用砖拱结构的屋盖和楼板的生产、生活房屋。其中有一部分经过一定时间的使用后，砖拱结构产生了一些裂缝。这类裂缝主要分为拱砌体外纵墙上的裂缝和主拱砌体上的裂缝两类。

(一) 拱砌体外纵墙上的裂缝

1. 纵墙裂缝的特征

在砖拱结构砌体的纵墙上，常有斜向裂缝和竖向裂缝两种，一般产生在纵墙门窗洞削弱的断面上。如属多层砖拱建筑物，则上层的裂缝宽且大，下层较小。裂缝通常开始出现在房屋端部抵抗拱水平推力结构相邻的第一、二间的窗口，如图 7－11 所示。离抗推结构越远，砌体上裂缝越小，甚至消失。有时在抗推结构与纵墙交接处，也常有裂缝。

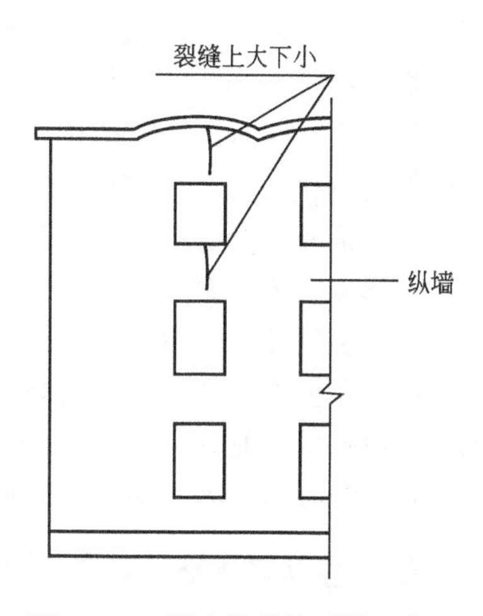

图 7－11　拱砌体纵墙裂缝示意图

2. 纵墙产生裂缝的原因

在砖拱建筑结构中，抗推结构类似竖向悬臂构件，并与内外纵墙砌筑在一起，形成一个整体。虽然抗推结构具有较大的刚度，但部分砖砌体结构在拱趾推力作用下，仍将产生一定位移，如图 7－12 所示。再加上基底压力的不均匀分布，也会形成抗推结构的外倾，从而增加了上部的位移值。表 7－2 为常见民用房屋砌体抗推结构的顶部变形值。

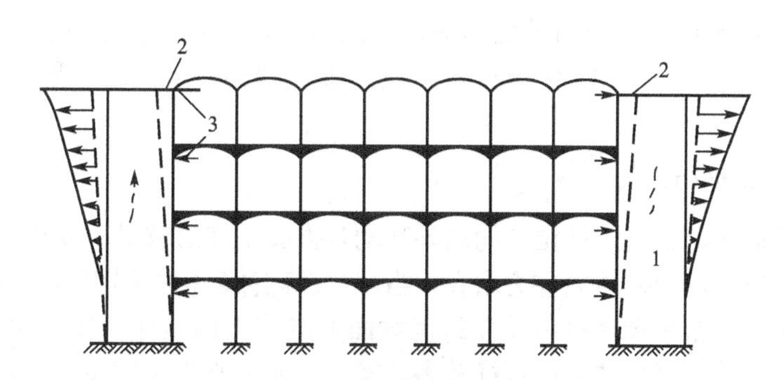

图 7－12　砖拱结构位移图

1—竖向悬壁结构；2—水平位移；3—拱趾推力

表 7－2　砌体抗推结构的顶部位变形值 Δ

层　数	拉梁伸入间数	ΔM/m	ΔQ/m	$\sum \Delta$/mm
平房	2	0.073	0.610	0.683
二层	2	0.590	1.740	2.330
三层	2	2.190	3.220	5.410
	3	0.813	2.045	3.058
四层	3	1.605	3.330	4.935

注：1. ΔM，ΔQ 分别为圈梁抗推结构在拱趾水平推力作用下，由于弯曲及剪切产生的变形值。

2. 本表摘自新疆生产建设兵团农业建设第一师勘测设计院的《砖拱建筑的设计与施工》（1962 年 12 月）。

由于纵墙与抗推结构砌筑在一起，当抗推结构产生水平位移时，将立即导致纵墙上的拉伸变形，从而在纵墙内产生附加的拉伸应力，当其大于墙体的抗拉强度时，纵墙内即产生竖向或斜向裂缝。在贴近抗推结构的纵墙上产生裂缝后，将部分地抵消抗推结构传来的变形总量；因此随着离抗推结构距离的增大，纵墙上的裂缝将逐渐减轻或消失。

综上所述，砖拱结构纵墙上裂缝的一般情况是：

(1) 纵墙裂缝与抗推结构的刚度直接有关，刚度大者裂缝不发生或较少发生；反之，抗推结构刚度不足，裂缝就发生较多或较严重。

(2) 纵墙上裂缝的严重程度多与裂缝离抗推结构的距离有关，距离近者严重，远者轻微，更远者可不出现裂缝。

(3) 多层砖拱房屋纵墙砌体上层的裂缝常较大，下层的裂缝较小、较少。

(4) 凡土质坚硬、地耐力高、压缩性小的地基，对裂缝影响小；而土质松软、地耐力低、压缩性大的地基，对裂缝影响较大，裂缝较严重。

(5) 纵墙裂缝大多沿砌体的齿缝砂浆开裂，砖砌体断裂的情况不多见。

(二) 主拱砌体上的裂缝

1. 主拱裂缝的特征

主拱裂缝主要有垂于拱跨的纵缝和平行于拱跨的顺缝两种，个别情况下，还有斜向裂缝，如图 7－13 所示。一般纵缝较多，约占拱体裂缝的 90%，顺缝很少，斜向缝更少。

2. 产生主拱裂缝的原因

拱体纵缝的形成，常由于抗推结构向外移动，拱脚也随之移动，从而使拱轴变形，在拱体内产生附加应力，使拱体内应力增大，当超过砖砌体的抗拉强度时，拱体将产生垂直于拱跨的纵向裂缝，常出现在拱体 1/4 跨度截面上或邻近拱顶处。裂缝大多是上小下大，且往往在多层结构的顶层拱体上的裂缝较多较宽，而向下则逐层减少、减小。也有顶层出现裂缝而下面各层不出现裂缝的情况。

拱顶上顺缝的形成，多数是施工操作上的原因，一般发生在滑动模板的接岔处。

拱体上的斜向缝一般仅在钢筋混凝土拱座梁处的拱体中出现，如图 7－14 所示。这类裂缝大多与拱座梁的受力变形有关。

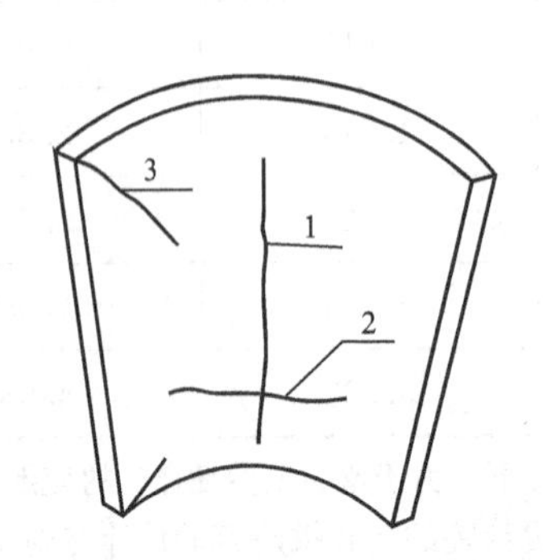

图 7－13　拱砌体裂缝仰视示意图

1—纵裂缝；2—顺裂缝；3—斜裂缝

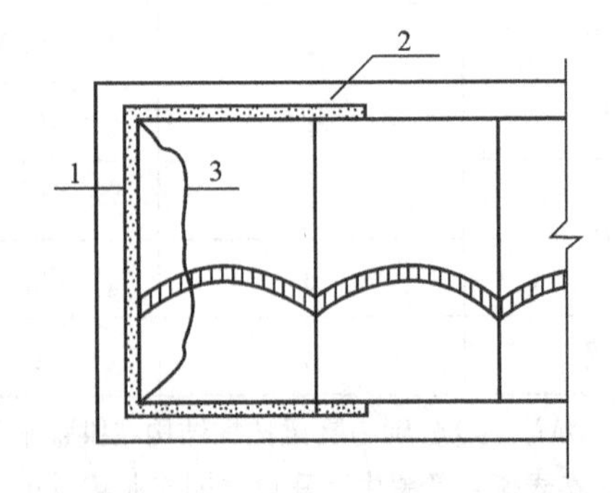

图 7－14　拱砌体斜裂缝平面示意图

1—钢筋混凝土座梁；2—砖墙；3—斜裂缝

施工质量不良，也是拱体产生裂缝的重要原因之一。例如，灰缝宽度控制不严；砂浆稠度不良，在模板移动时，造成砂浆流失和挤压变形太大，均能使拱体产生裂缝。又如，拱脚砌筑不平，接触不密实；冬季施工的拱脚，在开冻后砂浆发生压缩；拱体未达到一定强度就过早打夯垫层，造成拱体变形而发生裂缝。

3. 主拱裂缝的一般分布情况

(1) 主拱裂缝大多出现在拱顶(图 7－15)或拱跨 1/4 处。

(2) 如纵墙上有较大裂缝，则主拱体上也往往在该处开裂，且靠近墙面处裂缝较宽，向内则逐渐减小或消失。

(3) 在同层楼结构上，靠近抗推结构的拱体上裂缝较宽、较多，而远离处则较少、较小。

(4) 多层建筑的同一开间上有裂缝时，则在顶层拱体上的裂缝多而宽，向下则逐层减轻，或者不裂。

(5) 抗推结构刚度越小，拱体越易产生裂缝，且开裂越严重。

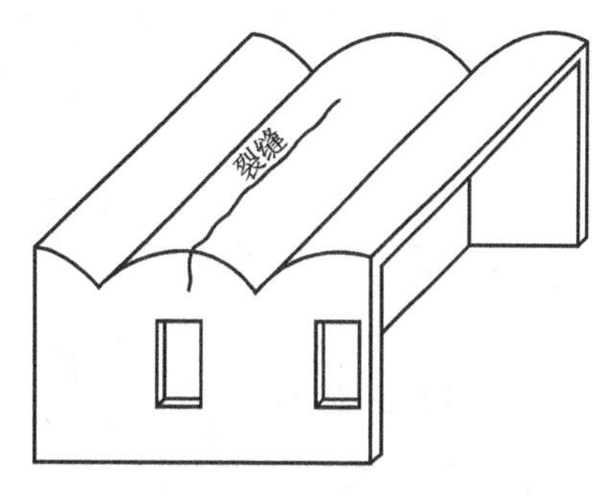

图 7－15 拱顶裂缝示意图

(三) 筒拱裂缝的预防和稳定措施

对于刚度较差的抗推结构，减少或控制水平位移常采用两种方法：第一种是在原有拱体的拱脚间加设水平钢拉杆，用以承担拱脚处的水平推力，以消除或减少拱座的外移；第二种是当条件许可时，可在抗推结构的端部添建适当的小型建筑物，用以增强抗推结构的刚度。这两种方法在我国新疆、铜川等地采用较多，均获得较好的效果。

对于由于地基缺陷而引起的拱体裂缝，则应首先处理地基病害，消除致病因素，对地基基础进行必要的加固，以防止裂缝的继续发展。

对于由于施工缺陷而引起的裂缝，经观测裂缝稳定后，对砌体采取补强措施。

六、荷载裂缝

砖石砌体的一个特点是抗拉强度较小，结构脆性较大，裂缝荷载比较接近或几乎相等于破坏荷载，因此砖石砌体上出现荷载引起的裂缝，即荷载裂缝，这种裂缝不仅是一种缺陷，而且往往是砌体破坏的特征或前兆，一般均应做及时的分析和处理。

造成砖石砌体强度不足的原因较多，如设计错误，施工质量不良，使用时超载，缺乏全面考虑的改建，砌体损伤、裂缝、材料破坏等。

砌体强度不足可由强度验算做出评定。此外砌体荷载裂缝的分析也是简便、重要的评定方法。

在砖石结构修缮中，掌握典型受力构件荷载产生的裂缝和破坏形式，对于分析结构受力的工作状态，保证使用和修理期间的安全具有一定的实际意义。

典型砌体受力构件举例及其裂缝形式如表 7－3 所示。

表 7－3　典型砌体受力构件举例及其裂缝形式

序号	构件及其受力形式		构件举例	裂缝形式
1	中心受压及小偏心受压构件	竖向荷载	承受竖向荷载的墙、柱、基础等	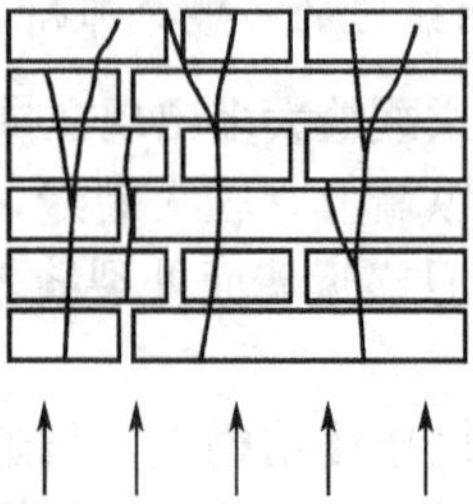
2	轴心受拉构件	水平拉力	圆形水池及装有散粒的筒仓等	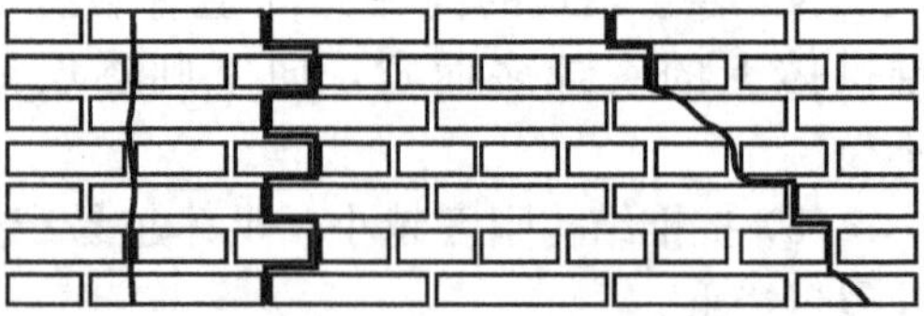
3	受弯构件及大偏心受压构件	水平弯矩	扶壁式挡土墙在两个扶壁之间的墙	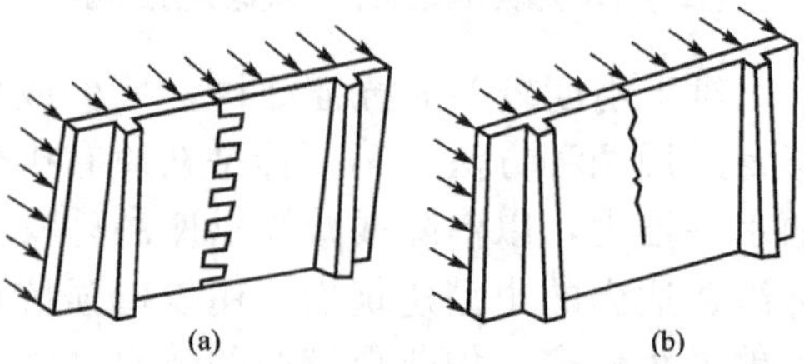 (a)　(b)
4		侧向弯矩	承受大偏心矩荷载的墙柱等	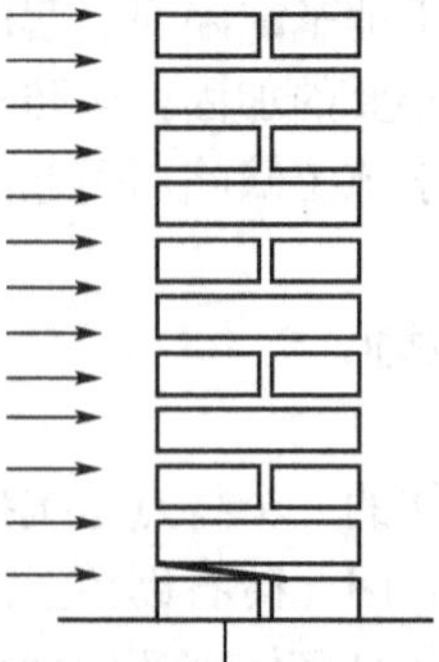
5		垂直弯矩	砖砌平拱跨中	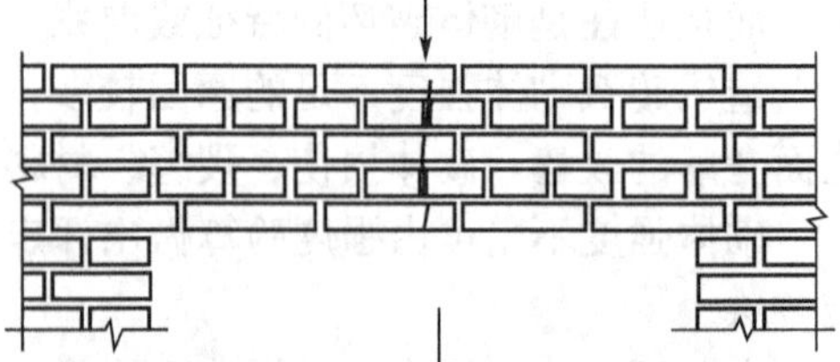
6		弯矩与剪力共同作用	门窗过梁支座附近	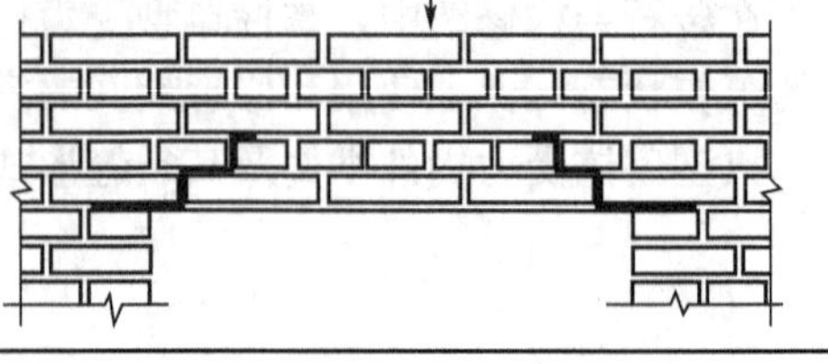

（续）

序号	构件及其受力形式		构件举例	裂缝形式
7	受剪构件	水平剪力	无拉杆拱边跨支座、挡土墙水平滑动面等	
8		竖向剪力	承受竖向荷载的砖挑檐等	

一般荷载产生的裂缝，因为安全度已不足，荷载还要继续存在，结构还可能出现其他不利因素的影响，因而均具有危险性，应予及时观察、评定和必要的加固处理。

碰撞、爆炸、地震等特殊荷载作用之后，使砖石砌体形成的缺陷有：细小裂缝、不同程度的开裂、闪裂、倾斜、局部倒塌等。这些缺陷的程度不同，对结构正常工作的影响也不同，应在结构评定的基础上给予维修、加固和修复处理。

第三节 砌体裂缝的修理

砌体裂缝的修理一般都应在裂缝稳定以后进行。鉴别裂缝是否已趋于稳定，方法之一是在裂缝内嵌抹石膏或水泥砂浆，经过一个时期的观察，嵌抹处如保持完整，没有出现新的裂缝，则说明裂缝已趋稳定。裂缝是否需要处理以及采用什么修理方法，应从裂缝对房屋建筑的美观、强度、耐久性、使用要求等方面的影响出发，充分考虑后确定。有些裂缝细小，且对房屋建筑正常使用的影响不大时可暂不处理。有的窗台裂缝虽不大，但造成墙面渗漏，影响使用；有的裂缝宽而深，不仅影响美观，也使建筑物刚度和抗震性能有较大的削弱。这类裂缝，就需做适当的处理。

对于裂缝和损坏严重的砌体，必须拆除重砌，才能恢复原有的强度和功能。下面介绍一下砌体上的一般裂缝的修理方法。

一、嵌补密封

对于结构安全尚未形成威胁的裂缝，可用嵌补或密封法进行修理。

（一）水泥砂浆嵌缝法

用水泥砂浆嵌补已趋稳定的砌体裂缝，是一种比较经济而又简便的修理方法。修补施工时，首先用勾缝刀、刮刀等工具，将缝隙清理干净，然后用1∶3水泥砂浆或比砌体原砂浆高一级的水泥砂浆，将缝隙嵌实，也可用107胶拌入水泥砂浆嵌抹。当缝宽较小时，可用两份水泥、一份苯乙烯二丁酯乳液，配成乳液水泥浆，刷进缝中。嵌缝后，对砌体的美观、使用、耐久性等方面可起到一定作用；但对加强砌体强度和提高砌体的整体性方面，作用不大。

（二）块体嵌补法

对于砖砌体上较宽的斜裂缝，可将预制钢筋混凝土块嵌入裂缝处砖墙内，其间距为400～600mm。内外交替放置，如图7-16所示。斜裂缝凿槽，嵌入块用107胶水泥砂浆砌筑并粉平。

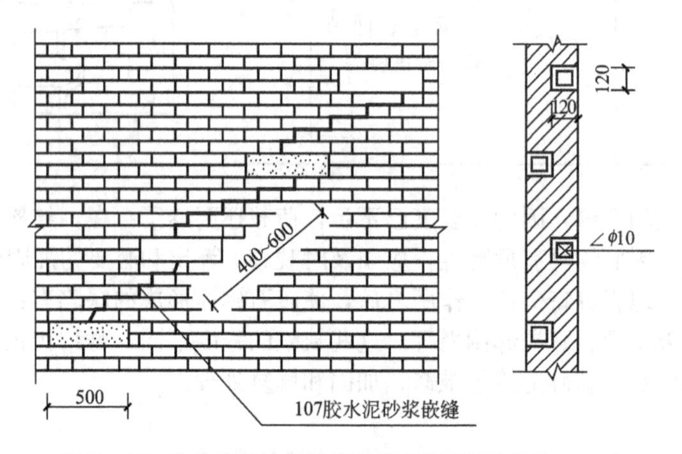

图7-16　块体嵌补法修补砌体裂缝示意图(单位：mm)

（三）密封法

对于随温度变化而张闭的裂缝，宜采用密封法修补。

1. 简单密封

将裂缝的裂口开槽，槽口宽度至少6mm以上。清除开槽上的污物碎屑，保持槽口干燥，嵌入聚氯乙烯胶泥，或环氧胶泥，或聚乙酸乙烯乳液砂浆等密封材料。

2. 弹性密封

(1) 用丙烯树脂、硅树脂、聚氨酯或合成橡胶等弹性材料嵌补裂缝。方法是沿裂缝裂口凿出一个矩形断面的槽口，槽两侧凿毛，以增加砖面与弹性密封材料的粘结力。槽底设置隔离层，使密封材料不直接与底层墙体黏结，避免弹性材料撕裂，如图7-17所示。槽口宽度至少为裂缝预期开量的4～6倍，使密封材料在裂缝开口时，不致破坏。

(2) 装配式混凝土墙板接缝的开裂，往往造成墙板渗漏，可采用预制聚氯乙烯胶泥条对缝隙进行密封，如图7-18所示。依次将槽内清洗干净；抹上珍珠岩砂浆封底；用喷灯(或无压缩塑料焊枪)加热板缝和胶泥条，边加热边嵌胶泥条，待其与底面和两侧混凝土粘牢后，然后将胶泥条面层溶化(不让其流淌)随即用1～2cm厚的勾缝刀压紧胶泥条至要求厚度，最后在胶泥条外用水泥砂浆勾缝和封闭。

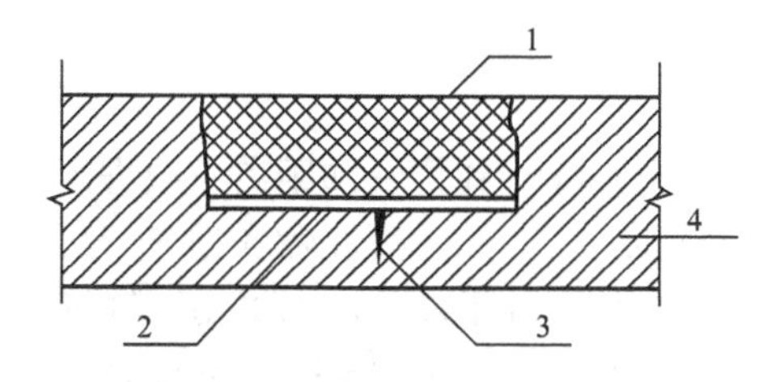

图 7-17　弹性材料密封图

1—弹性密封材料；2—隔离层；
3—裂缝；4—墙体

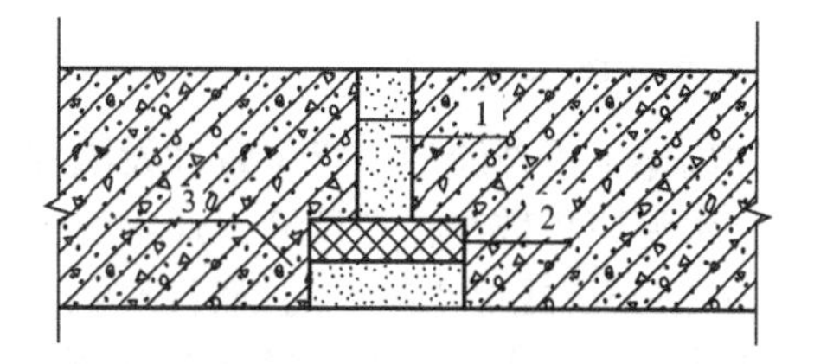

图 7-18　墙板接缝密封图

1—珍珠岩砂浆；2—聚氯乙烯胶泥条；
3—水泥砂浆

二、水泥灌浆

水泥灌浆是将纯水泥浆、水泥砂浆、水泥粘土浆或水泥石灰浆灌入砌体(或墙体)的裂缝及孔洞中，达到填实砌体内的缝隙和空隙，恢复其强度、整体性、耐久性的目的。在砌体裂缝修补上，宜采用纯水泥浆，因为纯水泥浆的可灌性较好，可顺利地灌入贯通外露的孔隙、空洞及宽度大于 3mm 的裂缝中去(对于灌注体积较大的灌浆，可用水泥砂浆，必要时可掺入粘土、石灰等)，但对于宽度在 0.3mm 以下的裂缝，水泥灌浆就难以压入。

(一) 材料配制

砌体灌浆一般采用不低于 325 号的普通硅酸盐水泥，纯水泥浆的水灰比应按照硬化后的强度、密实度以及输送方便等要求，综合考虑确定，宜取 0.3～0.6，以避免产生水灰分离现象。为了提高浆液的扩散半径，可采用缓凝剂、塑化剂或加气剂，灌浆用的水泥、黄砂(当用水泥砂浆灌注时)等材料，在使用前均需过筛，以防夹杂块粒，造成管道阻塞。

(二) 施工设备

工程量较大时，宜采用灌浆机、灌浆泵，或用空气压缩机及储气罐，如图 7-19(a)所示。工程量不大时，可使用手压泵施工，如图 7-19(b)所示。此外还包括送气管、输浆管、灌浆桶、灌注枪、灌注嘴等。

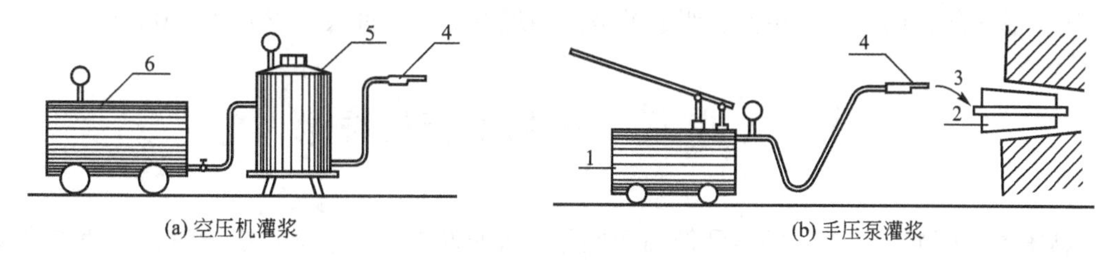

图 7-19　压力灌浆设备示意图

1—手压泵；2—灌注嘴；3—灌浆；4—灌注枪；5—灌浆桶；6—空压机

（三）灌注前准备工作

1. 布设灌注嘴

在砌体上沿裂缝的一定位置埋设灌注嘴、排气管和出浆嘴，其位置和距离应根据灌浆压力、水泥浆扩散半径和裂缝贯通等情况确定，一般为50～100cm，灌注嘴和排气管可采用ϕ16～19mm或更小直径的钢管制成。可用电钻在砌体上钻出灌浆孔，也可用手锤和钢钎人工凿出，孔径应为灌注嘴和排气管外径的1.5～2.0倍。将灌注嘴及排气管分别插入并嵌固于灌注孔内，埋入深度视砌体的强度、厚度等情况而定，以保证严密而不漏浆为准，管与砌体间的余隙用砂浆或水玻璃麻刀嵌塞。嵌塞工作可分两次进行，第一次先使管子和砌体固结；第二次再进一步封闭，填满深窝，表面抹灰。

2. 扩缝并封闭裂缝表面

先用手锤和钢钎将裂缝的必要段落扩大，以利于浆液贯通。再对裂缝表面用水泥砂浆勾缝或抹灰嵌补封闭，勾缝可用水灰比小于0.3和1∶2的水泥砂浆；抹灰可用1∶2.5、1∶3或1∶4的水泥砂浆(混凝土墙体裂缝的封闭，可用环氧树脂粘贴玻璃布的方法)。

进行准备工作时，应注意避免碎屑堵塞裂缝，在安设灌注嘴和排气管前宜用压缩空气加以清理。

（四）灌注浆液

(1) 控制灌浆压力。砌体裂缝的水泥灌浆，通常使用1～3个大气压(1atm＝101kPa)，砌体存在脱层现象时，则不应大于1个大气压；混凝土墙体的水泥灌浆，一般使用4～6个大气压。

(2) 当灌浆量不大或裂缝宽度比较均匀时，一般使用同一压力，同一种浆液稠度一次灌成。如灌浆量较大或裂缝宽度不均，一般分两个阶段进行，第一阶段使用较低的压力和较低的稠度先把孔隙和空洞填塞，第二阶段使用较高压力和较高的稠度再灌满缝隙。但两个阶段之间不要间歇，以免浆液凝固而导致阻塞。

(3) 在灌浆过程中，出现冒浆、串浆等情况时，应在不中断灌浆情况下采取堵漏、降压、改变浓度、加促凝剂等方法进行处理。如果灌浆被迫中断，应争取在凝固前及早恢复灌浆，否则宜用水冲洗以后重灌。

(4) 在灌浆中，当排气管溢出浆液时，其排气任务即完成，可用木栓堵塞。如分段灌浆，则上一段的排气管可用做下一段的灌注嘴。

(5) 灌浆结束的标准是在没有明显的吸浆的现象下，应再保持压力2～10min。

第四节 砌体的拆修技术

砌体由于腐蚀、裂缝、倾斜和鼓凸变形等病害而发展到严重损坏阶段时，应考虑将砌体局部或大部拆除重砌，以恢复其既有的强度和功能。拆修前要做好病害和有关结构构造的调查工作，做到：通过拆修，既要消除砌体上的隐患，又不要使拆砌范围扩大；同时还要注意使新旧砌体结合牢固，并能协调一致地发挥作用。下面简单介绍一下在保持上部砌体或楼面、屋面结构不动的情况下，对下部病害墙体的拆修方法。

一、大面积墙体的拆砌

对房屋下部大段墙体拆修(有时连同重做基础)，要先做好拆砌范围内上部墙体和各层荷载的全部支托工作，使上部荷载通过支撑结构稳固地传布到地面上，然后开始对墙体进行掏砌。支托方法可采用临时支撑架或钢筋混凝土托梁。

(一) 临时支撑架

图 7-20 为用木料搭设的支托墙体的一种临时支撑架。其主要构造包括铺在墙体内外两侧地面上的两行卧木、设在卧木上的垫木、支立在内外面的两排柱子、柱顶的横杆以及沿缘木、斜撑和楔子；通过楔子把上部砌体的荷载传到临时支撑架上。横杆可尽量利用门窗洞口穿越墙身，必要时在墙上凿洞穿越。临时支撑架搭建完成并能承担上部荷载后，进行下面旧墙体的拆除工作，接着进行新墙砌筑，有关砂浆、砖材的强度等级、墙身尺寸均按设计规定施工。

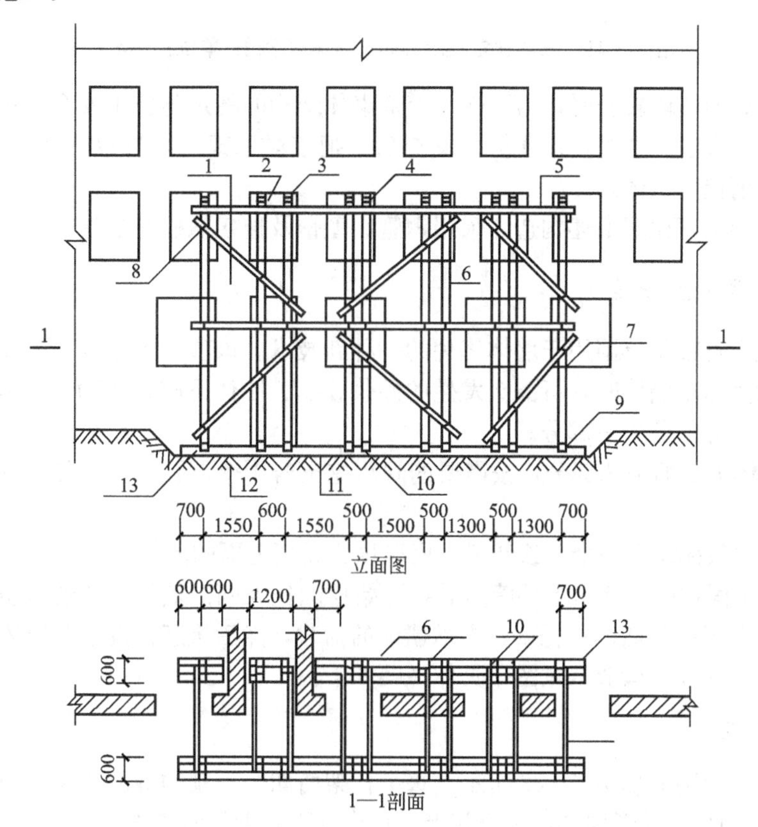

图 7-20　大面积墙体拆砌的临时支撑架示意图

1—要拆砌的墙体(斜线部分)；2、10—扒钉；3—30cm 直径的横木；4—楔子；5—20cm 直径的沿缘木；6—20cm 直径的柱子；7—联板；8—钉子；9—20cm 直径的短木；11—土壤(夯实)；12—垫板；13—20cm 直径的卧木

在新墙砌筑完成，并达到规定强度后，才能将临时支撑架全部拆除。

图 7-21 为上海某三层住宅楼，拆砌底层 6.35m 长鼓凸变形墙体时采用的临时支撑架实例。该工程拆砌墙体时，将屋面瓦片卸去(结合屋面翻修)，以减轻支撑上的荷载。新墙砌筑到与上部老墙体衔接处，留出 10mm 空缝，待新砌体砂浆干硬后，在空缝中浇水润湿，再填入 1∶2 干硬性水泥砂浆并榫紧。修后 20 余年，墙体完好，未出现下陷裂缝现象。

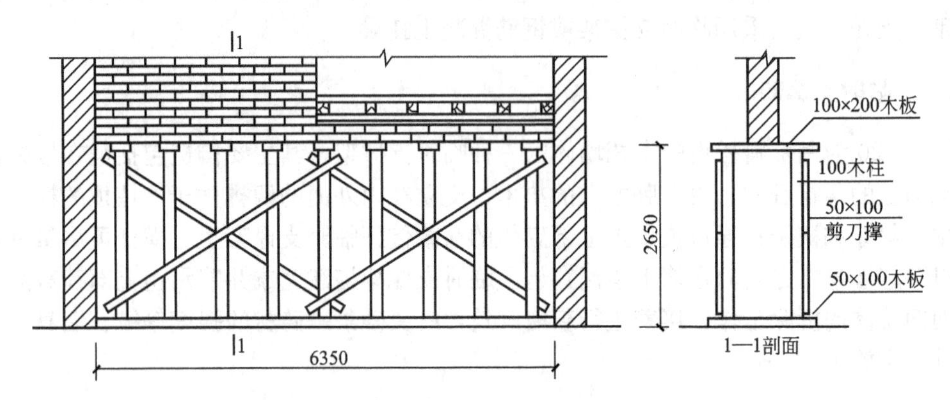

图 7-21　三层住宅楼墙体拆砌支撑实例图(单位：mm)

当需要拆砌的墙段较长时，为了保证上部砌体结构的稳定与施工安全，可采用分段支托、分段拆砌的方法。这时，逐次分段支撑后，把该段下部砖墙拆成阶梯状，再砌新墙，使分段间墙体衔接为一体。

临时支撑架也可比照上述构造，采用钢管、型钢及连接螺栓等搭建。

(二) 钢筋混凝土托梁

钢筋混凝土托梁是英国用于墙体修理的一种新技术。该项技术是为了防止采用临时支撑架进行掏砌大面积墙体时，可能会发生的砂浆收缩、墙体下陷、松动、开裂等缺陷。其主要构造和施工方法分为三部分。

(1) 在墙体下部的损坏部分，按需要的间距挖出若干个洞孔，安放临时支托墙身的空心托架。

(2) 在托架顶部设有一个起顶装置，用以顶紧托架上面的墙体。

(3) 当托架固定好并顶紧上部墙体后，开始挖除托架间的墙体，并通过空心托架安放钢筋，浇筑整个不拆除墙体的托梁，支承墙体的荷载，然后重新拆砌下部墙体或基础。

图 7-22 为安装及构造示意图，具体说明如下。

1. 空心托架

空心托架安装剖面如图 7-22 所示，每个托架由四个预制的混凝土构件制成：两个 U 形构件及顶板。两个 U 形构件，一个朝上，一个朝下，背靠背安放。

四个预制构件之间为砂浆或胶泥薄层，底板安放在拆除的墙孔底座上；底板的下表面呈凹形，凹形面与底座接触表面之间填以砂浆层。砂浆受压时，产生与凹面垂直的反作用力，约束整个充填材料向内收聚，不致因受挤压而散落。因此，凹面内受压砂浆不需等待凝固，就能承受支撑墙体的压力。

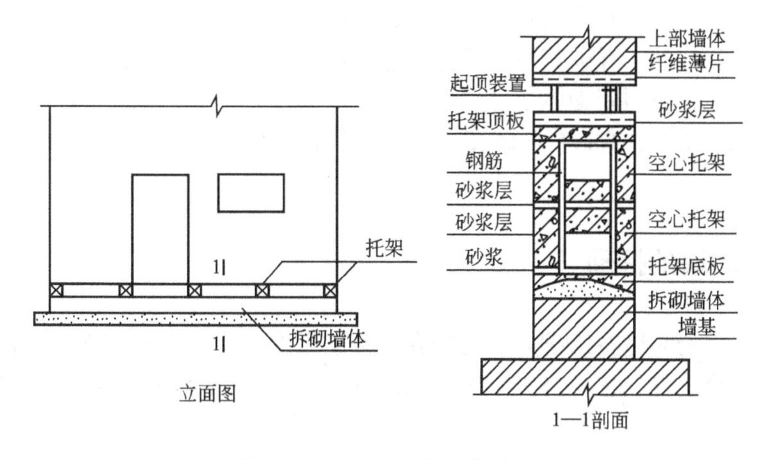

图 7-22 托梁(托架)构造图

2. 起顶装置

临时支托墙体的空心托架上部使用起顶装置，既可利用向上顶力增强墙体，又可固定托架座。起顶装置可利用轻型液压式千斤顶或螺旋式起顶器。图 7-23 为螺旋式起顶器，这一装置由两块 10mm 厚的方形钢板和若干套螺帽螺栓组成，大约厚 50mm。配装工序：先把螺帽焊在钢板上，若使用三套螺帽螺栓，可按图 7-23 平面图布置；根据作用力的大小，也可增加套数；但为使两个板处于完全平行的位置，最少要用两套螺栓螺帽。在钢板上钻有大小可以容纳螺栓头的孔洞，与螺帽位置成一直线。组装时两块钢板上下相向安放，把螺栓拧入螺帽，螺栓头伸入洞孔。起顶器底部与托架顶板之间铺一层砂浆或胶泥薄层，起顶器上部与墙孔表面之间填放纤维薄片。

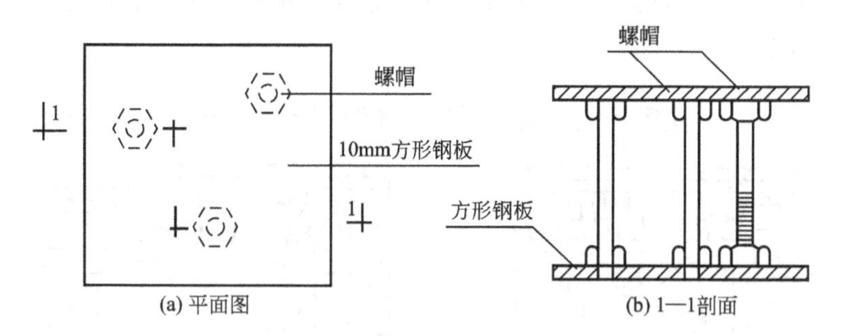

图 7-23 螺旋式起顶器

在使用起顶器顶紧上部墙体时，可用扳手在起顶器钢板间转动螺栓，使两块钢板距离增大，伸高起顶器，从而提高托架的承受压力并固定托架座。

3. 浇捣支承托架

在安放好两个相邻托架后，使用起顶器与上墙顶紧，使托架固定后，就可以立即挖除中间的片段墙体，接着做下一个托架，挖除下一段中间的片段墙体。这样连续作业，就做成一系列托架，把建筑物需要支托的全部墙身都临时支承起来；然后在各托架跨距间，通过托架的 U 形空腔，铺设纵向钢筋和箍筋，箍筋可绑扎或焊在纵向钢筋上，装上模板，现浇成整条混凝土托梁，并将托架连接在一起。在托梁混凝土达到一定强度后，就分段拆砌托梁下的墙体及基础。拆砌完成后可拧动起顶器的螺栓，使之复原再供使用，这时上部墙身荷载就由托梁分布到新砌体上。

本技术的特点是结构简单，施工方便，省时省工，在墙体及基础修理上有实用价值。

二、过梁与窗间墙的拆砌

砖砌平拱过梁上裂缝在拱脚处出现较多；砖砌弧拱过梁上裂缝则在拱顶出现较多。砖过梁的加固与修理工作，应在不均匀沉降已经停止，引起裂缝的因素已经消除后，方可进行。

（一）砖过梁裂缝的修理方法

稳定而细小的裂缝，一般只需做灌注水泥砂浆的修理。可先将裂缝处刷洗干净，并用清水泥浆除湿，从裂缝的外表面嵌入麻丝或细线，然后将水泥砂浆压注入砌体裂缝内，凝固后，再把嵌塞的麻丝拿出来。留下的裂痕用水泥砂浆填平，并沿砖砌体的接缝处勾缝。

（二）砖过梁的拆砌方法

当砖过梁被大量贯通的裂缝破坏时，应将过梁全部拆砌或部分拆砌。拆砌方法如图 7－24所示，先将砖过梁的底部用帽木和撑木构成的支架托住，撑木下用木楔打实，支托牢固后开始将砖块局部拆去；对于两侧保留的砌体面，要把灰砂刷除干净，用水润湿，新砌体用的砖块也应浇水润湿；然后用强度等级高一级的砂浆砌筑，待砂浆达到一定强度后，再将支架拆除。

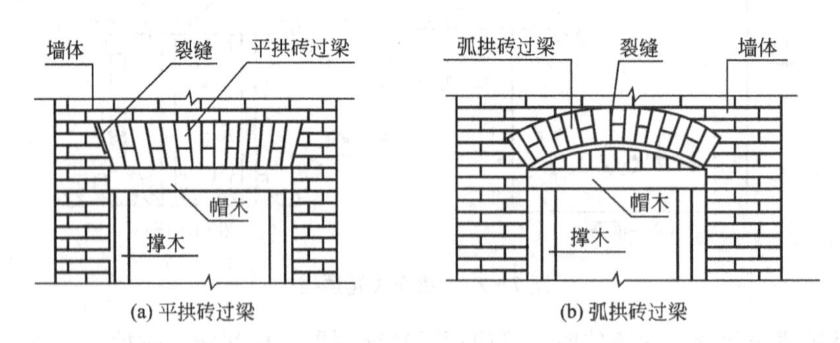

(a) 平拱砖过梁　　(b) 弧拱砖过梁

图 7－24　拆砌砖砌过梁的支托示意图

对跨度较大的砖过梁进行拆修时，应比照上述大面积墙体的拆砌方法，先安设好支托上部砌体荷载的临时支撑架后，再架设过梁模板并将砖过梁连同上面部分砌体进行拆除。图 7－25 为某拆砌机车库大门砖砌弧过梁的支撑立面图。除了对弧拱上部砌体进行支托外，为防止拆砌时对邻跨弧拱产生不利影响，在拆砌部分的门洞口两侧墙体间安设了劲性水平撑杆，用以承担拆砌弧拱过程中自邻跨弧拱传来的水平推力。

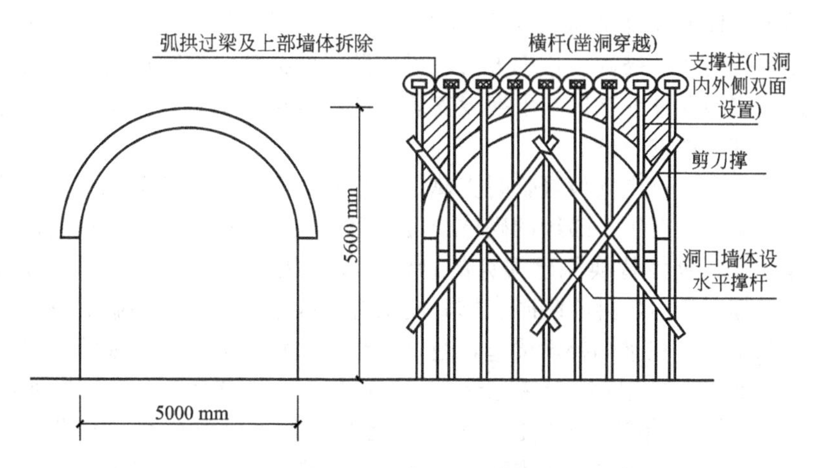

图 7－25　拆砌机车库大门砖砌弧拱过梁的支撑架立面图

(三) 砖过梁改换为钢梁或预制钢筋混凝土梁的施工方法

对于承担较大荷载并由于超载而破坏的砖过梁，在拆修时，可用钢梁或预制钢筋混凝土梁代替。每个洞口上宜由内、外两根组成，其断面尺寸及配筋应根据荷载、跨度，经计算后确定。安装方法是：先将过梁上支承的梁、板用临时支撑支托，然后在洞口顶墙面一侧的安装位置凿出水平槽，其高度高出梁高 40～60mm，深度等于一根梁的宽度加粉刷厚，长度为洞口跨距加两端支承长度。先在凿好的槽内粉刷一层素水泥浆，再把预制梁安放入槽，并用楔子嵌牢。梁的两端及上部与砌体间均用干硬水泥砂浆嵌实，待砂浆硬化后，再开始在同一洞口的另一侧安装第二根梁，如图 7－26 所示。

(四) 窗间墙拆砌方法

先将两侧窗洞支撑牢固后进行，其余方法和上述拆砌情况大致相同，如图 7－27 所示。

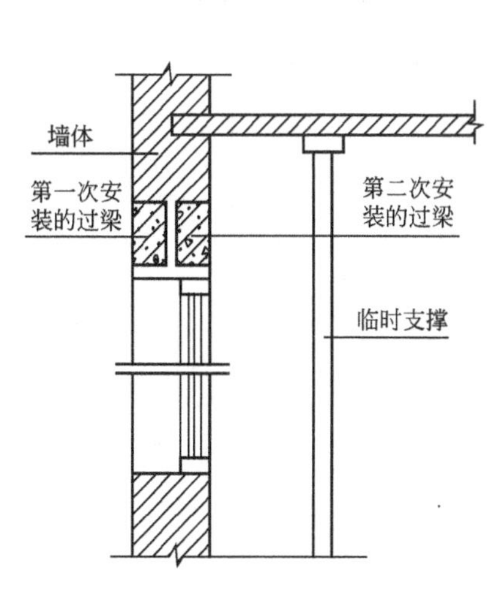

图 7－26　砖过梁专为预制钢筋混凝土过梁安装示意图

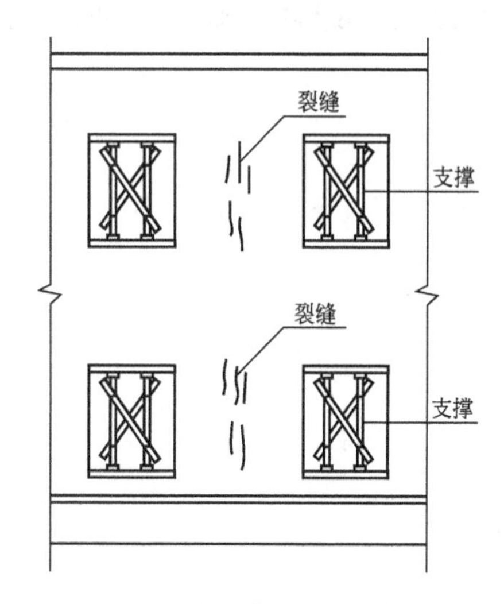

图 7－27　窗间墙拆砌支撑示意图

梁端支承处砌体的局部抗压强度不足时，在支承处下部的墙体上往往出现斜向或垂向裂缝，砌体受局部挤压而破碎。修理方法：可按照梁的荷载、端部压力大小及砌体的破损程度，分别采取更换砌体或在梁端下换设支承垫块，以达到支承处砌体具有足够的强度并将荷载传布于下部墙体的目的。

施工步骤是：先在梁端安设好临时支撑，然后对梁底已挤压破碎或有破坏迹象的砌体进行掏挖清除。对于仅有细小裂缝的砌体，可以保持，并用砂浆填实，最后用高强度等级的砂浆和块体砌筑新砌体替换原已损坏的砌体。梁底用高强度等级的干硬砂浆塞实、榫紧，待砂浆有足够强度后，拆除临时支撑，使梁端荷载全部传于新换砌的支承面上。对于支承反力较大的梁，应在梁端补设梁垫，通过梁垫扩大承压面，相应地降低梁垫下砌体的局部压应力，一般采用预制钢筋混凝土梁垫较为普遍。先按设计规定的尺寸和构造预制好，再按上述步骤把梁端有破坏痕迹的砌体掏除后，换入预制梁垫，安设在紧贴梁端底面，并予以固定嵌实。如掏除的破损砌体厚度较大，应先在梁垫下换砌好一定厚度的新砌体，再在其上安放梁垫，如图 7－28 所示。

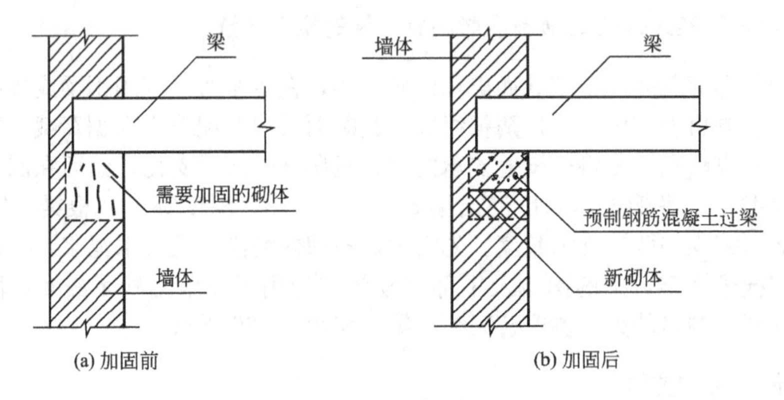

图 7－28　梁端支承砌体破坏情况及局部加固图

以上更换砌体和安设梁垫的施工，保证梁与新砌体或梁体之间的密贴无隙是关键所在。因此必须用干硬砂浆填塞，并嵌入小钢楔，以提高填塞部分的硬度和密实度。

第八章
古建筑石结构(石作)的施工技术、损坏及修复

古建筑中建造石建筑物、制作及安装石构件及石部件的专业称为石作。

中国劳动人民使用石料建造房屋已有悠久历史，而且创造了很多施工技术经验。汉、魏、六朝和隋、唐时期遗留下来的石阙、石室、石窟寺、石塔、石崖墓和石桥等都是很有历史和艺术价值的文物，如隋代李春设计建造的赵县安济桥(图 2-11)、元代建造的居庸关云台(图 8-1)，这些驰名世界的伟大建筑工程，充分显示了古代建筑工人的智慧和创造才能。

中国的石作技术，到了宋代就已发展得相当成熟了，如 1103 年李诫编著的《营造法式》，在石作制度中已有比较详明的规定。例如，石作的造作次序，就有打剥、粗搏、细漉、褊棱、斫砟和磨砻六道操作程序。在石作的雕饰方面，则有剔地起突、压地隐起、减地平钑和素平四种做法，流行的花纹制度有十一品之多，反映了当时石作技术的工艺水平。河北曲阳人杨琼，石雕工艺奇巧，曾参与元大都宫殿的修建活动，在石作技艺方面富有创造性，是元代著名的哲匠。到了明、清时期，石作技术又获得了进一步发展，技术人才辈出，如无锡人陆祥，明初与其兄陆贤曾参加南京宫殿的修建，是祖传的有名石匠，景泰年间曾任工部侍郎，时称“匠官”。而张南垣、戈裕良等人则是当时迭造假山石的名手。

清雍正十二年(1734 年)刊行的《工程做法则例》，在石作方面也总结了一整套比较成熟的技术规范，有打荒、做糙、錾斧、扁光、剔凿花活、对缝安砌、灌浆和摆滚子叫号等各项施工程序，与瓦、木、油等作一样，成为一项技术性很强的专门行业。现存实例，如北京昌平县明十三陵石牌坊(图 8-2)，故宫三大殿的白石台基、栏杆(图 8-3)和山东曲阜孔庙的盘龙石柱(图 8-4)等，不仅规模宏伟，而且工艺精湛，这些都是古代建筑工人的杰出创作，非常珍贵。

图 8-1　居庸关云台

图 8-2　明十三陵石牌坊

关于建筑房屋时如何使用石料，古代石工总结了多年实践经验，根据建筑物的功能要求，将石料用在最需要的部位上，有着明确的目的性。例如，在容易磨损或受磕碰的部位，使用踏跺石、阶条石、槛垫石和角柱石等；在集中受压的柱根下安砌柱顶石，借以提高基础部分的承压强度；在山墙头的出檐部位，卧砌挑檐石，用以承托上部的墀头，可以加强砌体的刚度；在台基四周使用土衬石和陡板石，可起防潮作用；高大建筑物则用汉白玉等高级石料雕制华美的须弥座台基、栏杆，以显示建筑物的雄伟壮观。

图 8-3　故宫三大殿的白石台阶

图 8-4　曲阜孔庙盘龙石柱

一切石料构件的尺寸规格，在习惯上是根据大木作制度来推定的，其模数比例在清工部《工程做法则例》中均有具体规定。例如，明间踏跺石的长度须和门口的宽度一致；柱顶石要按檐柱径的二倍定长、宽；阶条石按下檐出深度减半个柱径定宽等。总之，工作中各种构件的尺度有着以模数制为基础的比例关系，按建筑物的类型和规模大小分别使用，以使整座建筑物在结构、实用和艺术造型方面很严密地结合在一起，从而获得很好的整体性效果。

此外，在砌体构造方面还创造了许多坚固有效的加固方法。例如，在石料上仿照木结构的做法，也凿做阳梗、阴槽等榫卯，然后对缝安砌。同时，还根据不同情况，在石块之间分别使用各种铁件来锚固砌块，使之互相牵制，难于动摇，用白灰、糯米、白矾等合成高粘度的灰浆灌砌严实，以麻刀油灰勾抿缝隙，防止渗漏散裂，在加强砌体的整体性方面都具有很好的效果。

第一节　采购石料

一、石料的种类与性质

北京地区古建筑所用的石料大多数采自京郊各县的山场中，常用的有汉白玉、青白石、青砂石、豆渣石、紫石、花斑石等几种石料。

汉白玉产于房山县大石窝，是变质岩，颜色洁白如玉，石纹细，质地较柔，适于雕琢磨光，是上等建筑石料。北京许多建筑物，如故宫、天坛、颐和园和天安门前的华表所用的白色石料，都是汉白玉。

青白石是变质岩，色青带灰白。房山、马鞍山、蓟县盘山、琉璃河和曲阳县等地均有出产。其石纹细、质地较硬，适于雕刻磨光，且不易风化，是一种比较珍贵的石料。高级古建筑多用它制作柱顶石、阶条石、铺地石和台基、栏板等。用以雕刻石碑、石兽等尤为可贵。

青砂石产于马鞍山、石景山、牛栏山等地，是砂岩中的一种，呈豆青色，质地松脆，不能承重，但易于加工。一般小式建筑多用其来制作柱顶、阶条等，用途广泛。由于它容易雕刻，故民间牌坊上的花枋、字碑等多采用它。

豆渣石是花岗岩，产于白虎涧、鲇鱼口、周口店及南口等地。其石性坚硬，石纹粗糙，不易于雕刻，有粉红、淡黄和灰白等几种颜色，内有黑点(云母)。因产地不同，石性的软硬和石纹的粗细明显有差别。由于硬度高，产量多，建筑上多用它制作阶石、柱顶、砌筑台基、驳岸，或铺装路面，垒砌墙垣，是古建筑中一种用途很多的石料。

紫石产于马鞍山紫石塘；花斑石，三河县华山、涞源县、怀来县和顺义县等地均有出产，呈紫红色或黄褐色，质地较硬，间有斑纹。宫殿中多用它制作阶石或铺装地面，磨光后华丽美观。

二、选料与购料

(一) 验料注意事项

中国传统的石工一般凭实践经验来鉴定石料的好坏。一是“看”：观察岩石被打开的破裂面，如果颜色均匀一致，没有明显层次，组织坚密而细致，则石质较好；颜色不均匀，或有几种不同颜色夹杂在一起，能看出明显层次，破裂面是锯齿形的，则石质较差。总之，以无裂缝、污点及红白线等缺点的良材为合格。二是“听”：用小锤轻轻敲击石块，如发出清脆的“当当”声，则石质较好；如发声喑哑，即证明有隐残(如斗漏子、干裂、砂眼、石核子等)，则石质较差。但冬季验收石料时，应注意裂隙内有无结冰，这时就不能单纯依靠敲打听声音，必须用笤帚将石面打扫干净，仔细进行检查，才能鉴定石质的好坏。

(二) 购料注意事项

购料时，首先应依设计规格和使用部位，确定使用何处产品。然后按下列规定增加荒料尺寸定购，以免造成浪费或不符合使用要求。一般料石的加荒尺寸规定如表 8-1 所示。

表 8-1　一般料石的加荒尺寸

构件名称	尺寸加荒
台阶石	成材不加荒
陡板石、墙面石	长宽各加 2cm，厚度不加
压面石、台帮石	长加 3cm，宽加 2cm，厚度不加
垂带石	长宽各加 3cm，厚加 2cm
柱顶石	长宽各加 3cm，厚加 2cm
须弥座石	除下枋子不加补，其余部位长短、高低各加 2cm
栏板石	包括榫子在内，长加 10cm，宽加 6cm，厚加 3cm
望柱石	包括榫子在内，长加 6cm，宽厚各加 3cm
挑檐石	长宽各加 4cm，厚加 2cm
券脸拱圈	一面露明：长宽各加 2cm，厚度不加
	二面露明：长宽各加 2cm，厚度加 4cm
贴面雕刻石	长宽各加 2cm，厚度不加

荒料检尺：检查荒料尺寸是否合乎设计规格的要求。棱角应用弯尺测量，以防翘棱过大，致使操作时装线后不能使用。尺寸较小的石料可用直尺和弯尺测量；尺寸较大的石料除须用直尺和弯尺测量外，还要装线抄平。

第二节 石构件种类

古建筑在造型上种类繁多，构造上富于变化，因而石构件在建筑物上的应用范围很广并且多种多样，下面简单介绍一下古建筑中常用的石构件。

台基及踏跺：土衬石、方角柱石、陡板石、压面石、平头土衬石、象眼石、垂带、砚窝石、御路石、如意踏跺石、礓礤石等。

须弥座及勾栏：土衬石、圭角、上下枋、上下枭、束腰、栏板、望柱、地栿、抱鼓石、螭兽等。

柱顶石及山墙石作：柱顶石、石柱、槛垫石、廊门桶槛垫石、分心石、门枕石、八字角柱石、角兽、腰线石、挑檐石、石榻板、各种形状门口圈口石、各种形状露窗圈口石、滚墩石、石过梁等。

地面及甬路：地面石、甬路石、甬路牙子石。

桥梁及涵洞：撞券石、券脸石、拱口、侧墙石、桥墩石、分水石、金刚墙石、伏石、仰天石、桥面石、地栿、栏板、望柱、抱鼓石。

其他石构件：夹杆石、墙角柱带拔檐扣脊瓦、水簸箕滴水石、棚火石、沟漏石、水沟门石、水沟石、沟盖石、井口石、井盖石、栅栏石等。

此外，还有华表、经幢、阙、塔、石牌坊、门、窗等，总之石结构建筑的种类很多。

第三节 施工工具与安全设施

一、敲錾工具、石活制作工具和安全设施

工具：风箱、鹰嘴钳子、大鸭嘴钳子、葫芦小鸭嘴钳子、錾子、卡扁、刻刀、双面锤、两用锤、剁斧、炉条、火勾、盖火、水桶、蘸錾盆、铁勺、铁簸箕、铁筛子、敲锤子和八磅锤等。

设施：蘸錾槽、红煤、盘红炉、工作棚。

二、作细安活、磨光工具

作细安活工具：墨汁、弯尺、摺尺、画签、小线、铁水平尺、线坠、墨斗、钢撬棍、木杠、大绳、水平尺、花锤子、手锤、錾子、笤帚、剁斧、哈达、碓子、压斧、钢楔、12

磅锤子和桩子棍等。

磨光工具及其他材料：金刚石、白蜡、松香水、川蜡、煤油、细磨石、擦蜡布、草酸和地板蜡等。

三、安全设施

袜罩、围裙、套裤、套袖、手套和眼镜等。

四、敲錾淬火

古语说："工欲善其事，必先利其器"，"磨刀不误砍柴工"。石作常用的主要生产工具是大小錾子、剁斧和花锤等。斧刃、錾尖钢口的软硬和钝锐直接影响工艺的质量和工程进度。因此，敲錾淬火时，必须掌握好火候，才能使工具得心应手，发挥更大的作用。

(一) 敲錾

将圆钢或八角钢断成钢棍，长约 22～24cm，首先敲成圆形的錾顶，为了保证安全，錾顶不准淬火。

送进炉内过火时，錾尖要塞进火内 5～6cm，等颜色烧到将显发白时，即可用钳子夹出，放在砧子上敲成錾尖。但这段工序必须在很短时间完成(即一火敲成)，迅速夹起蘸水，錾尖顿时发白，然后由白逐渐变黑(这种现象叫做"回流")。要注意，白色徐徐变成将近錾尖尚有 5cm 时，要及时放进蘸槽内竖起，不可躺倒放置，务必使温度自然降低，不可猛然放进冷水内使其骤凉，这样会造成过硬，易于破裂。蘸錾槽内的水深以不超过 4cm 为宜。

(二) 哈达剁斧

第一次过火，要烧到颜色将发白色时，用钳子夹出敲打，必须一火敲成一面，不准翻过重敲将刃敲薄。其刃面不齐时，可用锤子墩齐，将刃修理齐整后，要放在一边冷却，必须使其温度自然降低，再送入火内烘烧。

第二次过火，要烧到呈现紫红色时(不准发白)，就可放到蘸槽内去蘸，这次同样待其温度自然降低，不准用水浸凉。

哈达，因为是两面刃，在前刃过火时，为了防止另已蘸好的一面因受热过高而软刃，必须在蘸成的一端用刷子蘸水向上擦蹭，即可降低温度。

(三) 花锤、五刃斧

第一次过火时，要烧到发白，再用钳子夹出，敲打成形，须头方面平，再回火去烧，烧到呈现发白色时，用钳子夹住放稳，再用劈斧劈成每面四道沟。完成这部工序后，要稳放一边，使其温度自然降低，夹在立式或卧式横刀(即老虎钳子)上夹紧，将尖或刃用钢锉打磨成形，使其锋利，再去过火。这次火不要大，烧到颜色将呈现紫红色时即可，用钳子夹出，放入蘸錾槽内，使温度自然降低即成。

第四节 石活制作加工

一、砸花锤

(一) 说明与要求

砸花锤及剁斧这两种做法，只通用于花岗岩石和不做雕刻的一般构件上。

操作前，先检查一下石料的纹路即石纹，是水平石纹(称卧碴)、垂直石纹(称立碴)，还是斜石纹(称半立半卧碴)。水平石纹一般用于做压面石、阶条石、踏跺石、拱石、栏板等(图 8-5)。

垂直石纹用于做望柱、柱子等(图 8-6)。斜石纹石料不允许用于做石构件(图 8-7)。

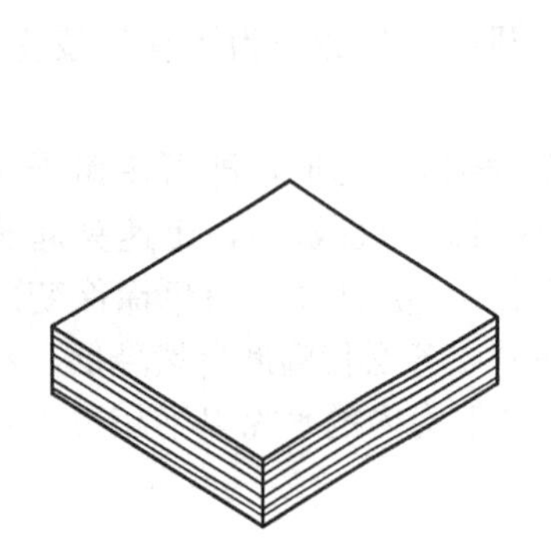
图 8-5　水平石纹(卧碴)

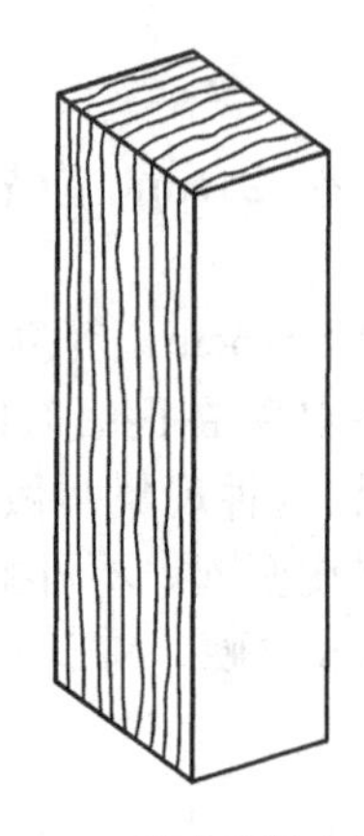
图 8-6　垂直石纹(立碴)

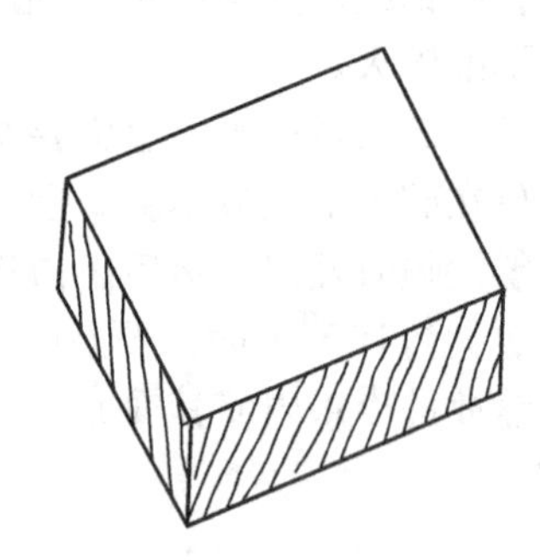
图 8-7　斜石纹(半立半卧碴)

将荒料用锤敲击一遍，检验石料有无隐残，无疑后，再将荒料放稳，四角垫平。如石料单薄或呈长方形，为保护石料不受损折，应在两端适当处加设垫块放平(垫块位置，约在全长 1/6 处为宜)。

操作时，工作人员所坐的位置高度，应比石料上层(即操作部位)低 10cm 左右。

打錾姿势：錾宜斜，锤宜稳准有力，握锤手应随锤力同时用劲，锤举高度应过目。扶錾手、肘腕应悬起，不要放在膝盖或石料上。

砸花锤姿势：一般应双手抱锤，用腕随锤击石料的弹力随劲起动。锤举高度应与胸齐，手锤落在石料上要有力，不得翘楞。

质量要求：平面刺点，以刺平为合格。砸花锤后，平度要用平尺板按照十字线靠平，凸凹程度以不超过 0.4cm 为合格。

技术安全：操作时，应戴防护眼镜，配备手套、套袖和坐垫等。用木板作为隔离板，板长和高约 50cm，以防两人对面做活时被石碴刺伤。打大荒时，应穿厚帆布工作服。

凿錾操作时，锤落錾顶要正，不要打偏，以免錾顶被锤击碎掉渣，刺伤人身。錾顶钢性要柔，如过硬，錾顶部分应回火软化。

(二) 操作要点

将荒料放稳后，先放扎线：按规定的准线尺寸以外1～2cm，方角90°，在石料的四周弹线，这些头一次所弹的线叫做扎线(图8-8)。

弹扎线时，必须用两个人。一个人拿墨斗，另一个人用左大拇指按线，按在石料的一边，按住不动。拿墨斗的人，同样把线按在石料的另一边扣住，并用手把线捏起一弹，石面上就印上一道墨线。弹线时，鼻尖须对准捏线的手，以免弹斜。然后用铁方尺的一边对齐第一条扎线，在方尺的另一边点上两个墨记。以墨记为标准，弹上一条墨线，与第一条黑线相交一点，从这点用尺量好长度和宽度的尺寸，然后按上述方式继续弹好其他两边的扎线。

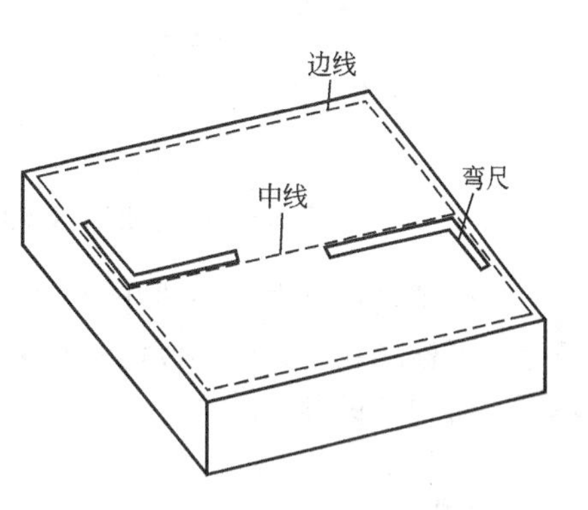

图8-8　方形石料放线

(1) 打扎线。就是把扎线以外的石打去。打法分两步：第一步，右手拿锤子，左手拿钢錾子，把扎线以外的石料都磕掉。磕一面打一面，不要四角磕完，才用錾子打，以免磕短了石料，以致不能使用。磕的方法是从角上磕起，由身边往前磕。第二步，当第一边磕好后，右手拿锤子，左手拿錾子，左脚蹲在石块上，右脚踩地。左手握住錾子的中间，掌心向下，打锤时，錾子稍微斜一些，錾子尖向外反，向前向右打扎线，深度不超过5cm，打光一边再修錾。其余三边的打法同上。

(2) 装线。新开采的石料，各面都有凸凹不平之处，有的也不一定是直角。因此，须用装线方法，检查一下这块荒料，能否按照需要的规格和尺寸做出石构件来。

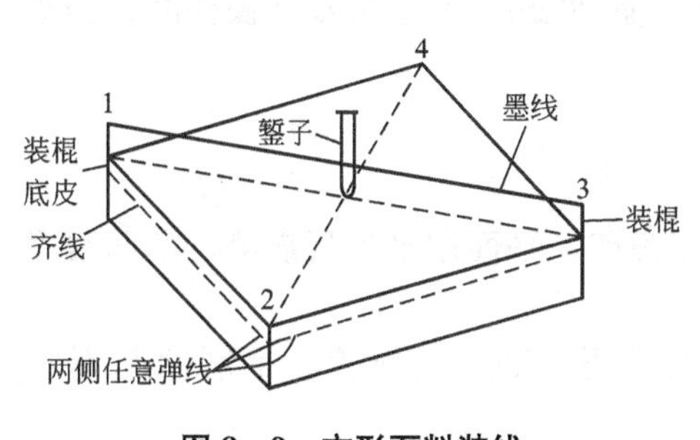

图8-9　方形石料装线

装线的方法：在石料看面上弹上对角线找出中心点，一般方形、长方形、圆形找一个中心点即可；不规则的异形石料应找两个或三个中心点(图8-9～图8-11)。下面以方形石料为例，简单介绍一下其装线方法。首先在大面的看面上，弹上十字对角线，两对角线相交点为中心点，两条对角线，即1点到3点和2点到4点，随即在石料两侧面的垂直面上任意各弹上一条水平线(即齐线)，按照对角线的长度截一根墨线，把两根相同长度的装棍分别系在墨线的两端，一人把装棍下端对准1点的齐线，另一人把装棍下端对准3点的齐线，把线张紧，一人把粗錾子垂直立于对角线的中心，这样即把墨线的墨色印在錾子上，錾子原地不动，一人把装棍移到2点，另一人把装棍移到4点，把线张紧对准錾子上的水平墨印后，这时以两装棍的下端为准，于石料划上墨印，然后把各点弹线连接起来，即为石料看面水平线，即完成了装线工作。

用劈斧按线劈平，再用錾子齐边，四角找平。每边要齐边7cm，按平线齐完后，先用平尺板踏平，合格后，就以此作为大面平整度标准。

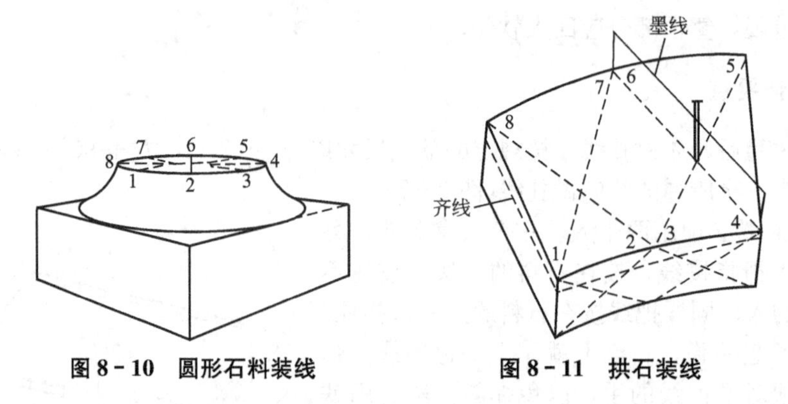

图 8-10　圆形石料装线　　　图 8-11　拱石装线

用錾子刺点，先由一端开始，按两边取平。如石料较大，方正面先由两面当中刺出一条十字形标准线，其他部位均依此法刺平。这步工序做完后，用平尺板靠测一次，如高低不平，可用花锤砸打。

二、剁斧

(一) 说明与要求

在平面花锤的基础上，开始做剁斧工作。剁斧的操作姿势与砸花锤一样，斧要平放直落石面上。拿握哈达姿势也与砸花锤相同，但在哈达下落时，不应垂直下落石面上，以稍向前推为宜。剁斧时，应直坐于石块旁边，上身要正。头稍偏，看准斧印，按次序自上而下操作。

剁斧因质量要求不同，分一遍斧、二遍斧和三遍斧。剁斧的次数不同，要求平度与斧印的粗细深浅不同，因此，每遍操作时，用力程度就有差别。第一遍剁斧操作时，斧举高度应与胸齐；第二遍剁斧操作时，斧举高度约离石面 20cm；第三遍剁斧操作时，斧举高度离石面约 15cm。

(二) 质量要求

(1) 一遍斧。斧印要均匀，不得显露錾印、花锤印，平面用平尺板靠测，凸凹程度不得超过 0.4cm。

(2) 二遍斧。斧印，更进一步要求均衡，深浅要一致，要顺直，平度凹凸不得超过 0.3cm。

(3) 三遍斧。比一、二遍的平直度要更好些，平度凹凸不得超过 0.2cm。

二、三遍斧的规格，应在施工前先做好样板，经有关人员鉴定认为合格后，即作为验活标准。

(三) 技术安全

操作前或操作过程中，要注意斧子有无脱离斧把现象，应随时检查修正。操作时，应戴防护眼镜、套袖、口罩和坐垫等。

(四) 操作过程

在做完砸花锤的石料上，重新斟一次平线(斟线就是重新校准平线)。用快斧顺线剁细，找平四边，用平尺板靠平，达到标准后，再顺线向里按次序剁平大面。

一遍斧：可按规律一次直剁。

二、三遍斧：第一遍要向左斜剁，剁至不显露花锤印为止；第二遍要向右斜剁，剁至不显第一遍斧印为止；第三遍要直剁，剁至不显第二遍斧印为合格。

三、刷錾道

(一) 说明与要求

为了美观起见，在石料的看面上用錾子特意刺上印子，叫做刷錾道。刷錾道的形式不一，有的是斜方向，有的是交互方向(图 8－12)。

錾道距离和深度要均匀，其深度以不超过 0.2cm 为标准，并直顺均齐，不得有弯曲现象。

有的石构件的形状是不规则的，有的是三角形的，也有的是长三角形的，底口是曲线的，与之相连接构件的看面，刷有规则的交互錾道。为使三角形石构件安装后与相邻构件看面交互錾道规则连接。采取接板放线方法，使其达到规整的要求(图 8－13)。

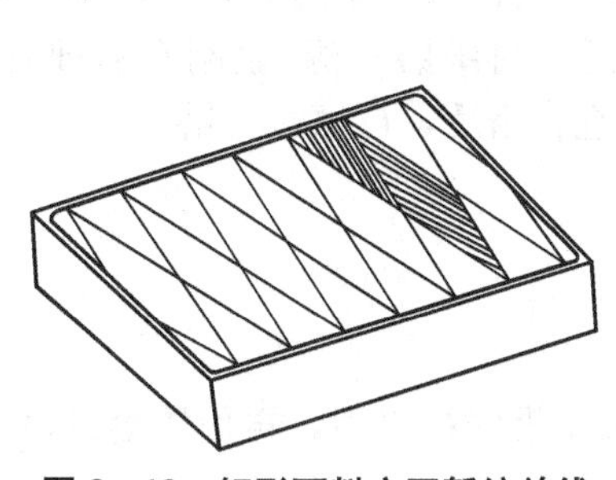

图 8－12 矩形石料交互錾纹放线

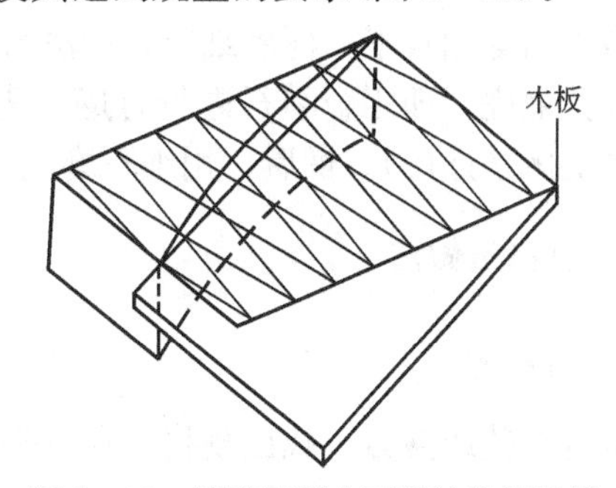

图 8－13 异形石料交互錾纹接板放线

(二) 操作过程

平面剁斧后，即开始刷錾道。在操作前，必须先放一次线，以校正规格，因此再装一次线看看是否水平。然后，按照所弹的“金边线”用扁子刮去“金边”(即把四边找平)，宽度为 2cm，刮金边的深度以不超过錾道深度为宜。

按照设计尺寸，将錾道的形式和距离逐条地都弹上墨线，然后用錾子刺凿錾道，必须均匀直顺。錾做完后，将多余的 2cm 的金边凿掉。

四、磨光

(一) 花岗石做法

1. 说明与要求

打荒操作前，除先检查有无隐残外，并应注意有无石瑕和石铁。石瑕指在洁白的石面上有不甚明显的干裂缝，易由此折断。石铁指在洁白的石面上，有局部发黑或显有黑线的现象。此外，还有“白色”的石铁。石瑕、石铁的存在，不但影响美观，而且它们的石性特别硬，不易磨光，如恰在棱角上，更不易磨齐。

石面磨光：在操作过程中，不准砸花锤，以免磨光后显露印影[在錾凿操作时，由于扶錾垂直，石面局部受力过重，以致造成印痕(白点)无法去掉]。为了避免上述缺点，在荒料找平时，不允许用錾刺点，必须用细錾刷道，錾尖要细长尖锐。

刷道握錾姿势：四指紧握，大拇指向上翘起，压住錾顶上部，掌心向下，在锤击錾顶时，尽量使錾平刺，錾尖向上反飘，以避免石面受力过重而出现錾影。

2. 质量要求

做完后，应先用平尺板及方尺靠测，以石面平滑、光亮为合格，并不允许有凹凸和麻面现象。

3. 技术安全

在为打蜡兑松香水时，要离开靠火近的地方，以防发生危险。

4. 操作过程

先将荒料錾细找平，再剁细斧，做法与平面剁斧相同。为了给磨光打好基础，须剁三遍斧。细斧剁完，即用金刚石进行打磨。先糙磨一遍，再细磨一遍(金刚石粗细有数种，可根据需要酌情选用)。最后，用细石磨光一遍，检查合格后，再擦酸打蜡。

(二) 汉白玉做法

1. 平面刷道

先将荒料扎线夹方，找出规格，再打平线，用扁子沿线拉口后，再用快錾齐边，齐边宽度为10cm。

用钢錾刷道时，不准刺点。本工序为适合磨光要求，应分三道工序完成。第一遍，用6分圆钢錾刷道，道痕间距不超过1cm，要均匀顺直；第二遍，先做斟线，再校准一次平线，用扁子拉口，錾子齐边，再进行一次刷道。但第二遍工序，应用5分圆钢錾刷道，道痕间距不超过0.8cm，而且要均匀顺直；第三遍必再斟线一次，校准一次平线，用扁子拉口，錾子齐边，以平尺板靠测合格后，再用5分圆錾子刷道，道痕间距为0.5cm。

以上三遍刷道工序，要相互叉开，也就是第一遍由左向右，第二遍由右向左，直到不显露上一遍的道痕为合格。

刷道完毕后，必须再斟线，校正规格，弹出金边线，用扁子刮金边(即扁平四边)，宽度为2cm。

2. 剁斧

为了给磨光打好基础，细錾刷道后还须剁细斧三遍。剁第一遍时，要稍加用力重剁，剁至不显露道痕，以平整为合格。其二遍、三遍剁斧做法，与平面剁斧一样，要把斧印叉开，但第二、三遍斧以轻剁为宜。

3. 磨光

剁完细斧，石面已平，可用金刚石分三次磨光。第一次，用糙石打磨；第二次，用细石打磨；第三次，用细石磨光一遍。打磨时，注意摩擦时间要均衡，不允许只着重在一个部位进行打磨。磨的时间过长或过短都会造成不平现象。磨棱角时，要小心轻磨，以防磨坏边棱；顺边磨时可前后推拉；转角时，必须由外边向里推磨，避免将棱角拉掉。打磨时，要随时用平尺板靠测，如发现不平处，力求磨平，至完全达到规格要求后，将石面用清水冲洗干净。待石面干燥后，再进行擦酸打蜡。擦草酸时，要用干土布蘸酸在石面上涂蹭；蜡，最好用川蜡，但要注意把蜡化开与松香水搅匀，放凉后，再用土布蘸蜡擦磨。打蜡要均匀一致，直到光亮为止。

本节所述石活擦酸打蜡做法，对于宫廷室内的紫石、绿砂石、青白石和花斑石墁地同样适用。

第五节 剔凿花活

古建石作中，剔凿花活是一项很精致的传统技术。例如，栏板、望柱、抱鼓石、须弥座、踏跺石、御路石、滚墩石、券脸石、券窗、什锦窗、吸水兽面、夹杆石、陡匾、绣墩、水沟盖及幞头鼓子等，为了美观，多雕刻花草、异兽、流云、寿带、如意头、古老钱和联珠、万字等花活。雕花匠师们在这方面有许多卓越的技术成就。例如，北京故宫、天坛、颐和园和十三陵等处所见的石活雕刻，都是十分精美的艺术创作。其中以明代雕造的故宫保和殿大石雕尤为罕见，石长16.57m，宽3.07m，厚1.7m，重200多吨。石料采自北京房山大石窝，是青白石。当时石料的采运非常困难。据传说，每隔一里挖井一口，汲水泼成冰道，用旱船拉运进城，一石采运即需万人之多。石面上浮雕着各种姿态的飞动于水浪云气之中的行龙，栩栩如生，是一项深雕与浅雕相结合的巨大石雕工程，是古代建筑的一份艺术精华。下面介绍一下石雕工作中的基本操作规范及质量要求。

一、说明与要求

雕活选料与其他工序的选料标准相同，汉白玉石应特别注意有无“流沫子”（即质地软的石料）。

设计画谱时，应注意不同的纹样(大小花纹)、不同的部位(高低或阴阳面)，同时还要考虑光线及视线角度，力求使光线效果突出，花形显明。

操作时，锤要轻，錾要细，斧要窄，要根据不同的操作部位使用适当的工具。例如，汉白玉在扁光前找细的时候，可用锯齿形扁子(用原来的扁子过火，用钢锯拉成锯齿形状)进行加工。

凿錾时，锤落錾顶要正，不要打偏，以免錾顶被锤击碎掉渣刺伤人身。錾顶钢性要柔，如过硬，錾顶部分应回火。

雕活时，要注意花筋、花梗、花叶的特征和飞禽、走兽、虫、鱼的神情动态等，精心刻画，一定要表现出画谱的原意。

（一）质量要求

各类花形(如花梗、花叶)的比例大小、各种动物的骨气神态，均应符合画谱的意匠。阴阳面，凹凸深浅必须明显，使花活表现生动，线条流畅有力。

汉白玉石和青白玉石都是上等细石料，扁光后，不允许显露扁子印或錾痕，以使显示画面纯净光洁。

(二) 技术安全

雕刻前要搭好工作棚，以防雨淋、日晒，污染雕活。錾活时，要戴防护眼镜、口罩、手套、套袖、坐垫等。唯做雕活时，可只戴眼镜和坐垫，其他设备可不用。

二、操作要点

在初步找好平面的基础上，先放线找方，四面齐边。按设计规格预留花胎，四边要扁光做细，用平尺靠平。大面剥荒找平一遍，将画谱按图纸放大，预先画在牛皮纸上，然后将画谱上的线条逐一用粗针刺眼，针孔的距离为0.3cm。将放大的牛皮纸画谱刺眼后，铺在石面上，用手抹稳不得移动。此时，用粗布包好红土子向纸上拍撒一遍，使红土子均匀地拓印在石面上。然后将牛皮纸轻轻揭起，照红土子印用墨笔描画成图，叫做“过谱子”。过谱之前，先用湿布将石面润湿一遍，以利印刷画谱。按照所描的画谱线，先用錾子穿线，顺线穿小沟一道，再刻落空地，深度应符合设计规格。

根据画谱的意匠，要注意分清阴阳面，阳面指花形翘起部分，阴面指花形低洼部分。花朵、花叶，要随形状做细(汉白玉石必须扁光，即用扁子将錾印切削平整)，最后，按成形的花形用铅笔勾画一遍，用小扁子顺线劈出细棱，再用细錾子清地整平(如是汉白玉石应用扁子拉口，用錾子清地，再用扁子扁光)。

三、古建筑石雕范例

大型古建筑常采用汉白玉石、青白石或青砂石来雕制须弥座台基、踏跺和栏板、望柱等。汉白玉石和青白石是上等细石料，多用于宫殿建筑，雕饰题材丰富多彩，构图以繁密取胜，加工比较精细；青砂石是普通石料，多用于次要建筑，雕饰花纹比较简单，加工也比较粗糙一些，标志着等级有高低之分。

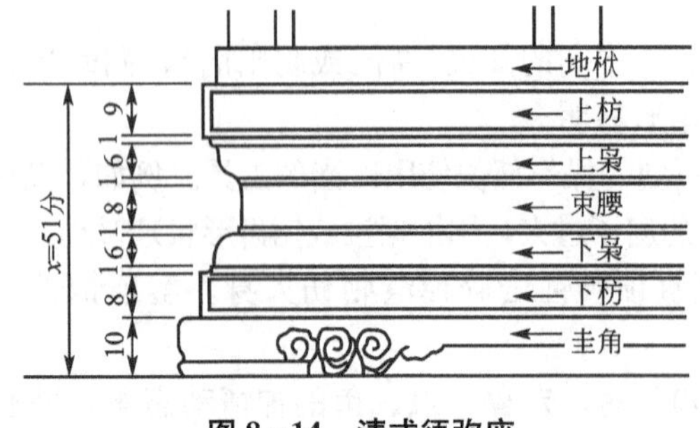

图8-14 清式须弥座

(一) 须弥座

关于清式须弥座(图8-14)台基的各层高度的比例关系，在清工部《工程做法则例》中规定：“按台基明高五十一分归除，得每分若干：内圭角十分；下枋八分；下枭六分，带皮条线一分，共高七分；束腰八分，带皮条线上下二分，共高十分；上枭六分，带皮条线一分，共高七分；上枋九分。”

(1) 做圭角，做奶子、唇子，掏空当，剔凿素线，卷云落托腮。

(2) 做上下枭儿，落方色条，剔凿莲瓣巴达马。也有不雕花活，只做素面枭混的。

(3) 束腰凿做碗花结带、金刚柱子。

(4) 撒砂子带夫掌，磨石磨光。

(二) 石栏杆

高大建筑的台基上或桥面上往往设有石栏杆(图 8-15)，以保护行人。它由栏板和望柱所构成。清式勾栏各部的比例关系在《工程做法则例》中有具体规定。例如，栏板的高度是 4/9 柱高(h)，按 4/11 柱高定柱头高度，按 1/9 柱高定地栿厚度，按 2/15 柱高定栏板厚度等。由于建筑规模的不同，石栏杆的尺寸有大小之分，一般来讲，有下列两种规格：

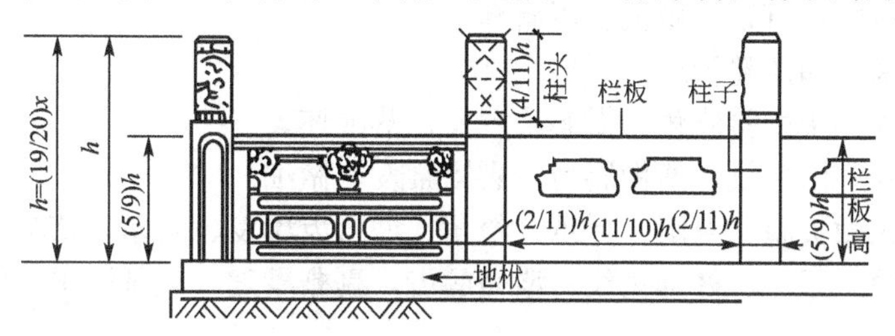

图 8-15 清式石栏杆

(1) 柱子高 4.5～5 尺。栏板长 5.5～6 尺，高 2.5～2.7 尺，厚 0.6～0.7 尺(营造尺)。
(2) 柱子高 3.7～4.2 尺。栏板长 4～5 尺，高 2.2～2.4 尺，厚 0.4～0.5 尺(营造尺)。

(三) 栏板望柱剔凿花活

1. 栏板

(1) 两大面，一小面，掏寻杖，落盘子，做净瓶荷叶云子。
(2) 净瓶以下，两面做盒子心，三面做退头肩榫。

2. 望柱(分柱头、柱身两部分)

(1) 龙凤柱头。
(2) 柱头以下，两面做盒子心，四小面起线。
(3) 柱头，剔凤云盘，落龙胎凤股，落糙坯。
(4) 剔刺龙鳞，撕鬃发凤毛，剔做冠子，起凿叠落彩云，出细。
(5) 两面落栏板槽，每柱子一根，两肋落栏板槽榫眼。
(6) 柱子底面做榫。
(7) 柱子两边掏寻杖眼。

3. 莲瓣柱头

(1) 掐珠子，翻荷叶，做二十四气，落糙坯。
(2) 分莲瓣，撕荷叶，扁珠子，光气头，做细。

4. 石榴柱头

(1) 覆莲头，翻荷叶，掐珠子，落糙坯。
(2) 分莲瓣，撕荷叶，扁珠子光，做细。

5. 云纹柱头

(1) 翻荷叶，叠落云子，落糙坯。

(2) 剔凿云气，撕荷叶，扁光，做细。
(3) 两面落栏板槽，两肋落栏板槽榫眼。
(4) 柱子底面做榫，柱子两边掏寻杖眼。

6. 抱鼓石

(1) 凿做云头，素线麻叶头。
(2) 凿做云头，素线角背头。
(3) 底面、后面，打荒，做糙、落肩榫。
(4) 两大面采做如意卷云线。
(5) 随柱子苍龙头做脸修角，做唇齿鬃发、落糙坯。
(6) 开做头脸，修角纹，凿做唇齿，剔撕鬃发，做细。
(7) 角上苍龙做头脸、身腿、牙爪、犄角；做唇齿鬃发、鳞角，落糙坯。
(8) 开做头脸、牙爪，修饰角纹；凿做唇齿，剔撕鬃发，起刺鳞甲，做细。

7. 地栿

落槽，做柱子榫眼，底面掏过水沟。地栿头，凿做素线卷云头。

8. 柱顶石

柱顶周围做莲瓣八达马，上面落方色，起八角线，做盒子心，剔凿香草花卉，落荒坯，出细。

9. 滚墩石

开壶瓶牙子，圭角做奶子、唇子，落方色，做前后麻叶头。立鼓镜，周围采鼓钉，圆光内凿做蕖花瓣。面上落兽面，凿做毛发，分头脸、唇齿、带环，落荒坯。

滚墩分凿蕖花，剔采鼓钉，圭角出线，兽面匾剔唇齿，带环，细撕毛发，出细。

10. 绣墩

周围凿做夔花、番草、花卉，落兽面带环，上下掐鼓钉，上面搭异锦花卉袱子。

11. 鼓儿门枕石

做圭角，奶子、唇子、落方色，采莲瓣巴达马，束腰凿做碗花结带，搭袱子，立鼓镜，掐鼓钉，面上落兽面，二面采做蕖花瓣，落荒坯，出细。

12. 幞头鼓子(坠风鼓子)

高为0.8～1尺，径为0.8～1尺。上面做银锭，打透眼，做双如意云，上下掐鼓钉。

13. 水沟盖

沟盖周围做琴腿，叠落花牙子，上面做银锭，打透眼，底面掏空当，或满做荷叶，起叠落，底面落梓口，上面做银锭，打透眼。

14. 夹杆石

上截，凿做莲瓣巴达马，掐珠子，剔凿如意云，覆莲头，落荒坯，出细。

第六节　石构件的添配和修补

中国各个不同历史时期的古代建筑遗物，代表着某一个历史阶段的文化艺术和科学技术的发展成就。石构件又是古建筑中一个重要的组成部分。一座古建筑物被保存下来的原构件越多，它的历史价值和艺术价值就越高。但是，古建筑遗物都有着几百年甚至上千年的历史，由于长年受自然界的侵蚀风化，不可能不受损坏，只是损坏的程度不同而已。为了保存古建筑原来面貌，在修缮当中应尽量做到能加固的加固，能粘接的粘接，最好是用化学材料封护，使它不再继续残坏，不能轻易更新。对于承受荷载的石构件，如柱顶石、石过梁等已被压碎或折断；有的石构件虽不承受荷载，如栏板、望柱、垂带、踏跺等，但雕刻纹样，已风化无存，就必须更换。不过需要注意的是，因为古建筑物是历史文物，在加工中不但规格尺寸不得随意改变，对于雕刻纹样也要做到原物再现，不允许创新。同时，刀法、风格和做法也应尽量与原构件相符(或一致)。根据目前条件和传统做法分述如下。

一、受力构件

(一) 柱顶石

首先选配同样色泽的石料，进行添配，有雕刻纹样的如俯莲等，要在相同柱顶石中选择较典型和雕饰纹样完整的，进行翻模、仿制。有的虽然没有雕饰纹样，但有曲线，如鼓镜、方柱顶石的海棠线等，也应在相同构件中选择较典型而又完整的做出样板，依照样板边制作边套检。

(二) 石过梁

选配同样色泽，并且是长向水平石纹(俗称“卧碴”)的石料，进行添配。如原构件看面是扁光的，即做扁光；是剁斧的，即做剁斧；有錾纹的，即按錾纹水平距离和深度制作。总之，要依照原构件的造型和做法，予以仿制。

二、非受力构件

添配雕刻各种纹样的石构件，有三种方法。

(一) 雕刻纹样简单的石构件

如荷叶净瓶栏板、石榴头、二十四气，竹节式的望柱头等，首先要在添配的相同构件中，选择较典型且纹样完整的，把雕刻有纹样的部分如荷叶净瓶、望柱柱头等翻模，作为进行雕刻仿制和验收的依据。至于栏板扶手、望柱柱身和地栿等，应用胶合板或薄钢板做出样板，在雕刻进行中边加工、边用样板套检，最后以样板为验收标准。依原构件的石质选配同样色泽的石料进行加工制作。

(二) 圆雕、半浮雕和纹样复杂的石构件

如赵州桥的栏板、望柱，故宫断虹桥和钦安殿的栏板、望柱、螭兽等，这些石雕构件的添配，除必须要在需添配的相同构件中选择较典型而纹样又完整的石雕翻模外，还应利用“点线机”作为辅助工具进行加工。点线机是用金属制作的，其形状呈丁字，丁字的三个尽端各有一个支点，在“丁”字的垂直构件上装有一个可以任意活动并能调整水平和起伏高低距离的指针。把点线机固定在已翻好的石膏模和准备雕刻加工的石料上(相同的位置上)。

图 8-16　点线机

用石膏做点线机的固定点，并在固定点上各装一个金属垫，以承托和固定点线机(图 8-16)。利用点线机辅助找好各种纹样的轮廓和不同的起伏高低尺寸进行雕刻，一般分为三遍成活：第一遍，用点线机找好纹样的轮廓后，预留 1cm 厚的荒料，先雕出各种纹样的轮廓线；第二遍，边雕刻边用点线机测检，并预留 0.2～0.3cm 的荒料；第三遍，同样边雕刻边用点线机测检，做细成活。

用点线机辅助进行雕刻的优点：

(1) 雕刻的各种纹样的轮廓线和起伏高低的尺寸不会发生大的误差，从形象上来说，基本上能做到原物再现。

(2) 利用点线机辅助进行雕刻，一般能掌握基本雕刻方法的工人就能胜任，不需要较高级技术熟练的工人。

(三) 踏跺石

踏跺石往往饰有浅浮雕纹样，因为这种构件处于容易被磨损的位置，所以更换最频繁。进行添配时，应该首先弄清楚哪些是原建时的构件或哪些是较早期的遗物，从中选择相同纹样较完整的构件，将图案拓印下来，然后将拓片的纹样过到选配好的石料上，经与原拓片的纹样核对无误后，再进行加工仿制。一般雕凿三遍成活。第一遍，按照过谱雕出最高纹样的轮廓，并留出大于它成活尺寸 0.2～0.3cm 的荒料；第二遍按照过谱做锦地的纹样，同样预留 0.2～0.3cm 的荒料；第三遍，做底盘，由下向上逐层边参照拓样边进行做细和扁光，这叫做“打高就低”。这样做是为了防止先把底盘做好了，再做突出部分的纹样，因突出部分的石料有毛病，尺寸不足，再剥落地盘会造成返工。

三、修补与粘接

古建筑的须弥座、螭兽、望柱、栏板、地栿、垂带、角柱石等，由于长年受风化影响和人为的碰伤、破坏，而发生断裂或残破无存，工匠们常年在实践中积累了丰富的经验，今将传统修补方法分述如下。

(一) 局部硬伤

如须弥座上下枋、上下枭、圭角等，按照应补配部分，选好荒料，做成雏形，参照相

同部位构件的纹样进行仿制，要预留0.2～0.3cm的荒料，待安装后再凿去做细成活。新旧茬接缝处要做成糙面并清除尘污，以利于黏结牢固。补配石活的断面大于10cm的，在两接缝隐蔽处，荫入扒锔或其他铁件连接牢固，再用黏接剂粘牢。接缝时，为了不使黏合剂溢出拼缝的外口，应将黏合剂涂到距离外口0.2～0.3cm处。预留的缝隙再用同样色泽的石粉拌和黏接剂，勾抹严实，最后用錾子或扁子修整接缝，以看不出接缝的痕迹为佳。

修补石活，按石质色泽的要求配料，有时需从大料上破劈。其方法如下。

1. 放线

按需要的尺寸量好后(四周各加荒料2～3cm)，在破劈石料的位置上，按钢楔的大小弹上两条平行线。

2. 定楔眼位置

一般厚度为30～40cm的石料，楔眼之间的距离应为8～12cm。随即用粗錾子打凿楔眼，眼深为4～5cm，把钢楔插入眼内。楔插入眼内，必须“三悬”，即楔底及前后悬着，两侧面贴实，然后用8～10kg的大锤，由一端向另一端逐楔击打，这样料石就逐渐地从两条平行线中劈开。同时应注意防止钢楔插入眼内两侧贴不实而是楔尖着底，这种情况不但破劈料石费劲，钢楔被锤击后蹦出，容易发生危险(图8-17)。

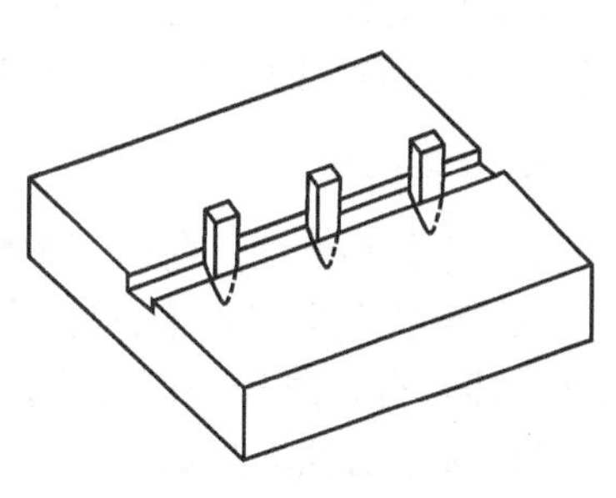

图8-17　破劈石料

(二) 局部风化酥残

首先将表面风化部分剥掉，直到露出硬槎为止，选配与之相同石质色泽的石料进行加工，并预留大于需要尺寸0.2～0.3cm做成雏形，进行黏接。补配的石活如有雕饰纹样，其剔凿花纹和用铁件拉牢的方法同局部硬伤。

(三) 局部断裂或无存

螭兽头、望柱头、扶手(寻仗)等发生局部断裂或无存，因这些构件一般采用质量较大，需采用铁件锚固与黏接相结合的方法。具体做法是：螭兽头、望柱头铸进钢心，钢心一般采用直径20mm×200mm，在两个拼接面的中线上(螭兽头应离开排水孔)，各凿孔11cm深，孔径大于钢心1厘米，以利填充黏接材料。如果是栏板扶手，应用铁扒锔荫入锚固。补配石活的制作、纹样的雕刻和黏接方法，与上述几项做法同。

四、一般要求和注意事项

(1) 选配石料。新补配石活的石料，应选择与原构件石质和色泽相同的石料进行补配，否则会影响补配的效果。

(2) 打剥荒料。补配有雕饰纹样的石活，如望柱头颈、荷叶净瓶颈、高浮雕凹进部位等，在加工过程中，打剥荒料时，要逐层剥落，不要用力过猛、急于求成，以免造成隐残。

(3) 石膏稳固。两面高浮雕或圆雕中间断面过薄，如赵州桥隋代栏板、望柱头的颈部，当一面剔凿花活完工后，做另一面时，应在已做好的一面凹进部位临时灌注石膏加线麻予以固牢，增加它的强度，以免在加工过程中发生断裂破残。

五、粘接材料

（一）旧法粘接

1. 焊药粘接

（1）材料和比例。白蜡、芸香、松香、黑炭，质量配比为2∶1∶1∶33。

（2）单位用量。每平方寸（营造尺）用量，计白蜡二分四厘，芸香、松香各一分二厘，黑炭四钱。

（3）调制方法。将上述几种材料，按照质量配比拌合在一起，徐徐加温后即熔化成一种粘接剂，用它粘补石活可取得较好的效果，是一种值得深入研究的传统经验。

2. 补石配药

（1）材料和比例：白蜡、黄蜡、芸香、石粉、黑炭，质量配比为3∶1∶1∶56∶30。

（2）单位用量：每平方寸（营造尺）用量，白蜡一钱五分，黄蜡、芸香各五分，石粉二两八钱八分，黑炭一两五钱。

（3）调制方法同焊药。

3. 黄蜡黏接剂

（1）材料及比例：黄蜡、松香、白矾，质量配比为1.5∶1∶1。

（2）调制方法同焊药。

（二）新法粘接

1. 水泥砂浆粘接

水泥砂浆一般用于较大块石料的粘接，如石桥的券脸石、角柱石等。对于表面风化酥残者，首先将风化酥残部分打剥得见到硬茬，新补配的石料，其厚度应减薄2cm，以利填充粘接材料。用1∶1水泥砂浆进行粘接。

2. 漆片粘接

先将被粘接的两拼缝内的尘污清除干净，再将粘接面凿成糙面。用喷灯给粘接面加温，温度不要太大，以免石构件受伤，温度以能使漆片搁上即熔解为宜。然后把补配的石活，对准接缝用力挤严粘实，用原来石质的石粉拌和黏接剂将拼缝表面的缝隙勾抹严实。最后用錾子或扁子将缝剔凿平整，使其看不出粘接的痕迹。

3. 环氧树脂黏接剂

随着中国化学工业的发展，许多种高分子化工材料近年来在古建筑和石窟的保护工作中得到了广泛应用。实践经验表明，下列三种用环氧树脂等合成的粘接剂是很有效的。配方比例（质量比）如下：

（1）环氧树脂（#6101）∶乙二胺，其比例为100∶8～100∶6。

(2) 环氧树脂(＃6101)：乙烯三胺：二甲苯，其比例为100：10：10。

(3) 环氧树脂(＃6101)：活性稀释剂(＃501)：多乙烯多胺，其比例为100：10：13。

六、照旧色做旧

在古建筑修缮中，保留的原构件越多，它的历史、艺术价值就越高，在这个原则要求下，只能更换一些必须更换的构件，因而新旧构件的色泽差别显著，质感很不谐调。为了解决这个问题，采取随旧做旧的方法，即在新补配的石活上，把高锰酸钾用热水溶解，涂于补配的石活上，待高锰酸钾向里浸润后，看其色泽与周围旧石活谐调后，再将表面浮色用清水冲刷干净，随后用少许黄泥浆擦蹭一遍，即能达到所要求的色泽。

第七节 石活抬运翻跤

石活抬运翻跤，旧称"摆滚子叫号"，是一项要求严格的起重拽运工作，既要保证石活不受损伤，又要十分注意人身安全。因此，要有高度的组织性和纪律性，才能保证安全作业。

一、肩杠

肩杠规格为长1.8m，直径不小于8cm；要用杉木或榆、槐木，不准使用杨木、柳木。使用前应详加检查，如有节疤、劈裂现象，应禁止使用。

二、绳索

抬绳，要使用九股三鞲的线麻绳，长6m，直径不得小于3.5cm(应加工定制，小股拧劲要松)。

铁索子(即铁链子)、铁环用料的圆径，应不小于9mm，铁链长度以4m为宜(此项铁链适用于8人抬架，如16人抬架，应酌量加粗铁链)。

依石块大小及质量确定抬杠人数(按水平运距计算)，每人抬重能力一般规定在60kg左右。每次抬运的石块，如质量在500kg以上时，必须另外专绑抬运的架子，一定要用铁索子抬运。

抬运架子，用料规格如下：顺水木，长3.50m，直径为20cm；枕头木，长1.60m，直径不小于15cm。材料要使用杉木或榆木，禁用杨木、柳木(图8-18)。

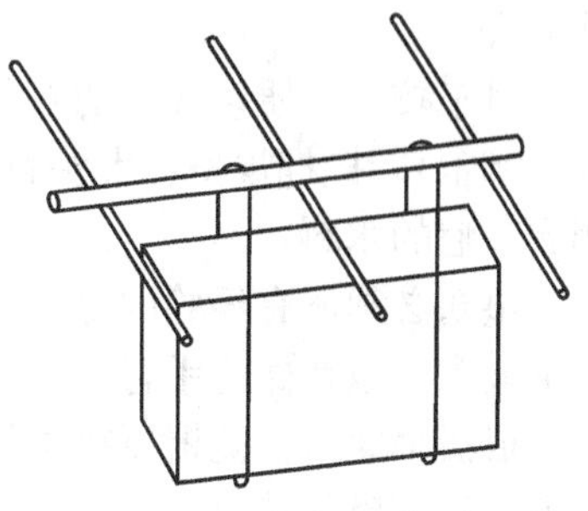

图8-18 抬运架子示意图

三、抬运起落

抬运前，首先检查所行经的道路是否平坦，如有高低坑洼，应修整填平，并将影响行走的障碍物清除掉。

绳索系扣时的预留高度要适当，一般应以与抬运工人的胸口相齐为宜，不可过高或过低。抬杠工人的距离(即肩与肩的水平距离)不得超过 1m。

抬运起肩时，应动作一致，必须同时起落。在抬运行进当中，如有任何一人感觉力不能支或遇到障碍难以继续进行时，应及时“稳落”，不许中途扔杠，其他人也必须采取一致行动，停止前进，及时落下。起落时，要避免急起急落，必须稳起稳落。

在抬运行进途中，如遇拐弯，抬运人必须倒脚挪动，不得蹩腿行进，以免肩身力量不均而跌倒。前边人倒脚扭身，后边人甩尾，转到方向顺直后再继续前进。

起肩时站稳骑马式，有一人喊号，大家同起。如用料杠(即“架子”)抬运，石块抬起高度不宜过高，不蹭地面即可。

在行进当中两脚叉开，迈步不宜过大，一般以错过一脚为宜，抬运人的脚步快慢要一致。运至终点时，由一人喊号，同时稳落。

竖立的石块放下时，两边人须用腿靠住石块侧面，以防地面不平，石块倒下砸人。待垫块垫稳后，方准解扣撤杠。放倒时先要把垫块准备妥当，用绳套套住上角，用脚蹬往下棱，向一边缓缓放下，不许猛摔。对于较大的石料，对面先用木杠撬住，依次倒替，缓缓放下。起运捆绑时，成活的棱角必须妥善保护。捆绑时，绳索与棱角连接处必须垫加木块稳放，地面应垫平，垫块应用较软的木料(如松木、杉木)，规格要一致。必要时，在木棱上应再垫破麻袋片或破布等。

现场抬运，如数量较多，条件许可时，可采用小铁地平车(硬胶皮轱辘)运输。所运石料如是成品，为防止棱角被碰坏，应用麻袋片垫好，外用麻绳或草绳捆好。但运至目的地后，应即时解除，以防草绳被雨水淋湿染色，妨碍石面美观。

四、长活翻跤

对于体积较小、质量不大的石料，在翻跤时，应先用撬棍撬起，用木块或石块垫起平口，以便搬运时，手掌容易插入。

在翻跤长活时，无论 3 人或 5 人，必须汇集站稳，一起插手，由一人喊号，同时用力抬起，放倒时要慢、要稳，以防摔坏石活。

对于较长、较薄的石料，在放倒时，必须在两端“垫山”，其位置以在该石料长度 1/6 处为宜。

对于较大、质量较重的石料，翻跤时，必须采用木托棍(要用榆木或柞木，不准用杨木、柳木)。撬棍规格：大头直径不得小于 15cm，长 2.5m，大头一端应削扁。要严禁使用有节疤的木料。

垫塞必须派有经验的专人负责。垫塞方法：两手必须从两侧夹起垫送(即横拿)，不准上下握拿，以免碰伤手背。

成活翻跤时，撬棍要垫木块，其木块所垫位置须近离棱角，应在棱角里面，不应与棱角齐，以防硌伤棱角。

五、滚运

凡石块过大或分量过重，不宜使用架子抬运时，可采用滚运法，即在石料下面，垫三根以上的圆木杠(俗名滚杠)牵引前进，但要注意必须使石料平稳前进。按石块大小、长短确定木杠尺寸。

一般滚杠距离以 50cm 为宜，直径应不小于 15cm，长短以大于石料宽度 30cm 为宜，须采用榆木或柞木，不准使用柳木或杉木。如地面过软，为防止滚棍下沉，在滚杠下应垫以木板，使滚杠在木板上滚动。最好使用“绞贯”牵引(图 8－19)。

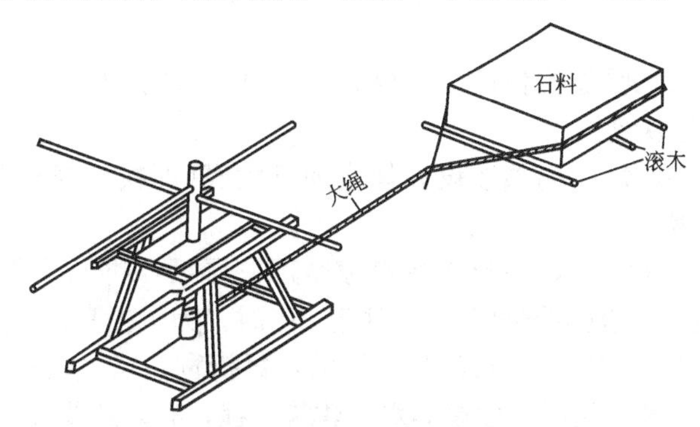

图 8－19　绞贯拉运石料

为使石料顺直滚运，必须有专人掌握滚杠(掌握滚杠最少需要三人)，倒替垫放，务必使其平直，不可歪斜，并注意避免滚棍压脚。石料拐弯时，可将下面的滚杠向其前进方向斜放，则自然缓缓转动。遇到下坡道时，为防止石料急剧滑坡发生危险，要有专人用撬杠顶住，使其徐徐前进。

第八节　石活安装

古建筑石活安装，传统做法有对缝安砌、下铁活和灌浆等若干道工序。由石工、瓦工、普工和搭材匠等工种相互配合劳动才能完成施工任务。古代没有先进的吊装设备，仅有滑车、绞磨等极其简单的施工机械，大量的起重工作主要依靠笨重的体力劳动来完成。但像天安门前高大的华表石柱和三大殿的巨大阶石，质量都在几十吨以上，在石工和搭材匠的密切协作下，却能安砌得既平直又牢固，显示了劳动人民的智慧和力量是十分惊人的。

一、砌石工具

由于各地区工人的操作习惯不同，因此使用工具不完全一样。大致说来，常用的有下列各种工具：手锤、木铃铛、錾子、大铲、灰抿、灰刀、刷把、小撬棍、木折尺(或小钢尺)、皮尺、水平尺、锤球、小线、铁锨、四尺耙、大水桶(存水用)、喷壶、灰斗、拌盘(薄钢板或木槽)、八磅锤、灰桶、汁锅、汁缸(盛灰浆用)、灰箩、灰筛、大筐(装小石块用)等。

二、石活安装

(一) 阶石安装

(1) 阶石安装(包括柱顶石、垂带、压面、地砖等)放线，需以门口为中心线，作为台阶放线的标准。上平按室内地平，下平按室外地平。

(2) 根据上、下平之间的垂直高度分出每层级石的高度。先定出第一步级石的标准位置，标立水平桩，挂线，找出根据石，即稳好第一步。

(3) 级石底层可不打大底，四角垫平，经检查无误后，再于四角充垫四码山，但前后不得出现露头，空隙地方用砖头或石砟填塞，但要留出浆口，第一步稳好灌浆后，再安装第二步。

(4) 第二步安装时，要稳抬稳放，不得振动前已安装好的阶石，为了保护阶石的棱角，免于振伤，可加垫软垫。

(5) 由第二阶以上，每阶均须按设计规格加打大底(即找出规格厚度)，逐级做好接头，顶层还要打好拼缝。

(6) 灌浆。先用稀浆灌入，待灰浆将空隙全部润湿后，再用稠浆继续灌入，清工部《工程做法则例》规定，宫殿建筑的石活，对缝安砌时，为了提高灰浆的强度，多用江米、白灰和明矾调成黏度很大的灰浆进行灌注。石活，每折宽一尺，长一丈，用白灰五十斤，江米五合，白矾八两。至于桥梁、驳岸等水工建筑工程，有时还要在白灰中掺入猪血，调成灰浆用以砌筑料石，具有很好的避水效果。

稳柱顶石，要用桐油、面粉和白灰调成的灰浆来灌注石活(材料质量配比为1：1：1)。为了保证工程质量，试验所灌灰浆是否已经饱满，需用粗铁丝或铁绕子在一边不断插捣，另一边如冒出水泡，即为合格。待砌石灰浆结硬后，即用油灰(桐油、面粉和白灰调成的灰膏，每丈用油灰一斤四两，桐油二两)勾抿石缝。对于驳岸、石坝等临水建筑，为了坚固起见，在油灰中还要掺入好麻若干用来修捻石缝，防水的效果会更好一些。

但上述这种圬工做法，采用桐油、江米、面粉、猪血等作为胶凝材料，费用相当高，尤其是江米和面粉都是粮食，今天不允许再用它们做建筑材料了。近代自水泥出现以后，用水泥砂浆来灌砌活，既经济又坚固，但也要注意水泥砂浆的缺点。

又据传统经验，中国南方出产的猕猴桃(又名杨桃藤)，其茎皮和髓中富含胶液，是一种用途很广的植物胶，用做建筑材料，在我国已有数百年的历史。用它拌和黏土、砂、碎石、石灰等铺装地坪、砌墙或修建河堤，都具有很好的强度。例如，浙江海宁一带的海塘工程，就是用石灰、江米调和猕猴桃汁来砌筑条石，非常坚固耐久，已历时200年，仍然坚固完好。这是古代劳动人民善于因地制宜、就地取材的一种科学成就。

(7) 安装台阶与台帮时，要注意预留泛水，以利于排水，保护建筑免受雨水侵蚀。泛水的坡度不得小于1%，如一般30cm宽的台阶，需要有4～5cm的泛水。同时，应按设计要求做好梓口。

(8) 质量要求：石活安装后，整体要稳，头、缝须顺直，大面要平，拼缝要齐。缝宽应根据设计要求做到均匀一致。

(二) 陡板安装

(1) 从台基四角做起，先将“好头石”(抱角石)稳好，按墙面拉线顺直，再用钢直尺测定长度，以此作为分块大小及块与块之间规定缝隙的依据。

(2) 将石块排列妥当，确定石块规格，再做接头打拼缝。打好接头拼缝后，即往上稳装。

(3) 稳装前，注意检查基础是否过软。石块与墙面的连接应符合结构设计的做法。稳装时应架好斜撑，以防石料因灌浆挤压而活动走迹。铁扒锔的深度(石窝)不得超过3cm。

(4) 灌浆时，不宜一次灌满，最少不低于三次。每次灌浆须待凝固后(约四小时以后)，再继续第二次，但要饱满，插捣要严密。

(5) 如石块较大(指250kg以上的)，人工抬运不便，应使用倒链吊装。

(6) 倒链搭架工作应由架子工专人负责。搭架前，应根据石块质量，检查架子的负荷能力是否足够，并确定承重木(即横撑)的大小。承重木应使用榆木(或杉木)。如需用直径过大，一根不足，可用三根或五根拼攒成一根。

(7) 安全措施。在石料起重时，除倒链外，还要附设老绳，由专人牵引，以防倒链骤然中断，致使吊装物坠落，发生事故。

(8) 石活稳到本位置时，先要下垫方木，迎面要用杉槁绑好防护栏，以防石块受外力影响滑倒，稳妥后撤绳子，往下落垫块，看准位置安装入位。

(9) 垫块要逐次换薄，顺序落下，以达到设计要求的缝隙为止。每日安装进度不应超过一层，高度超过一米时，应搭脚手。

(三) 柱子、栏板安装

(1) 按平面图位置弹线，先稳好地栿(地栿应掏水道眼)。按设计规格放线，分格、落榫口、落榫窝。

(2) 榫口的深度最少不低于1cm。榫窝的深度一般应为7cm，宽窄应以栏板的厚度为标准。榫窝大小以榫子规格大小为依据，榫窝应比榫子每面多余空隙缝0.7cm。

(3) 安装栏板，在截头打底时必须留榫子，榫子要规矩，栏板两头的榫子应在寻杖(扶手)下端。榫子厚度应为栏板厚度的2/5，榫长约为6cm，榫宽(上下)约为15cm。栏板下部的榫子在两端，其规格与两头榫子相同。

(4) 一切构件做齐后，稳放妥当，再用线顺直，用线坠吊正，以铁片(铁垫)垫稳，缝口稳装严密后，即进行灌浆。如是汉白玉工程，则需用铅铁垫，以防铁锈水污染石面。

(5) 栏板起重、吊装的操作程序与陡板做法相同。

(四) 券脸安装

(1) 按照图纸放好大样，按设计规格用三合板套出足尺样板，然后照样板做出规格成品。

(2) 稳装时，依靠券胎模型，自下而上逐块安装，两端要同时进行，起重安装过程与陡板相同。

(3) 券胎用料，须先由专人负责计算用料规格，经有关人员检查符合要求后，方准使用。

(五) 铁活

古建筑石活的砌筑工程，除用高级灰浆灌注缝隙外，为使砌体连接更加牢固，各层石块之间往往要根据具体情况施加一些简单的铁活，借以加强联系。例如，垒砌驳岸、金刚墙时，大料石的底面需要使用铁垫和拉扯一类的铁活。清工部《工程做法则例》规定，每长一丈用熟铁垫四两，生铁片(锅片)二两，见缝下生铁锭(每个或重二十斤、十五斤、十斤不等)。后者起拉扯作用，前者起垫平作用。熟铁垫，长三寸五分，见方一寸，每块重一斤二两。

装石板：见缝要荫锔槽，下熟铁锔子。

砌条石：每块长五尺，宽二尺，厚一尺，两石合缝处要凿出锭槽，每丈条石嵌生铁锭二个，条石以生铁片垫平，用油灰将缝隙捻实(每铁锭一个用油灰一斤，铁片二两)。

如砌体过于高大，为了加强石活的整体性，往往在条石的纵横侧立面两相交接处，上下都要凿成槽榫，嵌合连贯，使其互相牵制，难于动摇；并于每块条石的合缝处，用油灰抿灌，铁锭嵌扣，以免渗漏散裂。同时，还要依据砌体的高度做好合适的“收分”(一般为 1/100 左右)，以使砌体重心稳定，防止外闪倾塌。

(六) 两种吊装石活架子

1. 抱杆

抱杆又叫猴墩，用于吊装石构件的起重。这种架子构造简单，搭设容易。搭法是：在地面上，竖立起一根立杆，立杆顶端拴一根短木(枕木)，并用四根大绳(晃绳)拴成对角线。枕木和晃绳的作用：前者是为了拴系滑车和把滑车垫离开立杆，后者是为了稳固立杆。然后在抱杆顶端的枕木上拴上滑车，大绳通过滑车吊装构件(图 8－20)。抱杆使用材料与数量如表 8－2所示。

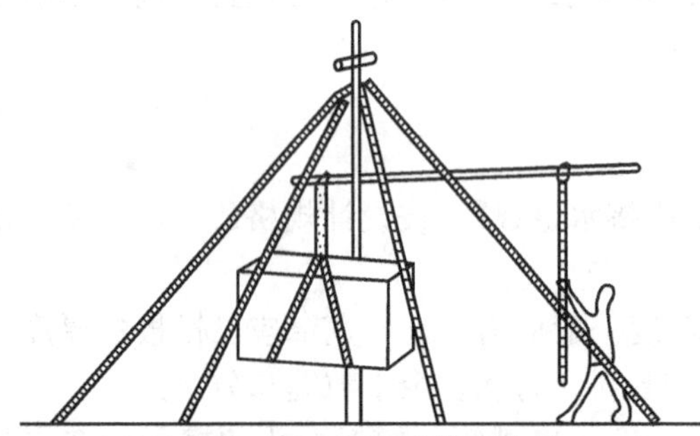

图 8－20　抱杆吊装石构件

表 8－2　抱杆使用材料及数量

名称	数量	规　格　尺　寸	备　　考
立杆	2 根	小头直径不能小于 15cm，长度 6～7m	起重量超过 1.5t，可以用三根杉篙拼成一根
枕木	1 根	12cm×40cm	
大绳	1 根	棕绳直径为 3cm，长度为 60～100m	
晃绳	4 根	线麻绳直径为 2.5cm	每根长 60～80m

2. 两步搭

具体搭法是：在地面上用两根杉篙支搭成人字形的支架，呈等边三角形，在人字支架的上部，约通高的 1/3 位置处，绑扎一步横杆，上端的前后各拴一根晃绳，斜拉固定在地面的木桩上，用于稳固。最后，在顶端系上滑车，借以吊装石构件(图 8－21)。这个架子所用材料规格及数量：两支杆的小头直径为 12～15cm，长度为 4～5m；晃绳规格同抱杆。其优点是搭设简单，移动方便，

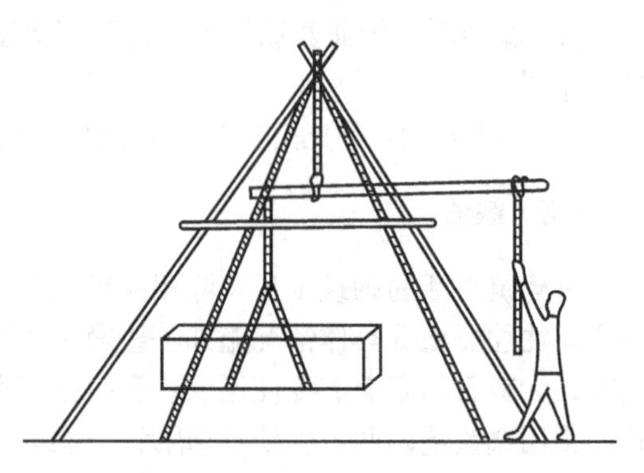

图 8－21　两步搭吊装石构件

还适用于装卸车。

上述两种起重架子，均可适用于安上倒链起重，也可用绞贯牵引起重，能起重较大的石构件。

第九节 石作的维修

木结构古建筑中的柱础、台级、栏板等多处使用石料，此外还有石柱、石墙、石地面等。这些石结构常用油灰勾缝，年久油性减退，灰条脱落，易流入雨水，造成墙缝生草或臌闪坍塌，有时由于选料不慎，或因受力不匀而出现构件断裂现象。

(一) 灰缝脱落、构件断裂的维修

(1) 灰缝脱落。将缝内积土或杂草清除干净，用油灰重新勾抿严实，油灰质量配比为白灰∶生桐油∶麻刀=100∶20∶8。

虎皮石墙勾缝，多用青白麻刀灰，材料质量配比为白灰∶青灰∶麻刀=100∶8∶8。

古代临水石墙勾缝用1∶2白灰砂浆内掺猕猴桃、江米汁。据明代《天工开物》记载，用此材料勾石缝，可防止渗水，“轻筑坚固，永不隳坏”。

现在维修时常以1∶3～1∶1水泥砂浆代替古代的油灰，对汉白玉石或艾叶青石等勾缝，一般用白水泥或加适当的色料，以求与原石料色泽协调。

(2) 石构件表面风化酥碱。先将酥碱部分剔除干净。在古代用预先配好的“补石药”加热后进行粘补齐整，再用白布擦拭光亮。补石药所用材料质量比为石粉∶白蜡∶黄蜡∶芸香=100∶5.1∶1.7∶1.7。

现在维修时可用乳胶之类高分子材料，掺和石粉、色料进行粘补。

(3) 断裂粘接。古代用“焊药”粘接石料，将黄蜡、白蜡、芸香三者按质量配比3∶1∶1掺和，加热熔化后涂在断裂石构件的两面，趁热粘合压紧(粘接面预先清理干净)。此外还可用以下两种配方：黄蜡∶松香∶白矾=1.5∶1∶1(质量比)，紫胶(力士片)掺石粉加热后进行粘接。民间俗语说：“漆粘石头，鳔粘木。”说明生漆粘石料是一种简易的传统方法，所用材料重量配比为生漆∶土籽面=100∶7。

粘接时，将断裂石料两面清理干净后，涂刷生漆对缝粘接。因生漆需要一定的温度和湿度才能干燥(一般要求最低温度应为20～25℃，相对湿度不低于70℃)。由于条件限制，在北方地区多于夏季进行，不便于常年使用此方法。

现在维修时，一般采用环氧树脂作为黏合剂，材料配比同木构件加固。

以上几种方法的共同缺点是，粘合后的石缝颜色较深，影响观看效果，故一般在粘接时，距离表面应留有0.5～1.0cm的空隙，待主体粘牢后，再用乳胶或白水泥掺原色石粉补抹齐整，与周围色泽协调一致。

(二) 臌闪、坍塌的维修

压面、台级臌闪、位移时，用撬棍拨正，用碎石块或熟铁片垫牢后灌浆，勾抿严实。

虎皮石墙臌闪、坍塌时利用原石料重新垒砌，先将臌闪处拆至完好墙身，基底清理干净，挂线按原式样垒砌，石块应大小相间，错缝咬槎，互相紧压，表面基本找平。这种砌

法，一般并不完全依靠灰浆的粘接而使它坚实牢固，主要是靠垒石的技术高低。古代园林中垒砌虎皮石墙多用白灰浆内掺江米、白矾灌注墙身，外用油灰麻刀勾缝(比例同前)。一般居民所砌片石墙，墙身灌桃花浆(黄土加白灰)，外用青白麻刀灰(比例同前)勾缝，并凸出1～2cm。

砌墙用白灰浆内掺江米、白矾的质量配比为白灰：江米：白矾＝100：3.5：1。

料石墙需重新拆砌时，应用拆下旧石，不足时用相同品种石料加工后补配，所用石料应六面齐整，合缝平稳，用白灰浆垒砌并灌缝。外用油灰勾缝。大块料石每层各块之间加铁拉子，或用铁银锭拉固。所用灰浆材料同虎皮石墙。

(三) 石料加工

砌料石墙所增添的石块，更换压面石，台级、栏板等所需新的构件都需按原尺寸式样进行加工复制。

一般石料加工，依据宋《营造法式》卷三的记载，分为六个步骤，即打剥、粗搏，细漉，褊棱，斫砟，磨砻。清工部《工程做法则例》简化为三个步骤，即做糙(包括宋代的前四个步骤)、占斧(即斫砟)、扁光(即磨砻)。现在石工操作步骤与清工部规定基本一致，但名称改为砸花锤、剁斧、磨光。

(1) 砸花锤。即做糙，在未加工的石料上先弹“扎线”(又称“荒线”)，比规定尺寸大出1cm左右(一般备料时应比实用尺寸大出3～5cm)，将扎线以外多余的石料凿掉，周边凿齐，四角找平。

(2) 剁斧。即占斧，在做完砸花锤的石料上，校核并补画平线，用快斧顺线剁细，靠尺找平。然后按原砧码(即剁斧砧文)的宽度、式样开始剁斧，一般进行三遍，第一遍直剁，第二遍斜剁，直、斜各剁一次，第三遍按原样直剁或斜剁。一般建筑中的砌墙，或更换压面、台级等石构件，加工至此即可结束。重要建筑物的石构件要求表面光平，应再进行磨光。

(3) 磨光。在剁斧后的石料上，进行剁细斧(做法与剁斧相同，只是各砧码挡排列较细，深度较浅)，为磨光打好基础。然后用金刚石进行打磨，先粗磨一遍，再细磨一遍，最后用细石水磨一遍直到见光为止。

考究的石活还要擦酸打蜡，先用干燥白粗布蘸稀酸在磨光石料上涂蹭，然后用白蜡、松香加热搅匀，放冷后用白色粗布蘸蜡擦磨，直到光亮为止。

栏板、望柱、石柱等有雕刻花纹的构件，在砸花锤后的石料上放线找方，四面齐边。按花纹凹凸情况，预留高度(俗称花胎)，四面剁细斧，大面剁糙斧一遍，将原构件花纹描绘在石料上，然后按线雕凿花纹，磨光打蜡。

(四) 石构件安装

台阶、压面石、栏板、望柱等安装时，按原位标立木桩、挂线，底部垫平，四角置小石块或熟铁块，留出灌浆口，然后进行安装。构件大时(超过250kg)，需用倒链等起重设备辅助进行。构件稳平后，先灌稀浆，再灌稠浆，石料大时可分三次灌浆，每次灌注须待前次灌浆凝固后进行。为保证灌浆饱满，需用铁钎等插捣严实。

安装柱础：石础等承重构件，古代在底部用油灰加面粉灌牢，材料质量配比为石灰：生桐油：面粉＝1：1：1。近代维修多以1：3～1：2水泥砂浆代替古老的白灰、桐油等材料。

(本章节选自参考文献［21］，另外，一本有参考价值的书是刘大可先生编著的《中国古建筑瓦石营法》，1993年由中国建筑工业出版社出版)

第九章 古建筑砖结构(砖作)的施工技术、损坏及修复

古建筑中使用砖材砌筑建筑物、构筑物或其中某一部分的专业，称为砖作。宋《营造法式》中的“砖作”部分，记述了砖的各种规格和用法，用砖砌台基、须弥座、台阶、墙体、券洞、水道、锅台、井和铺墁地面、路面、坡道等工程。清工部《工程做法则例》中未列“砖作”，砌柱墩、基墙、墙、硬山山尖、墀头等作业，列入“瓦作”。本章中只着重讨论砖墙。

第一节 墙体砌筑

在中国古建筑中，一般用木结构作为负重部分，在古建筑行业中，有“墙倒屋不塌”之说。墙体主要起防寒、隔声及对木构架起横撑作用。当然，在一定条件下，墙壁也起一定的承重作用，如当柱根、柁头糟朽或木构架倾斜的时候。不过一般说来，它并不在设计考虑范围之内。

在古建筑墙体中，主要使用新整砖，极少抹灰粉饰(极考究的房屋内壁做护墙板)，几乎每一块砖都看得很清楚。它同木构架一样，既是结构中不可缺少的部分，又是装饰部分。因此它的设计与施工有着十分严密、完整的规定。下面就分几个方面进行介绍。

一、砖的种类

古建筑中所使用的砖的种类很多。不同等级、不同形式的建筑所选用的砖也多不相同。清式建筑常见砖的规格如表 9 - 1 所示。在修缮中，如无表 9 - 1 中所列材料时，可参考表中的规格用现代材料代替。

表 9 - 1　清式建筑常用砖规格表

名　　称	规格/cm	常 用 部 位
停城	47×24×12	大式院墙，城墙，下碱
沙城	47×24×12	随停城背里
大城样	45.4×22.4×10.4	大式糙墁地面，基础，混水墙，小式下碱
二城样	45.1×22.1×10.1	大式糙墁地面，基础，混水墙，小式下碱
大停泥	41×21×8	墙体上身，小式下碱
小停泥	27.5×14×7	大式杂料
大开条	28.8×16×8.3	小式下碱，墙身，杂料
小开条	24.3×11.2×3.8	大式檐料，墁地，小式墙身

（续）

名　称	规格/cm	常用部位
斧刃	24×12×4	大式檐料，墁地，小式下碱，杂料
二尺四方砖	76.8×76.8×14.4	大式墁地，大、小式杂料
二尺二方砖	70.5×70.5×12.8	大式墁地，大、小式杂料
二尺方砖	64×64×12.8	大式墁地，大、小式杂料
尺七方砖	54×54×8	大式墁地，大、小式杂料
金砖	从尺七至二尺四	宫殿室内墁地
尺四方砖	44×44×6.4	小式墁地，大、小式杂料
尺二方砖	33.4×38.4×5.76	小式墁地，大、小式杂料
大沙滚	28.8×16×8.3	随其他砖背里，糙砖墙
小沙滚	24.3×11.2×3.8	随其他砖背里，糙砖墙

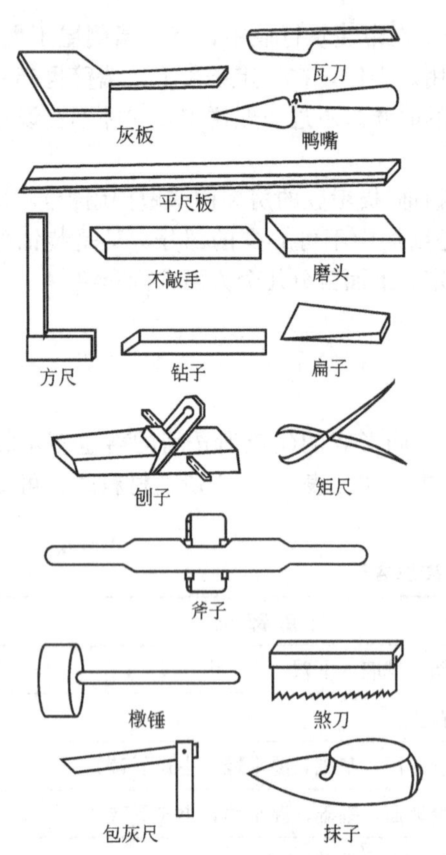

图 9－1　常用工具

由于清代砖瓦的尺寸修订过几次，各地砖窑制作得又往往不十分准确，再加上许多商人为了赚钱，故意修改砖的规格及瓦的形状，因此造成了清代砖瓦规格比较混乱的现象。在修缮中，如发现砖的规格与表 9－1 不符而又不便更换时，应因材、因地制宜地进行选配。

二、常用工具

古建筑修缮中常用的工具有瓦刀、抹子、鸭嘴、煞刀、扁子、刨子、磨头、包灰尺、方尺、平尺、木敲手、0.3cm～1.5cm 錾子(共 5 种)、灰板、墩锤、木宝剑等，如图 9－1 所示。在修缮中，如能采用新式机械代替传统工具则更为理想。

三、砌法

(一) 干摆

干摆墙即闻名于世的“磨砖对缝”砌法。干摆墙须使用干摆砖。砌筑之前要检查一下砖的棱角是否整齐。并应有专人“打截料”，即负责补充砍砖工作中未能做到的工作。

(1) 在两端拴两道立线(叫曳线)并拴两道横线。下面的叫卧线，上面的叫罩线(打站尺后将罩线拿掉)。

(2) 砌第一层砖时应先检查一下基础是否水平。如有偏差，应用麻刀灰抹平，即衬脚。然后摆砖。砖的立缝和卧缝都不挂灰。摆完砖后用平尺板逐块进行打站尺。打站尺的方法是，将平尺板的下面与基础上弹出的砖墙外皮墨线贴近，中间与卧线贴近，上面与罩线贴近。然后检查砖的上、下棱是否也贴近平尺板，如未贴近或顶尺，必须纠正。

砖的后口要用石片垫在下面，即背撒。背撒时应注意：①石片不要长出砖外；②接缝即顶头缝处一定要背好；③不能用两块重叠起来背撒。背好撒后用未加工的砖将里、外皮之间的空隙填满(即填馅)。然后刹趟，即检查上棱是否平直，如有不平，要用磨头(糙砖或砂轮)将高出的部分磨去。

灌浆要用桃花浆或生灰块调成的白灰浆。极考究的建筑可掺少量江米汁(表 9-2)。浆应分三次灌，第一次和第三次应较稀，第二次应稍稠。第三次叫点落窝，即在两次灌浆的基础之上弥补不足的地方。灌浆时应特别注意不要过量，否则会把砖撑开。点完落窝后要用刮灰板将浮在砖上的灰浆刮去。然后用大麻刀灰将灌过浆的地方抹住，即抹线。抹线可以防止因上层灌浆往下串而撑开砖，所以这是一项很重要的工作。

表 9-2　常用灰浆的配制

常用灰浆	配　制
泼灰	将生石灰块用水反复均匀地泼洒成粉状后过筛
泼浆灰	泼灰过细筛后用青浆泼洒而成
青浆	青灰加水调成浆状
老浆灰	青灰加水搅拌均匀再加生石灰块(青灰与白灰质量之比为 7∶3)，搅成稀糊状过筛发胀而成
麻刀灰	泼浆灰或泼灰加麻刀(100∶4 质量比)加水搅匀而成，如质量比为 100∶5，称大麻刀灰，如质量比为 100∶4～100∶3，且用短麻刀，则称小麻刀灰
煮浆灰	也称灰膏，或青灰，生石灰块加水搅成稀粥状，过筛发胀而成
油灰	面粉加细白灰粉(过绢箩)加烟子(用溶化了的胶水搅成膏状)加桐油(1∶4∶0.5∶6 质量比)搅拌均匀而成
纸筋灰	先将草纸用水闷烂，再放入煮浆灰内搅匀
砖药	砖粉 4 份，白灰膏 1 份加水调匀
糯米浆	生石灰加糯米(6∶4 质量比)加水煮(糯米应预先加水发胀)至糯米煮烂为止
白灰浆	泼灰或生石灰加水调成浆状，如生石灰改用青灰，则为月白浆

(3) 以后每层除了不打站尺外，砌法都同第一层一样。砌筑时应做到“上跟绳，下跟棱”，即上棱以卧线为标准，下棱以底层砖的上棱为标准。在砌筑中应特别注意背撒、灌浆和抹线这几项工作，绝不可敷衍了事。

(4) 干摆墙砌完后要进行修理，其中包括墁干活、打点、墁水活和冲水。

① 墁干活。用磨头将砖与砖交接处高出的部分磨平。

② 打点。用“药”将砖的残缺部分和砖上的砂眼抹平(“药”的配方见表 9-2)。

③ 墁水活。用磨头蘸水将打点过的地方和墁过干活的地方磨平。

④ 冲水。用清水将整个墙面冲洗干净，做到“真砖实缝”。

由于干摆墙不用灰砌，所以遇有柱顶石时，那里的砖需要随柱顶的形状砍制。具体方法是，把砖放在砌筑的位置上，然后把矩尺张开，一边顺着柱顶滑动，一边在砖上划出痕迹来。然后按划出的痕迹砍制。干摆砌法常用在墙体的下碱或重要建筑的整个墙身(即“干摆到顶”)。

(二) 丝缝

丝缝墙应使用丝缝砖。其砌法与干摆墙大致相同。不同的是，由于丝缝墙用砖不如干摆砖加工得那样细致，所以外口要挂老浆灰(砖缝应极细)。无包灰的一面(膀子面)应朝上。最后不用清水冲，但要用平尺和竹片耕缝。耕出的缝子应横平竖直，深浅要一致。丝缝砖法常用在墙的上身。

(三) 淌白

淌白砖墙用料比丝缝又粗糙了一些。淌白砖下面必须铺灰。砖缝不超过 3～5mm。淌白砖墙不刹趟，不墁干活。其他同丝缝砖法，但也有不耕缝的。淌白砌法常用在墙的上身。

(四) 糙砌

凡砌筑未经砍磨加工的砖都属此类。糙砌一般可分为带刀灰缝墙和掺灰泥碎砖墙。带刀灰砌法是，用深月白灰挂在砖的四边上，进行砌筑，即“打灰条”或叫抹“爪子灰”(有些丝缝墙也采用这种铺灰方法)，灰缝厚度不应超过 3～5mm。为了增强墙体的抗压能力，在修缮中应将带刀灰砌法改为现代“满铺满挤”砌法。

古建中的碎砖墙所用的砖并不都是碎砖。凡主要用碎砖及未经加工的砖或规格不一的整砖用掺灰泥砌筑的墙体都叫碎砖墙。砌筑碎砖墙时应注意：①里、外皮砖要互相咬拉结实；②要适当用整砖“拉丁”即砌丁砖；③要与四角整砖咬拉结实；④砌到柁或檩底时应“背楔”；⑤砖不可陡砌；⑥四角应放置 2 至 3 道钢筋勾尺；⑦泥缝厚度不得超过 2.5cm；⑧提高掺灰泥的强度，提高的办法除了适当增加白灰的数量外，最简便有效的办法就是提高砖的含水率。俗话说：“6 月(农历)砌墙 6 月倒，6 月不倒站到老。”就是说，由于雨季时砖、泥都很湿，墙很不容易砌平整。但砌筑时只要不出问题，质量就会比其他季节砌筑的都好。这说明了砖的含水率的多少与掺灰泥的强度有很密切的关系，所以在修缮中若砖较干，一定要用水浇湿后再使用。

碎砖墙体多用于墙体的上身或院墙。带刀灰砌法除廊心墙外，各种墙体均可使用。

(五) 虎皮石墙

虎皮石墙是用岩石砌的墙体。虎皮石墙用料可以经过加工，也可以不经加工，但砌角的石料最好能预先加工。

砌筑程序如下：

(1) 砌第一层时，先挑选比较方正的石块放在拐角处。然后在两端角石之间拴卧线，按线放里、外皮石头，并在中间用小石块填补。第一层石头应平面朝下，一般不铺灰。铺完第一层石块后用灰将大的石缝塞满 1/2，然后用小石块从外面塞进去，并敲实。

（2）砌第二层石块时，应注意与第一层尽量错缝，并应尽量挑选能与第一层外形严丝合缝的石头，选好后在第一层上铺灰，灰缝厚度应在 2cm 左右，石块间的立缝也应挂灰，石块如有不稳，应在外侧垫小石片，使其稳固。

（3）以后逐层均同第二层砌法，最后一层应找平砌。虎皮石墙不同于砖墙，只要求大体上的跟线，不要求“上跟线、下跟棱”。其砌筑方法可以归纳为“平铺、插卧、倒填、疙瘩碰线”。砌筑时应注意尽量大头朝下，大头朝外，里外皮应尽量咬拉结实，不能砌成“两张皮”。每隔几层应砌几块横贯墙身的石头作为里外皮的拉结石。上下层拉结石应互相错开。同层拉结石之间的距离以 1m 左右为宜。拉结石的长度须超过墙宽的 2/3。虎皮石墙的质量要求可以归纳为“稳、实、严、拉结好”。

（4）勾缝。缝子形式有凹缝、凸缝和平缝三种。

还有一种“干背山”做法，即不铺灰，用小石片垫稳，砌完后勾缝。最后灌浆。这种做法的特点是缝子细，适合于经过加工的石料。虎皮石墙常用在墙体的下碱或园林中的墙体。古建墙体中常在下碱、槛墙、盘头等处采用较细的砌法并使用较好的材料。墀头上身、砖檐、博缝和山尖等处次之，墙体上身和院墙又次之。

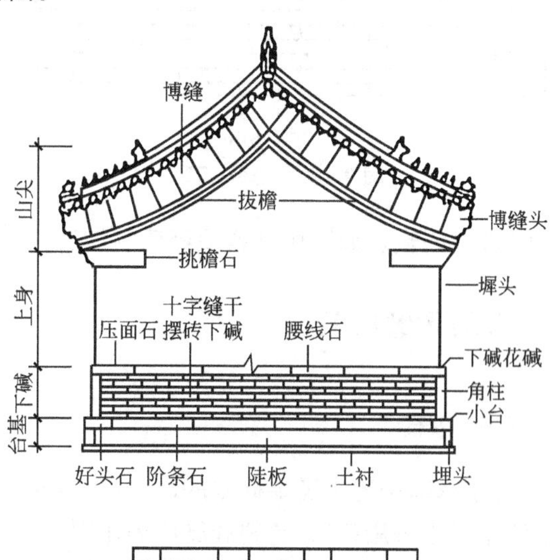

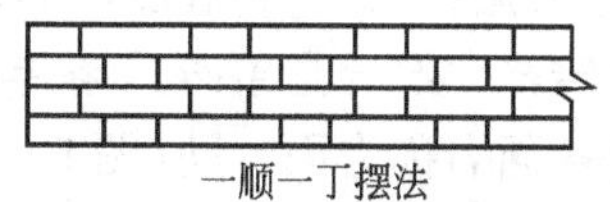

图 9－2　大式硬山墙及一顺一丁摆法

四、砖的排列形式

古建墙体中砖的排列形式一般有三种：一顺一丁、十字缝和三七缝，又称三顺一丁（图 9－2～图 9－4），其中一顺一丁为明式砌法。

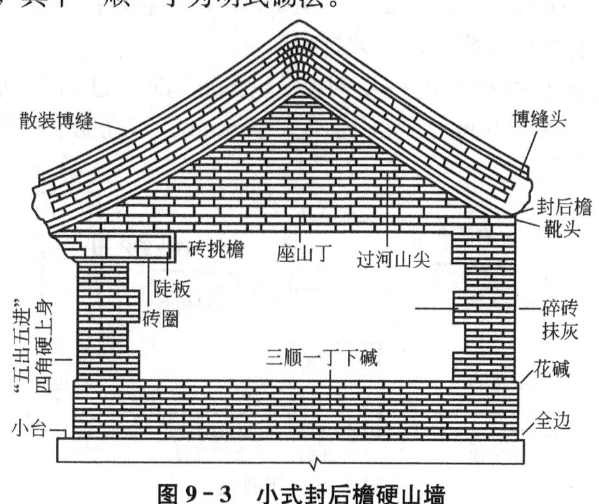

图 9－3　小式封后檐硬山墙

三顺一丁墙有两种安排方法(图 9－3 和图 9－4)。注意，丁头必须安排在上、下层“三顺”的中间，绝不可“偏中”(角砖除外)。操作时应先试摆即“样活”。两种摆法中选哪种都可以，以能摆成“好活”即排出整活为准。如实在赶不上“好活”时，可用一个“一顺一丁”调整。除山尖外，一顺一丁墙必须安排在墙体的中间。三顺一丁墙可用“七分头”(为普通砖长的7/10)进行调整。如所用材料须经砍制加工，可在砖的长度上进行调整。

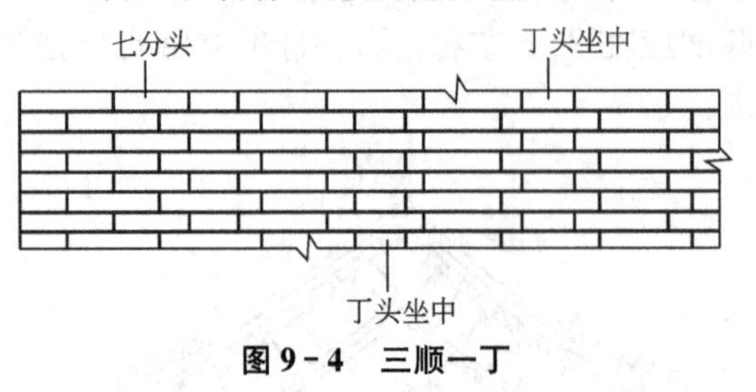

图 9－4　三顺一丁

五、砖的砍磨加工

(一) 砍砖

古建修缮中经常需要砍制的砖，一般包括墙身用砖、地面用砖和杂料。杂料包括檐料(指砖檐和盘头用料)、脊料和廊心墙用料。

墙身用砖绝大部分是条砖，条砖各面名称分别为面、肋、头。地面用砖有条砖和方砖两种。方砖各面名称为面、肋(图 9－5)。

砍砖所必需的工具有斧子、木敲手、矩尺、扁子、刨子、弯尺、包灰尺、制子及砖桌等。如能用机械代替更好。在未砍之前，应先砍出样板砖(官砖)。然后统一按样板砖砍制，样板砖的规格应以墀头和下碱能排出好活为准。

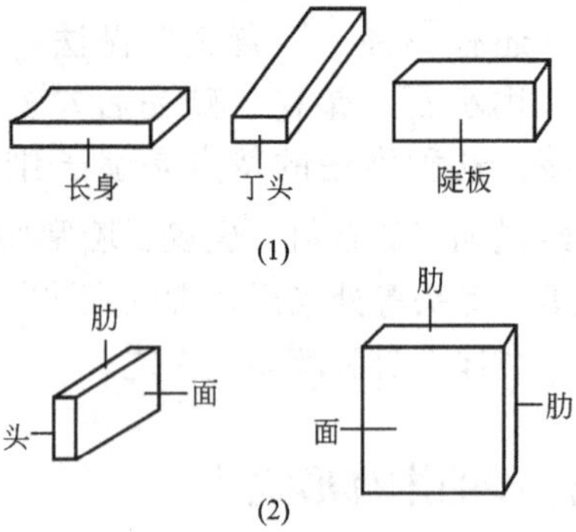

长身　丁头　陡板
(1)
肋　面　头　肋　面　肋
(2)

图 9－5　砖各面名称

1. 墙身用砖

1) 干摆砖

干摆砖一般包括城砖干摆和停泥砖干摆。

(1) 用刨子铲面并用磨头或大砂轮磨平。

(2) 用平尺和钉子顺条的方向在面的一侧划出一条直线来，即“打直”。然后用扁子和木敲手沿直线将多余的部分凿去，即“打扁”。

(3) 在打扁的基础上用斧子进一步对肋部劈砍，即“过肋”。后口要留有“包灰”(图 9－6)。城砖包灰不大于 7mm，停泥砖不大于 5mm。过完肋后用磨头磨肋。

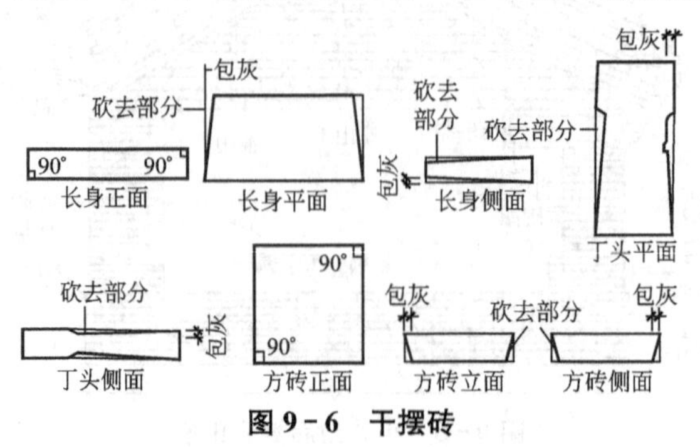

图 9－6　干摆砖

(4) 以砍磨过的肋为准，按“制子”(即长、宽、高的标准，通常用木棍制作)用平尺、钉子在面的另一侧打直。然后打扁、过肋和磨肋，并在后口留出包灰。

(5) 顺头的方向在面的一端用方尺和钉子划出直线，并用扁子和木敲手打去多余的部分。然后用斧子劈砍并用磨头磨平，即“截头”。头的后口也要砍留包灰。城砖包灰不超过 5mm，停泥砖不超过 3mm。

(6) 以截好的这头为准，用制子和方尺在另一头打直、打扁和截头。后口仍要留包灰。

丁头砖只砍磨一个头，另一头不砍。两肋和两面要砍包灰。但只需砍到砖长的 6/10 处。长短和薄厚均按制子，如图 9-6 所示。转头砖(砌筑后可见一个面和一个头)砍磨一个面和一个头。两肋要砍包灰。转头砖一般不截长短，待操作时根据实际情况由打截料者负责截出。

2) 丝缝砖

丝缝砖与干摆砖大致相同，不同的是有一侧肋不砍包灰，肋与面互成直角，叫做“膀子面”。膀子面可以砍得稍糙，夹角只要不大于 90°就可以，即能“晃尺”即可。

3) 淌白砖

(1) 细淌白。细淌白只砍磨一个面或头并按制子截头。淌白砖不过肋。

(2) 糙淌白。糙淌白只砍磨一个面或头。不截头。

2. 地面用砖

(1) 条砖。墁地用条砖，有面朝上和肋朝上两种。如是面朝上，砍磨方法同干摆砖；如是肋朝上，先砍磨肋，其余四面要砍包灰，四角均为直角。地面用条砖的包灰应比墙身用砖小，一般为 1～2mm，城砖为 2～3mm。

(2) 方砖。参照墙身用干摆砖的方法。先铲磨面，然后砍四个肋，四个肋都要砍包灰(1～2mm)，四个肋要互成直角。园林庭院地面用砖的包灰可稍大，但最大不应超过 1cm。

无论墙身还是地面用砖，要求砍磨后不得有“花羊皮”(即没砍磨到的地方)和“斧花”。看面不得缺棱掉角。看面的四边要互成直角，并应在同一个平面上，即不得有“皮楞”，肋上不得出现“肉肋”和“棒锤肋”，即高出外口的部分。

3. 杂料

杂料种类很多，所用部位也各不相同。至于它们的具体砍制方法，这里不再详细介绍了，读者可以参照本书已有的插图和所注规格，举一反三。

(二) 砖雕

砖雕俗称“硬花活”。中国古代建筑中的雕刻艺术有着它独有的生动、细腻的特点，这一点在小式建筑中表现得尤其突出。砖雕的格式、图案和等级制度没有太明确的规定。一般说来，雕刻在什么部位都可以，图案也可以自由选择，雕刻的部位常选在墀头、影壁、屋脊、门楼和博缝头上。常用的图案有花草、鸟兽、山水、如意等。

砖雕的工具有 0.3～1.5cm 錾子各一种、木敲手、磨头等。如能用机械代替则更好。

砖雕可以在一块砖上进行，也可以由若干块组合起来进行。一般都是预先雕好，然后进行安装。

雕刻的手法有平雕、浮雕(又分浅浮雕和高浮雕)、透雕。如果雕刻的图案完全在一个平面上，这种手法就叫平雕。平雕通过图案的线条给人以立体感，而浮雕和透雕则要雕出立体的形象。浮雕的形象只能看见一部分，透雕的形象则大部分甚至全部都能看到。透雕手法甚至可以把图案雕成多层。下面介绍砖雕的一般程序。

(1) 画。用笔在砖上画出所要雕刻的形象。有些地方若不能一下子全部画出，或是在雕的过程中有可能将线条雕去，则可以随画随雕，边雕边画。一般说来，要先画出图案的轮廓，待镖出形象后再进一步画出细部图样。

(2) 耕。用最小的錾子沿画笔的笔迹浅细地“耕”一遍，以防止笔迹在雕刻中被涂抹掉。

(3) 钉窟窿。用小錾子将形象以外的部分钉去，为下一步工序打下基础。

(4) 镖。将形象以外多余的部分镖去，并镖出图案的轮廓。

(5) 齐口。在镖的基础上将细部图案雕刻出来。

(6) 捅道。用錾子将图案中的细微处(如花草叶子的脉络)雕刻清楚。

(7) 磨。用磨头将图案内外粗糙之处磨平磨细。

(8) 上“药”。用药将残缺之处或砂眼找平。药的配制方法是七成白灰，三成砖粉，少许青灰加水调匀。

(9) 打点。用砖粉水将图案揉擦干净。

透雕的方法与浮雕大致相同，但更细致，难度也更大。许多地方要镖成空的。有些地方如不能用錾子敲打，则必须用錾子轻轻地切削。

在砖雕过程中应小心、细致，尤其是透雕，需要更加小心。但如果局部有所损坏，也不要轻易抛弃，因为图案本身并无严格的规定，所以除了可以将损坏了的部分重新粘好外，也可以考虑在损坏的部分结合整体图案重新设计图案和雕刻。雕出的形象应生动、细致、干净。线条要清秀、柔美、清晰。

除了硬花活(即“凿活”)以外，还有一种软花活。古代建筑中凡用抹灰方法制作的花饰、瓦件等，都叫软活。以砖瓦制成的都叫硬活。软花活制作手法分堆活和镂活两种。堆活就是用麻刀灰先堆成图案的粗糙轮廓。然后用纸筋灰按设计要求堆塑。纸筋灰的制法是用水将草纸泡糟后与白灰膏加水调匀。如在石头上堆塑，应先用砂子灰打底。如成批生产，可制模浇注(具体方法见“花饰的修复”部分)。镂活是先用麻刀灰打底，然后抹一层薄薄的素白灰，再在其上刷一层烟子浆，待灰浆干后，用钻子和竹片按设计要求进行镂画。镂面过的地方应露出白灰，为了使图案有立体感，图案中表现光线较弱的地方要轻镂，使白灰似露似不露(即“阴线”)。因为镂活不易修改，所以最好预先将图案镂画熟练了，再实际操作。

(三) 花饰的修复

软花活修复起来比较容易。堆活一般仍用纸筋灰或石膏将损坏了的部分重新堆塑。镂活可以用烟子浆再刷一遍，然后重新镂画。

1) 硬花活的修复

硬花活的修复比较复杂，一般可分为三种方法。

(1) 见新。如果图案损坏得不严重，只是被轻度地风化了，则可用錾子重新“齐口”、“捅道”，并用砖面水刷净。

(2) 剔凿挖补法。先将损坏了的部分挖去(要挖成方形)。然后按挖去部分的大小重新砍磨出一块(或几块)砖，并按原设计要求在其上雕刻。如无法按原设计要求复原，应根据损坏部分四周的图案重新设计和雕刻，然后用炭火将雕好的砖与花饰中被挖去的部分同时烤热，再用紫胶(即紫草蓉)或漆片涂抹需要粘合的地方。涂完后趁热粘在一起，冷却后打点交活。也可以用现代化学方法进行粘接，已采用的有乳胶和环氧树脂胶等，其中环氧树脂胶的强度较大，适宜大型粘接，环氧树脂胶的配方是：环氧树脂＃618(或＃634)100个单位(重量)加水泥50～100个单位(视黏度而定，水泥越多，黏度越小)，加苯二甲酸二丁酯20个单位，再加适量颜色，30min至2h以内使用完毕。如花饰为浅色，应使用白水泥。化学胶粘剂种类较多，这里就不一一介绍了。在实际操作中，如不属重要建筑，可以用现代材料代替古建筑材料。

(3) 堆补法。先用麻刀灰在损坏的部分打底，再用纸筋灰按照原样堆塑，如是青砖，纸筋灰中须加适量青灰，并可加适量水泥。趁纸筋灰未干时在上面洒上砖面，并用轧子赶轧出光，最后打点并刷砖面水。如需要，可用水泥砂浆代替麻刀灰和纸筋灰。

如是琉璃花饰，除了更旧换新外，可以先用水泥砂浆堆塑，打点后进行油饰。目前已采用的油饰材料有有机硅油漆和缩丁醛涂料。缩丁醛涂料的配方是：①酒精加缩丁醛(6∶4质量比)；②3号防水剂加稀盐酸(10∶1)。①和②(1∶1)加适量颜色。使用时应注意随用随调，一般不要超过5～6h。

以上这两种方法都具有较好的防水性能和附着能力，并有较好的耐腐蚀能力，老化期也较长。但不足的是光洁度不够理想，尤其是缩丁醛涂料的光洁度更差。这里再介绍一种油饰方法。这种方法具有较好的光洁度，同时也具备上述优点。具体方法是，先在表面刷一层聚氨酯底漆，然后刷一层聚氨酯清漆。刷时应注意表面要保持干燥。空气中相对湿度较大时不可使用。除了聚氨酯油漆外，聚甲基丙烯酸酯类清漆和聚甲基丙酰胺类清漆等都可以使用。

上述几种刷色方法也可应用于琉璃瓦釉剥落的修复。此外，还有一种修复花饰的方法叫做制模浇注法。

2) 制膜浇注法

这种方法适用于一切可以制模的花饰及脊兽等，尤其适用于成批生产。

(1) 第一种制模方法。先找一个完好的样品(如无备存，可用泥雕塑)，然后用泥或石膏或水泥做模，用样品做内胎制作模子，内胎上应涂抹凡士林或有机硅脱模剂等。模子应分成若干块(在能脱模的原则下越少越好)。模子做好后抹上脱模剂并组合在一起绑扎结实。然后浇注水泥砂浆(水泥与砂子比为1∶2)。脱模后应及时修理合模缝，根据要求刷色，如是仿青砖制品，可刷砖面或砖面水；如是琉璃花饰，可在刷色后刷漆。

(2) 第二种制模方法。如果花饰的造型复杂，用石膏模等不能脱出时，可以采用第二种方法，即胶模脱模法，胶模的制作方法是，先将猪膘用水发开后加热至80℃(膘锅不可直接接触火)，然后往膘内加入1/10的煤油，搅拌均匀后即可使用。将制成的煤油膘烧在内胎上，冷却后即成胶模。如果花饰较大，可将胶模分成若干块。胶模损坏后可重新化开并重新加入煤油。

花饰或兽头制成后应进行养护。

古建筑中用的传统材料是一个应该深入研究的课题，应予以关注。

第二节 墙体的检查、鉴定和修缮

(一) 墙体的检查、鉴定

墙体发生损坏的情况有以下几个方面：倾斜、空鼓、酥碱、鼓胀、裂缝。根据损坏的程度，可以将维修项目分为择砌、局部拆砌、剔凿挖补、局部抹灰、局部整修。当采用这些手段都不能解决问题时，应考虑拆除重砌。由于各地用料情况的不同，再加其他因素的干扰，所以墙体损坏的检查、鉴定没有固定的标准。有时虽然看上去损坏程度不大，但实际上潜藏着极大的危险性。有时表面上损坏得较重，但经一般维修后，在相当的时期内不会发生质的变化。一般说来，造成墙体损坏有以下四个因素。

（1）木架倾斜。如是这种因素造成的倾斜或裂缝，一般可以不采取拆砌的方法。因为在一定范围里，只要木架不再继续倾斜，墙体就不会倒塌。对于这种情况，一般只采取临时支顶的方法就可以避免木架继续倾斜。

（2）自然因素。如雨水侵蚀，风化作用等。在这种情况下，只要排除了漏雨和在风化的部位整修一下，就可以解决问题。但如果损坏的程度很大，则应考虑局部拆砌或全部拆砌。

（3）用料简陋或做法粗糙。这种情况往往表现为不空鼓和无裂缝。如属此种情况，只要能保证墙顶不漏雨，墙身不直接受自然因素的侵蚀，墙体一般不会倒塌。

（4）基础下沉。如果木架没有倾斜，整个墙体也较完整，却发生了裂缝或倾斜，大多是由基础下沉造成的。如属这种情况，一定要拆除重砌，并对基础采取相应的加固措施。

检查、鉴定时，应先确定墙体的基础是否下沉和墙顶是否漏雨。如经检查确认后，应立即采取措施。因为这两种情况有可能在短期内造成墙体倒塌。如一时不能确定，可在裂缝处抹一层麻刀灰，观察麻刀灰有无随墙体继续开裂的动态。

超过下述情况之一的，应拆砌；未超过的可进行维修加固：

① 碎砖墙。歪闪程度等于或大于8cm，结合墙体空鼓情况综合考虑；墙身局部空鼓面积等于或大于$2m^2$，且凸出等于或大于5cm；墙体空鼓形成两层皮；墙体歪闪等于或大于4cm并有裂缝；下碱潮碱等于或大于1/3墙厚；裂缝宽度等于或大于3cm，并结合损坏原因综合考虑。

② 整砖墙。歪闪程度等于或大于墙厚的1/6或高度的1/10；砖碹下垂等于跨度的1/10或裂缝宽度大于0.5cm。其他同碎砖墙。

应特别注意的是，墙体只要墙顶不渗水，灰缝不酥碱，地基不下沉 ，就不容易倒塌，所以遇有上述情况，一定要立即排除。

（二）墙体的一般修缮

1. 剔凿挖补

整个墙体完好，局部酥碱时可以采取这种做法。先用錾子将需修复的地方凿掉。凿去的面积应是单个整砖的整倍数。然后按原墙体砖的规格重新砍制、砍磨后照原样用原做法重新补砌好，里面要用灰背实。

2. 局部抹灰

损坏情况同上，但若是次要墙体，可以采取这种做法。先用大麻刀灰打底，然后用麻刀灰抹面(可以掺些水泥)，趁灰未干时在上面洒上砖面，并用轧子赶轧出光。如果大面积找补抹灰，可以刷青浆，刷浆后赶轧出亮。最后仿砖缝的样子用平尺和竹片做成假缝子。

3. 局部整修

整个墙体较好，但墙体的上部某处残缺时，可采取这种做法。常遇到的整修项目有整修博缝、整修盘头、整修墙帽等。具体做法可参考后面的拆砌部分。

4. 择砌

局部酥碱、空鼓、鼓胀或损坏的部位在墙体的中下部，而整个墙体比较完好时，可以采取这种做法。择砌必须边拆边砌，不可等全部拆完后再砌。一次择砌的长度不应超过50～60cm，若不择砌外(里)皮，长度不要超过1m。

5. *局部拆砌*

如酥碱、空鼓或鼓胀的范围较大，经局部拆砌又可以排除危险的，可以采取这种做法。这种做法只适用于墙体的上部，或者说，经局部拆除后，上面不能再有墙体存在。如损坏的部位是在下部，只能择砌。先将需拆砌的地方拆除。如有砖槎，应留坡槎；用水将旧槎洇湿，然后按原样重新砌好。

(三) 墙体拆除的注意事项

在拆除墙体之前应先检查柱根，柱头有无糟朽，如有糟朽应墩接好，严禁先行拆除再墩接。然后检查木架的榫卯是否牢固，特别应注意检查柁头是否糟朽，如有糟朽，要及时支顶加固。除木架特别牢固外，一般要用杉槁将木架支顶好。尤其是在木架倾斜的情况下更应支顶牢固。拆除前应先切断电源，并对木装修等加以保护。拆除时应从上往下拆，禁止挖根推倒。凡是整砖整瓦一定要一块一块地细心拆卸，不得毁坏。拆卸后应按类分别存放。拆除时应尽量不扩大拆除范围。

择砌前应将墙体支顶好，择砌过程中如发现有松动的构件，必须及时支顶牢固。

墙体的裂缝和倾斜常与基础有关，因此应考虑基础是否受到污水的侵蚀和树根的破坏。有些是因原有灰土步数不足或基础太浅造成的。如经检查证实，必须设法排除。

第三节 墙体拆砌

经检查，鉴定为危险墙体时，应立即拆除重砌。拆砌项目一般包括拆砌墀头，拆砌山墙，拆砌廊心墙，拆砌后檐墙，拆砌槛墙，拆砌院墙和拆砌碹等。

要想做好病害墙体的拆除与再砌筑，就必须先熟知墙体是如何砌筑好的。

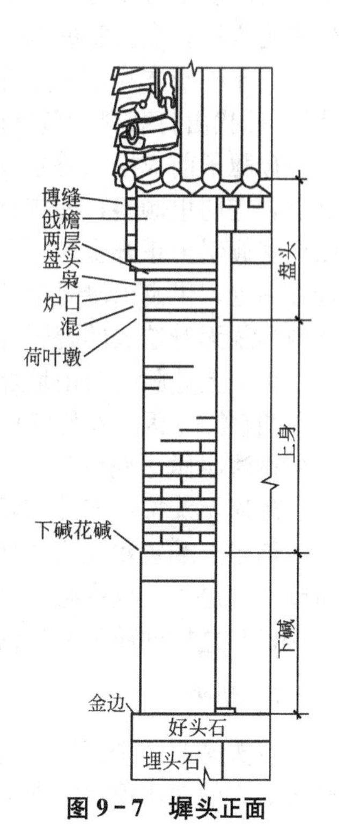

图9-7 墀头正面

(一) 墀头

墀头俗称“腿子”，是山墙两端檐柱以外的部分。如果硬山后檐是封后檐墙，则只有前檐有墀头。庑殿、歇山、悬山腿子无盘头。墀头可以分成三个部分：下碱、上身、盘头(图9-2、图9-3、图9-7)。

1. 下碱

腿子下碱长度为下檐出减去小台阶所余的尺寸。就是说，从好头石外皮往里减去小台阶，就是墀头下碱前(后)檐侧的外皮线。在实际操作中，如果原有台明石活和盘头较好，可按下述方法求得下碱外皮线的位置：从连檐里皮往下引一条垂直线。从这条线往里减去原有天井(即盘头挑出的尺寸)尺寸并加上下碱花碱尺寸，就是下碱的外皮。距台基山面阶条石外皮 1/10～3/10 山柱径(金边尺寸)的地方是大式建筑墀头下碱出墙侧外皮。这种决定方法是修缮中的简易方法。如果以柱中线为标准，外包金的宽度应为 1.5～1.8 山柱径。小式建筑的金边尺寸为 1/10 山柱径。外包金为 1.5 山柱径。

因为檐柱是略向里倾斜的，所以墀头下碱里皮应比檐柱中线再往里侧移动一些。这往里的部分叫咬中。咬中的尺寸应等于柱子“掰升”的尺寸加上花碱尺寸(或按 1/10 檐柱径)。这样，腿子上部里皮才能与柱中线重合。

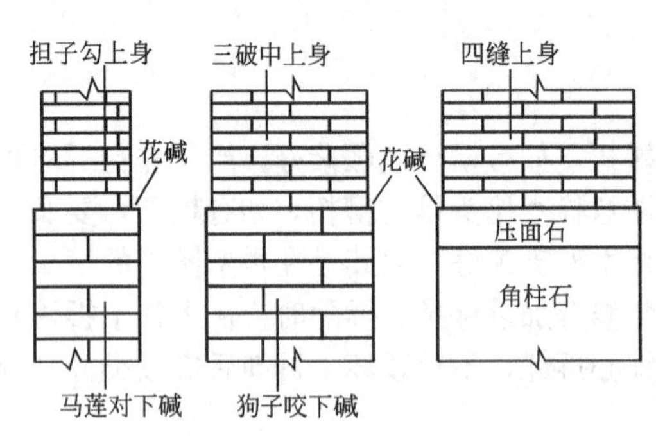

图 9-8　墀头看面形式

知道了下碱的宽度，再根据材料(大式一般用城砖，小式一般用城砖或停泥砖)就可以决定墀头下碱的看面形式。墀头下碱和上身的看面形式一般分为“马莲对”、“担子勾”、“狗子咬”、“三破中”和“四缝”几种(图 9-8)。

下碱应采用同一建筑中最好的砌筑方法和材料，如干摆或丝缝等，砖的层数应是单数。许多腿子下碱有石活(图 9-4)，其宽窄尺寸应按墀头尺寸，由石工制作。角柱石后面里侧用方砖(立置)或城砖砌筑。如有特殊需要，墀头宽度和金边尺寸可以略有增减。

2. 上身

上身每边比下碱退进 0.6～1.5cm。退进的部分叫花碱。上身一般采用丝缝或干摆砌法。砖的规格可以比下碱用砖小，如下碱用城砖，上身用停泥。上身看面形式的决定同下碱决定方法。应注意的是，这里指的尺寸是加工后的尺寸，因此未砍之砖应比这个尺寸大。由于柱子本身不一定非常直顺，所以腿子与柱子相挨的地方应根据实际差距砌“砖找”。砖找由打截料者负责砍制。砖找应与柱子交接严密。

砌腿子前应拴三道立线：两道角线一道曳线。两道角线从正面看应为垂直线。从山墙面看，应向里倾斜，即应有“抑面升”。仰面升一般不大于 5/1000。曳线应有“正升”，即略向里倾斜。正升也应不大于 5/1000。但如有耳房时，曳线应为垂直线。曳线与外侧角线拴在一处，供砌山墙时拴卧线用(只拆砌腿子不动山墙时，可以不拴曳线)。因曳线有升而外侧角线无升造成的腿子与山墙相错的部分，应在墁水活时用磨头磨平。

由于上述腿子与山墙相接部位的砖料经磨头磨去了一些，所以这些砖料已经不“搁方”(直角)，因此在修缮中应注意，凡使用旧料时，应重新过斧，使之搁方。这种重新砍磨的做法叫做“洗澡”。

琉璃墀头按琉璃砖实际尺寸排活。退小台阶按天井尺寸从连檐里棱往里返活。

腿子上端紧挨盘头的地方，可用方砖雕成“垫花”，垫花比腿子略出檐，应注意，凡有垫花的退子，盘头必须雕花饰，可以每层都雕，也可以只在荷叶墩、两层盘头及戗檐上雕刻。与这样的砖腿相配的博缝头一般也应雕成花饰。

3. 盘头

盘头又叫“梢子”，是腿子出檐至连檐的部分。或者说，它是下檐出与上檐出的连接部分。它的总出檐尺寸即天井，一般应为 8/10 柱径。带石头挑檐的盘头，天井尺寸可以酌加(图 9－7)。

腿子自好头石退进的部分叫小台阶。从连檐里皮往里返天井的尺寸，此点距台基好头石外皮的尺寸即小台阶尺寸。所以，如要调整变动天井尺寸，要通过调整小台阶尺寸来进行。带石桃檐的腿子的小台阶一般为 4/5 檐柱径，不带石挑檐的则至少不小于 2 寸。

盘头的逐层是荷叶墩、半混、炉口、枭、头层盘头、二层盘头和戗檐。这些分件均应用方砖砍制并可雕花饰(图 9－9)。大式建筑的荷叶墩为不雕花饰的直檐砖。

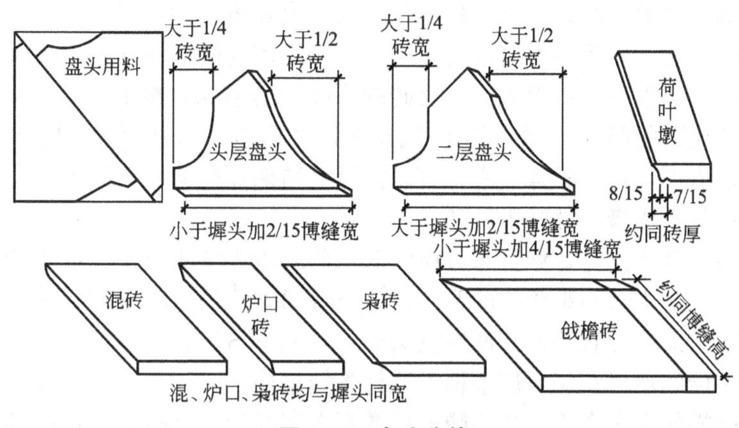

图 9－9　盘头分件

戗檐砖的高度约等于博缝砖高尺寸(博缝砖高的规定见山尖部分)，宽为腿子上身宽加两层山墙拔檐尺寸并减去博缝砖在拔檐砖上所占尺寸。如果一块方砖不够宽，可以加条。两层盘头应比墀头宽，即应向山墙侧出檐，与山墙两层拔檐碰齐即“交圈”(古建筑施工中凡构件与构件能碰齐交汇的就叫“交圈”)。拔檐尺寸：将博缝头中间的半圆直径分成 5 份。1 份为博缝头在山墙侧出檐的尺寸，4 份为两层拔檐出檐尺寸。头层与二层拔檐尺寸比为 5∶4。

(1) 盘头各层出檐的分配。荷叶墩出檐 4.8cm (1.5 寸)。两层盘头每层檐约为 1/6 砖厚尺寸。假如把这两层盘头出檐的最远点连成一条直线，则戗檐外棱应与这条直线重合(图 9－10)。这样就决定了戗檐的倾斜角度，即“扑身”。通过扑身，就可以量出戗檐的出檐尺寸了。用天井尺寸减去荷叶墩、戗檐和大约二层盘头出檐尺寸的总和，就是半混、炉口和枭砖的总出檐尺寸。枭砖出檐最远点应与戗檐外皮在同一条直线上(图 9－10)。混砖出檐尺寸为 $1\sim1\frac{1}{4}$砖厚度。枭砖应比混砖多出些，多出的尺寸一般应大于混砖出檐的 1/4(或按枭砖出檐比混砖出檐约等于 7∶5 计算)。炉口这一层出檐要小，只作为半混合枭的曲线的连接过渡(炉口这层可以不用，无炉口的叫“五盘头”，有炉口的叫“六盘头”)。将盘头每层

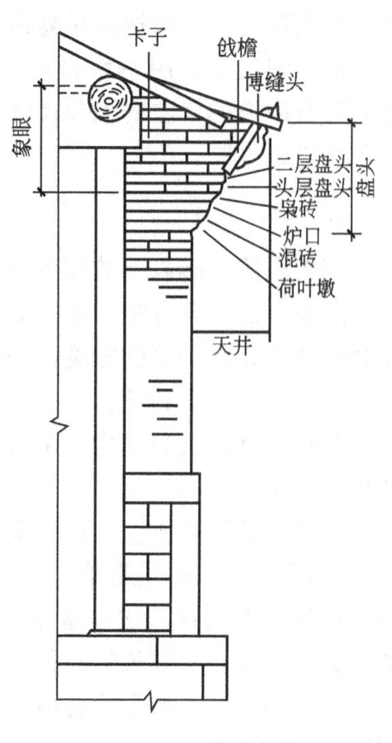

图 9－10　盘头内侧

出檐尺寸确定后，就按这个尺寸进行砍制。在实际操作中，应在未砌腿子之前就进行砍制。

在砌筑过程中，如与上述计算结果有出入，出檐尺寸可在半混或两层盘头上调整。所谓“舍了命的枭”、“死枭活半混”，就是说，计算时，枭应尽量多出，但在砌筑(即“下盘头”)时，半混的出檐可以灵活一些。

(2) 盘头层数翻活方法。由于博缝头比连檐高一个瓦口，又由于戗檐下棱与博缝头下棱平，因此根据博缝的大小和戗檐的扑身就可以得出戗檐砖的垂直高度。应注意，这里指的是连檐以下的部分。实际操作时应留出一部分，以使戗檐搭在连檐上。从连檐里皮上棱往下减去戗檐砖的垂直高度，再减去六层砖的厚度(“五盘头”减五层，带石挑檐的，减石挑檐的厚度及三层砖的厚度)。如不是干摆砌法，还应减去灰缝厚度。腿子上身砌到这个地方，就该下盘头了。在实际操作中，可以把计算结果标在墀头角线上。在修缮中，如遇旧连檐不平，应从连檐最低处往下翻活。

如用石挑檐代替枭混等，做盘头时应注意，两层盘头应比石挑檐退进若干。在小式建筑中，有一种阁里盘头。阁里盘头的两层盘头与普通做法的形状不同。其头层盘头为圆混形状，二层盘头与枭的形状相似。两层盘头叠在一起呈S形。

墀头上身用砖的薄厚及层数应根据上述计算结果确定。因此，以上各项工作都应提前进行。如在实际操作中发现仍不能与腿子层数赶上“好活”，或是没有统一进行计算砍制，则允许上下挪动进行调整(尽量往上挪动)。应在戗檐砖上和灰缝上调整。

盘头外侧山墙这面，要沿着荷叶墩和枭砖(或头层盘头)砌一圈砖，中间是“随厚”和“陡板”，即做“砖挑檐”(图9-5)。挑檐圈末端要砍成45°“割角”。砖挑檐的长度至金檩中，如无整砖，可以抹灰耕缝做“软活”挑檐。许多大式建筑的挑檐(包括盘头内侧)连同枭、混、炉口等统用一块石活代替。石挑檐的长度、出檐、形状参照上述各项。一般说来，带石挑檐的房屋的天井尺寸都较大。盘头内侧砖缝立缝可以和腿子立缝不一致。丝缝砖不耕缝。

4. 象眼

墀头内侧枭砖以上的部分叫象眼，俗称“腮帮”。

象眼立缝计算方法：象眼立缝不同于墀头上身立缝，应重新计算。首先应算出柁头下面紧挨柱子那几块砖的宽度，一种砖的长度要砍成与柁头的长度一样，另一种砖应砍成长度为柁头长加1/2砖长。

象眼砖缝形式必须为十字缝。紧挨戗檐的砖要由打截料者负责打砖找。砖找斜度应与戗檐扑身相同。

腮帮卧缝计算方法：从柁头下开始翻活。紧挨柁头下皮的砖不能用与柁头同长的那种砖(否则会与柁头外皮形成“齐缝”)，而必须用柁头长加1/2砖长的那种砖。根据上述原则，计算一下层数，如是单层数，则象眼第一层，紧挨柱子要用长的那种砖。如是双层数，则要用与柁头同长的那种砖。这种单数用整砖，双数用“破”砖的计算方法叫做“单整双破”法。如果层数不合适，不能整除也按整除算。最上面的一块差多少就砍多少，叫“打卡子”(图9-10)。

在实际操作中，应先砌象眼后砌戗檐，这样做起来比较顺手。为了帮助确定“砖找”的大小，可以沿戗檐里皮的位置拴一道线代替戗檐里棱。

以上这种做法叫“清点腮帮”。如抹灰按上述要求耕缝，叫做“混点腮帮”。

5. 琉璃盘头

琉璃盘头的各层出檐按原设计要求做。琉璃盘头的第二层盘头为半混形状，与山墙的随山半混交圈。有些琉璃盘头在枭砖之上只有一层盘头(半混形状)，山墙拔檐也只一层。有些大式青砖盘头做法同上述琉璃做法，叫“青砖仿琉璃”做法。

(二) 山墙

悬山、庑殿和歇山的山墙由于没有盘头和山尖，因此比硬山山墙简单得多。其厚度可以同硬山墙，也可以略有增加。其上部做法同老檐出后檐墙相仿(详见后檐墙)。

四角做法分为三种(图 9-11)。悬山山墙可以一直砌到顶再做墙肩，俗称“签尖”，也可以沿着柁和瓜柱砌成阶梯形(图 9-12)，每级顶上需做签尖，签尖的位置在柁的下皮。这样的山墙叫“五花山墙”。

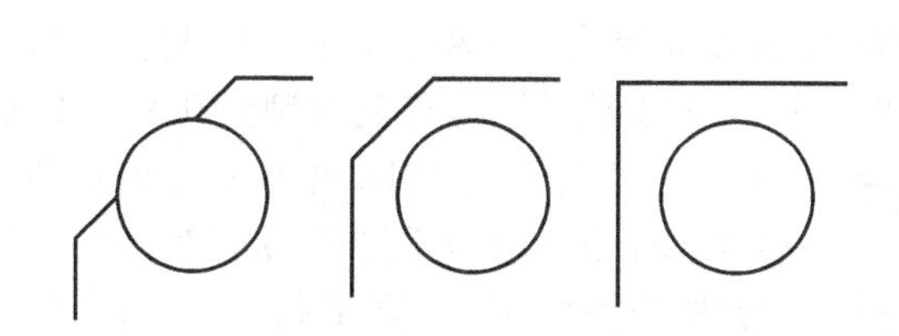

图 9-11 悬山、庑殿、歇山山墙四角形式

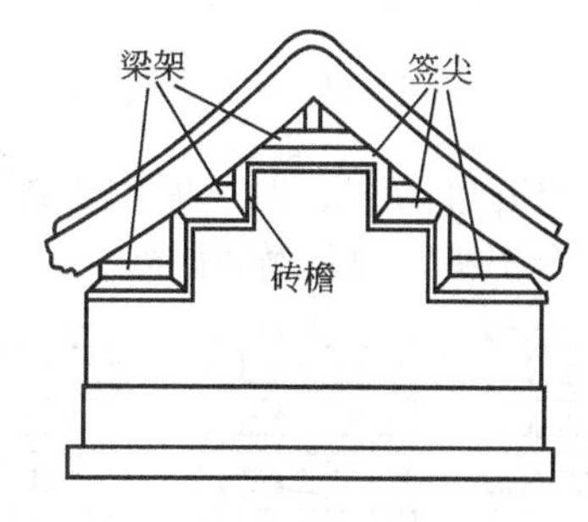

图 9-12 五花山墙

硬山山墙比较复杂，其做法详细介绍如下。

硬山山墙可以分为下碱、上身、山尖(图 9-2、图 9-3)三个部分。

1. 下碱

下碱是山墙下面的 1/3 部分。下碱高度为檐柱高的 3/10。下碱宽度：外皮同腿子下碱外皮。里皮线在山柱里皮往外返一个下碱花碱尺寸的地方。花碱尺寸为 1/10～1/6 砖厚度。就是说，普通建筑的山墙(上身)里皮应与山柱里皮在一条直线上。较重要的建筑(尤其是庑殿和歇山)的里包金比较大，一般应比普通的里包金大 1/4 山柱径。

里皮靠柱子的砖要砍成六方割角形状，两块割角砖之间叫柱门。柱门最宽处应与柱径同宽。

山墙的长度：前后檐腿子外皮之间就是山墙的长度。如后檐墙是封后檐墙，从阶条石外皮往里返一个金边尺寸就是山墙的外皮(封后檐墙金边同山墙金边)。如是庑殿、歇山等无墀头做法，山墙长度应在前后檐墙外皮线之间。

古建筑中很重视墀头和山墙的下碱，一般都使用最好的材料和最细致的做法。大式建筑中还多带有石活(图 9-2)。下碱砖的层数应为单数。

2. 上身

山墙中间的 1/3 部分是上身。上身里、外皮比下碱里、外皮各退花碱，花碱尺寸为 1/10～1/6 砖厚度。大式建筑的山墙上身砌法和用料一般同墀头上身，或者可以稍糙，也可以抹灰粉饰。如是整砖露明，在中间正对正脊的地方应隔一层砌一块丁头，叫“座山丁”(图 9 - 3)。小式建筑的上身经常采用五出五进的做法(图 9 - 3)、圈三套五做法(图 9 - 13)及海棠池做法(图 9 - 14)。

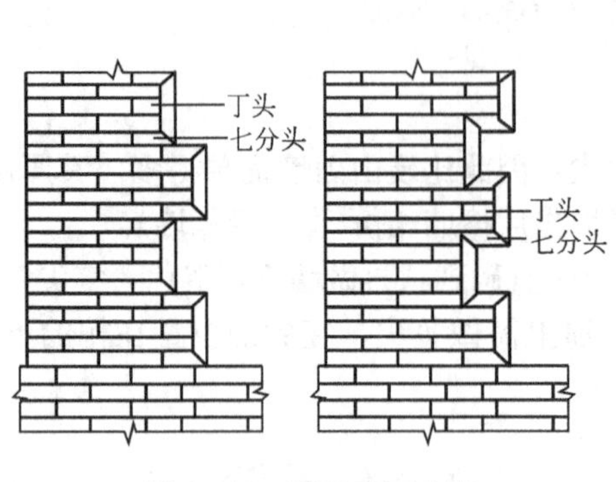

图 9 - 13 圈三套五山墙

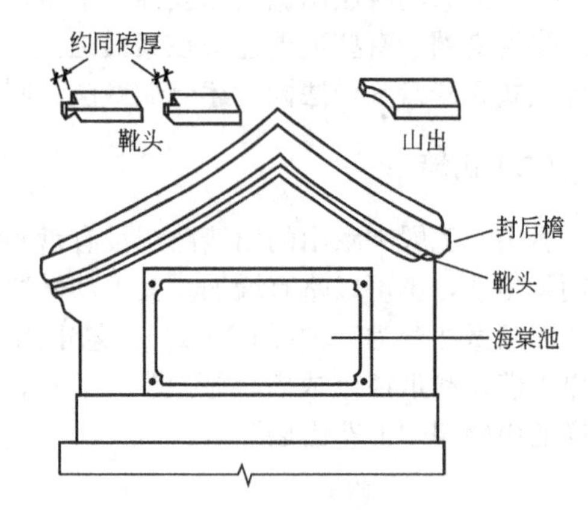

图 9 - 14 海棠池山墙

五出五进砌法是在山墙两端(腿子外侧)将砖以 5 层为一个单位，邻近的两个单位长度相差一个丁头，如此循环砌筑，直至山尖。山墙中间则用较粗糙的材料和砌法，即砌软心。软心外皮应比四角五出五进退进 1～1.5cm。五出五进砌法根据每组砖的长短可分为“个半俩”、“俩半俩”、“俩半仨”等几种(图 9 - 15)。

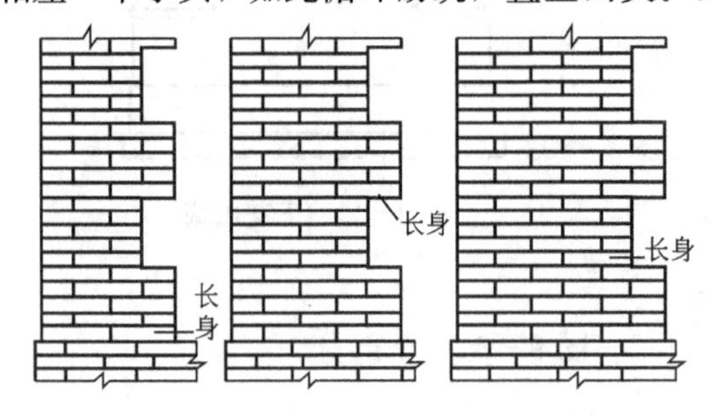

图 9 - 15 五出五进的几种摆法

无论哪种砌法，都应符合下列规定。

(1) 下碱以上，第一组必须砌“五出”。

(2)“五出”这一组中，第一层的最后一块砖不能砌丁头，否则会与“五进”形成齐缝。

(3) 下碱最后一层的第一块砖，不能与“五出”第一层的第一块齐缝。

(4) 如果因有设计要求或是材料数量有限，而不能自由选择五出五进摆法，且下碱又不带石活时，根据(3)，应在未砌下碱之前推算出下碱两端第一块的摆法。例如，设计要求是“个半俩”摆法，根据(2)则五出五进第一层的第一块必须砌条。为避免与下碱齐缝，则下碱最后一层的第一块就应砌丁头(山墙第一块砌丁头叫“爬山”，砌条叫“顺山”)。因为下碱层数必须是单数，所以可以推算出下碱第一层的第一块也应该砌爬山。

圈三套五和五出五进大同小异，但因多了一个圈边，所以更为复杂。海棠池山墙比较简单。对于以上两种做法，可以参照图 9 - 13 和图 9 - 14 研究砌筑。

山墙四角可以与上身中间采用不同的材料砌法和摆法。但应注意要互相咬拉结实。里皮用料和砌法可以比外皮粗糙，叫做“外整里碎”。山墙砌砖用的卧线拴在腿子曳线上。如果后檐墙是封后檐又同时拆砌时，应在交角处拴三道立线(即“一角三线”)，一道是角线，两道为拴卧线用的曳线。曳线掰升同前檐腿子曳线。如果只拆砌山墙，只拴一道角线和一道山墙曳线。如果是五出五进四角硬砌法，软心外皮曳线应比四角退进

1～1.5cm。

里皮曳线拴在柱子上。里皮曳线不要正升甚至可以有倒升，即可以向室内倾斜。山墙里皮山柱与金柱之间或金柱与金柱之间叫囚门子。囚门子可以和普通山墙里皮一样，也可以有特殊做法。其特殊做法可分为两类，一类与廊心墙做法相同，另一类为抹灰后画壁画的做法，这两类做法多用于门楼、游廊、庙宇及宫殿建筑中。如果采用抹灰后画壁画的做法，所用之灰应以纸筋灰或蒲棒灰代替第二遍麻刀灰(打底灰仍用麻刀灰)。另外应注意，凡是采用抹灰后作画的做法，无论是何处，都应使用纸筋灰或蒲棒灰。

3. 山尖

山尖是硬山墙最上面的1/3部分，山尖的形状为三角形(图9-2)。三角形的两边为曲线，叫做囊。囊的大小应随屋面曲势。实际操作中，应由屋顶做法、正脊做法、博缝做法及木架举架(坡度)来决定。

大式山墙的山尖拔檐以下同上身砌法。为了防止木架糟朽，在山尖正中柁与柁之间的位置上，应砌一至两块有透雕花饰的砖，叫做“山坠”(又叫“透风”)。琉璃博缝山墙一般都放两块有透雕花饰的琉璃砖，叫“满山红”。

小式山墙的上身如果是碎砖墙心，山尖外皮也应全部用整砖砌筑，叫做“整砖过河山尖”。“过河山尖”从挑檐以上或荷叶墩同层开始，也可以根据“五出五进”以能排上整活为准。过河山尖的缝子形式须同下碱一致。如采用“三顺一丁”摆法，山尖中间正对正脊的地方应隔一层砌一块“座山丁”。山尖排活方法与下碱正好相反，须以座山丁为中心往两端赶排三顺一丁(十字缝摆法也应从中间开始)，“破活”应赶排到两端。

山尖的外皮线同山墙四角外皮线，里皮线在柁以下，同山墙上身里皮线。在柁以上，应以柁中线(柱中)为里皮线。山尖里皮柁以上的部分叫做山花。山花的用料及做法比较细致，摆法应为十字缝摆法。如是抹灰耕缝作法，应在四周做成砖圈(详见廊心墙象眼部分)。

山尖的做法如下。

(1) 退山尖。决定了山尖的砌筑方法并且排好砖缝以后，就可以砌筑了。因为山尖呈三角形，所以每一层两端都应比下面的一层退进若干。退成的角度应与屋面坡度相符，并应留出拔檐砖和博缝砖的位置。

山尖也应有正升。山尖升随山墙上身升。

(2) 敲山尖。在退山尖的基础上，进一步把山尖每层两端的砖砍成“⏢”形“砖找”，然后砌筑，以求同山尖坡度相吻合，这项工艺即为“敲山尖”，也叫“敲槎子”。砌(“下”)山墙拔檐、砌(“熨”)博缝、下披水砖檐或排山勾滴，以及它们位置的合适与否及囊的柔美程度，均由敲槎子的好坏所决定，所以这是一项很重要的工艺。敲槎子要拴三道线，即一道立线和两道槎子线。

在脊檩或扶脊木上皮正中顺檩钉一根平尺板。将立线拴在平尺板和上身下端之间。从腿子正面看这道立线应与山墙曳线在同一平面上。从山墙正面看，立线应从座山丁的正中垂直通过。在实际操作中，可以在未砌上身之前就拴好这道立线，这样可以使上身和山尖的座山丁的位置容易确定。

拴槎子线方法：先从前后坡脑椽交点上皮往上翻活，算出望板、灰背(或泥背)、脊瓦等总厚度。这样就可以找到前后坡底瓦垄的交点。因为披水砖檐(或排山勾滴的滴子瓦)与屋面底瓦的高度是一致的，所以可以计算出前后坡披水砖檐(或滴子瓦)的交点位置。然后再从这个位置往下翻活，除去博缝及拔檐砖的厚度的地方，就是两道槎子线上端的交点。在实际操作中，应在立线上做出标记，然后把槎子线拴在这个地方。搓子线的下端拴在头层盘头的底棱(如不是干摆，还应除去灰缝)。如果后檐墙是封护檐墙，后檐槎子线下端应拴在靴头底棱(靴头等位置详见封护檐墙)。

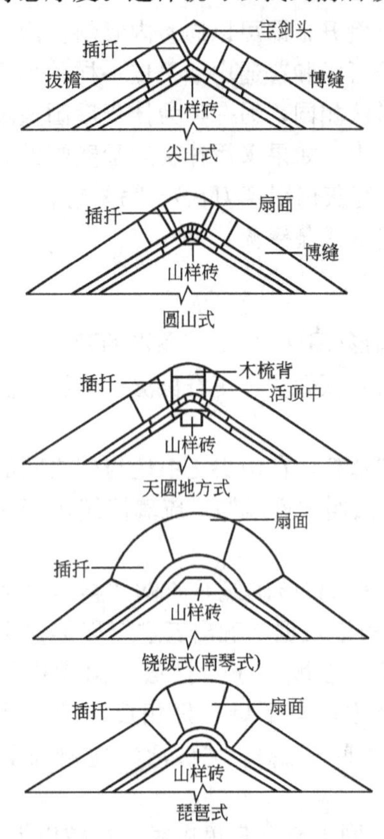

图 9－16　山墙山样及博缝脊中分件

山尖的形式叫“山样”。山样有五种(图 9－16)。大式建筑为尖山式(图 9－2)；小式建筑除尖山外，还有圆山式(苇笠)、琵琶式、铙钹式(即南琴式)和天圆地方式共五种。其中天圆地方为官式做法。山尖最后一层要砌放一砌山样砖(图 9－16)，山样砖用城砖或方砖砍制后立置。

砌琵琶山和铙钹山时应从槎子线和立线交点处往下翻大约两层砖的厚度，然后通过这点引条与立线垂直的卧线拴在两边槎子线上。槎子砖就敲到横线为止，卧线以上砌放山样砖(图 9－17)。

(3) 下砖檐。敲完山尖后，先用灰将山尖的囊抹顺，然后开始下两层拔檐砖(拔檐出檐尺寸详见盘头)。两层拔檐与两层盘头交圈。如是尖山，砖檐应“前坡压后坡”。砖檐的用料、砌法及砖的排列形式均应同山墙下碱。下完砖檐后应用麻刀灰将砖檐后口抹严，即“苫小背”以增强山墙的防水性及砖檐与山墙的整体性。

(4) 串金刚墙。在拔檐之上应砌几层混水砖墙，即串金刚墙。金刚墙应比博缝略低，其外皮线在从二层拔檐砖外皮往里除去博缝砖所占的位置和灰缝厚度的地方。金刚墙囊同博缝囊。金刚墙砌好后要抹一层麻刀灰，上口与博缝抹平。金刚墙的坚固程度直接影响到山墙的坚固程度，因为只要墙顶不进水，墙体一般不容易倒塌，所以我们应十分重视这项隐蔽工程。

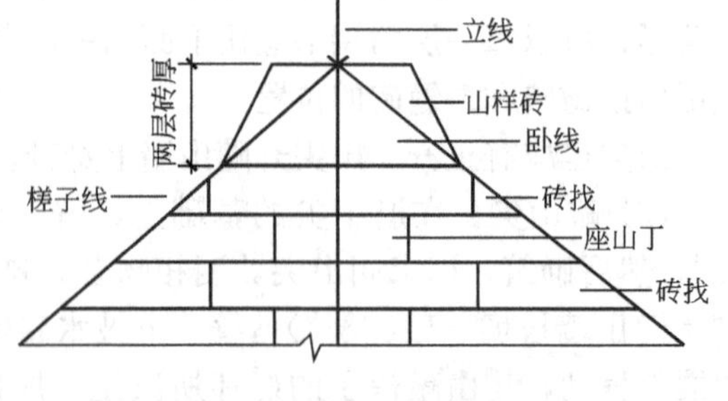

图 9－17　铙钹山山尖槎子线

(5) 熨博缝。博缝两端是博缝头，中间或用宝剑头，或用活顶中和木梳背，或用扇面(图 9－16)。博缝头的倾斜度应砍成与戗檐扑身一致(包括博缝砖本身的坡度造成的倾斜度)。如后檐是封护檐墙，后坡博缝头的斜度应随后檐墙砖檐的出檐斜度，并应砍制靴头一份(图 9－14)。博缝头和博缝砖铲一个面，过两个肋，这两个肋应互成直角。一个肋在砌筑时应朝山尖放置。另一个肋朝下，并应将这个肋的两端稍稍磨去一些，以求同砖檐囊度一致。这个肋与铲磨过的面的夹角应不大于 90°，即应能晃尺。博缝头的形状依图 9-18 中所示博缝头的形状砍制。这里介绍的是最基础的做法，在实际操作中，也常变更做法。常见的做法有：调整各个半圆半径的比例；将各个半径的连接直线改为弧线；雕成花饰，如如意、牡丹等。博缝砖上棱后口应剔凿揪子眼。博缝高度为 1～2 倍檐柱径，应视建筑等级酌定，也可按稍小于腿子宽。例如，腿子为 1.6 尺，博缝则定为 1.4 尺。每块博缝砖的宽度按所用方砖宽度砍制。

博缝砖的块数(不包括脊中分件)是用比椽子通长稍短的尺寸除以博缝砖宽得到的。余下的尺寸为两边插扦(俗称插旗)的尺寸。插扦应待熨完博缝后砍制。

脊中分件及插旗形状应随山样的形状砍制(图 9-16)。散装博缝的博缝头后口应剔凿插口(图 9-3)。前后坡的博缝形状是轴线对称的，因此砍制时应注意不要砍成"一顺边"。

博缝的砌筑方法应同山墙下碱，一般应用干摆或丝缝砌法。熨博缝时所用的线叫浪荡线。浪荡线只作为出檐标准而不作为高低标准。熨博缝时先将博缝头和脊中分件稳好，博缝头上棱应与前后檐瓦口上棱平。从山墙正面看，连檐和戗檐都应被博缝头挡住，然后熨博缝砖。博缝砖之间(即碰缝)应严丝合缝，不可出现"喇叭缝"。如不合适，应按实际情况在没加工过的肋侧(即荒肋)画线，由打截料者删砍。在实际操作中，不必举着博缝砖比划，可以用方尺代替下一块博缝砖，碰缝合适后由打截料者在下面按量出的尺寸，在下一块博缝砖的荒肋上画线并删砍(荒肋在熨博缝时叫来缝，已过好的肋叫去缝)。来缝和去缝的碰缝砍磨合适后，再拿上来安装(图 9-19)，最后量出插扦尺寸交打截料者砍制。

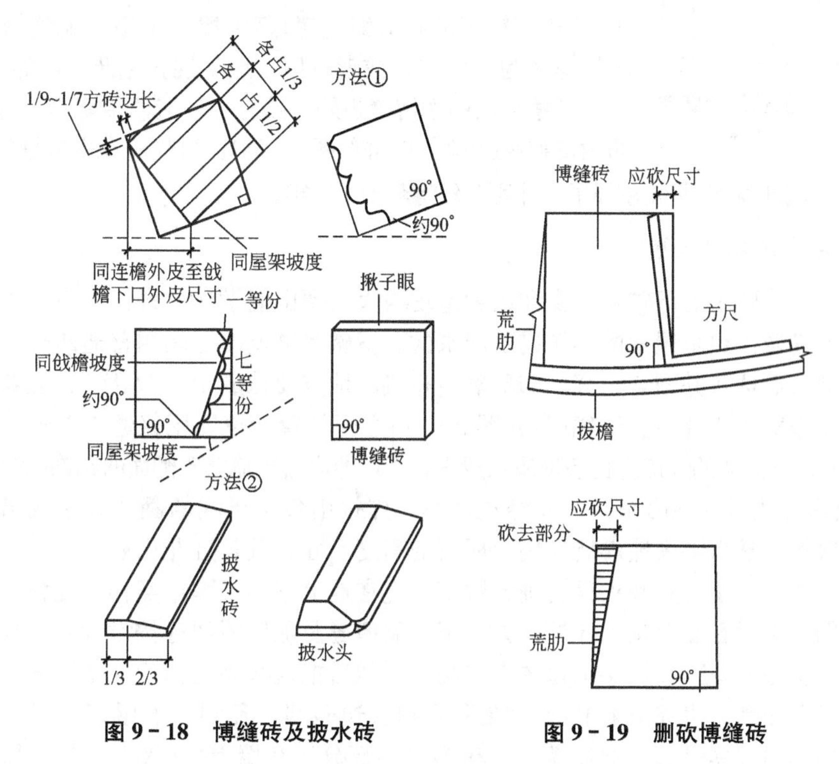

图 9-18 博缝砖及披水砖

图 9-19 删砍博缝砖

如果不是干摆砌法，博缝里口要铺灰，肋侧也应挂灰，然后稳在拔檐砖上和金刚墙旁，用钉子钉在椽子上，再用铅丝把钉子和博缝砖上的揪子眼连接起来，熨完博缝后应灌浆并用麻刀灰把上口抹平。最后打点整齐并擦拭干净。

如果垂脊为披水排山做法，应在博缝之上砌一层披水砖檐。两端出檐应与屋顶滴子瓦(或花边瓦)出檐一致。披水砖在山墙侧出檐不应小于披水砖宽的一半。下完披水檐后，应在后口“苫小背”。最后进行打点修理。具体做法同干摆墙。

以上介绍的是方砖博缝。除了方砖博缝外，还有大三才博缝、小三才博缝、散装博缝和琉璃博缝。大、小三才博缝是尺四、尺二方砖博缝高度的一半。散装博缝的博缝头用方砖砍制，博缝一般用大开条砖以带刀灰砌法，按十字缝形式分层砌筑。层数按博缝头高度及开条砖厚度定，取单数。前后坡相交处附近的砖要用长度为 1/4 砖长的砖(即条头砖)砌筑，以求得曲线的柔和。散装博缝的囊应特别注意，要自然适度，砖与砖之间不应出现死弯。散装博缝多用在庙宇的山墙上。琉璃博缝是预制件活，不能随便删砍。应先进行计算，以确定槎子线的位置。计算方法如下：把博缝头、博缝砖、宝剑头、拔檐砖等在地上按博缝的形状依次码好。从山尖头层拔檐底棱交点往两端博缝头下面的头层拔檐砖底棱处引两条直线，并量出它们的长度。然后沿直线每隔一定距离(如每隔 1m)量出至拔檐砖的垂直距离，并记住这些尺寸。以上这项工作叫做拢活。

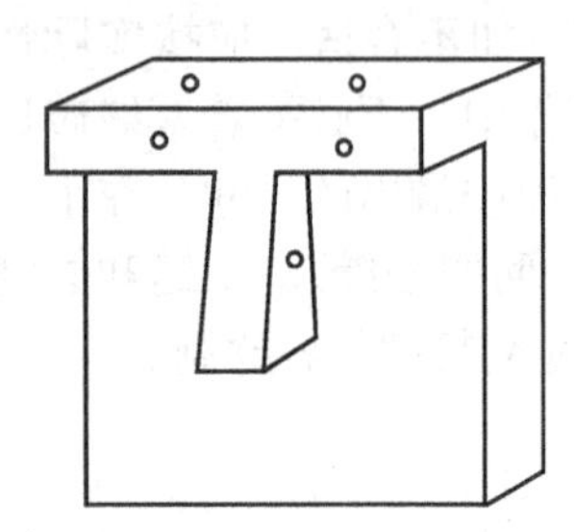

图 9－20　带胆琉璃博缝砖

拴搓子线时，按拢活时所得的两条直线的长度及每段至拔檐砖的垂直距离，即可确定槎子线的曲线形状及两条槎子线交点的位置了。

琉璃博缝的砌筑方法与方砖博缝大致相同，但打点用灰要用小麻刀灰加颜色(黄琉璃加红土子，其他加青灰)。最后用麻头(或用拆散了的扎绑绳代替)蘸水擦拭干净。琉璃博缝的第二层拔檐砖为半混砖，或者只用一层半混拔檐砖，叫做随山半混。

有些悬山的木博缝板外，贴有一层琉璃砖博缝。这种琉璃砖的构造和普通博缝砖不同(图 9－20)。事先应在木博缝板上画出标记并凿眼，安装时将砖胆装在眼里，并用铅丝将揪子眼拴牢。

4. 宫殿式琉璃硬山墙

宫殿式琉璃硬山墙下碱及上身和山尖里皮与大式硬山墙做法一样。上身和山尖外皮是用预制的琉璃砖仿照木屋架的样子砌筑起来的。下碱和琉璃砖之间用普通砖仿五花山墙形式砌成阶梯形后抹灰并刷红土浆。与琉璃砖相接的地方要抹成 45°“八字”。五花山墙外皮应比琉璃屋架宽 1/4 柱径。琉璃屋架(图 9－21)之间及背后也要用普通砖砌筑并在外皮抹灰刷红土浆。这段墙的外皮应比琉璃屋架退进若干，即应露出琉璃砖侧面的花饰(图 9－21)。

砌筑宫殿式琉璃硬山墙，应先经过计算。先按山尖槎子线的翻活方法找出两坡拔檐砖交点的底棱，然后除去琉璃砖在墙上所占的高度尺寸，就是五花山墙的八字上皮。在实际操作中，为了便于计算和求得精确的数字，应在地上用墨线弹出实样。先弹出木架的侧立面实样图，然后在图上按上述翻活方法把琉璃博缝及琉璃屋架等按设计要求摆好。琉璃屋架底棱，就是五花山墙八字上口的准确高度。然后把这些高度标示在木屋架上，并按这些高度砌五花山墙。砌完五花山墙后在上面砌普通砖墙，凡到琉璃屋架位置时放置琉璃砖，琉璃砖后口要紧贴着普通砖墙。上棱多出的部分压在墙上(并被上面的一层砖压住)。然后用铅丝把砖拴在木架上。

山墙转角处的琉璃砖叫做柱头。琉璃柱头各部分应与木架各部分的高低一致。

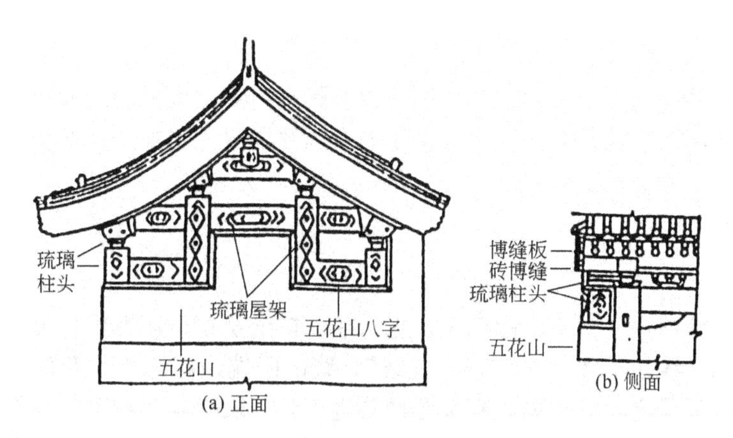

图 9－21　宫殿式琉璃硬山墙

博缝金刚墙在砌筑时应预留豁口。熨博缝时将博缝砖胆卡在豁口里，并用铅丝拴牢。最后打点并擦拭干净。

有少数琉璃硬山墙无墀头。金柱处同悬山做法一样，前后檐签尖与随山半混交圈。金柱前面的博缝同悬山贴琉璃博缝做法一样。

(三) 廊心墙

廊心墙(图 9－22)是山墙里皮檐柱与金柱之间的部分，由于古建筑墙体中很重视廊心墙的装饰，因此下面着重介绍一下。

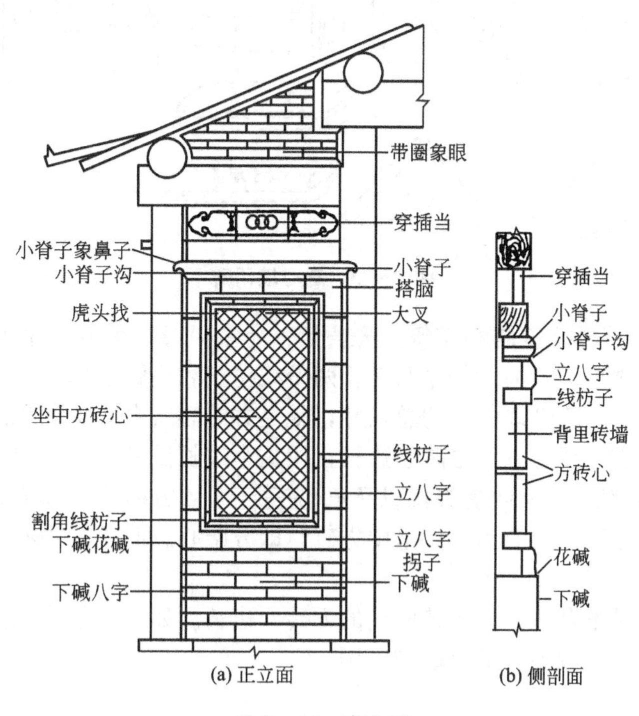

图 9－22　廊心墙

1. 下碱

廊心墙下碱外皮与山墙里皮在同一条直线上。里面与山墙融在一起。下碱的高度、用料和砌筑方法同山墙下碱。缝子形式为十字缝。两端要留八字柱门。两端的砖要砍成六方八字。

2. 廊心

1) 用料

廊心方砖、穿插当、大叉、蝴蝶叉、立八字、搭脑及拐子用方砖砍制；线枋子和小脊子用停泥砖砍制。线枋子和立八字要“起线”，线的两端距离约等于花碱尺寸。穿插当高等于穿插枋至抱头梁之间的距离，并按穿插枋进深分三段砍制和雕刻。小脊子应砍成圆混形式，两端要雕象鼻子。小脊子高为1/2立八字宽。小脊子是用两块停泥砖叠在一起砍制的(图9-23)。其下有层瓦条，叫小脊子沟。瓦条用斧刃砖砍制，高度为斧刃砖厚的1/2。在实际操作时，方砖心、穿插当、小脊子沟和小脊子都可以用抹灰的方法代替，即做软活。

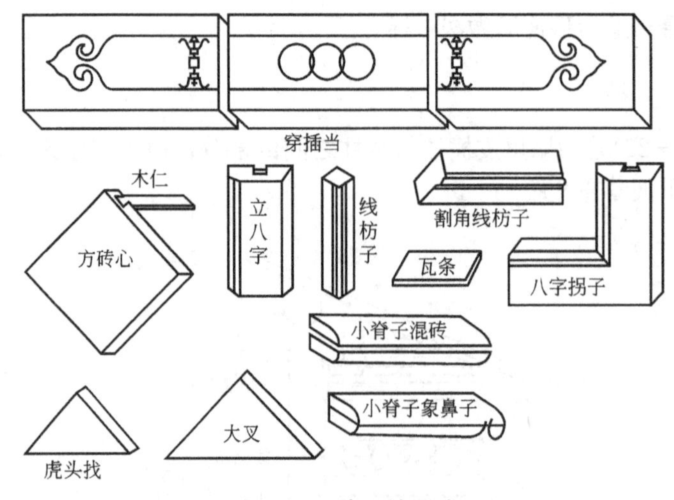

图9-23 廊心墙用砖

廊心应经过计算再行砍制和砌筑。先假定一下立八字、线枋子和小脊子的尺寸。在下碱之上，穿插枋之下，除去两份立八字、两份线枋子和小脊子的总尺寸，在檐柱和金柱之间除去两份立八字、两份线枋子的总尺寸，就是方砖心所占的总面积。然后在这个面积里进行分配。先假定一个正方形方砖心边长，用这个边长试分一下。应注意：①大叉应等于1/2方砖心；②蝴蝶叉(又叫虎头找或叉角)应等于1/4方砖心；③大叉和蝴蝶叉均为等腰直角三角形；④在正中间应为一块坐中方砖，即方砖心总面积的中心点应为坐中方砖的对角线交点。

如果分配的结果不合适，应调整假定的方砖心边长。如仍不能排出整活，应调整立八字、线枋子等的尺寸，调整合适后砍制备用。

2) 砌法

廊心墙砌墙所用曳线拴在檐柱和金柱上。廊心墙要有倒升(即向室内倾斜)，此升应与柱子升一致。廊心墙背后可用碎砖填。如不是干摆砌法，细砖要用泼浆灰稳好，然后用木仁卡在细砖后口凿好的缺口上，并用碎砖将木仁压住。每层砌完之后都应灌浆，最后修理打点。小脊子要用黑烟子浆刷色。穿插当的外皮不应超过穿插枋。如无方砖时，可采用抹灰镂雕的方法。

廊心墙象眼做法请参看墀头象眼的做法。但如果是抹灰做假缝，则应在四周做砖圈(图 9 - 22)。廊心墙的廊心除可采用方砖心做法外，还可采用花瓦做法。廊心墙的方砖可雕花饰。廊心墙可采用琉璃做法，琉璃廊心墙常用在宫殿建筑中。如果廊心墙恰在游廊的通道上，叫做闷头廊子。闷头廊子用木板圈成一个矩形门洞，门洞上方的做法与廊心墙的廊心做法大致相同，只是不叫廊心而叫灯笼框。灯笼框以上做法则和廊心以上做法完全一样。游廊中的墙体与廊心墙完全一样，只是更加细致和考究。其廊心做法常采用砖雕(包括字画的雕刻)、琉璃、什样锦、彩绘及花瓦做法等。

(四) 后檐墙

后檐墙有两种：露椽子的叫露檐出后檐墙，俗称“老檐出”；不露椽子的叫封护檐墙。封护檐做法是清式做法。老檐出后檐与山墙后坡腿子里皮相交。封护檐墙与山墙外皮相交，即这种建筑只前檐有腿子。有些建筑的老檐出墙因所处地理位置不引人注目，这样的后檐下檐出可以比前檐少一些，一般为前檐下檐出的 3/4。

1. 下碱

后檐墙下碱宽：里包金等于 1/2 檐柱径加花碱尺寸。外包金等于 1/2 檐柱径加 2/3 檐柱径。如是高大建筑，里包金可为 3/4 檐柱径，外包金也可酌增。下碱长：老檐出墙在两端腿子里皮之间，封护檐墙在两端山墙外皮之间。下碱高：同山墙下碱高，砖层取单数。

砌筑用线拴线方法参见山墙拴线方法。用料及砌法可以同山墙一致，也可以稍糙。但砖的排列形式应同山墙。后檐墙里皮也应留柱门，规格同山墙柱门。

2. 上身

后檐墙里皮和外皮同山墙一样，应退花碱。其用料及砌法可以同山墙上身，也可以略糙。砖的摆法应同山墙上身一致。

3. 签尖

老檐出墙的上部(至檐枋)要砌拔檐一层并堆顶，叫做墙肩，俗称签尖。签尖高度应为外包金厚度。签尖最高处不应超过檐枋下棱。拔檐砖的位置从檐枋下皮按外包金尺寸往下翻活。砖檐出檐尺寸应不大于砖本身厚度。下完砖檐后，退回到墙外皮的位置，开始做顶。顶的形式为馒头顶(图 9 - 24)和宝盒顶(用灰抹成“八字”)。

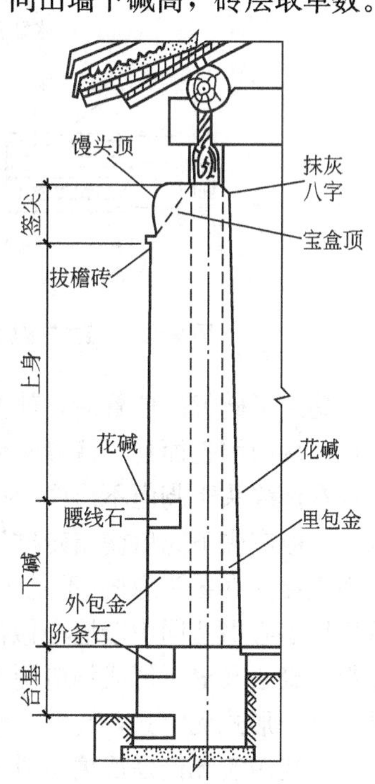

图 9 - 24 老檐出后檐墙侧剖面

4. 封护檐出檐

封护檐墙不做签尖。从上身以上层层出檐。出檐形式有菱角檐、鸡嗉檐和冰盘檐(具体出檐尺寸详见院墙)。砖檐两端与山墙博缝头紧挨。上端与屋顶滴子瓦(或花边瓦)相接(图 9－25)，砖檐最上面一层的里口，要用麻刀灰苫小背。

砖檐的位置，应从屋面往下翻活，否则会影响屋面铺瓦。先算出砖檐的总出尺寸，按这个尺寸找出砖檐出檐最远点。通过此点做一条假设的垂直线。再从椽子往上计算一下望板、泥背(灰背)等总厚度。从这个高度顺着木架的曲线(囊)向外延长。延长线与假设的垂直线的交点就是理论上砖檐最上面一层砖的上棱外口(图 9－26)。因为屋顶滴子瓦的坡度应比其他瓦的坡度和缓，并且为了照顾到木架可能不平的情况，所以一般应将理论上的高度再提高一些(一层砖左右)，所谓："俏做山，冒做檐"，意思就是山尖要做得优美、合适，而封护檐墙出檐宁可要高一些。找到了砖檐最后一层的位置，往下翻活，减去砖檐的总厚度(不是干摆砌法要加灰缝)就可以确定头层砖檐的位置了。

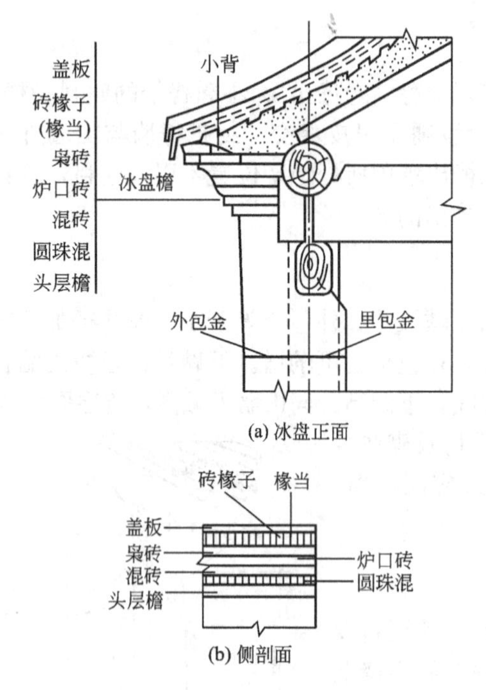

图 9－25　封护檐后檐墙

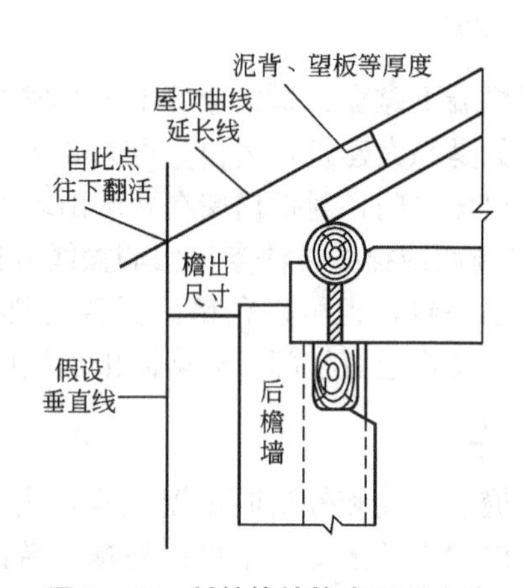

图 9－26　封护檐墙檐出翻活方法

确定了砖檐的位置后，就能够确定博缝头及靴头的位置。后檐博缝头应比砖檐高一个瓦口，从山墙正面看，博缝头应能挡住砖檐。博缝头下脚应与同层的砖檐出檐一样。靴头安放在博缝头下脚但不出檐(图 9－3)，靴头应与砖檐同时砌筑。如果山墙和后檐墙同时拆砌，一般应先下完后檐墙砖檐后再敲山尖。因为这样做，山尖后坡搓子线下端可以不用计算而直接拴在靴头底棱(不是干摆要加上灰缝)的位置上。如果四角是"五出五进"做法，后檐墙墙心做法同山墙墙心做法。砖檐之下应砌 3～5 层整砖清水墙，叫倒花碱。倒花碱用料、砌法及缝子形成均应同下碱。其外皮线应同四角外皮线。砖檐的用料及砌法应同下碱。缝子形式无定式，允许"乱缝"。

大式建筑无论是后檐墙或山墙，凡到柱子的位置，应砌置一块有透雕花饰的砖，叫做透风。透风的作用在于保持柱子根部附近的空气流通而使柱根不易糟朽。透风一般只设在下碱外皮的下部。透风砖的里面不要砌砖，如果墙身高大，应在上身外皮再加设一块透风，带双透风的墙体，上、下透风之间的墙内，不应砌砖，以使空气在上、下透风之间形成对流。

(五) 槛墙

槛墙是前檐木装修风槛下面的墙体。槛墙宽：里包金为 1/2 檐柱径，外包金也应等于 1/2 檐柱径。如是重要建筑，里、外包金可再加大 1/4 柱径。槛墙高：槛墙高等于 3/10 柱高。如果木装修为支摘窗，应按 1/4 柱高。槛墙长：槛墙长等于柱子与柱子之间的距离。在实际修缮中，槛墙长可按木榻板长，宽应略小于木榻板宽，高按地面至榻板下皮算。槛墙两端的里、外皮都要做成六方的八字形式，柱门最宽处应同柱径。

槛墙用料及砌法常与山墙下碱相同(但不带石活)，也可以粗糙一些。小式建筑的槛墙还可以做成海棠池形式，其做法同山墙海棠池做法。有些宫殿建筑的槛墙常用琉璃砖砌筑，有些则只在里皮做成琉璃贴面。有些宫殿建筑的室内所有的下碱(包括槛墙)都用琉璃砖做贴面，其砌筑方法参见琉璃硬山墙做法。

(六) 金柱内扇面墙和隔断墙

在宫殿建筑的室内金柱与金柱之间，有时也需要砌墙。与檐墙平行的叫金内扇面墙或扇面墙。与山墙平行的叫隔断墙或夹山。扇面墙和隔断墙的做法可以与露檐出后檐墙做法一样，也可以和门子做法一样。金内扇面墙和隔断墙的宽度为 1.5 倍柱径。

(七) 院墙

院墙是建筑群或宅院的防卫或区域划分用墙。在中国古建筑中，凡有建筑群，就必有院墙。建筑越重要，院墙的做法就越细致，高度和宽度也越大。院墙也可以分成三部分：下碱、上身、墙帽(包括砖檐)。

院墙的宽与高没有严格的规定。一般以不能徒手翻越为最低标准。如遇有屋檐，墙帽必须低于屋檐，祭祀用的坛庙类建筑的院墙应较低，其高度应以不遮挡视线为宜。院墙的宽度至少应在 30cm 以上。院墙里外皮均应有正升，小式建筑的正升为墙高的 5‰～7‰，大式的可大到 1%。

1. 下碱

小式院墙的下碱高度应为下碱和上身总高度的 1/3，大式院墙的下碱高度为院内正殿台基高的 2 倍。院墙大、小式的区分，应根据墙帽的形式而定。院墙下碱用料及砌法一般应比山墙下碱粗糙，但也可一样。下碱砖的层数应为单数。

2. 上身

院墙上身，里、外皮都应退花碱。花碱尺寸为 0.6～1.5cm(不包括抹灰厚度)。上身用料及砌法一般应比下碱粗糙。一般都采用糙砌抹灰的方法。有些院墙的下碱和上身的用料、砌法及宽度完全一样，就是说，这种院墙不分下碱和上身。

处于全院最低处的院墙，应考虑在下部做排水的沟眼。如果大式院墙下面的台基较高，其沟眼常用石头雕成兽头形状(俗称喷水兽)，或将石头凿成半个圆筒形的沟嘴子，伸出墙外，伸出的尺寸应稍小于墙体厚度。小式院墙的沟眼可砌一块石雕或砖雕的沟门，或者只砌成一个方洞。

3. 砖檐

院墙砖檐的形式有菱角檐、鸡嗉檐、冰盘檐(包括琉璃冰盘檐)。菱角檐因第二层砖出檐为菱形而得名；鸡嗉檐因第二层砖像鸡胸而得名；冰盘檐因砖檐形似冰盘而得名(图 9-27)。院墙砖檐的用料和砌法可以同封护檐墙砖檐，也可稍糙一些。各种砖檐出檐尺寸如下。

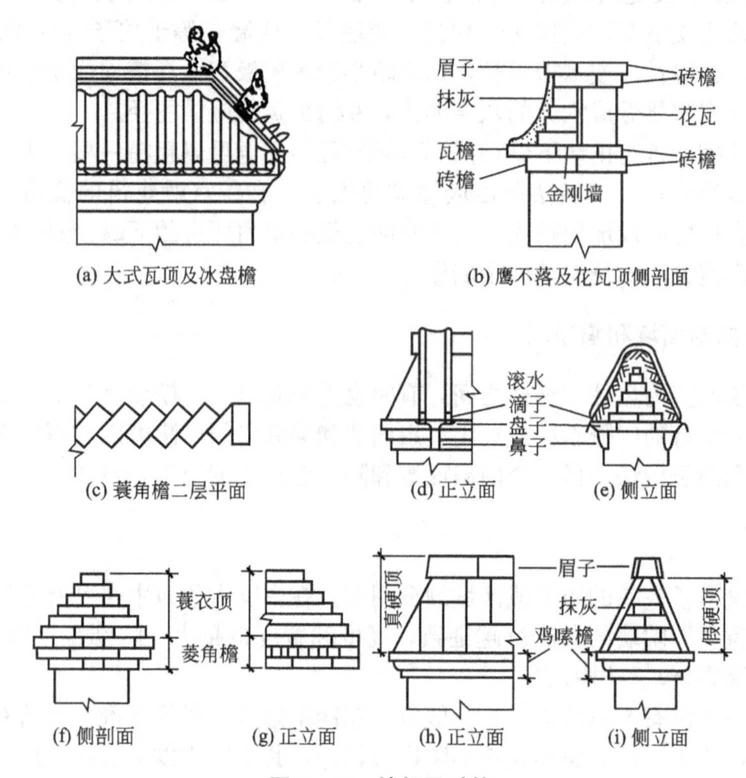

图 9-27 墙帽及砖檐

1）菱角檐

头层檐出檐尺寸不大于条砖厚度(如用方砖，为 1/2 砖厚)。二层菱角出檐是这样决定的：菱角应为等腰直角三角形，三角形的直角边等于条砖的宽。第三层盖板出檐是这样决定的：其里口不应超出直角三角形棱角的斜边，即仰视不应看见盖板里棱(图 9-27)。

2）鸡嗉檐

头层出檐同菱角檐头层檐；二层混砖出檐应等于砖厚；三层盖板出檐为 1/4 砖厚(图 9-27)。

3）冰盘檐

头层直檐出檐同菱角檐头层檐；二层圆珠混出檐等于圆珠直径，圆珠直径应等于砖厚度；三层半混出檐尺寸应比砖厚度略大；第四层炉口出檐应为 1/3 砖厚；第五层枭砖出檐应为砖厚度的 1.5 倍；第六层砖椽(只封护檐墙有，院墙无此层)出檐应等于 1～2.5 倍椽径，但最大不应超过盖板砖宽尺寸，椽应当比枭砖缩进少许；第七层盖板出檐应与砖椽子出檐平(盖板砖下棱若不起线则应略出)。盖板砖应用薄一些的砖(图 9-27)。如无砖椽一层，盖板出檐应为 1/4～1/2 砖厚。

有些冰盘檐无圆珠混或炉口。琉璃冰盘檐按预制尺寸出檐。

大式院墙的砖檐绝大多数为冰盘檐。有些宫殿建筑的院墙采用斗拱做法。这种院墙大多用头层砖檐代替斗拱的平板枋。头层檐以上即为砖斗拱。砖斗拱之上再砌一层盖板，盖板之上就是瓦顶。有些坛庙等礼制建筑的院墙的檐子部分不用砖檐而用木架代替。具体做法是，在头层砖檐的位置上放置"横担木"。横担木的长度约为墙宽度的 2 倍。每根横担木之间的距离等于砖宽。横担木的两端要做榫。横担木之下要预先放置"随墙枋子"，枋子应与墙外皮平。横担木的两端安放挂檐板。这种挂檐板的厚度约为普通挂檐板的 3 倍。挂檐板上要凿做榫眼，以便与横担木的榫头结合。横担木之上应铺放望板，望板以上堆砌瓦顶。

4．墙帽

墙帽常见的形式有蓑衣顶、眉子顶(分真硬顶和假硬顶)、瓦顶(有什么样的屋面形式，就几乎有什么样的瓦顶)、各式各样的花瓦顶和花砖顶(图 9 - 27)。其中使用脊兽或琉璃瓦件的为大式做法，其他均为小式做法。

院墙的砖檐墙帽所采用的形式，要根据主体建筑的形式及院墙本身的高度来决定。其用料做法的细致程度不应超过主体建筑。院墙越高，其砖檐的层数应越多，墙帽也就越大；反之，就要相应减少，否则就会给人以不协调之感。如果院墙的某段恰处在屋檐之下，而墙帽做法又为假硬顶等抹灰做法，则应考虑在墙帽上做滚水(图 9 - 27)，以保护墙帽不受屋顶雨水的直接冲击。与游廊并行的院墙(如垂花门两侧的看面墙)的墙帽应为瓦顶。但这种瓦顶只做半坡，里面的半坡不做。瓦顶屋脊处的底瓦应稍低于游廊瓦檐。黑活瓦顶的抹灰当沟应抹出沟眼。琉璃瓦顶应使用带有沟眼的"过水当沟"。没有当沟的过垄脊虽不做"过水当沟"，但走水当也应与游廊屋顶的走水当一致，以利排水。为防止漏水，与游廊并行的院墙墙帽上一般都不做天沟，而采取上述做法。

5．花瓦顶

花瓦顶是小式院墙墙帽常采用的形式，其主要特点是在墙帽部分采用花瓦做法。花瓦做法也常用在门楼、廊心墙、园林中的院墙、屋脊等处。花瓦做法具有独特的民族风格。形状简单的瓦料可以摆成各种各样复杂优美的图案，充分表现了我国古代人民的聪明才智。

第四节 墙体裂缝的维修技术

砖石结构建筑物与构筑物的损坏与修复，已在第七章做了系统说明。墙体如为承重墙，墙体开裂与损伤会影响整体建筑的安全；如为围护结构，会妨碍建、构筑物的正常使用。下面关于古建筑墙体的毁损与修缮，做一些补充说明。

一、开裂原因的分析

墙体开裂的原因主要有以下几种。

(一) 强度不足

许多砖石古建筑(如无梁殿等)多年久失修漏雨，雨水将砖缝内泥浆或灰浆冲掉，影响墙体的强度，遇强大外力振动后发生裂缝。

（二）地基发生不均匀沉陷

砖石建筑的基础由于年久，地下水位的变化，或周围环境的影响，基础承载力发生不均匀变化，导致产生裂缝，严重的如陕西省扶风县一座砖塔，由于周围形成水坑，基础一边松软，塔身严重开裂而倒坍。

（三）内外墙体联系结构不好

许多套筒式的砖塔，常见塔心部分与塔外套筒之间的砖砌拱券强度不足，遇强大外力导致塔身开裂。

二、加固技术措施

针对以上几种墙体开裂的原因，常常采用以下几种加固措施。

1）加添钢板筋、钢筋混凝土箍或砖筋箍

凡墙体发生裂缝的砖石结构古建筑，在维修时，应首先考虑在单层墙体顶部、楼阁型砖石塔的每层挑檐的上部加添钢板箍、钢筋混凝土箍或砖筋箍加固。

钢板箍适合于临时加固，全部外露，用3～5mm厚的钢板，宽度为100～150mm，转角处用螺栓拧牢，紧靠墙身，防止继续开裂。

钢筋混凝土箍埋于墙身内，外缘距塔身外皮一砖厚，箍身高度为2～3皮砖，不应小于15cm，厚度为1～2砖厚，纵向钢筋直径不少于4～8mm，箍筋间距不宜大于300mm，混凝土标号不低于C20号。施工时先将设置钢筋混凝土箍的部位砖块取除，筑打以后按原来式样补砌整洁。在有瓦顶的砖石塔中，箍的位置可置于瓦顶的根部靠近塔身处，上面盖瓦后，箍本身被埋于瓦顶下，这种情况为加固提供了更为方便的条件。总之，在各种情况下，箍本身应隐蔽而不要露明。

砖筋箍适于单层砖结构建筑，墙顶需要拆砌的情况下采用。砖筋箍的高度一般为4～6皮砖，每层水平钢筋应置于砖缝内，直径不宜小于4mm，水平间距不宜大于120mm，设置钢筋层数至少应为上下两层，一般情况下可隔层设置或每层设置，视墙身砖的质量，或按抗震要求而定。

2）裂缝灌浆加固

无梁殿、砖石拱桥和砖石塔的墙身开裂后墙身加箍是防止继续开裂的技术措施；墙身开裂后，砌体呈分离状态，必须采取粘合技术使之整体复原，这种加固技术以压力灌浆粘接的效果较好。常用的浆液有以下两种：一种是用107胶(聚乙烯醇缩甲醛)结合水泥浆做黏合剂，或水泥砂浆掺以适量的107胶；另一种是用水玻璃砂浆做黏合剂。

浆液的稠度依裂缝宽窄而定，一般情况如下：裂缝宽度为0.2～1mm时用水泥稀浆；裂缝宽度为1～5mm时用水泥稠浆；裂缝宽度为5～15mm时用水泥沙浆。

灌浆的工艺依以下顺序进行：清理裂缝—粘灌浆嘴子—封闭裂缝—检查封闭程度(封缝处涂肥皂水，然后用1kg/cm^{2}压缩空气试验)—灌浆，一般分段、每段自上向下灌注。

3）地基不均匀下沉时

首先应观测下沉情况是否已经稳定，或仍在继续发展。属于前者，地基可暂不处理；

属于后者，应先做基础加固后，再修补墙体。

4) 内外墙体联系结构不好时

此时，应在内外墙体的隐蔽处用钢拉杆加固。

第五节 表面风化的治理与防护

对于砖石结构的古建筑物，表面风化是常见的病态，主要是由地下水或大气污染造成的。风化严重的，需个别剔换新料；风化轻微的或风化程度不明显的，可采用表面封护或采取保护棚的办法。

一、表面保护

通常采用的是将有机硅涂料均匀地喷涂在砖石的表面上，取得防水、防风化的效果，目前较好的材料有以下两种。

1) 甲基硅醇钠

甲基硅醇钠是无色、透明、无味、无毒，呈碱性的水溶性溶液，具有耐高低温、透气、防水、防污染、防老化等性能。应用时，用 9～11 倍质量的水稀释后(简称硅水)，即可直接使用，渗入深度为 1～2mm，根据有关部门试验，表明防水效果十分明显。

2) 甲基硅酸钠 3‰的水溶液

甲基硅酸钠 3‰的水溶液(简称 851)也是无毒、无味、透明，呈碱性(pH 为 13)的水溶液。它与弱酸作用时，产生甲基硅醇，然后很快地聚合成甲基聚硅醚，形成防水膜。

二、新建保护棚

古代许多帝王撰文或书写的大型石碑，在立碑之时多建碑亭或牌楼加以保护，现存实物皆为明、清两朝遗物，当时的目的可能是树立威信，但实际上起到了较好的保护作用，至今时间最长的已达五百多年，石碑保存仍然完好。在现代在石刻、石建筑物保护中，近些年来，也新建了一些保护棚，但有的效果并不十分理想，如河南登封三阙，于 20 世纪 50 年代建很小的砖屋加以覆盖，内部阴暗潮湿，通风不良，既不便于保护又不便于参观。

山东嘉祥武氏墓群的石阙、长清孝堂山郭氏墓石祠(原属肥城县)，在 60 年代都新建了较宽敞的保护房，便于参观，通风也较好，多年的实践证明，其保护效果较好。西安碑林是历史上集中保存石刻最早的实例之一，均保存在建筑物内。近年来各地兴建石刻艺术馆或展室，对保护石制文物起到了很好的保护作用。

第十章
古建筑屋面工程(瓦作)的损坏及修复

中国古代建筑业中的屋面工程专业称为瓦作。在宋《营造法式》中，“瓦作”一项包括苫背、铺瓦、瓦和瓦饰的规格和选用原则等。在清工部《工程做法则例》中的“瓦作”一项内，除上述内容外，还包括宋代属于“砖作”的内容。我们这里是把“瓦作”按《营造法式》作为屋面工程来讨论的。

中国陶瓦出现于西周初期。西周时已有板瓦、筒瓦、半圆瓦当和脊瓦等品种。从战国时期起，宫殿建筑的屋檐用圆瓦当。北魏宫殿开始使用琉璃瓦。唐代除用琉璃瓦外，所用的青瓦有两种：一种是普通青瓦，另一种是借鉴黑陶技术制造的色泽黝黑、光润的青棍瓦，后者是当时的高档品种，用在重要建筑上。宋、元宫殿用各种彩色的琉璃瓦顶。明代瓦的生产有长足的发展，宫殿建筑普遍应用琉璃瓦，瓦和瓦饰的规格、品种开始系列化。

大屋顶是中国古建筑最大特征之一，也是我国古建筑最为美观和灿烂的部分，因此，瓦作对古建筑是非常重要的。

瓦顶的维修是保护古建筑、延长古建筑寿命的重要技术措施。通常说古建筑应保持“不塌不漏”，科学的说法应该是“不漏不塌”。这就充分说明瓦顶维修的重要性。一座古建筑，特别是木结构古建筑物，能保持瓦顶不漏雨，就可尽量地延长古建筑物的寿命。瓦顶维修技术分为两大类，即瓦顶保养与瓦顶维修。

第一节 瓦顶保养

瓦顶保养的主要目的是防止瓦顶漏雨，是需要经常进行的保护工作之一。

一、瓦顶除草

古代建筑的瓦顶都是用许多小块瓦件覆盖而成的。按照它的做法，大体上分为两种：一种是北方较寒冷地区，都是在瓦件下铺垫较厚的灰泥苫背层，南方较潮湿地区中的重要建筑也多在瓦底垫有较薄的苫背层。大多数祠堂、住宅等建筑则多为不做苫背的冷摊瓦做法。瓦顶长草主要发生在有苫背层的古建筑瓦顶上。尤其在北方，古代的苫背层内掺有黄土，为草木生长准备了适宜的土壤。年久瓦缝勾灰脱落，瓦垄内积土，草木籽随风飘荡落在垄或瓦缝内，遇适当湿度即可生根发芽，有时竟可生长成直径相当大的树木。草木根破坏了原来瓦顶的防渗层，雨水渗入瓦顶内的木构件上，年久即发生糟朽、劈裂以致折断，危及古建筑的安全。为此，防止屋顶漏雨，首先必须将瓦顶的草木清除。

瓦顶除草的方法主要还是人工拔除，此事看来简单，但要连根拔除也非易事。瓦顶上所生的草大多是多年生植物，根部蔓延较深，严重的情况是整个筒板瓦底部全被草根铺满。若只拔茎部，不去除根部或去除不净，不久又会生出新芽来。只拔除外露的茎部或部分草木根，有时反而刺激它的生长，损伤本身是对植物的一种刺激，植物是活的机体，活动和刺激是相应的。为此，瓦顶除草一定要连根拔除，才能收到实效。

除了人工拔草以外，我们也曾试验过用化学药剂去除瓦顶的杂草，但所用药剂首先须对人畜无害，更不能对古建筑物所用瓦件的质地有所损伤，有效期还应相当长。选择药剂的条件相当严格，至今尚无理想的药剂可供推广使用。

此外，瓦顶拔草的时间也很重要，如果在深秋草籽成熟后拔草，虽然连根拔除，但由于施工时草籽落入瓦缝或勾灰内，等于是一次重新播种。北京地区有句谚语“立秋十八日，寸草生籽。”所以在秋天动工，一定要在草籽成熟之前拔除。实际施工时，有时不可能一次做到干净彻底，往往需要连续二、三年才能收到实效。总之应连续进行，逐渐由多到少，由少到无。越是年久失修的情况下，越需要特别注意，才能较快地解决瓦顶生草的问题。

二、勾抹瓦顶

年久瓦缝勾灰脱落或在拔除瓦顶植物后，都应及时用灰将瓦缝勾抹严实。勾灰脱落应先去除残渣。拔除杂草后的瓦顶、瓦垄、瓦缝的勾灰也会受到不同程度的破坏，有时连同底瓦的灰泥也被松动，因而在重新勾抹瓦顶前，必须将松动的勾灰清扫干净，然后用灰将瓦缝重新勾抹严实。

古代勾灰材料配比依瓦件的质地、色彩不同而异。黄色琉璃瓦顶勾灰用红土麻刀灰，材料质量配合比为白灰：二红土：头红土：麻刀：江米：白矾＝100：10：10：8：1.4：0.5。绿色、蓝色、黑色琉璃瓦顶及布瓦(灰瓦)勾灰用青白麻刀灰，材料质量配比为白灰：青灰：麻刀：江米：白矾＝100：11：8：1.4：0.5。现在施工中多不用江米和白矾，此时，用料质量配比为白灰：红土：麻刀＝100：20：4(红土麻刀灰)，白灰：青灰：麻刀＝100：8：4(青白麻刀灰)。

施工中应注意的是，红灰中的红土由于各地区产品质量不同，用量应经试验决定。有时为节约红土用量、勾灰时减少用量，抹完后再补刷红土浆。这种做法当时的效果可能不错，经过几次雨水冲刷后即发生褪色，效果不好，应尽量避免。同样，布瓦顶用青灰勾抹后，再刷青灰浆涂刷的方法也是不可取的。

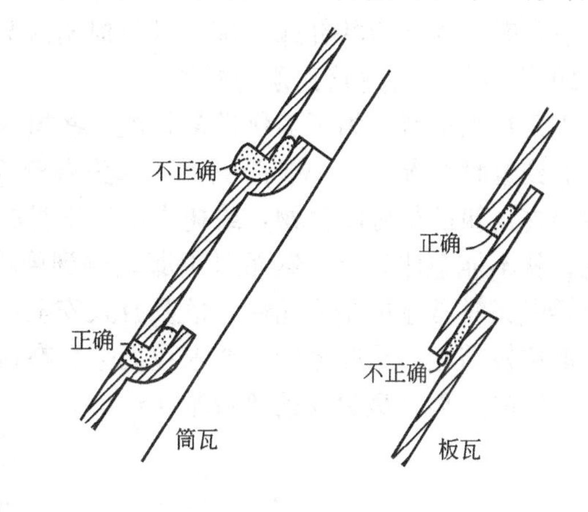

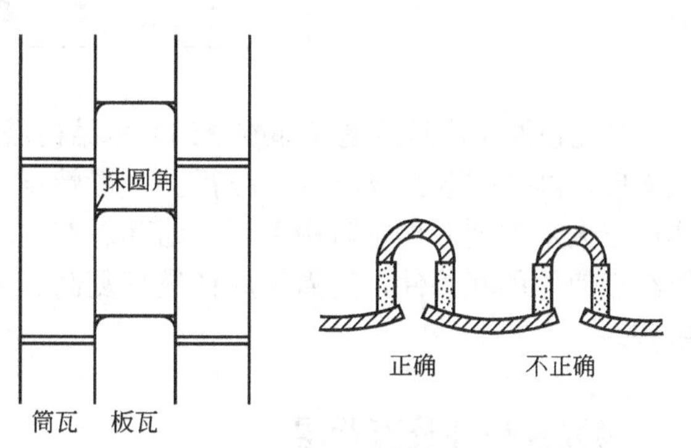

图 10－1 勾灰要点

经验证明，除了勾灰的配比应严格掌握外，勾灰的技巧对于防止瓦顶漏雨也是十分重要的。不经心的勾抹，不久就会出现裂缝或勾灰脱落的现象。勾灰时应注意以下几点(图 10－1)。

(1) 筒瓦之间的瓦缝勾灰，应尽力将灰浆嵌入，外面与瓦面齐平。

(2) 每垄筒瓦两侧的勾灰称为夹垄，应注意不要凸出瓦边，要稍稍凹进一些。如凸出瓦边过多，夹垄灰干燥收缩后，雨水很容易沿筒瓦边缘渗入筒瓦内部，造成瓦垄内部积水，严重的能渗透苫背层，使望板、椽子发霉，以致糟朽。

(3) 瓦垄底瓦之间的勾灰，不能出现空隙，因为这些部位最容易积存尘土和草籽。施工中有的工人师傅将底瓦两角抹成弧形，对防止瓦垄内积存尘土、草籽起到了较好的作用，是值得效仿的。

三、经常性的瓦顶保养工作

1) 清扫瓦垄和天沟、筒板瓦和瓦顶

瓦垄中遇风常易积存尘土和随风飞来的草木种子、树叶等杂物，阻碍雨水的流通，积水过多还易造成瓦顶渗水，滋生杂草、杂树。因此要对瓦顶和天沟每隔二三年至少清扫一次，时间以初春最为合宜。在古建筑旁有高大树木的地方，应规定每年清扫一次。

有些古建筑的瓦顶，虽然有积土杂物，并未生草，但由于年久，勾缝灰遇有部分脱落时，应及时扫除干净并补抹勾灰，以防损伤情况扩大，滋生草木或渗水。

2) 修剪妨害古建筑瓦顶的树枝

古建筑的近旁，为了美化常常栽植一些树木。年久树木长大后，往往影响建筑物的安全。遇到这种情况，在一般情况下，如为杂树应连根砍除；但若为多年古树，姿态又美，已成为古建筑的很好陪衬物，或树木由于本身的高龄，也被视为文物一样看待。遇到这种情况，就不能整体砍除。然而对于那些伸到屋檐边缘的树枝、落叶，经常飘落在瓦顶上，大风摇曳又常常碰掉檐头瓦件，危及游人安全，应适当地予以修剪，将影响安全又不妨碍美观的树枝剪除。据此经验，要求我们今后在古建筑旁边栽植树木时，一定要与古建筑物保持一定的距离，最少要远离台基4～5m。

第二节 瓦顶维修

当瓦顶漏雨严重或是局部或全部大木结构需要落架重修时，也必须先揭除瓦顶，修好大木后，再按原做法做苫背，铺瓦。一般情况下，瓦顶维修包括揭除瓦兽件、苫背层，然后于大木安装后再重新做苫背，铺瓦。在此之前，还要对残损的瓦兽件进行粘补；不能继续使用的瓦兽件，还需按原样进行复制。无苫背层的古建筑瓦顶维修时，工序较简单些。

一、揭取瓦兽件及苫背层

(一) 瓦顶现状记录

在揭除瓦件之前，首先进行现状记录，除文字记录外，还应辅以草图和照片。记录的主要内容如下。

1）工程做法记录

包括瓦顶的式样为歇山、硬山等；做法为筒板瓦、蝴蝶瓦(阴阳瓦)等；瓦件的质地为琉璃瓦(包括颜色)、布瓦等。此外，对于瓦顶的尺寸，包括各面坡长、各种脊长、各面檐头长度、翼角翘起的尺寸以及各种瓦兽件的高、宽、长的尺寸等，都应记录清楚。

此外各种瓦件的数量、每条脊所用脊筒子的数目、式样、排列顺序也应记录清楚。

2）损毁情况记录

大吻、脊筒子、垂兽、小兽、勾头瓦、滴水瓦以及帽钉等应按件记录其完整程度，对于数量较多的筒板瓦或蝴蝶瓦，多用百分比记录，如某建筑物的瓦件，筒瓦损毁10%、板瓦损毁15%等。

3）形制记录(或称法式记录)

因为古建筑的瓦顶是最容易被后代修理的部分。历史上的维修不可能完全按照今天“不改文物原状”的原则，因而现存状况多是历代瓦兽件混杂地安装在瓦顶上，如筒板瓦的尺寸不统一，吻兽件的形制不是同一时代风格，更有各色琉璃瓦杂用的情况。对于各个时代风格的瓦兽件，在拆除前应仔细查清，这种记录主要是为了分析瓦顶原来的状况，在修理工作，特别是在修复工程中更有重要的参考价值。

(二) 瓦件编号

这项工作为修缮中的安装工作所必需的。拆除瓦件前，对所有的艺术构件，包括大吻、小兽、雕花脊筒子等，为了在铺瓦时不致装错位置，拆卸前应进行编号并绘出编号位置图。编号应按照一定的顺序，然后在实物上用容易识别的颜色笔写上号码。对于数量多的、位置关系影响不大的勾头、滴水、筒板瓦等，可不进行编号。但对于圆形屋顶的建筑，它的每垄瓦件自下向上逐件缩小，则需自下向上，分垄逐件编号，才能保证铺瓦顺利进行。

(三) 拆除瓦件

拆除瓦件的一般顺序是先从檐头开始，卸除勾头、滴水、帽钉，然后进行坡面揭瓦。自瓦顶的一端开始(或由中间向两边分揭)，一垄筒瓦，一垄板瓦地进行，以免踩坏瓦件。坡面瓦揭完后，依次拆卸翼角小兽、戗脊、垂兽、垂脊、正脊。通常是最后拆卸大吻，因为大吻体型大、质量大，要借助于起重设备，故排在最后施工，便于操作。大吻由几块雕花构件组成，拆卸时先将各块之间的连接铁活拔除或锯断，然后由上而下逐块拆卸，必要时应将雕饰部分包装后再进行拆卸。

拆卸瓦件所用工具为瓦刀、小铲、小撬棍等，不要用大镐、大锹，以免对瓦件造成新的损伤。瓦件拆卸后应随时从施工架上运走，放在安全场地，分类码放整齐。自屋顶向下运送瓦件，可装在篮子、箱子内用卷扬机等吊装设备运到平地，或用人力自脚手架上抬至平地。有些地方运送瓦件，在高度不超过4～5尺时，采用溜筒。它由三块长板装成，类似儿童的滑梯，瓦件顺筒溜到平地。更简单的仅用两根杉槁并在一起，代替木板的溜筒。有经验的工人师傅，只凭双手，每3～5块一起，自房上抛下来，下边的人稳稳接住，速度快，接得准确，令人十分惊奇。

瓦顶拆除的最后一道工序是铲除望板或望砖上的苫背层，这时应补充记录苫背层的做法、厚度。铲除时须注意不要将望板戳穿，以防发生工伤事故。遇有用望砖的建筑物，最后应将望砖揭下。揭除时一般是自脊根到屋檐，即自上向下逐块揭除，如果发现椽子有朽折的部分，需预先在底部支搭安全架木。

拆除瓦顶过程中，应配合照相记录工作，以备研究原来做法，作为铺瓦时的参考。

（四）清理瓦件

拆卸瓦件后，重新安装前，在适当的时间内要对瓦件进行清理，首先清除瓦件上的灰迹，这道工序古代叫做“剔灰擦抹”，用小铲慢慢除去瓦件的灰迹，还要用抹布擦拭干净。

清理工作中应结合挑选瓦件的工作，挑选的标准一是形制，二是残破程度。

对于瓦兽件，首先要研究它原来的形制，选出比较标准的瓦件，以此为标准进行挑选，不合格的另行码放，等待研究处理。考虑到古代的手工操作的生产方式、构件的尺寸偏差较大，挑选时应考虑到允许偏差，如筒瓦的宽度和长度为±0.3cm，板瓦宽为±1.0cm，板瓦长度的尺寸可以放宽一些。

经常遇到的情况是，瓦顶经历一次重修，所用瓦件大小不一，挑选时首先应按不同规格进行分类码放，以便研究处理。在保存现状的修理时，我们主张对于这一部分不合规格的瓦件，只要坚固，就应继续使用。在铺瓦时，仔细安排一下，将这些瓦件用在后坡或两山，安排适当并不十分影响外观。如瓦件的颜色不对，是否继续使用，应按建筑物的重要性仔细考虑。

残毁的瓦件按其完整程度分为可用的、可修的、更换的三种。依不同构件、不同建筑的要求，检验的标准也不能完全一致，现将常用的检验标准介绍如下，仅供参考。

（1）筒瓦。四角完整或残缺部分在瓦高 1/3 以下的，琉璃瓦釉保存 1/2 以上的，列为可用构件；碎成两段，槎口能对齐的，列为可修构件；其余残碎的，列为更换构件。

（2）板瓦。缺角不超过瓦宽 1/6(以铺瓦后不露缺角为准)，后尾残长在瓦长 2/3 以上的，列为可用瓦件；断裂为二段，槎口能对齐的，列为可修构件；其余残碎的，列为更换构件。

（3）勾头瓦、滴水瓦。检验方法与筒板瓦一致，但应特别注意瓦件前部的雕饰。花纹残而轮廓完整的，列为可用瓦件；轮廓残缺或色釉全脱的，一般列为更换瓦件。

（4）脊筒子。无雕饰的残长 1/2 以上都应保留继续使用。对于有雕饰的脊筒，如仅雕饰部分残缺的，也应列为可用构件。

（5）小兽。残缺的应尽量粘补使用，缺欠的根据需要与可能进行研究是否补配。

（6）大吻。缺少的大吻零件(如箭靶、背兽、兽角等)一般需重新烧配；残存的旧件，应尽可能地粘补完整，因为这种大型艺术构件在重新烧制时，釉色、花纹很难做到与旧件完全一致。

以上所述挑选瓦件的工作，均以保存现状为原则。如为恢复原状工程，则需要按照复原要求的规定处理。

挑选瓦件后，最后做出详细表格，写明应有数量，现存完整、粘接的数量及需要更换的数量。表格式样如表 10-1 所示。

表 10-1　瓦件检查表

构件名称	构件尺寸/cm			应有数量	现存数量/件				备　注
	长	宽	高		完整可用	修补	更换	小计	
筒瓦	33	16	8	1500	1200	200	100	1500	
板瓦									
勾头瓦									
滴水瓦									

凡必须重新烧制的瓦件，应及早提出计划，样品送窑厂进行复制。在条件可能时，应尽量使用相同形制的旧瓦，经验证明，这样做比重新烧制的效果更好一些。

二、屋顶苫背

椽子、飞椽、望板(或望砖、栈棍)铺钉后，即可开始苫背工作。

古代建筑的屋顶，除去造型艺术的要求以外，功能上的要求应是保温与防水。北方屋顶的苫背层都很厚，一般厚达20～30cm，主要是从保温角度来考虑的。大型建筑物的苫背层更厚一些。南方普通房屋虽然很少用苫背层，瓦件直接摆在椽子上，但一些庙宇、祠堂的主要建筑也都有较厚的苫背层。

苫背层，北方地区通常分为三层，自下而上依次为护板灰、灰泥背、青灰背。南方地区一般只用灰泥背，不用护板灰和青灰背。

(一) 护板灰

从防水的功能考虑，护板灰是屋顶防水的最后一道防线，在望板或望砖铺钉后，在其上抹护板灰一层，厚度为1～2cm。材料质量配比为白灰：青灰：麻刀＝100：8：3。

抹灰时要求自脊根向檐头进行(即由上向下)，七八成干时，再刷青灰浆，随刷随用铁抹子轧实。古代宫廷中，在抹护板灰之前，先用高丽纸将望板的缝隙裱糊严密，防止灰浆漏至望板以下弄污油饰彩画。

护板灰的做法最晚在明代(1368—1644年)已经出现，原意应是为了防止望板糟朽而设的，应是随着望板的出现而增加的。明代以前，大多数建筑物不用望板而用柴栈(俗称栈棍)铺在椽子上。如遇到这种做法，应在栈棍上抹胶泥或掺灰泥一道，材料体积比为白灰：黄土＝1：4。其中或掺以少量的麦壳或碎稻草，工人师傅称这一道泥为“压栈泥”，意思是用灰泥压住栈棍防止滑动。从防水效果考虑，作用并不明显。北方农村中的普通房屋，凡不用望板、望砖的，至今仍保留这种做法。

由于护板灰直接抹在望板上，对木结构的保护具有重要作用。维修工作者特别重视这一层。它处于隐蔽部分，允许用新的防水材料代替。最常见的做法是，在望板上先刷冷底子油一道，然后铺二毡三油防水层；或者在望板上先刷一道沥青膏再抹护板灰。采用这种做法，除了在施工中应严格遵守操作规程外，需注意望板的接缝，必须严密，防止沥青膏流淌在望板以下，弄污室内的油饰彩画。

二毡三油防水层的做法，对于防止屋顶漏雨的效果比较明显，但油毡的老化期虽然有二三十年之久，对于长寿的古代建筑物来说，二三十年仍是相当短促的，因而这种做法在古建筑维修工作中也并不普遍受到欢迎。

(二) 灰泥背

北方的灰泥背，常用掺灰泥。白灰和黄土的体积比为1：3或1：4，泥内另掺麦草或麦壳，每白灰100kg掺草5～10kg。

宫廷建筑中多用麻刀代替麦草，重要的宫殿只用100：5白灰麻刀(质量比)。

南方建筑多用1：2砂灰做灰泥背，还有一种蛎灰苫背。蛎灰是由海生动物蛎、蠔之类的外壳烧制成的，产于浙江、福建、广东、台湾等省的海滨地区。这些地区广泛使用它代替白灰。蛎灰用料质量比为蛎灰：麻筋＝100：(5～10)。

灰泥背施工时，也是自上而下，压抹光平，但应注意它的厚度不是完全一致的。中国古代建筑的瓦顶都有一条圆和优美的曲线，除了结构上的处理外，在苫背时要使它更加圆和。具体方法是将檐头灰泥抹得薄一些，在瓦顶折弯处抹得厚一些。苫背灰泥抹好后，这条屋顶曲线已经基本合适。因而通常所说灰泥背的厚度都是指平均厚度。

古代的灰泥背都相当厚，在今天的修理过程中，为了减轻整个木构架的荷重，增强抗震性能，首先考虑的就是减轻瓦顶的质量。一种办法是按原做法，将厚度减薄。例如，将原来厚20cm的苫背层，改为8cm左右。这样檐头厚约5cm，大脊根部也不超过15cm。另一种方法是用质量轻的材料，代替质量大的黄土泥。常用的材料为焦渣，做成的苫背层称为焦渣背。焦渣背是用焦渣与白灰粉混合后，淋水焖透，约5～10天，白灰与焦渣的体积比为1∶3。由于焦渣本身质量比黄土轻约1/3，在采用同样厚度的苫背层时，焦渣背比灰泥背就可减轻1/3左右，若再结合前一种方法，将焦渣背也做成平均厚度为8cm，与古代做法相比就可比原做法减轻2/3以上。这对延长木构架的寿命是大有好处的。此外用焦渣背对防止屋顶生草，也是相当有效的。

这种做法是从北方一些民居的做法中学习来的。所用焦渣粒径0.35～0.5cm(称为粗焦渣)。做焦渣背时，一般虚铺10cm，用木拍子拍打出浆，拍实后为8cm。工艺比灰泥背复杂一些，稍稍练习一段时间就能掌握。焦渣背在望板上使用效果较好。在用望砖的情况下，拍打用力如过猛，易使望砖震碎。厚度太薄为5cm以下时，易发生裂缝。

抹灰泥背或焦渣背时，若遇到明代以前的木构建筑，应注意它的屋顶，不仅瓦垄有弧线，它的大脊也是两端向上翘起呈一条弧线。对于这种式样，除了木结构上的处理外，在抹灰泥背时，应将大脊两端按设计要求垫厚，以保证铺瓦调脊时顺利地做出大脊的弧线。不注意此点，调脊时将遇到很多困难，有时还要返工重抹苫背层。

(三) 青灰背

灰泥背约七八成干后，上抹青灰背一层，厚1～2cm，用料比例、做法与护板灰相同，但在刷青灰浆赶压的工序中，往往还铺一些麻刀，随刷随轧，增强青灰背面层的拉力，防止出现微细裂缝。

三、铺瓦

依据设计图纸和拆除记录草图、照片等资料，按原来式样进行铺瓦。

(一) 排瓦挡

依据拆除记录，查明各面坡顶的瓦垄数，正常情况应该是前后坡一致，两山面一致，四翼角一致。但也常常出现不一致的情况，可根据设计要求或重新统一垄数。

屋顶瓦垄的排列，以每面坡计算有两种方法。一种是底瓦坐中，瓦垄为双数；另一种是筒瓦坐中，瓦垄数是单数。排瓦垄时首先应弄清这一点，再依瓦顶宽度进行排瓦挡的工作。以歇山顶筒瓦坐中为例，如图10-2所示。

首先找出坡面的中心线A和垂脊中线B和B'，然后依原来比较标准的瓦垄距离尺寸，暂定出瓦垄中距，一般比板瓦宽出3cm左右，在垂脊中线两侧画出相邻的两个筒瓦中点C和C'，E和E'。通量C和C'的距离，以暂定瓦垄尺寸匀分，需得整数，而且还需是双数，以便从A点起向两边对称。如原来暂定瓦垄中距不合适，还要进行调整。正身坡面分好后，再分翼角瓦垄，先量出E和D(瓦顶翼角45°中线)和E'至D'的距离，依正身瓦垄中距匀分，

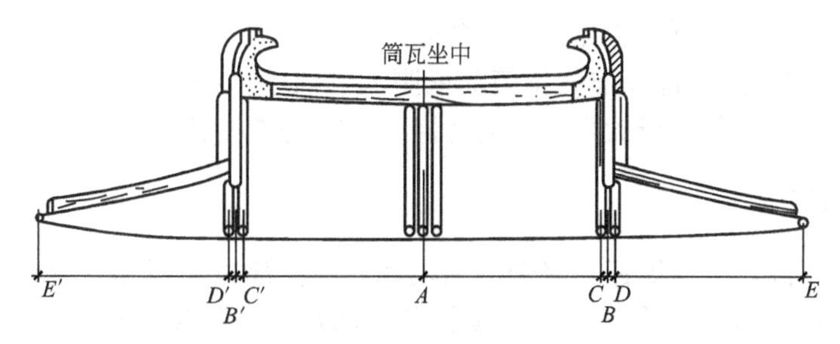

图 10-2 歇山顶筒瓦坐中

两端应对称一致。在檐头的青灰背或灰泥背上，画出每条瓦垄筒瓦的中线，接着进行钉瓦口，拉线排垄。在檐头拉线做出记号，再将线移至大脊，按筒瓦中点翻，在大脊的青灰背或苫背上，用白浆或红浆画出瓦垄中线，画好后应核对数目有无误差，上下是否垂直。

(二) 铺筒板瓦

对于琉璃筒板瓦或布瓦筒板瓦，铺瓦时，一般自中线向两边分，每边先自垂脊靠近一线一垄铺起。每垄先在檐头用麻刀灰安滴水瓦，为保证各垄滴水瓦的高低及伸出瓦口外尺寸一致，应在檐头挂线，滴水瓦伸出瓦口外应按拆除前记录，一般习惯做法为 6cm 左右。滴水安稳后，开始拉线铺底瓦，线的弯度须圆合。瓦下铺灰泥，自下而上依次铺底瓦，按原来式样压七露三或压六露四或压五露五。底瓦头部预先挂麻刀灰再铺瓦，以保证底瓦与底瓦之间的缝隙严密(比铺好后单独勾缝的效果好)。具体操作时，先铺两垄板瓦，一垄筒瓦，然后每铺一垄板瓦就接着铺另一垄筒瓦。

铺筒瓦时，先在檐头用麻刀灰安勾头瓦，并钉好瓦钉，然后自下向上依次铺筒瓦。瓦垄中间原有瓦钉时，应按原做法钉牢。总体要求是，除需坚固外，从外观上应做到“当匀垄直，曲线圆合”。

铺底瓦时所说的压七露三等都是平均数，也是计算数字。因为在有曲线的瓦顶铺瓦时，瓦件不可能是等距离的，靠近檐头平缓一些，瓦件可以摆得疏朗些；靠近大脊处，坡度陡峻，瓦件摆得就要紧密些，工人师傅总结为“稀铺檐头、密铺脊”，是合乎实际的经验之谈。铺瓦时，瓦件底部需用灰泥垫牢，底瓦下垫泥厚度为 4～5cm，筒瓦下需用灰泥装满。施工时用木板依照筒瓦内径的宽度，做一个木槽子放在筒瓦中线上，先在木槽内装满灰泥，然后铺瓦。所用灰泥为白灰：黄土=1：3～1：2(质量比，灰的比例稍多于苫背泥)。

有时在灰泥内加麦草或麻刀。如用焦渣苫背，铺瓦一般也用焦渣，但粒径小，通常在 0.35cm 以下，称为细焦渣，材料体积比为白灰：细焦渣=1：2。

全部瓦顶或每面坡铺好后，进行“捉节夹垄”。捉节，就是将筒瓦之间的缝隙勾抹严实。夹垄，就是将筒瓦两侧与底瓦之间的空当用灰勾抹严实。用料比例及做法与勾抹瓦顶相同。

在南方使用蛎灰铺瓦的地区，为适应南方多雨、气候湿润的情况，勾缝多用油灰，一般不掺麻刀。蛎灰与生桐油的质量比为 1：1。

古代文献中记载了对铺瓦的严格要求。宋《营造法式》卷十三瓦作制度中列有三项规定。

第一项称为“解桥”。筒瓦在使用前先将口沿和里棱砍成斜面，要求瓦的四角平正。这可能是为了使瓦件与灰泥粘接牢固。

第二项称为“撺窠”。用一个平板，在上面刻出与筒瓦断面相同的孔洞，将选好的筒瓦放在这个孔洞内试过，以检验瓦件是否合适。

第三项称为“揭趟”。铺瓦前先将筒瓦依照上下顺序排好，检验瓦件之间的接缝是否合适，如过大或不匀，须重新砍磨好，然后将瓦件揭起铺灰铺瓦。

（三）铺蝴蝶瓦

这种式样的瓦顶，不用筒瓦，完全使用板瓦，筒瓦部位用板瓦反置称为盖瓦或合瓦，底瓦又称仰瓦。排瓦当的工作与筒板瓦顶相同。铺瓦时，每垄在檐头先用麻刀灰安花边瓦，瓦件的疏密通常采用压五露五的做法。板瓦的形状是头宽尾狭，使用时，底瓦须小头向下，盖瓦则与此相反，应小头向上。这种式样的瓦件都是布瓦，瓦缝勾灰用青白麻刀灰，材料配比同前。北方在瓦垄内装灰泥，故需抹夹垄灰。南方一般在瓦垄内不装灰泥，不抹夹垄灰。铺布瓦时，为防止瓦件的沙眼漏水，应先在青灰浆内浸过后再用。

（四）铺其他式样瓦顶

瓦顶做法，除上述筒板瓦、蝴蝶瓦以外还有筒板瓦裹垄、干搓瓦等做法。施工程序、用料与前述方法基本一致。施工中应注意的事项如下。

筒板瓦裹垄的做法主要是，在每垄筒瓦铺好以后，表面再抹一层青白麻刀灰(比例同勾缝)，厚0.5～1.0cm。抹好后用一个铁制或木制的“捋子”(铁板或木板，下部刻成半圆形的凹)裹垄灰，捋成断面一致，表面用铁抹子赶压光平。边压边刷青灰浆的效果更好一些。这种做法的筒瓦尺寸要求不十分严格，因而裹垄灰的质量好坏对防止屋顶漏雨的关系较重要。

干搓瓦的做法是，全部屋面只用板瓦仰铺，不用盖瓦，这也是比较古老的做法之一。许多民居至今仍保存这种做法。铺瓦的操作方法与蝴蝶瓦的底瓦基本相同，但各垄之间的板瓦须犬牙相错，接口严密。《酉阳杂俎》中记载唐代大历年间(766—779年)，有一位叫李阿黑的人，善于铺瓦，各瓦之间相接如牙齿相错，瓦缝连一根线都穿不过去，他铺的瓦顶不生瓦松。这段记载正确地说明了干搓瓦做法的要领，同时也说明了精心施工是防止瓦顶生草的措施之一。

此外还有些特殊的做法，如铁瓦、金瓦(实为铜瓦上面镏金)、石板瓦、草顶等，应在拆除时，仔细记录原来做法，照原样安装。

四、调脊

铺瓦时调脊与铺瓦的先后次序，有两种不同的做法。琉璃瓦，如布瓦的筒板瓦顶，常是先铺瓦后调脊，称为“压肩造”。蝴蝶瓦，如干搓瓦等常先调脊后铺瓦，称为“撞肩造”。有些地区并不完全遵守这样的规则。

各种脊安装的次序，都是先垒两端的脊，后垒正中的大脊。如歇山顶是先自垂脊开始，然后是戗脊、大脊。

垂脊的垒砌式样按原做法。先按图纸位置拉线找好弧线，垂兽和大型脊筒内预置铁或木制脊桩，先安垂兽，然后自下而上依次垒砌脊筒，内用灰泥或细焦渣灰装满，用料比例与铺瓦相同。垒砌至最顶上，预留一段，等大吻安装后再封口。脊筒内不用脊桩时，可在中间拉铁条或铁丝，将脊筒子串起来，防止年久滑脱。

戗脊，自翼角端部开始按原制安装仙人、走兽。

大脊的垒砌须等垂脊、戗脊等各种脊垒砌好以后开始进行。较重要的建筑物，由于大脊的高度较高，需先支搭架木，脊筒内安木或铁制的脊桩，刷防腐或防锈材料。一般涂沥青膏2～3道。垒砌时应按原式样做法。如有生起，拉线时应按设计要求找好弧度。具体操作时一般自中间开始向两边分砌。

五、瓦件的更换

清理瓦件中按规定凡是不能继续使用的瓦件，或形制、色彩按设计要求不再安装的瓦兽件，应按原制或设计要求式样进行复制。明清宫式瓦兽件，一般瓦窑厂都有成套模具，只要查清补配瓦兽件的型号或尺寸、名称，即可直接订货，如为早期瓦兽件或是具有地方特色的瓦兽件，一般瓦窑厂很少有现成的模具，此时必须选定标准样品送至厂中，以便依样制作模具，按样补配。

六、瓦件粘补

残破的吻、兽、脊筒等带有雕刻花纹的艺术构件，有时其本身就可被视为单独的文物，应慎重对待，雕花构件只要轮廓完整就应继续使用。花纹稍残的构件可以不加修补。凡是断裂的构件，能粘补的应尽量修补坚固，不要随意另换新构件。粘补的方法如下。

中国古代文献中就有一些修补陶器、瓦件的方法。例如，“缸坛瓦碎，用铁屑醋调擦缝上，锈则不漏”；“补碗用白芨末，鸡子白调涂破处，以线紧缚，火上烘干任用”；“榆皮湿捣如糊，粘瓦石极有力”。以上这些古代记载，虽未说明试验数据，仍可作为参考。

许多地区在粘补陶器、瓦件时，喜欢使用漆皮泥。它的主要原料为漆片，又称力士片。它是一种很小的昆虫——紫蛟虫分泌出来的胶质物，呈紫红色，所以又称紫胶。这是一种天然高分子材料，溶于酒精，材料质量配比为酒精∶漆片∶立德粉＝100∶40∶20；立德粉即锌钡白。

近些年多用环氧树脂粘接陶器、瓦件。用料的质量比为6101环氧树脂∶乙二胺∶石粉＝100∶(6～8)∶20(另加色料)，或6101环氧树脂∶环氧氯丙烷∶二乙烯三胺∶石粉＝100∶10∶9∶20(另加色料)。

用上述黏接材料(漆皮泥或环氧树脂)粘接瓦兽件时，裂缝处需洗刷干净，在断面的两面各涂黏接材料一层，使它渗透瓦件内，待干后，再涂刷粘接材料，缝口对严加压，或用绳缚紧，干燥前不要移动。

大型构件如脊筒、垂兽、大吻等，有时外部用铁扒锔加固(有些是原做法中固有的，应照原位安装)。新加铁扒锔应置于雕饰花纹的较隐蔽处。

第十一章 建筑物倾斜矫正技术

建(构)筑物发生倾斜的事故时有发生。然而，不少建筑物在倾斜后整体性仍很好。对于这类建筑物，如果照常使用，总有不安全之感；如果弃之不用，则甚感可惜；而将其拆除，则浪费很大。因此，对建筑物进行纠偏，并稳定其不均匀沉降，是经济、合理的方法。有些建筑物，如意大利比萨斜塔、苏州虎丘塔等名胜古迹，只能使其倾斜停止和纠偏扶正，而决不能拆掉重建。

本章在分析建筑物倾斜原因的基础上，阐述矫正纠偏的各种方法，包括顶升纠偏法、掏土(抽砂)纠偏法、加压纠偏法和水处理纠偏法等。本章内容与地基基础加固有密切的联系，不少加固方法对建筑物的纠偏扶正是有效的，如基底静压桩托换、锚杆静压桩托换等。这里介绍的一般建筑倾斜矫正的方法，同样适用于古建筑。

建筑物一般都在千吨甚至万吨以上，因此纠偏扶正工作难度很大，并有一定的风险性。为此，对建筑物进行纠偏扶正应周密设计，认真组织，精心施工。

第一节 建筑物倾斜的原因及矫正原则

一、建筑物倾斜的原因

建筑物倾斜是地基不均匀沉降或丧失稳定性的反映，其倾斜原因主要有如下几点。

(一) 土层厚薄不匀，软硬不均

在山坡、河漫滩、回填土等地基上建筑的建筑物，其地基土一般有厚薄不匀、软硬不均的现象。若对地基处理不当，或所选用的基础形式不对，很容易造成建筑物的倾斜。

这里以苏州虎丘塔为例加以说明。虎丘塔塔底直径为 13.66m，高 47.5m，重 6300kN，整个塔支承在内外 12 个砖墩上。塔基下土层(图 11 - 1)可划分为五层，每层的厚度不同，因而导致塔身向东北方向倾斜。1957 年塔顶位移 1.7m，1978 年达到 2.3m，塔的重心偏离基础轴线 0.924m。后采用 44 个人工挖孔桩柱进行基础加固。桩柱直径为 1.4m，伸入基岩 50cm，桩柱顶部浇筑钢筋混凝土圈梁，使其连成整体，稳定了塔的倾斜趋势(详见第十三章实例)。

再以图 11 - 2 所示的 30m 砖烟囱为例。该烟囱基础一小部分坐落在岩层上，大部分坐落在土层上，地基土严重软硬不均，建成后因倾斜过大而不得不拆除。

(二) 地基稳定性差，受环境影响大

湿陷性黄土、膨胀土在中国分布较广，它们受环境影响大——膨胀土吸水后膨胀，失

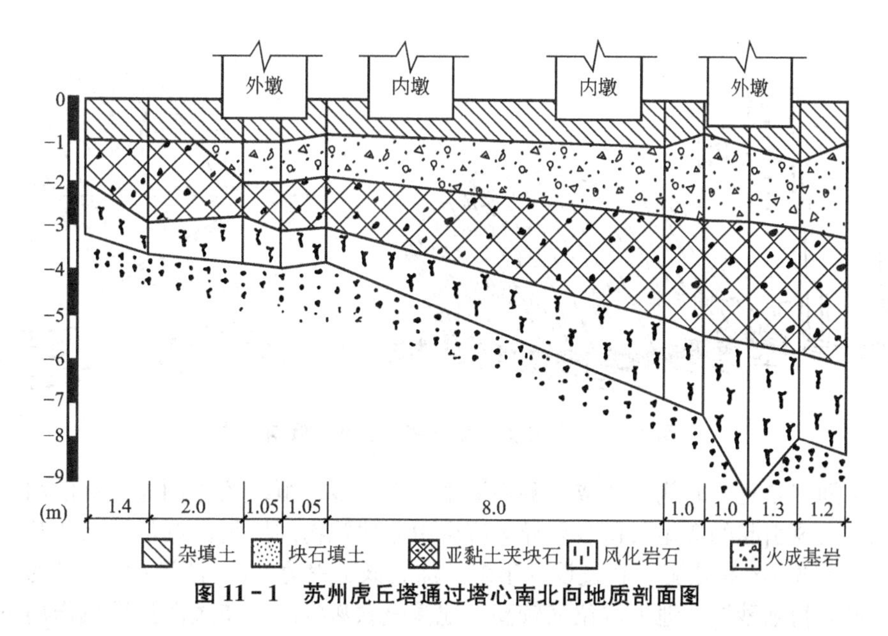

图 11－1　苏州虎丘塔通过塔心南北向地质剖面图

水后收缩；湿陷性黄土浸水后产生大量的附加沉降，且超过正常压缩变形的几倍甚至十几倍，1～2 天就可能产生 20～30cm 的变形量。这种黄土地基当土层分布较深、湿陷面积较大、建筑物的刚度较好且重心与基础形心不重合时，就会引起建筑物的倾斜。例如，某水塔高 24.5m，容积为 300m^3，为钢筋混凝土支筒结构，采用筏式基础，直径为 11.4m，埋深 2.5m，场地土为Ⅲ级自重湿陷性黄土，土层厚 10～12m。由于溢水管多次溢水，流进地沟后渗入地基，造成湿陷。1980 年 3 月测得水塔顶部向东南方向倾斜 72.8cm，倾斜率为 0.0297(超过规范允许值 4 倍)。经检测发现，倾斜一侧地基的含水量比另一侧平均高出 4%左右，为此在另一侧采用浸水法进行纠偏处理。

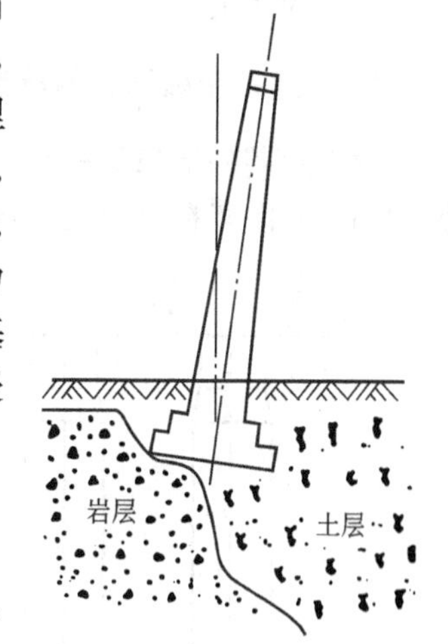

图 11－2　某烟囱因地基软硬不均而倾斜

(三) 勘察不准，设计有误，基底压力大

软土地基、可塑性黏土、高压缩性淤泥质土等土质条件，荷载对沉降的影响较大。若在勘察时过高地估计土的承载力或设计时漏算荷载，或基础过小，都会导致基底应力过高，引起地基失稳，使建筑物倾斜甚至倒塌。

加拿大特朗斯康谷仓严重倾斜事故就是一例(图 11－3)。该谷仓高 31m，宽 23m，其下为片筏基础。由于事前不了解基础下有厚达 16m 的可塑性黏土层，储存谷物后基底平均压力(为 320kN/m^2)超过了地基极限承载力，地基失稳倾斜，使谷仓西侧陷入土中 8.8m，东侧上升 1.5m，仓身倾斜 27°。由于谷仓整体性很好，没有倒塌。事后浇筑了混凝土墩，并用千斤顶将谷仓顶起扶正。

(四) 建筑物重心与基底形心偏离过大

建筑物重心与基底形心经常会出现很大偏离的情况。从设计上，一般住宅的厨房、楼

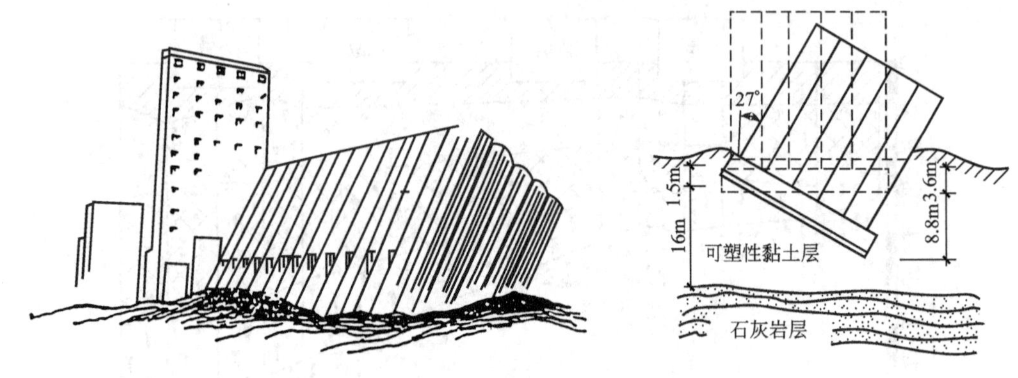

图 11-3　加拿大特朗斯康谷仓严重倾斜事故

梯间、卫生间多布置在北侧，造成北侧隔墙多、设备多、恒载的比例大；从使用上，大面积的堆载、大风引起的弯矩及荷载差异等都会引起建筑物的倾斜。例如，湖北某厂熟化车间，生产中堆放 7m 高化肥，超过设计很多。加之该工程地基持力层为 12m 厚的冲积黏质粉土，并夹有粉细砂层，地下水位又较高，地基呈软塑状态。在大面积堆载作用下，相继出现不均匀沉降与倾斜，柱顶最大偏移 9.9cm，不均匀沉降 14.6cm，上柱裂缝宽达 5.25mm，导致吊车卡轨，难于行驶。1981 年采用锚桩加压法纠偏处理，并进行加固，取得了满意的效果。

(五) 地基土软弱，基础埋深小

软土地基的沉降量较大，一般五六层混合结构的沉降量为 40～70cm。例如，墨西哥城的国家剧院建在厚层火山灰地基上，建成后沉降达 3m，门庭变成半地下室。前些年我国沿海及南方各地在软土地基上用不埋或浅埋基础建造了一些住宅、办公楼等混合结构，由于基础埋深小，抵抗不均匀沉降的能力弱，在遇到在其附近开挖坑道、一侧堆载等外部因素，较易产生倾斜事故。

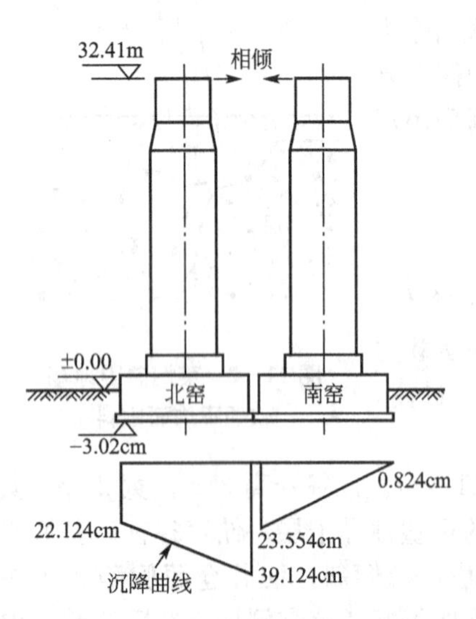

图 11-4　两座石灰窑的相对倾斜

在软土地基上建造烟囱、水塔、筒仓、立窑等高耸构筑物，如果采用天然地基，埋深又较小，产生不均匀沉降的可能性就较大。例如，某厂紧邻建造的两个高 32.4m 的石灰窑(图 11-4)，其中北窑先投产，造成南窑向北倾斜，相对倾斜率为 0.016；当南窑投产后，北窑又向南倾斜，相对倾斜率达 0.0114。最后采用加压法进行了纠偏。

(六) 其他原因

除上述原因外，引起建筑物倾斜还有其他原因。例如，沉降缝处的两个相邻单元或邻近的两座建筑物，由于地基应力变形的重叠作用，会导致相邻单元(建筑物)的相倾(图 11-5)。又如，地震作用引起的地基土液化和地下工程的开挖等都会造成建筑物的倾斜。

二、矫正原则

纠偏扶正建筑物是一项施工难度很大的工作，需要综合运用各种技术和知识。当采用本章所介绍的各种纠偏方法时，应遵照以下原则。

(1) 在制定纠偏方案前，应对纠偏工程的沉降、倾斜、开裂、结构、地基基础、周围环境等情况进行周密的调查。

(2) 结合原始资料，配合补勘、补查、补测，搞清楚地基基础和上部结构的实际情况及状态，分析倾斜原因。

(3) 拟纠偏建筑物的整体刚度要好。如果刚度不满足纠偏要求，应对其进行临时加固。加固的重点应放在底层，加固措施有增设拉杆、砌筑横墙、砌实门窗洞口，以及增设圈梁、构造柱等。

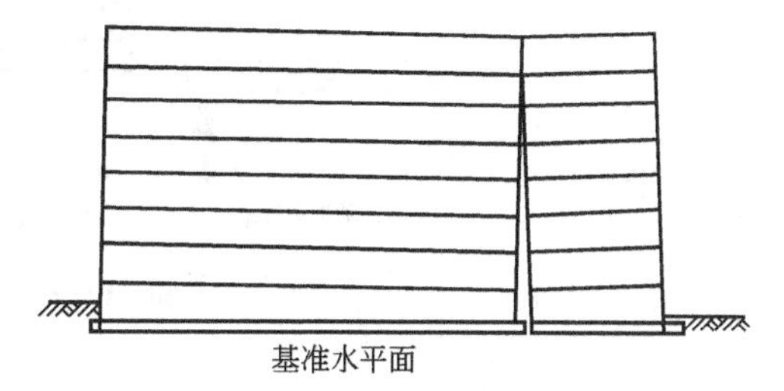

图 11-5 相邻建筑物或沉降缝处两个单元的相倾

(4) 加强观测是搞好纠偏的重要环节，应在建筑物上多设测点。在纠偏过程中，要做到勤观测，多分析，及时调整纠偏方案，并用垂球、经纬仪、水准仪、倾角仪等进行观察。

(5) 如果地基土尚未完全稳定，在施行纠偏施工的另一侧应采用锚杆静压桩以制止建筑物进一步沉降(图 11-6)。桩与基础之间可采用铰接连接或固结连接，连接的次序分纠偏前和纠偏后两种，应视具体情况而定。

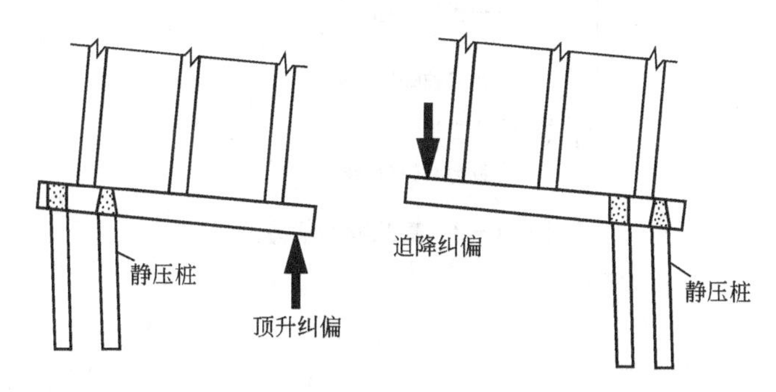

图 11-6 用锚杆静压桩制止非纠偏端的沉降

(6) 在纠偏设计时，应充分考虑地基上的剩余变形，以及因纠偏致使不同形式的基础对沉降的影响。

第二节 倾斜矫正方法及其选择

一、概述

建筑物的倾斜矫正方法分顶升纠偏、迫降纠偏及综合纠偏三类(图 11-7)，每一类又包括多种方法，如图 11－8 所示。

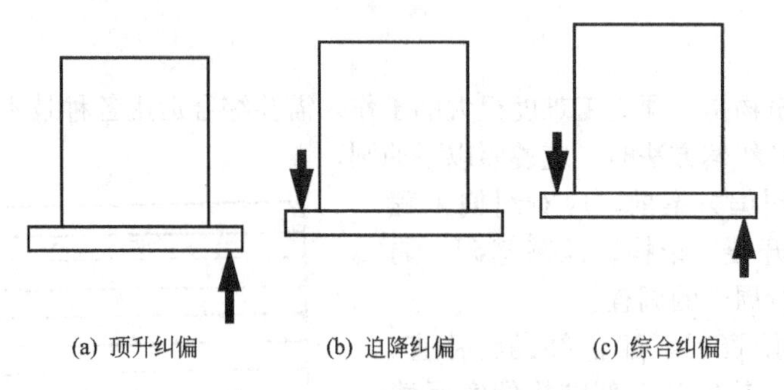

图 11－7　纠偏方法类型

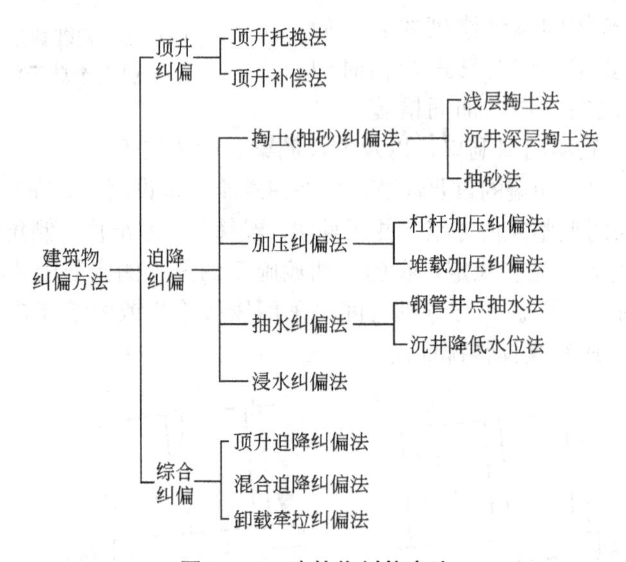

图 11－8　建筑物纠偏方法

二、顶升纠偏

顶升纠偏是采用千斤顶将倾斜建筑物顶起或用锚杆静压桩将建筑物提拉起的纠偏方法。若建筑物被提拉起后，全部或部分地被支承在增设的桩基或其他新加的基础上，则称为顶升托换法；若建筑物被顶起后，仅将其缝隙填塞，则称为顶升补偿法。顶升纠偏具有可以不降低原建筑物标高和使用功能、对地基扰动少及纠偏速度快等优点，但要求原建筑物整体性好。对于整体沉降较大(有的甚至排污困难、室外水倒灌)或因场地、地基等条件不允许采用追降法时，可用顶升法纠偏。

(一) 顶升托换法

当倾斜建筑物的原地基承载力不足，或变形不够稳定时，应采用顶升托换法。第一节中提到的加拿大特朗斯康谷仓就是采用顶升托换法纠偏的。它用 388 个 500kN 的千斤顶将谷仓顶起约 8m，又新做 70 多个混凝土墩支承于岩石上托换了原地基。

顶起建筑物的方法有两种，即基底下部顶升法和基础上部提拉法。

基底下部顶升法的工艺为：先在原基础下沉较大的一侧下制作托换基础(应注意与基础底面间留出千斤顶的位置)，然后将千斤顶放在托换基础上，并顶起建筑物，待建筑物顶升扶正后，施加临时支撑，卸去千斤顶，接着迅速地灌入微膨胀快硬混凝土，回填地基并夯实即可。托换基础可用混凝土墩，也可用灌注桩或基底静压桩。当在原基础下成桩有困难时，也可在原基础外成桩，后浇钢筋混凝土梁。图 11－9 为某建筑物顶升纠偏实例。其工艺为：先在建筑物外面挖 130cm 的大直径挖孔灌注桩，接着在基础下挖水平洞，并做预应力混凝土梁(梁长达 22.5m)，再在灌注桩与大梁之间放置千斤顶，顶起扶正。随后在基础下分段制作新基础，并逐个撤去千斤顶，浇捣混凝土，将大梁与灌柱桩浇筑在一起。

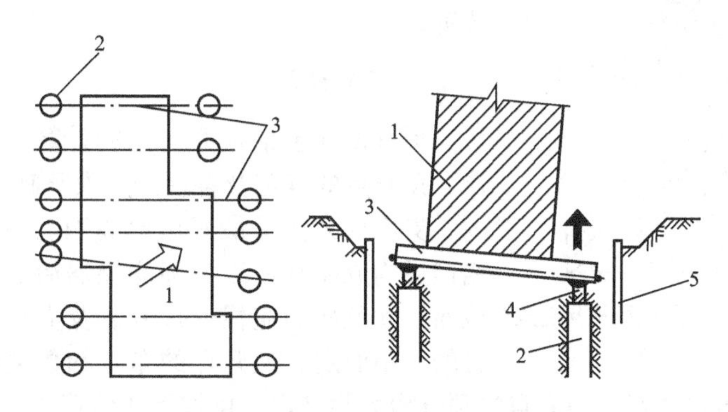

图 11－9 某建筑物被抬起纠偏

1—建筑物；2—挖孔灌注桩；3—预应力混凝土大梁；
4—千斤顶；5—临时挡土板桩

在基础上提拉基础，是通过锚杆静压桩来实现的。步骤是：先开挖沉降较大的基础，根据所设计的桩位开凿桩位孔和锚杆孔，然后用压桩机进行压桩。压桩到位后拆去压桩机具，改换成钢反力梁体系，接着用压桩机顶压下一根桩。待所有的桩都被压到位后，再启动支承在桩上的全部千斤顶，通过横梁及锚杆提起基础(图 11－10)，待建筑物提升到位后，在不卸荷的情况下用快硬混凝土将桩与基础浇筑在一起。该法较适宜于单层厂房中的独立柱基础、点式建筑，以及水塔、筒仓、储罐等刚度较大的结构的纠偏。

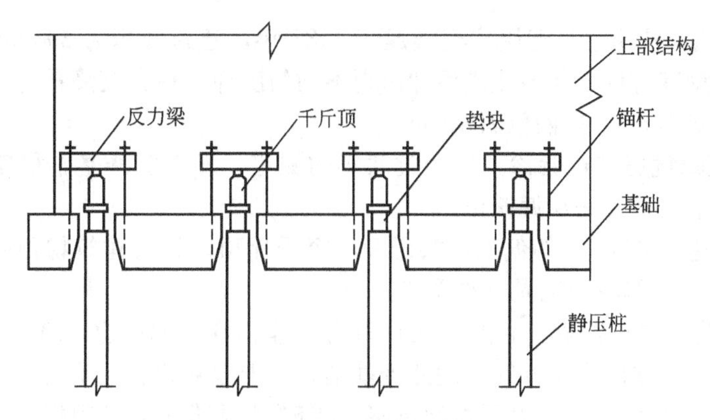

图 11－10 锚杆静压桩结合反力梁纠偏

(二) 顶升补偿法

近年来，对倾斜的砖混结构和框架结构用顶升补偿法纠偏，取得了不少成功的经验。实践证明，只要建筑物原地基的承载力能满足要求，地基压结已完成，沉降已稳定，且整体刚度较好的建筑物都可使用顶升补偿法进行纠偏。

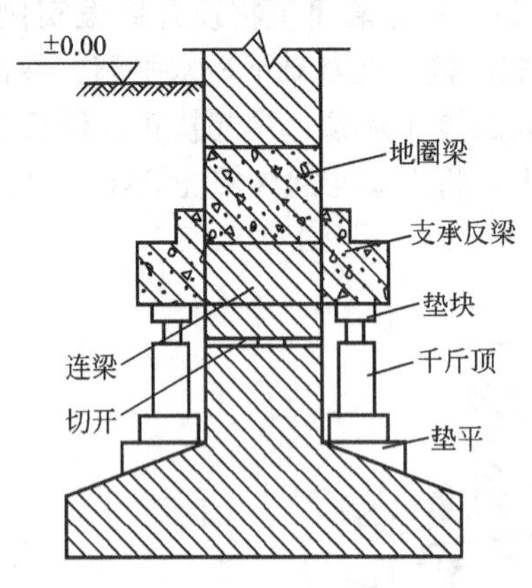

图 11-11　顶升补偿法的原理及装置

顶升补偿法的顶升位置可在基础的下面，也可在基础的上面。目前应用较多的是在基础的上面。将千斤顶放置在基础板的上表面，可免除千斤顶施力时易被陷入地下的问题。图 11-11 为顶升补偿法的原理及装置。

1. 顶升设计

顶升设计包括顶升荷重的计算、支承反力体系设计、顶升点的确定及各顶升点顶升速度的计算等。

支承反力体系最好用现浇钢筋混凝土框梁，并互相连通构成闭环，以加强底层房屋的整体性。框梁的截面尺寸及配筋应根据顶升点及支承点的布置和顶升力的大小而定。顶升点的布置和数量应根据建筑物的荷载分布、结构布置及每个顶升点的顶升力大小确定。可按下式估算顶升点数 n。

$$n=F/p \tag{11-1}$$

式中，F—顶升总荷载(kN)；p—每一千斤顶的工作负载(kN)。

顶升量最大的部位，其顶升速度也最大。根据所希望的顶升时间 t，及最大顶升量 s_{max} 可算出最大顶升速度 v_{max} 为

$$v_{max}=s_{max}/t \tag{11-2}$$

根据建筑物的不均匀沉降曲线图和推算出的可能还会出现的剩余沉降量，以及千斤顶的顶升位置，按式(11-2)即可计算出每一个顶升点的顶升速度及顶升量。

2. 工程实例

【实例 11-1】 杭州市某五层住宅楼建于 1983 年，建筑面积为 $2000m^2$，由于地基比较松软，施工时没有打桩，住宅建成后即出现不均匀沉降，最大沉降量达 1.05m，致使整个建筑物南北倾斜 15cm，东西倾斜 12cm。

1989 年对这幢危房进行会诊，并经过两年的测定，发现沉降基本稳定，住宅楼结构比较坚固，决定采用顶升法纠偏扶正。

该建筑物重达 3500kN，纠偏工作共用 209 个千斤顶。先将建筑物顶起悬空，离地面 40cm，经扶正后在下部浇捣混凝土并固结。

【实例 11-2】 福建省某住宅楼建于 1981 年，坐落在旧池塘边，南面为大开间，用钢筋混凝土条形基础；北面为小开间，用片筏基础。由于地基软弱且不均匀，基础形式不一样，在施工期间就产生了较大的不均匀沉降。当时对西端地基采用掏砂法追降 103mm，并将西山墙基础翼缘削去宽 300mm。

该房建成后，房屋沉降不断发展，至 1987 年 7 月最大沉降差达 464mm，建筑物倾斜

率达 17.3‰，墙体有少量裂缝，室内地坪低于室外，发生室外水倒灌及排污困难。

1988 年采用顶升法纠偏此房屋。顶升平面选在室内地面下 450mm 处(即原地基梁下)。上部静荷载为 25296kN，活荷载(住户仍正常居住)为 5952kN，总荷载为 31248kN。

每个顶升点顶升力取 190kN，顶升框梁断面设计为 450mm×240mm，梁内配纵筋 4ϕ14，配箍 ϕ6@150。顶升点的数量为

$$N=F/p=32148/190=169(\text{个})$$

顶升点分布如图 11 - 12 所示。

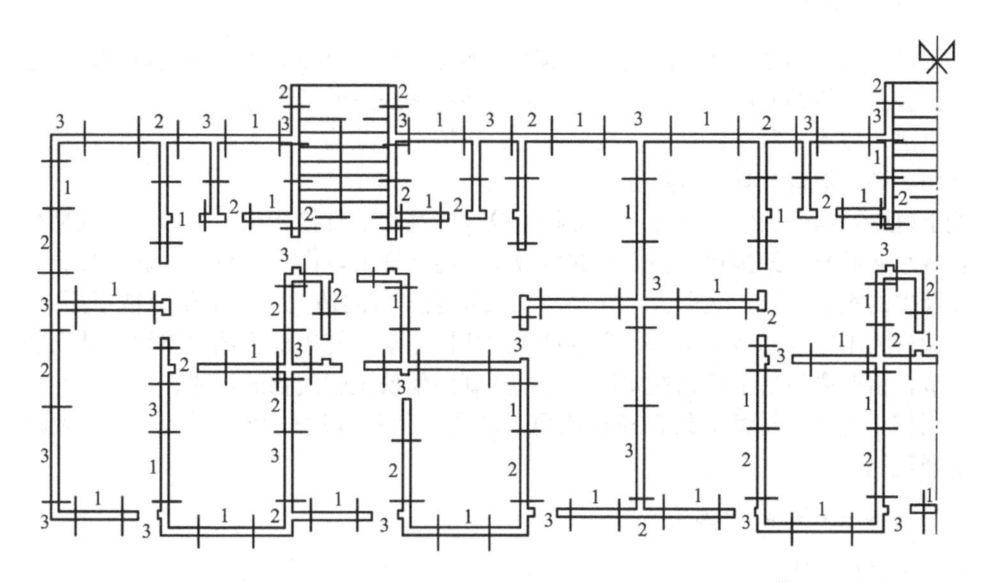

图 11 - 12　某工程顶升点布置及框梁分段托换情况

顶升框梁实行分段托换施工，每段长按图 11 - 12 所示横线定位。段内数字为该段的施工顺序号，同一数字的段同时施工，以保证托换时有 2/3 以上的支撑面积。

在计算各点的顶升量时，考虑了建筑物已产生的沉降量及还可能发生的剩余沉降量两个因素(剩余沉降量用双曲线延伸法推出)。

顶升时，将各点的计算顶升量划分为 100 等份并制成标尺，即分 100 次将建筑物顶升到位，在一天内完成。该工程的实际顶升量与计算顶升量几乎相等，顶升纠偏成功。

【实例 11 - 3】 福州某公司办公楼为六层框架结构，长 25.4m，宽 6m(局部 8m)，高 20.1m，基础为钢筋混凝土片筏基础，地基土分别为填砂 1.5m、可塑性黏土 0～1.2m、高压缩淤泥质土 7.8～13.0m。

由于地基土层软弱，且淤泥质土厚薄不均(南面为 13m，北面为 7.8m)，从 1981 年建成至 1989 年，测得大楼整体南倾 34.5‰。

经方案比较后，决定采用顶升法纠偏。顶升时在框架柱两边增设双向牛腿作为千斤顶的顶升点，在千斤顶具有初始顶力并能替代框架柱的作用后，将框架柱切断，再启动千斤顶进行顶升。该工程最大顶升量为 430mm。考虑到残余变形引起的影响，建筑物过纠 2‰。纠偏后经三个月观测，其倾斜度变化很小，顶升纠偏获得成功。

三、迫降纠偏

迫降纠偏是指对建筑物沉降较少一侧地基施加强制性沉降的措施，使其在短期内产生局部下沉，以扶正建筑物的一种纠偏方法。常用的迫降纠偏方法有掏土(抽砂)纠偏法、加压纠偏法、抽水纠偏法和浸水纠偏法。

(一) 掏土(抽砂)纠偏法

掏土(抽砂)纠偏法是从沉降较少的基础下掏土取沙，迫使其下沉的纠偏方法。这种方法所用设备少，纠偏速度快，费用低，因此它是纠偏扶正的常用方法。

掏土法一般常被用于软黏土、淤泥质土、杂填土、湿陷性黄土等土质不好的地基；抽砂法适用于砂质地基及具有砂垫层的地基。

掏土(抽砂)纠偏法的原理为：在沉降量较少的基础下直接掏土或抽砂，形成部分基础脱空，减小基础与土的接触面积，土的接触压力随之增大，由于软黏土、淤泥质土、杂填等土质及砂的稳定性差，变形大，在高压力及快速加荷的情况下，不仅会被强烈地压密，而且可能进入不排水的剪切状态，产生较大的塑性流动，使基底土侧向挤出，从而加速基础的下沉，借此调整整个基础的差异沉降，达到纠偏扶正建筑物的目的。

采用掏土(抽砂)纠偏法纠偏建筑物风险较大，纠偏程度较难控制，所以必须精心施工，加强观测。

1. 浅层掏土(抽砂)纠偏法

1) 人工掏土纠偏

在掏土前先在沉降较少的基础两侧挖地沟，沟底标高宜在基底标高以下 10～20cm。

图 11-13　人工掏土纠偏示意图

掏土由两人同时在基础的两边对称地进行(图 11-13)。掏土高度应严格地控制在事先计算的掏土厚度之内。掏出的土应及时排出，不得超挖和留残土。根据经验，一般在掏土量大于沉降所需掏土量的 2/3 时，才开始下沉，当建筑物开始回倾时，应加强观测，并控制掏土量，防止掏土过量而产生反向倾斜现象。

建筑物一旦被扶正，应立即停止掏土，迅速向孔隙内打入碎石，在基础周围填砂石并夯紧，谨防滞后回倾而导致过纠。

2) 钻孔取土纠偏

钻孔取土所用的工具为手摇麻花钻或螺旋钻。钻孔直径的大小根据取土厚度选用，一般为 40～70mm。当基础宽度较大，钻头长度不够，无法从一侧钻穿基础下部的土体时，可采用两边对钻。孔中心距一般取 10cm 左右。

钻孔后，由于孔壁产生应力集中，当钻孔量达到一定程度后，孔壁无法支承上部荷重，因而造成部分土体的侧向挤出，整个地基土产生应力重分布，使部分基础下沉。

有时为了加快纠偏速度，在钻孔的同时，施加高压冲水措施，高压水喷射切割土体，加速了下沉。

钻孔取土纠偏工程参见实例 11－5。

3）浅层抽砂纠偏法

当地基下有砂垫层时，可采用抽砂纠偏法纠偏。抽砂纠偏法是在沉降较少的基础近旁斜向钻孔至基础下部，插入钢管抽取一定量的砂粒，使建筑物纠偏的方法。

抽砂孔可沿基础两边交叉布置，孔与孔间距离宜在 1m 左右[图 11－14(a)]。孔深不宜超过基础底面过多，以免穿过砂层进入土层。抽砂应分阶段进行，每阶段的抽砂量应加以控制，以建筑物产生 20mm 左右的沉降量为宜。待沉降稳定后，再进行下阶段的抽砂，抽砂量要严格按照计算控制，以免因下沉速度不一而引起建筑物开裂。若抽砂后，砂孔四周的砂体没能在上部荷重作用下挤入孔洞，可在砂孔中冲水，促使孔周围砂体下陷。

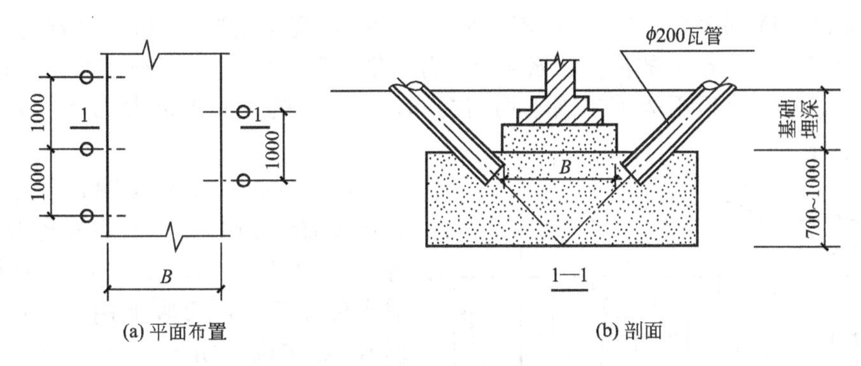

图 11－14　抽砂纠偏法抽砂孔布置图(单位：mm)

抽砂纠偏法还可用在预备纠偏的建筑中，即根据地基情况判定建筑物在建成后很可能会发生不均匀沉降，则在建造时就在基底下预先做一层厚 70～100cm 的砂垫层。垫层材料可用中、粗砂，最大粒径宜小于 3mm。在可能发生沉降较少的基础旁预留取砂孔，取砂孔可由预埋斜放的 ϕ200mm 瓦管形成［图 11－14(b)］。

采用抽砂纠偏法可以取得较好的效果，如福州某大板楼就是采用掏砂纠偏法扶正的。

4）浅层掏土(抽砂)设计

由上所述，浅层掏土(抽砂)纠偏成功与否，关键在于建筑物基础下各点的挖土(抽砂)厚度。挖土(抽砂)厚度是根据基础各点所需要的迫降量以及土的压密特性而定的。由于掏土迫降是通过剩余接触土的强烈压密及侧向挤出来完成的，所以要控制好建筑物的回倾状况，需要掌握好基底剩余土应力的变化情况。

假定上部荷重为 F，在时刻 i 基底剩余面积为 A_i，则此时刻基底压力 p_i 为

$$p_i=\frac{F}{A_i} \tag{11-3}$$

显然，当 p_i 大于地基土的极限承载力 p_u 时，基底剩余土将产生压密及挤出变形，随着 p_i 的不断增大，侧向挤出也相应增加。若基底压力增量速率为 β，则有

$$\beta=\frac{\Delta p}{p_0}=\frac{p_i-p_0}{p_0}=\frac{p_i}{p_0}-1,\quad p_i=(1+\beta)p_0 \tag{11-4}$$

式中，p_0—原基底压力。β 值越大，纠偏的速度越快；根据经验，一般可取 β 为 0.25～0.4。沉降所需要的时间可按下式计算：

$$t=\frac{s_w}{v} \tag{11-5}$$

式中，s_w—所求的最大沉降量(mm)；v—沉降速度，根据结构类型确定，一般取 v=5.0～12.0mm/d；t—纠偏所需的时间(d)。

2. 深层冲孔排土纠偏法

在沉降较少的基础旁制作带孔洞的沉井，并在沉井中挖土使沉井深入地下，然后通过沉井壁上的孔洞用高压水枪冲水切割土体成孔，促使地基下沉而使建筑物纠偏的方法称深层冲孔排土纠偏法。采用这种方法时，冲孔速度不宜太快，应以建筑物沉降量不超过 5mm/d 为限。

3. 工程实例

【实例 11-4】 浙江余姚市某住宅楼总高 12.5m，底面积为 212m²，为满堂钢筋混凝土基础。地基为 5～7m 深的流塑状淤泥土，含水量达 50%以上，压缩性大；在 8m 以下出现黏土层。该楼建成后不久就出现不均匀沉降，一年半的时间内最大沉降差达 395mm，楼房严重后倾。

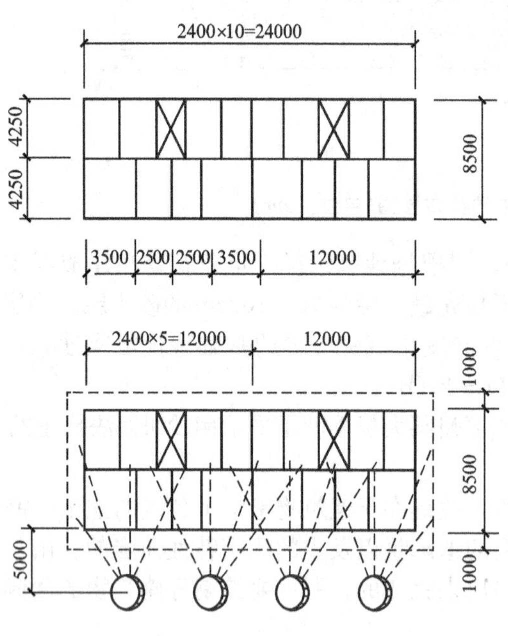

图 11-15　某住宅楼深层冲孔排土平面示意

经研究，采用深层冲孔排土法纠偏。在房屋前距外墙 4m 处设置直径为 2m 的沉井 4 只(图 11-15)。沉井的刃脚由钢筋混凝土现浇而成，刃脚上用 M5 水泥砂浆，Mu10 红砖砌筑沉井，每个沉井中预留 4 至 5 个冲水孔，冲水孔方向如图 11-15 所示。沉井高度为 4.5m。

沉井沉入地下后，用高压水冲土(管头孔直径为 6mm)，每天设专人观察、记录，严格控制沉降量在 5mm/d 之内。达到指标后即停止冲水。经过 40 天的冲孔，建筑物恢复了规定的垂直度。

【实例 11-5】 上钢某厂钢坯车间露天跨，基础埋深为 2.1m，基础底面积为 4.3m×2.8m。基底下约有 1m 厚的黄褐色黏土，其下是淤泥质黏性土，地下水位为 1.2m。由于跨内堆放钢坯，荷载较大，3 年后柱子严重内倾。

经研究，决定采用钻孔取土加压法纠偏。在钻孔取土前两个月，在外侧柱基上逐级均匀地增加钢锭荷重达 50kPa，使基底附加压力达 76kPa，接近比例极限；随后开挖柱外侧的地基，用外径为 40mm、70mm 的手摇螺旋钻钻孔；在基础轴线以外三面布置孔位。钻孔的立面位置分别在基础下 1.4m$\left(\text{孔深}\frac{1}{2}B，B\text{为基础宽度}\right)$、1.0m$\left(\text{孔深}\frac{1}{3}B\right)$、0.7m$\left(\text{孔深}\frac{1}{4}B\right)$。钻孔后，外侧有较大下沉，但过程缓慢，侧向挤出有限，当钻孔深度穿过坚硬的黄褐色土层而达到较软弱的淤泥质土层时，纠偏效果最好。柱子纠偏扶正后，钻孔工作停止，变形较快且稳定。在卸去柱基上的 50kPa 荷重后，柱内外侧均出现少量回弹。

(二) 加压纠偏法

加压纠偏法是通过堆放荷重或杠杆加压等措施迫使沉降少的一侧加速沉降，使建筑物纠偏扶正的方法。采用加压法纠偏，事先要查明基底压力的大小及压缩层范围内土的压缩性质，根据纠偏量的大小估算出地基所需的压缩值，然后结合地基土的压缩性，计算出完成上述压缩量所需的附加应力增量，即可得出应施加的压力。

加压纠偏法适用于土质条件较差、承载力低的软黏土、填土、淤泥质土，以及饱和黄土地基上建(构)筑物的纠偏。

加压的方法有堆载加压和杠杆加压两种。

1. 堆载加压纠偏法

堆载加压即直接在沉降较少的基础上堆放铸铁或钢锭，以增大基底压力。堆载前，应验算建筑物的基础强度，当强度不足时，应在基础加固后方可堆载。

由于软土渗透性差、固结慢，故荷载应分成20～30级施加，初期每天加1～2级，以后每1～2天施加1级，后期可3～5天加1级，加荷速率可根据纠偏速率进行调整。

堆载加压纠偏常和其他方法结合使用，实例11-5就是用堆载和钻孔取土法结合纠偏的。

2. 杠杆加压纠偏法

杠杆加压纠偏是利用杠杆对倾斜的基础施加一个力偶，以加大沉降较少的一侧的基底压力，减小沉降较多一侧的基底压力，使基底压力重分布，迫使基础产生不均匀下沉，达到缩小沉降差和纠偏扶正的目的。

图11-16所示为杠杆加压纠偏的工艺。杠杆的一端用预埋于基础上的锚固螺栓锚固，或用嵌入基础底面带弯钩的刚性臂锚固，在杠杆的另一端设锚桩、横梁等锚固系统。当启动油泵，使安放在横梁和杠杆间的千斤顶工作时，基础的一侧承受压力，引起下沉变形；另一侧因受向上的力的作用，使基底压力减小，可能出现回弹。

杠杆加压纠偏法一般用于倾斜独立基础的纠偏。在施工时，可根据地基情况采用一次或多次加荷。

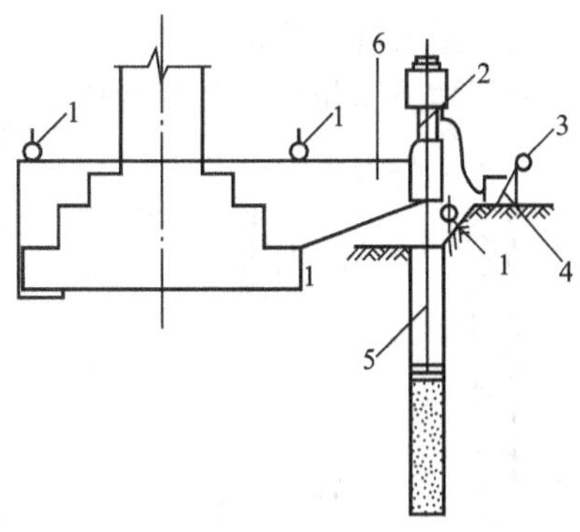

图11-16 杠杆加压纠编法工艺示意图

1—百分表；2—千斤顶；3—压力表；4—油泵；5—锚固系统；6—施力构件

在进行纠偏设计时，地基的下沉量可根据下式确定：

$$\frac{\Delta s - s_{w}}{b} \leqslant [\tan\theta] \qquad (11-6)$$

式中，Δs—计算或实际的沉降差(cm)；s_{w}—纠偏或超纠偏沉降量(cm)；b—基础倾斜方向的宽度(cm)；$[\tan\theta]$—允许倾角值。

3. 工程实例

【实例11-6】 武钢炼钢厂某仓库，全长139m，柱距9m，跨度28.5m。地面堆放钢锭模，并有铁路线贯穿。该库建在回填土上，基底以下的填土厚度为6.21～9.40m，允许承载力仅100kPa。

1973年该库建成投产后，地坪长期大面积堆放钢模并增放钢锭，实际地面荷载达300～400kPa，使柱子逐渐内倾，露天浅桥部分柱顶水平偏移达127mm，出现吊车卡轨，影响正常使用。

厂方虽多次对吊车轨道进行检修调整，但不能彻底解决问题。后决定用杠杆加压纠偏法对倾斜的柱进行纠偏。施工时进行两次加荷，第一次加荷450kN，纠偏25～35mm；第二次加荷375kN，纠偏13mm，达到了正常的使用要求。纠偏后已使用10年，运行正常。

（三）抽水纠偏法

抽水纠偏法是依靠抽取土体中的水分，降低地下水位，缩小土体中的孔隙，加快土体压缩和固结，达到调整不均匀沉降的纠偏方法。它适用于建造在软黏土、淤泥质土、特软黏土等土层上且地下水位又较高的建筑物的纠偏。但泥炭土、有机质土和高压塑性土不适宜用抽水法纠偏。

降低地下水位可通过钢管井点抽水或沉井实现。

1. 钢管井点抽水法

钢管井点抽水就是指在地基沉降较少一侧的建筑物基础旁钻孔，插入抽水管，填充粗砂并将上部密封，然后用真空泵抽水以降低地下水位。抽水管是直径为38mm左右的钢管，下端带有孔眼并包有滤水网和保护罩。

井点抽水后产生的地面沉降曲线和地下水位的降低线相同，呈漏斗状，距井点越近，沉降量越大。因此，在原地基沉降较小的地段应加密井点，沉降较大的区域减少井点或增大井点与基础间的距离。

由于地下水位降低的半径随土质不同而变化，当降水半径较大时，可能会导致沉降已较多一侧的地基或周围相邻建筑物下沉，因此应考虑设置回灌点等保护措施。

钢管井点抽水法纠偏参见实例11-7。

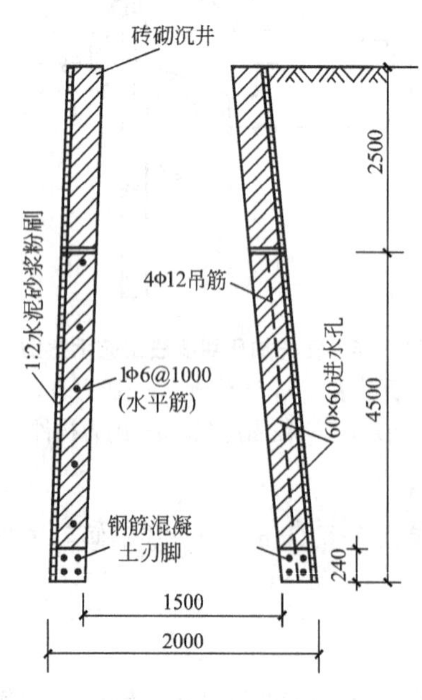

图11-17 沉井构造

2. 沉井降低水位法

沉井降低水位法（简称沉井法）纠偏的做法及原理为：在沉降较少一侧的基础外砌筑四周壁上带孔洞的砖沉井并沉入地下，使地下水及泥浆顺孔洞及井底涌入井内，随抽出水及泥浆的增多，房屋便缓慢地被纠偏扶正。

沉井法纠偏适用于地下水位较高，渗透性又很差的特软黏土（这种土用井点抽水法纠偏较难奏效）。

沉井法工艺及要求如下。

1）制作刃脚

先在沉井的位置挖1m深的坑，接着在坑内浇筑钢筋混凝土刃脚，刃脚的截面尺寸及配筋如图11-17所示。

2）砌筑井筒

在刃脚上用1∶2水泥砂浆砌筑配筋砖砌体，形成井筒。在井壁上对着待沉降的建筑物预留60mm×60mm的进水孔，一般每隔5皮砖设一层孔洞，每层孔洞数不少于5个。

3）沉井并抽水

在井内挖土，使井体下沉，下沉达预定位置后，及时将流入井内的水、泥浆排出。如果流入井内的水较少，沉降速度较慢，可采用类似深层冲孔的办法用高压水切割土体。但无论如何，沉降速度应控制在5mm/d之内。

4）封井

待建筑物被纠偏扶正后，填埋井体。

3. 工程实例

【实例11-7】 上海某六层住宅楼，底层为框架，二层以上为砖混结构，北面的基础梁处挑出一进深为3m的平房，层高3m，开间3.3m。楼房包括平房在内宽13m、长48m。地基土为褐黄填土(厚0.8～1.2m)，较软弱的褐黄亚黏土(厚1.5m)、灰淤泥质黏土层(厚10～15m)。基础埋深为室外明沟下1.7m。

该住房在结构封顶后9个月发现倾斜，测得倾斜量为20～22cm，倾斜率达11‰。经调查，北面基础梁处挑出的平房地梁的悬臂梁，设计要求梁底面应留20cm空隙，但施工时被泥土碎砖等杂物塞满。从而导致荷载重心偏离基础形心较多，引起北面沉降少，南面沉降大。

纠偏措施是先将悬臂地梁下的杂物掏出，然后在北面采用井点抽水法纠偏。井点距披屋约50cm，在48m长度内设27个抽水井点。井管长6m(包括1m过滤器)，埋设至第二层灰淤泥质亚黏土中。井管直径为ϕ38mm，总管直径为ϕ108mm，用W_{4-1}真空泵机组抽水。在该住宅楼北面10m处有一幢建筑物，为防止它因抽水而下沉，故另设与抽水井点相平行的回灌井点，灌水井管长5m，用水箱自流灌水。各井点的布置情况如图11-18所示。

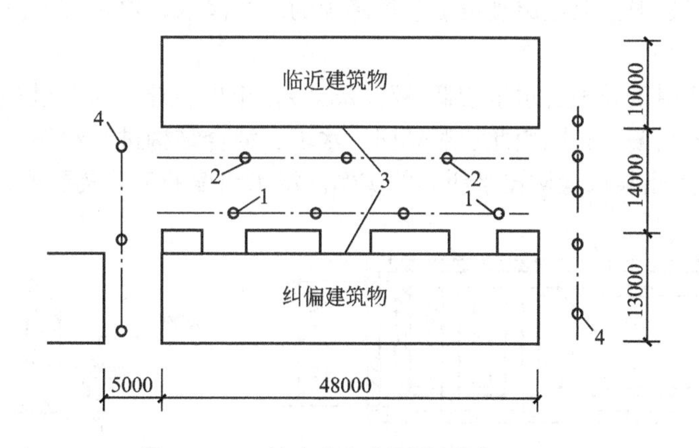

图11-18 抽水井点布置图(单位：mm)

1—抽水井点；2—回灌井点；3—沉降观测点；4—水位观测井

经21天抽水后，测得建筑物倾斜率下降至4‰，平均每天抽水16.4m^3，灌水15.3m^3。

【实例 11 - 8】 某住宅向南侧倾斜 19.02cm，曾先在北侧堆载 1150kN，结果平均纠偏速率仅 0.65mm/d。后改用沉井法纠偏。

沉井布置在距北侧片筏基础边 0.7m 处，共设置 7 只沉井(图 11 - 19)。沉井下沉次序为每二个一组，共分四组，1、7 号为第一组，2、6 号为第二组，3、5 号为第三组，最后挖 4 号井。当沉井下沉到 3.8～4.2m 时，沉井的刃脚已深入软黏土 1m 左右，在此下沉的 6 天中，平均纠偏速率为 2.07～1.77mm/d。随着沉井的继续下沉，纠偏速率也在增大。当井挖到地下 4.6～5.1m 后，11 天平均纠偏速率为 2.72～2.84mm/d，最大纠偏速率达 3.85mm/d。

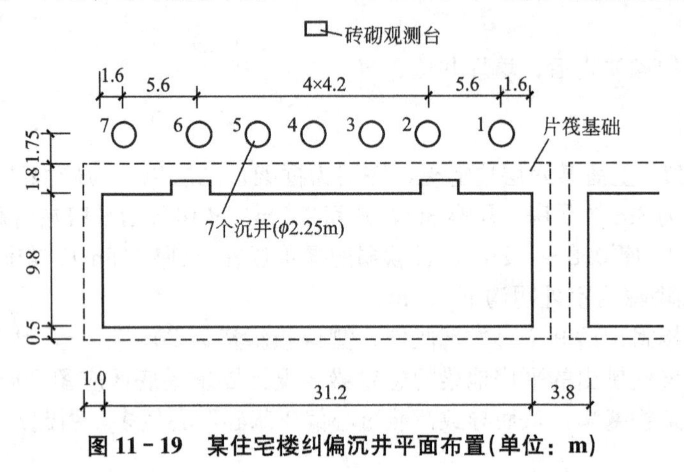

图 11 - 19　某住宅楼纠偏沉井平面布置(单位：m)

(四) 浸水纠偏法

1. 浸水纠偏法的原理及工艺

湿陷性黄土地基在浸水后会产生下陷。因此，当地面渗水或地下管道漏水时会引起建筑物地基含水量不均匀，从而导致地基不均匀沉降，建筑物发生倾斜或开裂。

浸水纠偏法就是根据上述原理设法使沉降少的地基浸水，迫使其下沉，达到纠偏扶正建筑物的目的。

浸水纠偏法适用于处理含水量较低($W<23\%$)，土层较厚，湿陷性较强($\delta_s>0.03$)的黄土地基建筑物的纠偏。我国用此法对烟囱、水塔、混合结构进行纠偏，取得了成功的经验。图 11 - 20 为兰州某试验楼浸水纠偏的实例。浸水纠偏的工艺及要求如下。

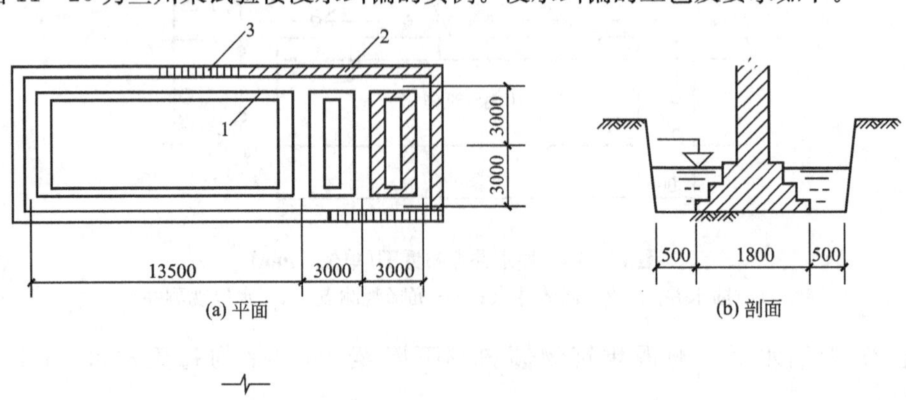

图 11 - 20　某试验楼浸水纠偏示意图(单位：mm)

1）钻注水孔

当前，浸水一般用注水孔进行，可用洛阳铲等工具在沉降较少的基础旁斜向挖孔，孔径为 10～30cm，深度视地基尺寸的大小而异，一般应达基底下 1～3m，然后用碎石或粗砂填至基底标高处或其下 50cm 处。

2）埋设注水管

将 ϕ30～ϕ100mm 的注水管插入注水孔，并用黏土将管周围填实。注水管可用塑料管或钢管，管内设一控制水位的浮标。

3）注水

根据土的湿陷系数及饱和度预估总的注水量，然后分批注入。掌握日浸水量是控制建筑物沉降速度的关键，一般纠偏速率宜控制在 5～10mm/d。由于地基土的非均质性，以及基础应力的不均匀性，浸水矫正时的沉降较难达到理想的线性。因此，要加强观测，及时调整浸水的范围及各孔的注水量。

为了防止水流向原来沉降较大的基础而使倾斜加大、事故恶化，常在沉降较大的地基中压入石灰桩或锚杆静压桩，以防止这些基础沉降的发生。

2. 工程实例

【实例 11－9】 哈尔滨南岗区某八层住宅综合楼，纵墙承重，钢筋混凝土条形基础，外墙基础宽 2.8m，内墙宽 2.4m。持力层为二级湿陷性黄土，厚度为 8.6m，地下水位深 20.2m。

该楼于 1987 年 7 月建成，因东南角附近地下给水管漏水引起地基不均匀沉降，最大沉降差 107.7mm，南部严重倾斜，开裂严重(最大裂缝宽 7.7mm)。

考虑到该楼刚度较好，湿陷性黄土厚度较大，决定采用浸水法纠偏。注水孔的平面周围如图 11－21 所示，共钻 35 个注水孔，注水孔直径为 100mm、150mm 两种，深度随注水量的不同在 1000～1500mm 内变化。注水时先向 22～35 号孔中注水，一天后陆续向其他孔注水，并严格注意建筑物动态及裂缝闭合情况。注水后倾斜减小，15 天后裂缝基本合拢，即停止注水。

停止注水后，注水孔用混凝土捣实，并在各注水孔附近用石灰桩加固以吸取地基中的水分。

经几年观察，该建筑物使用正常。

四、综合纠偏

（一）顶升迫降纠偏法

在实际工程中经常把顶升和迫降综合起来使用，其工艺是先在沉降较多的一侧用锚杆静压桩进行提拉，然后在沉降较少的另一侧用掏土或抽砂、抽水、浸水、加压等方法迫降，直至建筑物被扶正为止。先在沉降多的一侧用锚杆静压进行提拉，是为了减少沉降差和基底压力，以及防止该侧在以后和在迫降时下沉。

（二）混合迫降纠偏法

为了加快纠偏速度，可将两种或三种迫降法混合使用。例如，当地基土含水量为 17～

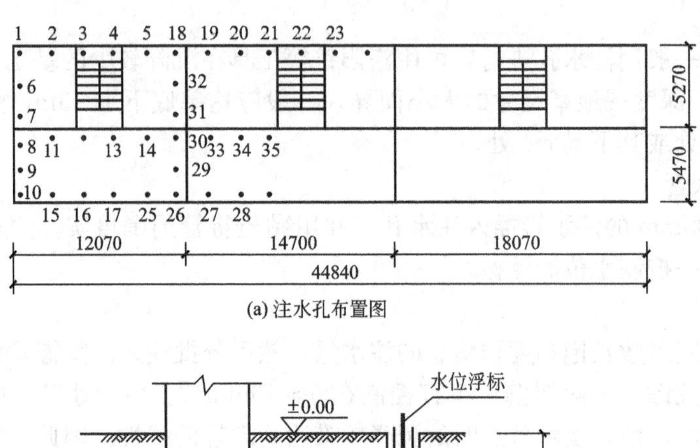

(a) 注水孔布置图

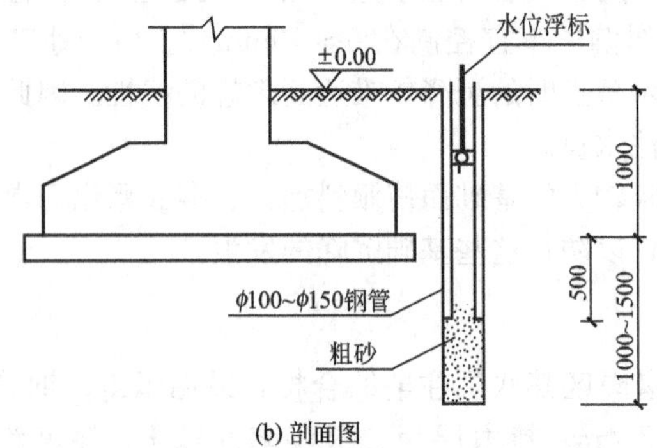

(b) 剖面图

图 11-21　某建筑物浸水法纠偏示意图(单位：mm)

23%、平均湿陷系数为0.03～0.05时，可采用浸水加压纠偏法。

（三）卸载牵拉纠偏法

对于建造在软土地基上的储罐、储池等筒体结构的纠偏，由于其自身刚度较强，可先卸载，再在构筑物上部绑钢丝绳，用卷扬机牵拉，使地基产生不均匀压沉。待纠偏扶正后，再用加强基底刚度、扩大基底面积，或与其他构筑物基础连接在一起的办法加固基础。

第十二章
石窟寺、石雕与摩崖石刻的保护与修复

石窟寺、石雕与摩崖石刻这些石质文物是石头的史书、画册与艺术品。它记录、反映了古代人的思想、历史、科学技术、风俗人情、名人要事、审美观念、宗教信仰等，是极其重要的人类发展历史的实物见证。

关于石窟寺，在第二章已经做了重点的叙述。其他古代石刻，则更是品种繁多，数量很大。

（一）历代碑石

中国古代石刻，由于具有极其丰富的历史文字资料，历来被重视历史研究的儒家学者看做重要的历史文献，加以研究利用。早在2000年前，从司马迁写的《史记》开始，中国文化界就已有了汇集与研究石刻材料的风气。

作为中国最早的重要石刻之一，石鼓文在宋代就引起了金石学者的注意，到20世纪的三四十年代，更兴起了对它的内容进行深入的考释与讨论。汉魏石经也是20世纪学术界关注的一个焦点。关于边疆地区、少数民族文化、宗教文化等方面的石刻也成为学术界重视的方面。

在20世纪，收集著录古代碑刻的工作始终在认真地进行着，出版了大量的古代碑刻图像与录入汇编，为有关研究提供了比较全面的资料。

（二）出土墓志

墓志是20世纪中国文物考古发现中数量较大的文物文字资料，在现存的古代石刻中占有较大比例。墓志具有很大的史料价值与文物价值。例如，近年来利用已出土的墓志进行了下列一些重大的综合研究：对南北朝时期王室与氏族大姓的综合研究；对南北朝地理的研究；有关隋唐都市的研究；对唐代门阀世系与婚姻状况的研究；有关中西交通与民族情况的研究；对辽代官制、婚姻制度与阶级关系的研究；对佛教史料的研究，等等。

（三）摩崖石刻与摩崖题记

许多摩崖石刻记录了人类的童年。深山密林、旷野荒岗巨石上的一人、一兽、一鸟、一草、一花、一些象形符号，都在表达着古人的思想、事件与情趣。至于文字摩崖题记，更是历史、科学技术、文化发展的石头记载。例如，四川长江沿线分布着一些古代为了标记水位情况而刻写的石鱼题记，其中著名的有涪陵白鹤梁石鱼题记。它们刻写于长江中的一条天然石梁上，这条石梁与江水平行，夏秋之季一般没入江水中，但在天旱时就会露出水面。这样，从唐代开始，人们就在枯水时于石梁上刻写题记，记载当时的水位情况。也有一些是游人题记。现存题记达163段，共计30000多字，与水文有关的为108段，雕刻了14条石鱼，记载了自唐广德二年(764年)至清代的历次石鱼出水情况以及当时涪陵地区的农业丰收情况，共计72个年份的枯水资料。这类资料是非常宝贵的历史、科学资料，对当代建筑起到了重要的参考作用，至今仍有参考价值。

（四）其他石刻、石雕

汉代石阙是一种重要的古代建筑遗存，在古代建筑与古代石刻艺术研究中具有不可替代的参考价值。

古代帝王陵神道里的大型人物、鸟兽石雕，是价值很高的雕塑艺术品。

古代官宦和名人故居中的砖、石雕刻，有许多是艺术珍品，如安徽徽州西递村的许多大院的石雕，就很有代表性。

石质文物，不论是仍在露天，或已陈设于室内，都会受到自然界及人为的侵害。因此，需要对其认真加以保护，已损伤的，要进行必要的、科学的修复或加固。特别重要的是要设法隔离、排除侵害源。

古代的石质文物，使用石灰岩、白云岩、大理岩、花岗岩、砂岩、砾岩、陶瓷、石膏以及其他石料。由于自然及人为的条件，这些石质文物的性能改变，遭到损坏、污染，必须予以及时处理，并加强保护。

工业城市里的石质文物在物理的、化学的及生物的作用下逐渐被损伤。在物理作用方面，主要是温度、湿度的交替变化，风尘造成的磨损；在化学作用方面，主要是空气中或水中的二氧化硫、氧化氮、氯化氢、二氧化碳等与石材中碳酸钙、长石等反应，使石材变质而破坏。这些作用的结果，使石质文物的外部状态改变，产生了上层的孔隙与裂缝。表面吸收空气中的水分，再上加温度的变换，材料的损坏程度进一步加剧。煤灰、泥土沉落在石质文物上，会渗入孔隙及裂缝，其渗入深度可达1.5mm或更大。更复杂的还有细菌类等生物的侵害，会使石质文物表面产生暗色的污染。清除污染是很费时费力的，有时甚至很难清除掉。

石窟寺或摩崖石刻常会因大块岩石产生内应力而开裂，再加上地面水或地下水渗入裂缝，从而造成大体积石块的滑动和崩塌。

因此，对石质文物的保护与修复至少应包括下列内容。

（1）防水。

（2）加固，就是使开裂的大块岩体稳定，不会继续开裂，不会滑动和坍塌。

（3）保护与修复。

（4）清除污染。

第一节 防　　水

对石质文物的保护，首先是防止雨水、地面水、地下水的侵蚀。

凡是可迁移的珍贵石刻，应尽可能搬入室内；对于那些无法搬移的石刻，可建造亭、廊或房屋予以保护。对于那些依山崖、石洞而雕凿的石窟寺、摩崖石刻，则需采取有效措施，防止水的侵蚀。

治水措施要按照具体情况有针对性地制定。一般可采取保、排、堵、导各种方法或多种方法结合使用。

1）保

首先要做好石质文物周围较大范围的水土保持及植被保护，防止土层被冲走，使岩石裸露出来。

2）排

排，就是把地表水及降水排离石质文物，使水不能浸入岩体的裂缝，不能直接浸湿石质文物。高地带可分段进行排水，也可沿山脊挖沟排水。

3）堵

把石窟寺顶部、石刻上的裂缝堵实，防止自由水任意出入。首先把裂缝内清理干净，然后用有黏结性的填充材料将缝黏合。一般最好采用以高分子合成材料做黏结剂的砂浆，裂缝小时，不加砂子。如采用水泥砂浆或水泥浆，则应加入膨胀剂。

4）导

导，就是凿暗沟或明沟将水疏导出去。

排水相关内容参见第二章，洛阳龙门石窟奉先寺佛龛，在峭壁上方和两侧修筑了一条宽1～2m、深1～2m、长120m的排水沟；在乐山大佛的头部发髻里安装了三条排水系统，使雨水从背面排掉。排水是保护室外大型石刻最有效的方法之一。

排除地下水及地表水，应设置合适的水道，以适宜的坡度，引导水量流到河流、下水道或其他合适的地点。

排水方法可分为明沟排水与暗沟排水。在地面挖沟，纵横排列，汇集水量，以达出口，是明沟排水；穿凿暗沟或埋水管于地下，吸集渗透水量，会聚成流，送至出口，是暗沟排水。明沟暗沟视环境条件各有利弊。明沟造价较低，暗沟效率较高。如有必要，可明暗结合。

排水工程设计，首先要弄清排水量，然后布置排水道，最后设计沟或管。

第二节 加　固

小型石质品，由于种种原因有的可能变得比较脆弱，但还未受到毁灭性的破坏。而一些大型的石制品，如石刻、碑石，特别是石窟寺建筑，往往受地质条件的影响较大，会产生裂隙，直接威胁石质文物的存在。

以洛阳龙门石窟为例，它以寒武奥陶系蛹状石灰岩为主，岩层中多有裂缝发育。丰富的地下水活动很频繁，使窟群的物理、化学风化都极为明显，出现岩溶，特别是崩塌现象尤为严重，使有些石窟连同其珍贵的雕刻艺术品被破坏。如最雄伟的露天雕刻——奉先寺南崖壁的天王、力士雕像就因严重崩塌而所存无几了。

大同云冈石窟也因裂缝的扩大，大大降低了岩石的强度，从而引起大佛前倾，雕刻品崩落，以及顶板、前壁面大面积严重崩塌。又如，麦积山石窟，由于泥质胶结物中有大量的蒙脱石，而蒙脱石又和水有特别强的亲和力，这样，浸水使晶格发生膨胀，引起岩体裂缝延伸和增大，危及石窟安全。此外，甘肃的敦煌莫高窟、炳灵寺石窟以及四川的大足石窟等，都存在着类似的裂缝问题。

大型的露天石刻、石坊等也会由于地壳的运动，包括地震以及地壳的缓慢上升或下降等自然因素而遭到破坏；有的则因在田间地头，由于浇灌等人为因素而损坏，使得像六朝石刻艺术等一批有价值的文物产生断裂。

对于这些已经出现裂缝断裂的石窟、石刻，应及时采取必要的修补和加固措施，以维护岩石的整体性和增强石质的力学强度，使其不致产生崩塌等严重的毁灭性破坏。

一、灌浆加固

(一) 大型石窟寺艺术品的修补与加固

目前在大型的石窟寺艺术品的修补和加固方面，我国文物保护工作者做了许多工作，取得了很大的成绩，找到了应用高分子化合物灌浆与金属锚杆结合施工的方法。在石窟寺的围岩(没有雕刻及装饰的部位)，采用建筑上经常使用的撑托、吊、拉等办法，结合化学灌浆，增加整体稳定性。在反映石窟寺艺术内容的主要部位，则仅使用化学灌浆法。这种方法能够最大限度地增强石窟寺周围岩体及石雕品的整体强度，同时又不会使石窟寺艺术的关键部位受到影响，因此成为石窟寺加固的重要方法而被广泛应用。此方法已成功地被用于加固和修复洛阳龙门、大同云冈等石窟寺。

灌浆加固工艺是在建筑工程上用以增强建筑稳定性的一种方法，由于具有诸多优点，从而引入到石窟的修复加固中。原来的建筑以水泥作为灌浆材料，但此法对石质文物加固来说存在着不少缺点。例如，颗粒较粗，不能灌入裂缝在0.25mm以下的微细缝中，而且在凝结后会产生较大的体积收缩，加之水泥本身的性质决定了它与岩石的黏结力较小等，加固效果不好。因此，人们开始把注意力转向有机高分子化学材料的应用。例如，用甲基丙烯酸酯类的共聚物，对大同云冈石窟的部分洞窟进行了灌浆加固，由于固化性能及岩石的黏结力等方面都达到或超过原来的岩石，因此使用效果较好，它既增加了石窟的稳定性，同时也没有改变艺术品的原貌。

从20世纪60年代中期起，环氧树脂被国内外广泛使用，与甲基丙烯酸酯类聚合物相比，它有许多明显的优越性，逐渐成为灌浆修补石质裂缝的主要材料。环氧树脂本身分子结构是线状的，通常为液体状态，黏度也比较小，可灌到0.1mm的微裂隙中。使用时加入乙二胺类化合物作为固化剂，使环氧树脂分子起交联作用，成为立体网状结构，变成坚硬的固体状态。

环氧树脂作为石质文物加固剂具有突出的优点。首先，它在硬化时没有副产物，也不会产生气泡，因而体积收缩率非常小，不致造成变形；其次，在环氧树脂的分子结构中所含醚基和羟基的极性使环氧树脂分子和相邻表面之间产生很强的黏接力；此外，由于分子中含有稳定的苯环、醚键，因而对酸、碱、有机溶剂等都具有较好的抵抗能力，而且硬度和耐磨性也极高。采用环氧树脂灌浆加固时，要根据具体情况，采用相应的措施，主要考虑性能上的要求、工艺操作上的方便，以及经济上价廉等多种因素。例如，经常采用压力灌浆的方法，可使环氧树脂渗满石质的各个裂缝中，这样能更有效地发挥加固作用。另外还可以根据裂缝的宽窄，选择适宜的填料(如水泥、砂子、岩石粉、碎石等)，添加入环氧树脂灌液的配方中，用量比例可根据裂缝宽度而定，裂缝越宽，加入的填料也就越多，这样可以降低工程的造价，同时还可以增加固化的机械强度。

环氧树脂对大型石质艺术的加固，包括结合金属锚杆加固围岩裂隙等，已成为我国目前拯救濒危石质文物的重要手段。石窟寺的修整和加固是一项非常艰巨的工程项目，具体的方法可参考有关专门资料，并应由专业人员配合进行。

环氧树脂虽然在石质文物的加固方面具有无与伦比的特殊优势，但并非在一切情况下效果都会最好。例如，对于砂砾岩的石窟寺来说，由于岩体的力学强度较低，像环氧树脂等有机高分子材料的力学强度远远高于岩体本身的强度，且两种材料的收缩率不同，若应用化学灌浆，往往会造成与岩体黏接面之间的剥离，使加固效果直接受到影响。

对于这种情况，敦煌研究院的文物保护工作者研究并实验了一种新的针对砂砾岩的灌浆材料 PS－C(PS 为硅酸钾水溶液、C 为黏土)，硅酸钾为 SiO_2 ∶ K_2O＝4∶1；他们用 PS－C对甘肃麦积山石窟裂隙进行了灌浆试验，结果证明 PS－C 对于多孔、强度低、孔隙率大的砂砾层来说是一种较理想的灌浆材料。

研究表明，它的作用机理是通过 PS 的渗透，强化砂砾岩和砂岩，由于材料的渗透而形成许多二次支架和化学性质稳定的新团粒，大大增强了交联骨架的稳定性，也相应提高了被加固岩体的抗压强度和抗崩塌性，并能与岩体的黏土胶结物产生化学作用，而使被渗岩体强度提高两倍或两倍以上。

研究者通过对这种无机复合材料 PS－C 的物理、化学和力学性能的初步试验，证实 PS－C 具有稳定性好，强度接近或略高于砂砾岩的强度，且具有对砂砾岩的强黏接性以及透水、透气等优点。与环氧树脂等有机高分子灌浆材料比较，它的耐侵蚀性强，成本低，操作也比较方便。虽然在某些地方尚有一些不足，但是 PS－C 材料对这种岩体的裂隙封闭和灌浆是可行的，被认为是一种对砂砾石窟裂隙灌浆和石刻黏接复原加固有发展前途的保护材料。

(二) 脆弱石制品文物的加固

石质文物的耐久性、稳定性很高，对光也不敏感，在正常的博物馆气候条件下保存，一般来讲，不需要做什么特殊的处理。但有时一些石质文物可能因种种原因而变得非常脆弱，特别是在埋藏于地下的条件下，其受可溶性盐类的影响是相当严重的。由于可溶性盐具有吸湿性，在温度和湿度变动的条件下，可以结晶析出或重新溶解，如此反复周期性变化，必然伴随着体积的变化，以致引起石制品的崩溃、酥粉和剥落。对于这种情况，必须采取适当的加固措施，否则石制品会完全粉化。因此清洗石制品内含有的可溶性盐类是加固和保护石质文物的重要步骤。

清除石器内部可溶性盐，最普通的方法是在水中较长时间地浸洗。开始用普通水洗涤，以后换蒸馏水或去离子水，每天换水，直至用硝酸银鉴定不含有氯离子(或只有极微量)时为止。

对于一些严重脆弱的石制品，应采取加固的办法来维持其整体性。这类石制品加固的关键在于选用渗透能力好的材料。如果加固材料仅渗透在表面，未能渗透到足够的深度，这样反而会造成已加固的表面部位和未被加固的内部之间产生剥离、破裂现象，效果不理想。因此，必须设法将加固剂渗透到石器的内部。

早期使用的传统浸渗加固材料是石蜡，后较多使用的是微晶石蜡。

将器物浸入熔融的蜡液中，或将蜡溶于甲苯等有机溶剂中，做减压渗透处理。对于体积较大的石制品，一般采用涂蜡的方法，先将石器烘热，再将预先准备好的蜡和石油醚的软膏状物敷在热石头上，蜡就会被吸收到石孔里，待溶剂挥发完，又可继续加热并敷蜡，直到石器不能再吸收时为止。

随着有机化学高分子材料的发展，用石蜡加固石器逐渐被丙烯酸类、有机硅类等高分子材料所取代。用它们加固石制品，各具优缺点，效果也不相同。采用什么加固材料，都需进行必要的试验比较，从而选择出适合的材料。

除了以上主要的处理方法外，还有某些针对性的方法。如用硅酸钠和硅酸钾等溶于热水中，形成黏稠溶液，来浸渗加固石制品，使可溶性的硅酸钠或硅酸钾在石质中转变成不可溶性的硅酸盐。另外，氢氧化钡也可用来加固石灰石和大理石制品。其原理是：溶液中的钡离子与钙离子交换而产生碳酸钡和氢氧化钙，而氢氧化钙将与二氧化碳反应重新形成碳酸钙。为了恢复某些石质整体协调性还需要进行做旧处理，这时可在用于粘接的合成树脂中调合石粉并掺入少许颜料，使其达到整修如旧的效果。

二、锚杆加固

锚杆可以用钢筋、钢筋束、或钢丝索；可以是未施加预应力的或预应力的。

(一) 定义

一种锚杆，无论它埋设于土中、岩石中，它总是属于传递主体结构拉力至周围地层的下部结构的组成部分，锚杆周围地层的抗剪强度用于克服这种拉力，所以要使锚杆紧固于离开结构物足够远，且具有足够承载能力的地层中。最普通的锚杆是高强度的钢索，按有效地承受荷载所要求的斜度和深度安设而成的。应使锚束材料所受应力处于经济水平，且嵌入锚索的土层所受应力应符合要求(图 12－1)。

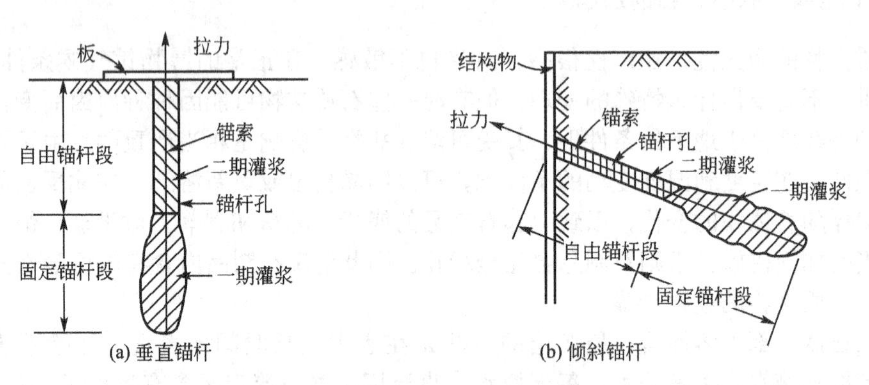

图 12－1　垂直和倾斜地基锚杆详图

如果锚杆中的拉力就是锚杆与其所加固结构物以及锚杆所埋入地基之间的平衡所必需的力，那么结构物和周围土层的位移将保持在允许的范围。锚索通常为被水泥浆或其他固定剂所包裹的高强度钢件(钢筋、钢丝索或钢筋束)。由于钢索常设置于易受侵蚀的环境，因此钢索应具有防腐能力。固定锚杆段就是离结构物最远的锚索部分，通过该段将所承受的拉力传递给周围的岩、土层。自由锚杆段就是锚杆固定段顶端以上至结构物间的锚索部分，其上没有拉力传递至周围土层，这可通过在锚索周围安置无摩擦的套管实现。这些套管也起着防止锚杆自由段腐蚀的作用。自由锚杆长度通过考虑包括锚杆在内的地层“块”的总体稳定而确定。

（二）锚杆体系的组成部分

锚杆装置常常是放置于地层孔洞中的锚索。常见的开孔形状是直径为100mm～150mm的圆孔。圆孔大小取决于锚杆设计能力、土层类型以及锚索依靠固定锚杆段固定于地层的方法。为了使锚杆与土层牢固地结合在一起，有多种方法可以利用。这些方法包括：固定锚杆段内的多级锚锭锥，各种形式的压力灌浆，固定锚杆段的灌浆控制以及灌浆前的地基处理。除了使锚索牢牢地锚固在地层中外，锚索顶端还应按以下要求与结构物相连接。

（1）荷载位于锚索中心。

（2）锚索可以做荷载试验，试验后，保持预加荷载应力。

（3）锚杆装置应能可靠地防止腐蚀。

（4）结构物相对锚索的位移将不致引起过量的锚索附加应力。

（5）如果需要，在锚杆使用期限内，锚杆能够重新加力。

除此之外，尤其需要考虑的是锚索的加工，须保证在锚杆孔中安装锚杆时，既不引起岩壁的损坏，特别是锚杆固定区，又不造成钢索端部的损坏。

（三）普通锚杆和预应力锚杆

一般地基锚杆是长杆，所受应力高，且由韧性部件构成。锚索钢材很大的弹性伸长是由施加的荷载引起的。对于没有初始变形的锚杆，要使其发挥出全部承载能力，则要求锚杆头有较大的位移。为了减少这种位移至能容许的程度，可以对地基锚杆预加应力。实现该项作业也使地基锚杆受到一次荷载试验。普通锚杆与预应力锚杆的一般力学特性如图12-2所示。大量的实验研究工作已经进行，以了解以下诸因素之间复杂的相互影响：预应力水平、结构物与地层之间的接触压力，以及所施加的静外荷载和重复外荷载。预应力水平通常是设计工作荷载的百分率。由此可见，普通锚杆和预应力锚杆的基本原理存在差异，两者在地基中的力系是完全不同的。而且，预应力锚杆受外荷载后，其表现比普通锚杆更为刚强。

（四）场地调查要求

建造锚杆的地基是一种具有所有地质复杂性的天然形成材料。和其他地基工程类似，设计和建筑工程师应该知道：

（1）锚杆制作过程的力学特性和各种加荷方式下锚杆的特性。

（2）地质构造特性及在建造过程中的敏感性，尤其是因为施工可能引起强度和变形特性的变化。

（3）地层在平面和立面上以及不连续构造特性的变化。

（4）邻近作业对锚固工程的影响，如地下水位下降，打桩及岩石爆破。

（5）环境因素，如干缩效应和冰冻。

一般详细资料要求如下。

（1）尽量在早期阶段获得尽可能多的场地周围历史和地形方面的资料。这些资料应从当地获得，如原有建筑和结构物的地点和状况、水道、过去和目前的服务机构以及特殊情况的调查资料。这可能包括地震的大小和频率的详细资料，洪水问题，极端气候的种类及

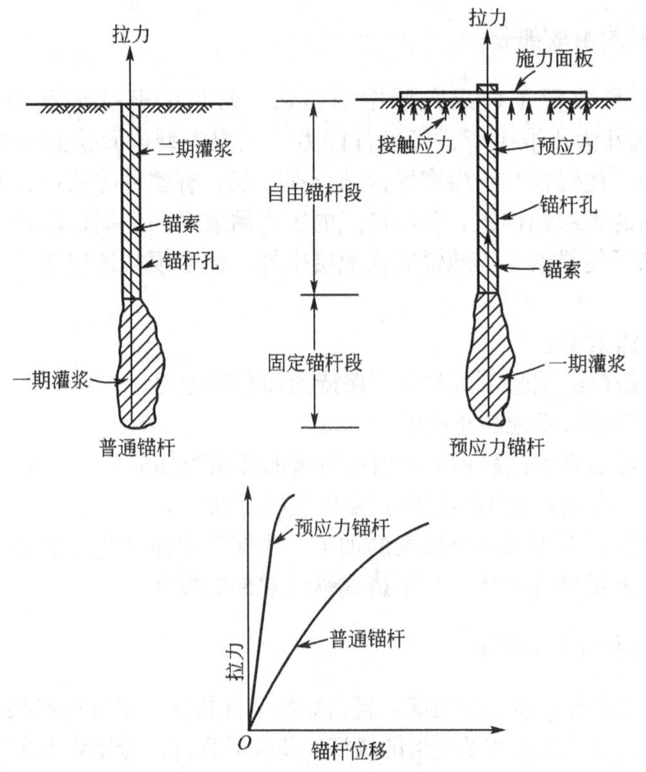

图 12－2　普通锚杆和预应力锚杆的一般力学特性

对上述困难点的认识。

(2) 地层中天然的应力状态。这是一个与地层历史有关的问题，因此，需要仔细地认识，它将在很大程度上影响场地调查工作进行的范围。

(3) 地层的工程特性，无论土或岩石，要通过试坑、钻探、现场原位测试和室内试验综合加以确定。这是多数工程设计的十分严格的要求，因为其结果在很大程度上可能影响工程造价和施工方法。

(4) 地层资料，主要是对土和岩层进行详细的描述。

场地调查要求的项目如表 12－1 所示。

表 12－1　场地调查要求资料内容

序号	内　容
1	场地土和岩石横断层次，特别在固定锚杆段附近地的横断层次
2	地下水位及其随时间、随施工活动的变化
3	所遇各类地层的强度及其可变性
4	黏土和岩石的天然裂隙，节理及相对于锚固方向的方位。施工对节理的强度和渗透性影响的评价
5	黏土和黏土页岩的可塑性；砂、粉土和砾石的级配；冰碛物中的砾石和卵石粒径；锚杆孔钻孔期间岩石的软化和松散趋势
6	土、岩石和地下水的化学组成；有机物含量；地下水温；对今后可能变化的估计

（续）

序号	内　容
7	地层，特别在固定锚杆区，大范围和局部的渗透性
8	地层的地质历史，特别是对天然应力状态的评价；地震活动性
9	锚杆孔钻孔期间对套管的要求，对压水试验和灌浆操作期间钻孔填塞部件密封问题的评价
10	附近场地的利用，服务机构及财产；以及他们受锚杆建造工程的影响及相应的地面运动
11	振动和可能影响锚杆效能的其他工程施工的影响
12	对目前和今后场地利用的建议

（五）锚索

锚索通常由下列三种型式钢材之一构成——钢筋、钢丝和钢束。锚索材料的采用主要综合考虑以下影响：成本、许可应力水平、制造、运输、加载问题和防腐蚀。一般就强度、运输、锚索加工和保管而言，钢丝和钢束更具优点，特别是对于承载能力很大的锚杆而言。而对于荷载小的情况，钢筋有时较易使用且安装较便宜。锚索钢使用方面的力学特性资料，通常可用不同地区供应厂商提供的有关资料。下面的评述是想把注意力集中在与地基锚杆有关的特殊问题。就地基锚杆而论，需要了解的锚索钢的主要特性是强度特性、弹性特性、蠕变特性、松弛特性。

（六）锚杆头

由锚索承受的荷载必须通过一种受力装置传布到结构物上，这种装置通常由受力头和荷载分布板组成，锚索固定于受力头中，锚索力通过分布板传递到结构物上。对锚索力很大的锚杆，可通过混凝土端块或钢横撑将锚索力传递至结构物。锚杆头的部件取决于采用的锚索装置和锚索固定于锚杆头的方法。钢筋及钢束锚杆头的做法之一如图 12 - 3 和图 12 - 4 所示。这与预应力结构后张法预应力钢筋的锚固相似。

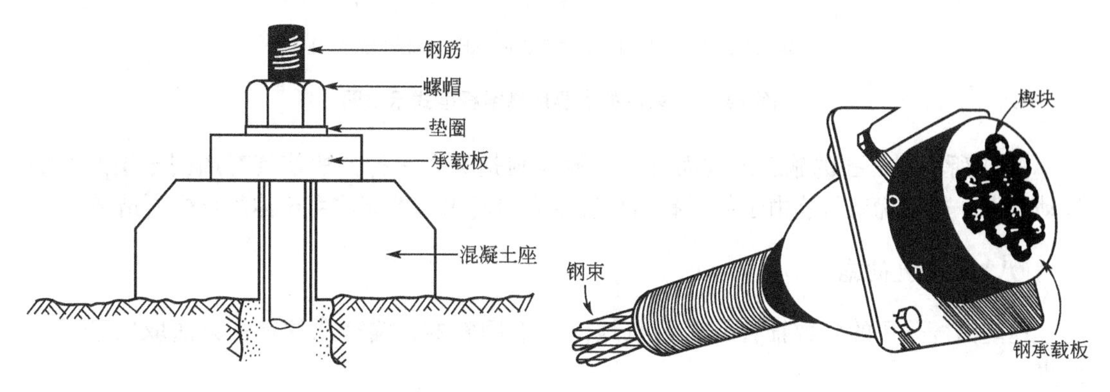

图 12 - 3　钢筋锚杆头装置　　图 12 - 4　多根钢束锚杆头装置

（七）锚杆类型

地基锚杆装置有三种基本类型。这三类锚杆图示说明如图 12 - 5 所示。第一类锚杆由一种圆柱形孔眼构成，孔眼采用灌浆或其他固定剂充填，这取决于所需传递荷载的大小。第二类锚杆为扩大的圆柱体，该扩大圆柱体由在控制的高压下使灌浆液注入钻孔周围侧壁而形成。第三类锚杆是一种采用特殊挖凿装置在孔眼长度方向一处或几处位置扩大的圆柱体。第二类锚杆的施工控制程序如图 12 - 6 所示。

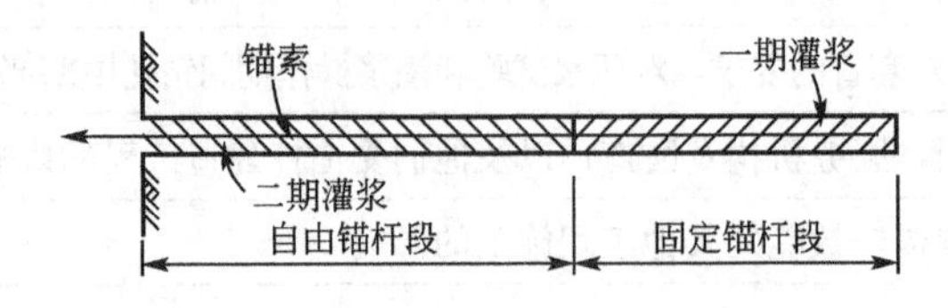

第一类锚杆:用灌浆充填的圆柱体

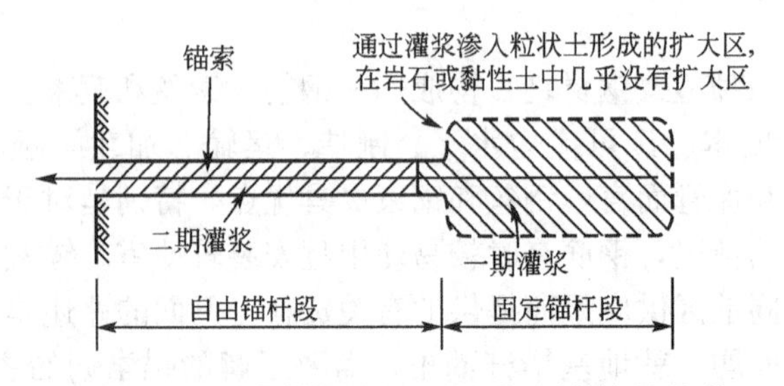

第二类锚杆:在控制的高压下通过灌浆形成的扩大圆柱体

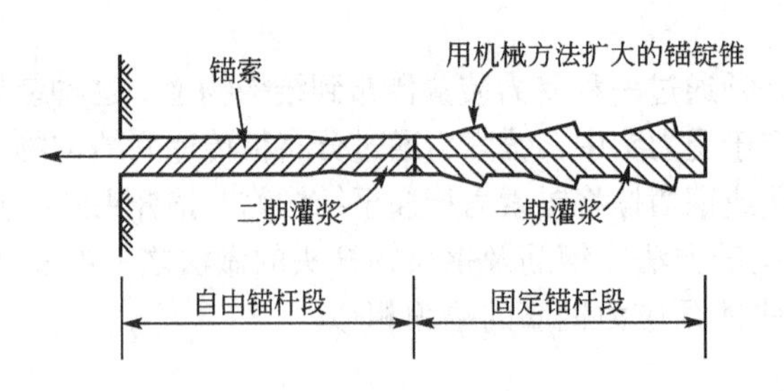

第三类锚杆:一种用机械方法沿长度一处或几处扩大的圆柱体

图 12 - 5　采用的主要地基锚杆型式示意图

对于所有锚杆孔的施工工程而言，一般准则是选择一种方法使其对周围土层产生的扰动最小。这种扰动可能由于使用高的冲洗压力引起水力劈裂或由土体的损失所造成。

(八) 锚杆孔的施工

地基锚杆采用的多数锚杆孔都是从地面向下倾斜的。锚杆孔的钻孔方法取决于以下因素。

(1) 钻孔穿过的土层类型和采用的锚杆装置。

(2) 锚杆孔的尺寸、倾角和固定锚杆段的形状。

(3) 采用的孔道钻凿和冲洗方法。

(4) 现场通道和采用的钻孔设备支撑方法。

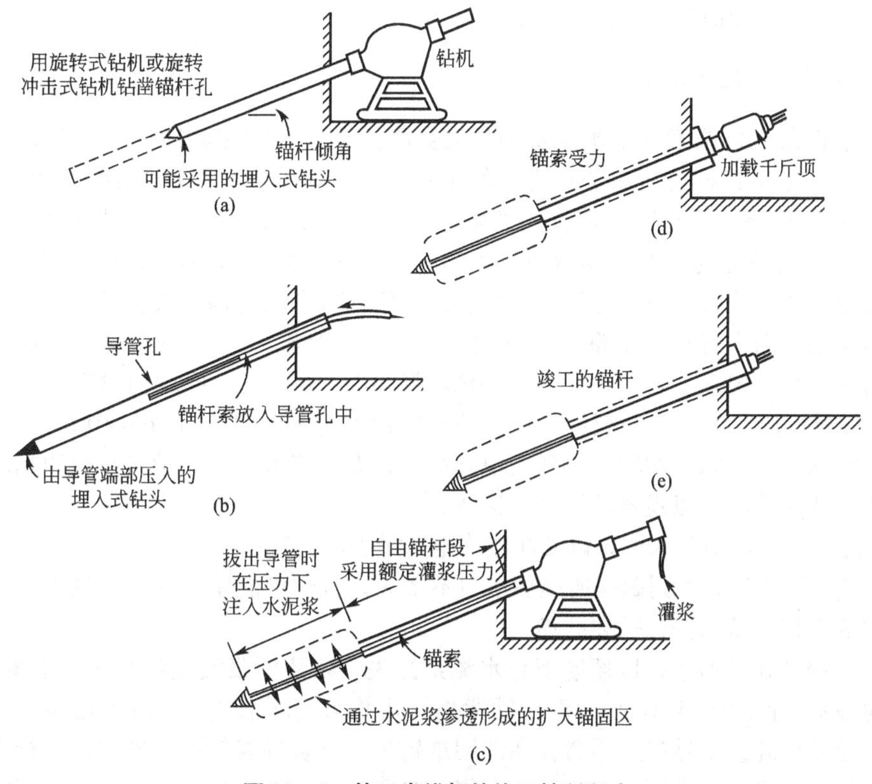

图 12-6　第二类锚杆的施工控制程序

(5) 锚杆孔尺寸和位置的容许偏差。一般所要钻掘的地层类型决定使用的钻孔装置的选择。地层的类型可分类为岩石及土。在这两类材料的每一类里面，为适应所有可能遇到的不同地层，必须采用若干不同的钻孔装置。因为粗糙的孔壁有利于使锚索固定。采用的三种主要岩石钻孔装置是旋转式钻机、冲击式钻机和旋转冲击式钻机。

不论何种地层类型或采用何种钻孔方法，钻弃料都必须能有效地排除。三种常见的清洗介质是空气、水和泥浆。泥浆通常是一种水/膨润土悬浮液。冲洗介质可通过钻杆和钻头的孔道输入钻孔，并沿钻杆和孔壁之间返回地面(正常循环)，或可采用反向的冲洗循环，此时出现相反的情况。由于尘埃危害，空气介质带来不少问题，因此在狭窄的空间或地下工程，除非采用反向的循环方法，否则很少使用空气介质。用水冲洗后，孔壁被清洗干净，因而能和灰浆更好地结合。然而，对软化敏感的材料使用的水量应最少。由于任何清除碎屑的过程在锚杆孔端部总要剩下少量的废渣，实践表明，在锚杆孔端部设置一集水段聚积碎屑是有效的，该集水段的长度通常为 0.3～0.6m。在安置锚索前和清洗作业结束后，应探测锚孔，检验孔壁是否出现坍陷。孔壁塌陷可能使锚索无法就位。当这些工序都很好地完成后，还必须注意防止碎屑落入孔内。

钻孔施工期间应做工作记录。钻孔的钻进速率给地层的可变性提供了定性的评价，而冲洗时返回介质的成分和数量又表明了被钻地层的类型。除地层种类记录外，估计流进锚杆孔内的地下水量、地下水位及钻孔施工中锚孔里必须添加的水量也是至关重要的。

在所有的锚杆装置中，锚杆孔的稳定性很关键。因此，要特别注意的是，钻孔作业、清洗及锚索就位作业时都不应损害地基。

（九）锚杆孔的压水试验

固定锚杆段内，锚索周围水泥浆的漏失会降低锚索的耐腐蚀性，影响荷载传递的性能。因此，在钻凿锚杆孔后应进行岩层的压水试验。如果水泥浆通过裂隙漏失，裂隙宽度必须大于 160μm。具有这种宽度的裂隙，在一个附加大气压作用下将产生 3.2L/min 的渗流量，当裂隙宽为 100μm 时渗水量为 0.6L/min。由于各种岩石性质不同，在说明岩石的渗流量时必须慎重。一般应使用塞块使试验仅在整个固定锚杆段上进行。然而，也还存在许多问题，因为有相同水量损失的两类岩石，一类具有大的裂隙使水泥浆有可能漏失，而另一类是均匀多孔岩石，将不允许水泥浆漏失。解决这一问题的建议如下。

(1) 如果所研究的是单一裂缝，只要该处的渗水量超过 3(L/min)/atm，则要求正常的锚杆孔防水。在已知存在较多裂隙的地方可能有大的流量，为了做出恰当的判断，必须使用摄像机或闭路电视以观察钻孔壁的构造。

(2) 应小心测定地下水位，以便能够确定过量水压引起的渗水量。

(3) 必须始终努力做到确保所施加压力不太大，否则可能使闭合的裂隙张开。这又将导致错误的数据，认为锚杆需要防渗。

为了使锚杆孔不透水，以便能阻止水泥浆漏失，稀薄的浆液应从孔底向上灌入孔内。在某一时段后(通常为 24 小时)，重新钻凿锚杆孔并重复压水试验。对于足够坚硬岩石中的钻孔，沿原钻孔重新钻凿，通常存在的困难较少。但若母岩软弱、松散，比新浇灌柱更“软弱”，那么就可能出现困难，也许不可能沿着原钻孔重新钻进。一般这样的困难是可能避免的，在设计和场地调查阶段，通过选择一种锚杆灌浆措施，从而可对固定锚杆段附近的岩体在高的但受控制的压力作用下灌注水泥浆，以封闭开放型裂隙。

在岩石中，通常不施加高的灌浆压力，经常使用的水压力为 $300kN/m^2$，试验只限于固定锚杆段或固定锚杆段加上部分自由锚杆段。

（十）锚索的安装

锚索可由钢筋、钢筋束或钢丝索构成。锚索安装期间所要考虑的各因素如表 12-2 所示。

表 12-2 锚索安装期间所要考虑的各因素

因　素	因　素
钢材类型——钢束、钢丝、钢筋	钢材的松弛特性
固定锚杆段说明——拉力型或压力型锚杆	重新加应力的必要性
工作荷载或最大试验荷载	钢材的清洗
使用性质——临时或永久	钢材的现场存储
采用的灌浆设备	锚索的转运
防腐方法说明	锚索的装卸
间隔块和定中心装置说明	锚杆孔尺寸
固定锚杆长度	锚杆端部说明

（续）

因　素	因　素
自由锚杆长度	锚索就位方法
锚索钢的检验证书	需要的测试设备
锚杆头说明	组装后锚索的检验
灌浆导管说明	

（十一）灌浆

灌浆的主要作用是在锚索锚固段内将锚索固定在地层里；它的第二个作用是防止锚索腐蚀，第三个作用是充填地层中的孔隙，这些孔隙可能使水泥浆从固定锚杆段周围漏失。灌浆的关键是掌握水泥及水泥浆的质量及灌浆顺序。锚杆灌浆期间所需资料检验表如表12-3所示。

表12-3　锚杆灌浆期间所需资料检验表

内　容	内　容
水泥型号	一阶段或二阶段灌浆
水泥龄期	试验结果
水灰比	采取的试样
掺和料型号的浓度(若有)	地下水特性试验(若有)
使用的搅拌设备	一期灌浆方法
搅拌时间	二期灌浆方法
水泥浆导管尺寸及长度	锚杆孔钻孔结束和灌浆开始时的间隔时间
锚杆孔向上或向下的斜率	pH
使用的灌浆压力	水泥浆的泌水性
水泥浆灌注量	水泥浆的流动性

在要求锚杆具有快速支撑能力的场所，一种引人注目的方式是使用树脂作为黏结固定剂。其操作原理很简单。黏结固定材料加工成弹药筒形，内中装有聚酯物质以及适量的固化剂和催化剂，后者用一薄塑料层与聚酯隔开。使用时，将装料筒推至锚杆孔顶端，且能通过转动锚索，通常是钢筋，将塑料层弄破使聚酯物质与固化剂和催化剂混合。采用不同的混合料可能使凝固时间在大范围内变化。通常，这种锚杆的支撑能力较低，且长度较短，故属于一般岩石锚栓类。

如果使用树脂来固定锚杆，各项恰当的试验旨在保证实现以下几点：

（1）树脂将保持惰性的状态。

（2）能够形成和保持足够的结合力。

（3）能抑制锚索的腐蚀性。

(4) 树脂将完全充填锚索周围的全部空隙。

(5) 蠕变在容许的标准内。

(十二) 用锚索加固岩石的受力分析

1. *岩石块体的加筋*

考察在不连续面 A—A 上趋于滑动的岩块(图 12-7)。假设岩块底面上的静水上托力为 U_1，来自满水的拉伸裂缝中的静水荷载为 U_2。假设预应力锚杆(其荷载为 T)与 A—A 的夹角为 α，为平衡计：

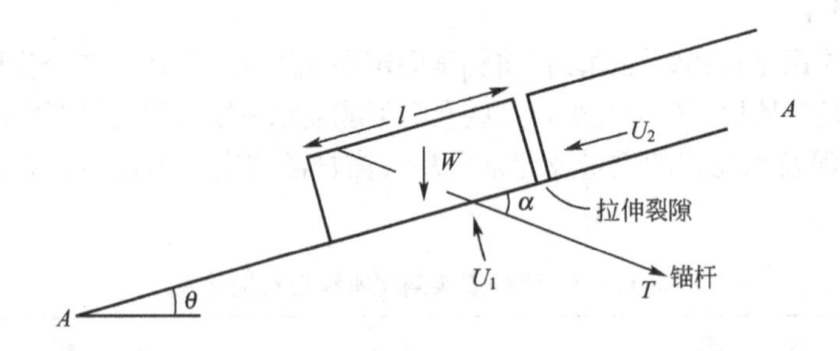

图 12-7　单根锚杆支承的岩块

$$W\sin\theta+U_2-T\cos\alpha=cl+(W\cos\theta-U_1+T\sin\alpha)\tan\phi \tag{12-1}$$

式中，c 和 ϕ 为相应的岩石强度系数，即 c 为黏聚力，ϕ 为内摩擦角。

该方程的两个特点很重要。首先，锚杆减小了下滑力；其次，锚杆增加了 A—A 面上的法向力。整理上式可得 T 的表达式如下：

$$T=\frac{W\sin\theta+U_2-cl-W\cos\theta\tan\phi+U_1\tan\phi}{(\cos\alpha+\tan\phi\sin\alpha)} \tag{12-2}$$

当 $\alpha=\phi$ 时，T 有最小值。

该岩块抗滑安全系数为

$$F=\frac{cl+(W\cos\theta-U_1+T\sin\alpha)\tan\phi}{W\sin\theta+U_2-T\cos\alpha} \tag{12-3}$$

上式表明：该岩块的稳定性可通过使 U_1 和 U_2 分别或同时减小(可由排水实现)来增大，也可以用增加锚杆荷载 T 来增大安全系数。经常出现的问题是，什么是安全系数值，这取决于所用的定义。有两种可能的定义，第一，锚杆力 T 减小了滑动力，得出式(12-1)，该方程适宜于锚杆是预应力的，且岩体块无位移的地方；其次，如果锚杆是非预应力的，要产生阻力就需要有位移安全系数，更恰当的定义为

$$F=\frac{\text{阻力}+T\cos\alpha}{\text{滑动力}} \tag{12-4}$$

在这种情况下，当达到安全系数时，位移协调方程必须予以考虑，且不能假设 c、ϕ、U_1、U_2 和 T 都同时充分发挥出来。一个途径是针对每一个变量确定安全系数。安全系数的大小取决于设计得拥有资料的可信程度。如果对于 c、ϕ、孔隙水压力和自重的安全系数分别为 F_c、F_ϕ、F_u 和 F_w，式(12-2)变为

$$T=\frac{WF_w\sin\theta+F_uU_2-F_ccl-F_wW\cos\theta\,\dfrac{\tan\phi}{F_\phi}+F_uU_1\,\dfrac{\tan\phi}{F_\phi}}{\left(\cos\alpha+\dfrac{\tan\phi}{F_\phi}\sin\alpha\right)} \tag{12-5}$$

对于自重，F_w 的值可取为 1；F_c 和 F_ϕ 的值一般为 1.5；而 F_u 可高达 2。

2. 平面破坏面的加筋

这种简单的破坏形式，实际上较少见，却有启发性。因为，几个破坏条件必须加以满足。首先，破坏平面必须与斜坡表面相交。其次，破坏面的向下倾角必须大于摩擦角 ϕ。

假定锚杆力 T 以 α 角穿过破坏面的斜坡，令 θ 为斜坡倾角，破坏面的倾角为 ψ(图 12－8)。用前面给出的安全系数的第一个定义，其值为

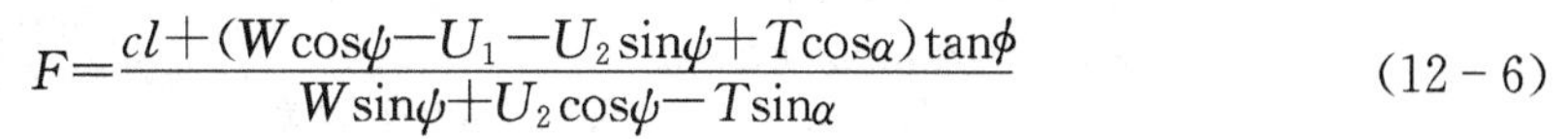

$$F=\frac{cl+(W\cos\psi-U_1-U_2\sin\psi+T\cos\alpha)\tan\phi}{W\sin\psi+U_2\cos\psi-T\sin\alpha} \tag{12-6}$$

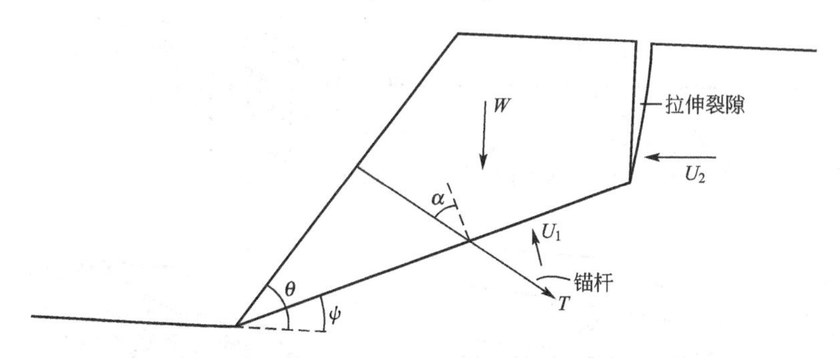

图 12－8　平面破坏面的加固

3. 有锚杆的岩石边坡的稳定性

大多数岩体的一个特点是岩石内的天然不连续平面，特别是几乎平行于边坡面的节理。首先必须充分了解边坡的局部地质情况，应特别注意：岩性、节理和不连续面系统、完整岩石和软弱带中的适当强度值、地下水系统。

在定量地定出地基情况之后，就可能确定最可能出现的破坏面的形状。有几种破坏的类型或模式是可能的(图 12－9)。在各种情况下，都应慎重进行敏感性分析，以确定每个变量对总体稳定性的影响。决定锚杆的位置，有许多方案，从在整个边坡上均匀布置锚杆到在坡脚高应力区里集中布置锚杆，可供设计者选择。一般控制决策的是地层地质状态。通常，均匀布置锚杆更好，但重要的是，锚杆固定段区域要设置于距滑动面足够远的地方，这样，锚杆才能发挥其拉力，如图 12－10 所示。

与锚杆相联系的排水系统，也许是维持岩坡稳定性的最有效措施。排水可用的方法很多，包括地下廊道、水平和垂直排水。图 12－11 所示是岩石边坡排水系统总体布置示意图。不管使用何种排水系统，必须对可能的破坏面要有足够的了解，并确定地下水状况。

现在使用的有几种设计方法，如图 12－12 所示，可做如下考虑：当锚杆与滑动面的法线成 90°角(内摩擦角)时，锚杆最为有效。在这种情况下，所需的锚固力值为(图 12－12)：

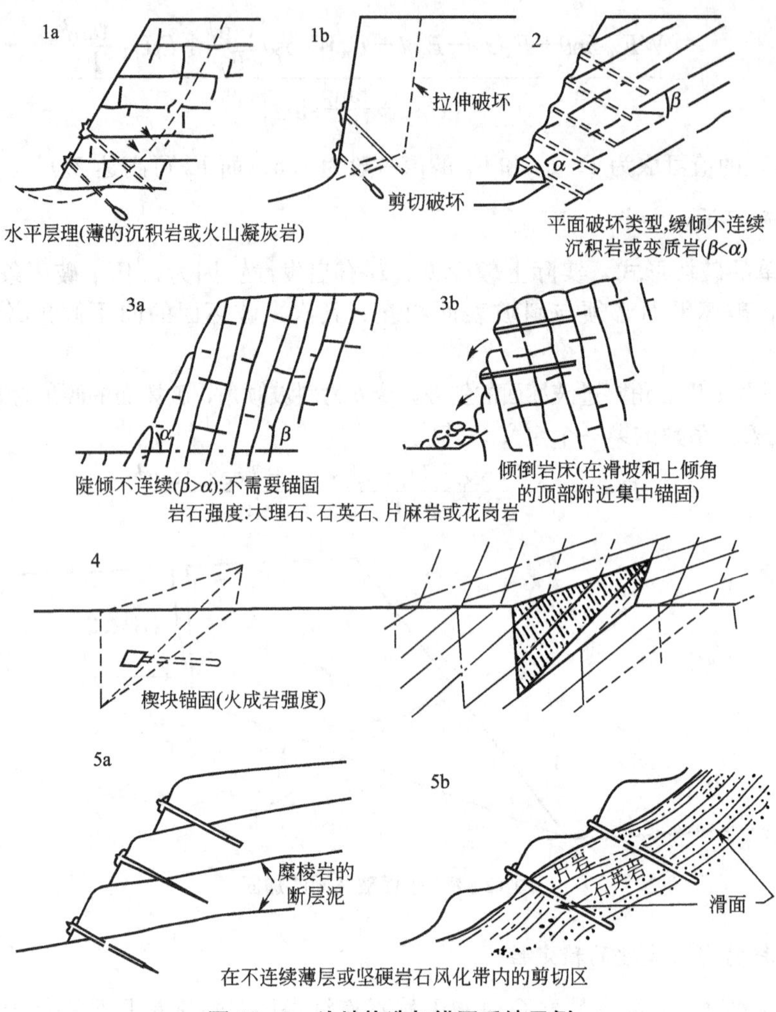

图 12－9　边坡构造与锚固系统示例

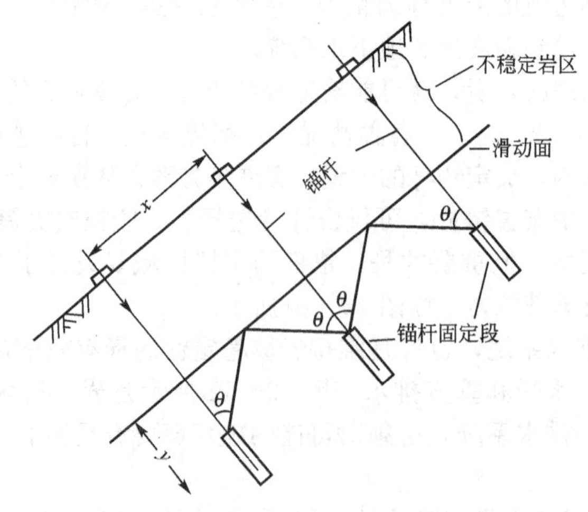

图 12－10　锚杆固定段的定位

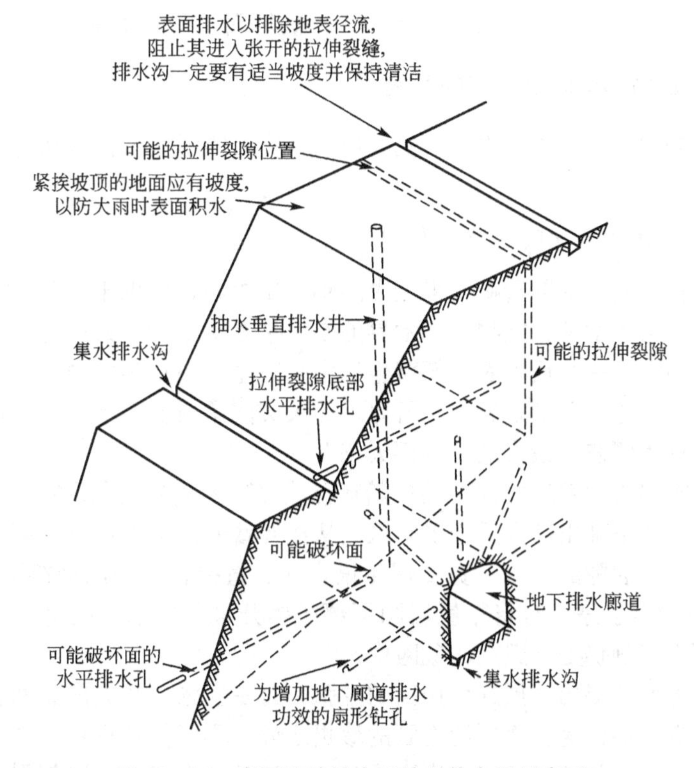

图 12-11 岩石边坡排水系统总体布置示意图

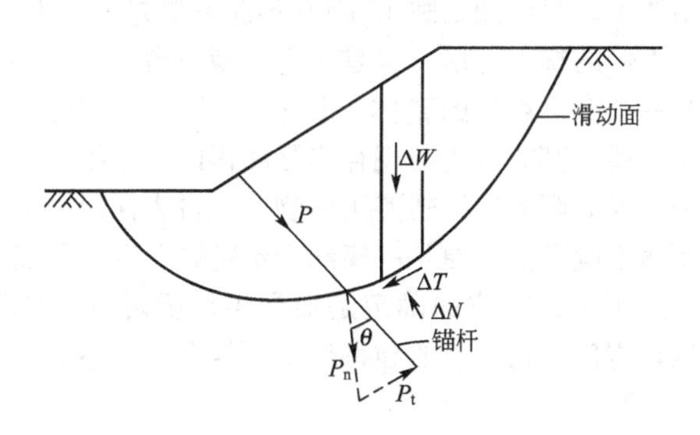

图 12-12 稳定分析法

W—滑动土体重力；ΔW—滑动土微元体上的土重力；ΔT—滑动土微元体上的土自重切向分量；ΔN—滑动土微元体上的土自重法向分量

$$P=\frac{T\cdot l\cdot c'-\frac{\tan\phi}{F}\cdot N}{\sin(90^\circ-\phi')+\frac{\tan\phi'}{F}\cos(90^\circ-\phi')} \tag{12-7}$$

$$P_t=P\cdot\sin(90^\circ-\phi')$$

$$P_n=P\cdot\cos(90^\circ-\phi')$$

式中，T—自重在破坏面上的切向分量；N—自重在破坏面上的法向分量；l—破坏面长度；c'—破坏面上的黏结力；F—安全系数；ϕ'—破坏面上有效摩擦角。

（十三）用预应力加固岩画围岩的实例

下面以用预应力加固岩画围岩的实例来说明预应力锚索加固技术在将军崖岩画保护工程中的应用。

1. 将军崖岩画保护治理问题的提出

地处江苏省连云港市锦屏磷矿开采区内的将军崖岩画，发现于1979年11月，经全国著名的考古学家、历史学家、文物及美术界的专家学者鉴定，一致认为：将军崖岩画是目前已知我国最早的唯一一处反映农业部落生活中宗教意识的石刻岩画，也是我国现存仅有的以石为社的社祭遗迹。特别是岩画中所表现的天文图像内容，已被越来越多的国内外天文学家认定，被誉为“东方最古老的一部天书”。

但是早在将军崖岩画发现之前，锦屏磷矿已有70余年的开采历史，由于磷矿的大量开采，岩画附近岩体下部出部大面积采空区，从而导致岩体出现自然冒落崩塌。岩画所在岩体多处出现开裂，裂隙的长度、宽度逐年增大，且直接将岩画画面割裂。为保护岩画，1981年连云港市做出了停止对将军崖岩画下部矿体开采的指示。但由于历史采空区所造成的影响，将军崖岩画仍处于毁灭的危险中。

为此，有关方面曾提出“搬迁保护”的主张，这一主张一经提出立刻引起文物考古界专家们的异议。专家们认为，将军崖岩画的珍贵之处，不仅仅是只在于岩画本身所具有的历史与艺术价值，其所处环境位置与岩画本身所反映的内容有着难以割裂的密切联系。岩画磨刻在一个半球的山体上，很可能反映了4000年前华夏先民“天为圆穹”的宇宙意识，同时它不仅是上古时期人们的祭天之坛，也是一座古观象台。岩画中所表现的天文内容与岩画所处的环境位置是一个密不可分的整体，其中B组画面上有三个太阳呈圆弧形排布，东侧有一人工磨刻的子午线，其方位角与现存实际测得的子午线仅差$3°55'8''$。而这三个太阳也与仲春时节早、中、晚太阳的运行轨迹正好吻合。古人何以能够测得如此准确的天文现象呢？据考证，将军崖岩画东侧，原是一座约7m高的山岩，可能是原始先民用于观测日出和日落的固定标尺。子午线方位的确定是根据当地所观日出和日落的方位点相连而成，岩画一旦搬离原位，将使文物原有的独特价值不复存在，造成一些尚待考证的问题成为千古之谜。

1988年国家文物局做出了“一定要采取紧急措施，保护好这处珍贵文物”的指示，并将将军崖岩画保护工程列入八五期间重点文物保护项目。经过专家们多次的现场踏勘，在对第一手资料进行反复推敲、验算的基础上，制定了以预应力锚索与深层压力灌浆相结合的加固保护方案。

2. 将军崖岩画所在岩体的变形状况

1）将军崖岩画区工程地质环境

将军崖位于锦屏山南坡，相对高程为45m左右，岩画所在地面标高为25m。区域地质构造位置处于锦屏山倒转背斜南缘，地层产状NE 45°～72°。倒转背斜核部为下元古界胶南群南朐山混合花岗岩和片麻岩，断层不发育，主要节理构造为走向NNW，倾角65°～75°和走向NEE，倾向SE，倾角70°～80°的两组节理。混合岩化花岗岩为块裂结构岩体，

RQD（Rock Quality Designation，岩石质量指标）值均大于 70°，节理间距为 0.3m 左右，按迪尔分类标准，属于工程性质好的岩体或块状裂隙岩体。

2）岩画画面附近地表裂隙变化情况

（1）裂隙增多、增长并趋连续。如图 12－13 所示，1987 年 5 月，江苏地矿局测绘队实测有 11 条裂隙，仅经过两年 4 个月，1989 年 9 月，中国地质大学实测裂隙为 19 条，且许多裂隙是在原有基础上发展起来并趋连续。图中实线部分由江苏省地矿局测绘，虚线部分由中国地质大学测绘，增加了 8 条(表 12－4)。

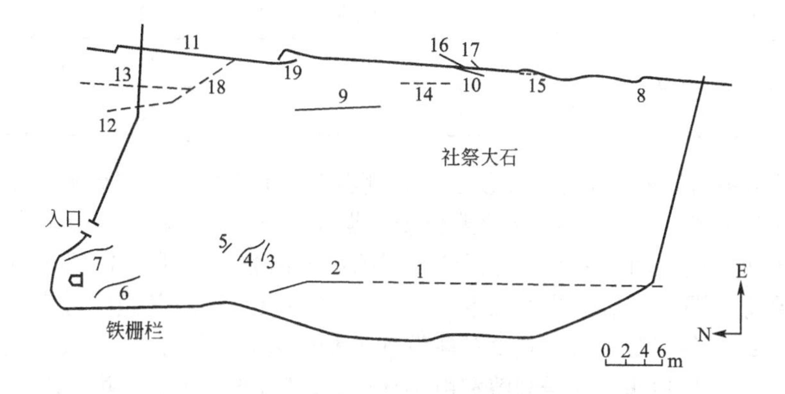

图 12－13　将军崖岩画岩体裂隙分布平面图

表 12－4　岩体裂隙测量结果

序号	1978 年 5 月量测长度/m	1989 年 9 月量测长度/m	扩展长度/m	时间间隔/a	裂隙扩展速率/(m/a)
1	2.83	17.23	14.40	2.33	6.18
2	2.69	8.69	13.00	2.33	5.58
3	1.28	1.28	0	2.33	0
4	2.30	2.30	0	2.33	0
5	0.85	0.85	0	2.33	0
6	5.32	5.32	0	2.33	0
7	3.40	3.40	0	2.33	0
8	19.81	30.21	10.40	2.33	4.46
9	8.59	8.59	0	2.33	0
10	6.20	7.60	1.40	2.33	0.60
11	19.20	19.20	0	2.33	0
12	0	5.60	5.60	2.33	2.40
13	0	8.80	8.80	2.33	3.78

（续）

序号	1978 年 5 月量测长度/m	1989 年 9 月量测长度/m	扩展长度/m	时间间隔/a	裂隙扩展速率/(m/a)
14	0	3.20	3.20	2.33	1.37
15	0	2.20	2.20	2.33	0.94
16	0	2.20	2.20	2.33	0.94
17	0	0.80	0.80	2.33	0.34
18	0	2.30	2.30	2.33	0.99
19	0	2.20	2.33	2.33	1.00

(2) 卸荷裂隙由塌陷槽中心向东发展，逐渐波及岩画画面。锦屏磷矿停采以前，由于岩画受下部采空的影响，地表已有裂隙出现，据 1980 年 7 月观测，裂隙出现距岩画约 80m 处，当时处于此处的矿区疗养所因地面裂隙增大而搬迁。同年 11 月发现距岩画西侧又出现三条裂隙，即①、②和③号三条裂隙。12 月不仅上述三条裂隙增宽，又新增了④和⑤号裂隙。1981 年 2 月在岩画画面东侧发现了⑨号裂隙。同年 11 月又新增⑪、⑫、⑬号三条裂隙。1983 年以来，⑨号裂隙宽由 4mm 逐步增大至 14mm，并出现了分支。

(3) 裂隙多为拉裂，少数裂隙随时间增长趋向收缩或闭合。

1986 年，连云港文管会为观察裂隙发展情况，跨裂隙做了水泥砂浆观察标记，1988 年已全部拉裂。但在裂隙区内，有两条裂隙趋于闭合。

(4) 将军崖岩体裂隙以沿原有节理面发育的张裂为主，少数为在岩体中发生的拉裂隙。

(5) 岩画区内的南北向主裂隙，有向北、向南方向延伸的趋势。

(6) 主裂隙张开速度加快，量级增大。1992 年 5～11 月对几条主要裂隙进行观察发现，裂隙开裂速度较快，由毫米量级升至厘米量级，最大者达 2cm。

(7) 大部分裂隙裂开无错台现象，基本是水平向拉裂。岩画区东部裂缝展开度、展开速率、延伸速度均大于西部裂隙。

3) 岩画岩体移动情况

根据 1986 年观测资料，岩画地表每月下沉速度为 0.6mm，测点间最大下沉值为 20mm，最大倾斜为 0.4mm/m，最大曲率 K 为 0.02mm/m。

3. 变形机理分析及基本看法

岩画岩体的变形以拉裂为主，多为沿节理发生的继发性张裂。其主要原因是，岩体节理面的黏结力不足以抵抗岩体位移所产生的拉力，导致节理张开。造成岩体发生位移的因素很多，这些因素相互叠加，相互影响，大大加快了岩体变形破坏的速度。主要因素有以下几方面。

(1) 磷矿历史上的露天崩落法开采，使岩石崩落引起岩坡卸载拉裂。浅层地下开采形成采空区塌陷，促使岩坡进一步变形。

(2) 地下开采爆破作业产生的振动使地面变形加剧。

① 爆破震动增大塌陷岩坡的不稳定。

a. 崩落开采时爆破的动力破坏作用：能使潜在不稳定的岩块产生加速度，形成惯性力，增大岩块滑动力。

b. 爆破时对岩体的松动破坏作用：由于结构面间的松动，其岩块咬合作用丧失或部分丧失，因而结构面抗剪强度降低，不利于边坡稳定。

c. 持续的开采爆破对岩体的疲劳破坏作用：爆破波是一种低频率行波，处于爆破影响区的岩体受这种低频重复爆炸动荷载作用，强度及变形特性会显著降低。根据 C. Brilghenflon 实验，砂岩及泥灰岩的疲劳强度约为其极限荷载强度的 60%。另外，滑动面的软弱岩体具有弹塑性力学特征，存在明显不可逆变形，在地下爆破开采重复动荷载作用下，其不可逆变形累计效应相当明显，从而恶化了边坡的稳定条件。

② 爆破产生的铃鸣效应影响地面岩体稳定性。

美国学者 J. M. Klovolix 指出，冲击波通过地下洞室时，在洞室壁上产生铃鸣效应，冲击波以一定的波速通过地下洞室时，将其能量中的一部分传给洞室壁，另一部分转化为瑞利波的短周强波，并以很高的速度绕洞壁面传播。瑞利波是表面波，沿洞室表面能量最为集中，当这种波绕洞穴而又重新相遇后，发展成极效应，这种效应的结果是在某些位置上波中能量成倍增长，对洞室壁产生破坏作用。

根据 1984～1989 年磷矿采矿爆破换算成震级估算，其开采爆炸药量均在 1000kg 以上。这种振动势必影响尚未充填的采空区的稳定性，甚至引起坍塌。

③ 深层开采，大量级爆炸直接震裂地表的岩体。

④ 根据爆破震动对岩土破坏振速标准参考值(GB 6722—1986)，磷矿深部开采的爆炸点在岩画画面岩体中产生的振速值大于允许值。

a. 爆炸地震对岩体破坏振速标准参考值如表 12－5 所示。

表 12－5 爆炸地震对岩体破坏振速标准参考值

资料出处	爆破标准	安全状况
V. 兰基福尔斯	V=30.48cm/s V=60.96cm/s	岩石崩落 岩石碎裂
L. L 奥里阿德	V=5～10cm/s V=60.96cm/s	岩石边坡安全 大量岩石破坏
A. H 哈努卡耶夫	V=86.36～127cm/s V=42.5～60.93cm/s V=7.6～25cm/s	坚硬岩中等破坏 （裂缝间距 0.1～1.0m） 低强度矿石破坏 （软面和岩石面接触不良）

b.《爆破安全规程》(GB 6722—1986)规定：

矿山巷道：围岩不稳定有优良支护 20cm/s；

围岩中等稳定有良好支护 20cm/s；

围岩稳定无支护 30cm/s。

c. 根据中国地质大学资料，磷矿一次爆破用药量 W=1.272～22.557t；岩体地震波纵波速度为 V_P=4580～4900m/s；装药爆炸中心至岩画中心点距离为 r=335～877m。

1967 年，Duvall 等人建议峰值质点速度计算式。

$$AO=H(W^{1/2}/r)^{N}$$

式中，AO—峰值质点速度(cm/s)；W—炸药量(kg)；r—爆炸中心点至观测点距离(m)；N、H—方法参数。

用上式以确定垂直、径向及切向振动速度。由此，用以上已知数据计算垂直振速：

$$AO=84.4\times[(2.2\times1272)^{\frac{1}{2}}/335\times3.28]^{1.71}/1/3.28=13(\mathrm{cm/s})$$

切向振速：

$$AO=10.5\times[(2.2\times1272)^{\frac{1}{2}}/335\times3.28]^{1.14}/1/3.28=10(\mathrm{cm/s})$$

由此可见上述计算值是介于安全值与破坏值之间的。

如果取 $r=335$，$W=22557\mathrm{kg}$，计算的切向振速为

$$AO=10.5\times[(2.2\times22557)^{\frac{1}{2}}/335\times3.28]^{1.14}/1/3.28=52(\mathrm{cm/s})$$

（注：Duvall 公式中的质量及距离用英制，故取 1kg＝2.21lb，1m＝3.28ft。）

该振速足以使岩体震裂。

(3) 促使岩体裂隙发展的其他因素。这些因素中还有地下水的动力作用、冻胀等自然风化作用以及岩体自身的蠕变和松弛等。

综上所述，对岩画变形和发展提出以下几点看法。

① 现存岩画是在采空区塌陷槽影响范围内，且处于塌陷区边界上。

② 根据地面调查，⑪、⑮、⑧号三条裂隙的连线是在塌陷中心最远的裂隙，此线以东未见裂隙，故可以认为该连线为目前塌陷槽边界线。

③ 从岩性构造、地形和地貌宏观分析，岩画所在塌陷区的岩坡处于稳定状态，不会整体滑动，也不至倾倒，但裂隙如不采取措施将继续发展。

根据将军崖文物点下部采空崩落及地表岩层移动现状图(图 12－14)及实测节理面得下列参数。

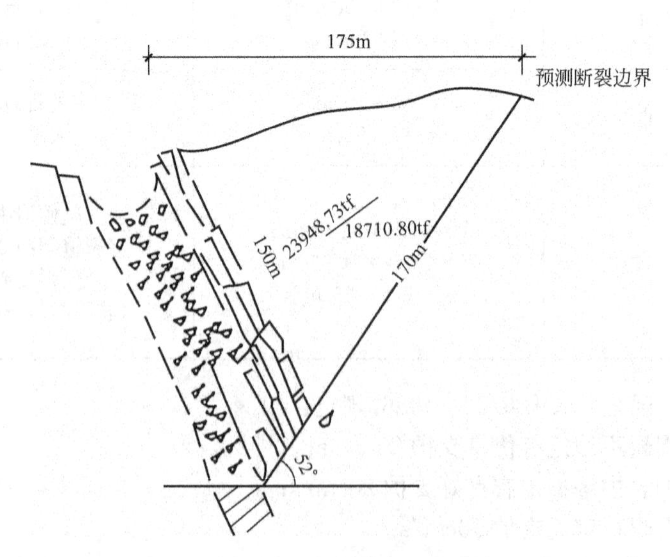

图 12－14　地表岩层移动现状

抗剪强度 $C=70\text{tf/m}^2(1\text{tf}=9.8\text{kN})$，$\phi=34°$，$r=2.61\text{t/m}^3$，计算上盘岩体边坡稳定性。

$$S=\frac{1}{2}\times(175+150+170)=247.5(\text{m})$$

单宽面积：

$$\begin{aligned}A&=[247.5\times(247.5-175)\times(247.5-150)\times(247.5-170)]^{\frac{1}{2}}\\&=(247.5\times72.5\times97.5\times77.5)^{\frac{1}{2}}=11644.2(\text{m}^2)\end{aligned}$$

重力：

$$G=11644.2\times1\times2.61=30391.36(\text{tf})$$

下滑力：

$$T=30391.36\times\sin52°=23948.73(\text{tf})$$

法向力：

$$N=30391.36\times\cos52°=18710.80(\text{tf})$$

结构面抗剪强度：

$$\begin{aligned}\tau&=N\tan\phi+C\cdot L=18710.80\tan34°+70\times170\\&=12620.59+1900=24520.59(\text{tf})\end{aligned}$$

$$K_{滑}=\frac{24520.59}{23948.73}=1.02(极限状态)$$

$$K_{倾}=\frac{18710.80}{23948.73\times0.45}=1.736(不会翻转倾覆)$$

(4) 目前岩画画面裂隙的展开与延伸，是地下开采爆炸振动处于极限平衡状态的松动岩块挤密和采空区岩体拉伸所致。只要不存在浅层的采空区(20～50m深范围内)，并严格控制深部开采炸药量，采取适当的措施，是可以确保岩画裂而不散的。

4. 治理方案的选定

针对将军崖岩坡的特点，只有锚杆、锚索、压力灌浆可供选择，挡墙与护坡对阻挡如此巨大岩坡可能产生的滑移无济于事，也难以生根；抗滑桩、抗滑栓，对于岩坡和深层尚存在采空区条件，是难以实现的方法；锚杆的锚固深度不大，对于浅层的滑动和拉力不大的情况是可行的。在滑动面较深、拉力要求较高、锚固深度较大的情况下，采用预应力锚索是行之有效的方法。压力注浆可以充填裂隙，使岩体裂块结成整体，提高节理面的黏聚力及内摩擦角值，同时还可起到防水作用，对于防止自然风化(如冻胀、淋滤等)都很有利。

露天边坡的锚索加固，由于锚索与岩体的共同作用，可大大地改善边坡岩体的稳定条件，其作用主要表现为两个方面：一是由于锚固力的作用，使滑动岩体处于较高的三向高围压状态，岩体强度与变形特性比单轴压力及较低围压条件时要好得多，结构面间的压紧状态有利于其稳定性的提高，使结构面控制作用逐渐减弱，从这个意义来看，边坡岩体的完整性提高了，实现了边坡岩体结构条件的转化和改造。二是锚索锚固力直接改变了滑动面上的应力状态及滑动稳定条件，一方面预应力锚固为滑动面提供了抗滑力，这种抗滑力增量是锚固力沿滑动方向的切向分量与其法向分量所产生的抗滑动力之和；另一方面，锚索本身的抗剪强度还可以提供一部分抗滑力，这些都使被锚固的潜在滑动体的稳定性得到提高。这种利用岩体自身承载能力使不稳定岩体趋向稳定的锚固原理，是其他被动支护结构——抗滑桩、挡墙等无法比拟的。

综上所述，为防止将军崖岩画画面裂隙进一步发展，确保画面岩石不翻、不滚、不支离破碎，大预应力锚索和深层灌浆相结合是一种比较切实可行的有效技术方案。

5. 将军崖岩画保护预应力锚索方案设计

1）计算模型的确定

根据中国地质大学的数据，不同采深时的破裂角、滑动面倾角、拉裂深度、崩落区波及岩画岩体范围预测值分别为67.2°、63.9°、34.23m、约40m。

为了使岩画所在破裂岩体加固后有足够的安全度，采用了岩坡崩塌的最不利状态作为计算模型。这种极限状态的假设，是岩画边坡第一条裂隙西部岩体逐渐按破裂角崩落，最后只剩下具有岩画这部分岩体。为保证这部分岩体不塌陷、不解体，岩画画面裂隙不扩展、不延伸，对这部分岩体实施预应力锚索加固。

根据将军崖岩画的分布情况，考虑到地形特点，以最后一道主裂面为界，不稳定岩体为一东西方向宽13m，南北方向长30m，切割深度为26m，滑动面倾角为63.9°的三角楔形体。

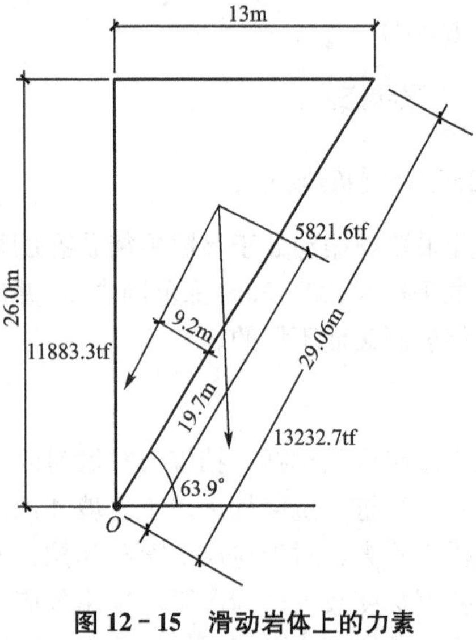

图12-15　滑动岩体上的力素

2）设计参数的选定

据中国地质大学有关资料，混合花岗岩内摩擦角$\phi=40°$，内聚力$C=414$kPa，岩体容重为2.61tf/m^3，对于大部分岩石的软弱面，其抗剪强度等于岩石抗剪强度的1/3～1/2，软弱面滑动摩擦系数则比同样岩石内摩擦系数一半稍大一些，故该岩体滑裂面内聚力及内摩擦角值拟定为

$$C=\frac{1}{3}\times 41.4=13.8(\text{tf/m}^2),\ \phi=\frac{1}{2}\times 40°=20°$$

根据现场抗剪强度试验，爆破前后有关试验资料的综合统计表明，内聚力C比原来降低50%～60%，内摩擦角降低10%～15%，该工程考虑地下开采爆破震动影响，滑裂面的相应值应为

$$C=13.8\times(1-0.4)=8.28(\text{tf/m}^2)$$

$$\phi=20°\times(1-0.1)=18°$$

根据岩土工程勘察规范，一般永久性岩坡工程稳定性安全系数（K值）宜采用1.3～1.5，鉴于将军崖岩画边坡的重要性，取$K=1.5$。

3）岩体稳定性的验算

（1）加固前验算。滑动岩体上的力素如图12-15所示。

$$W=\frac{1}{2}\times 13\times 26\times 30\times 2.61=13232.7(\text{tf})$$

$$T=13232.7\times\sin 63.9°=11883.3(\text{tf})$$

$$N=13232.7\times\cos 63.9°=5821.6(\text{tf})$$

$$\tau=5821.6\times\tan 18°+8.28\times 29.06\times 30=9110.1(\text{tf})$$

$$K_{倾}=\frac{5821.6\times19.7}{11883.3\times9.2}=1.05$$

$$K_{滑}=\frac{9110.1}{11883.3}=0.77$$

可见未加固的岩画岩体处于不稳定状态。

(2) 预应力锚索容许应力值。该工程采用 XM 预应力锚索，由 7ϕ12.7 钢绞索组成，其理论容许拉力为

$$7\times\frac{\pi}{4}\times12.7^2\times1470=130.4(\text{tf})$$

取 $K=1.5$，则设计每根锚索抗拉值为 130.4/1.5=87(tf)(实际预应力为 84tf)。

每根锚索抗剪力值也约为 84tf。30m 范围内共施加 38 根锚索，提供 3192tf 锚固力。

(3) 预应力锚索加固后的稳定性分析(图 12－16)。

$$K_{倾}=\frac{5821.6\times19.7+84\times38\times23.1}{11883.3\times9.2}=1.7$$

$$K_{滑}=\frac{9110.1+84\times38}{11883.3}=1.04$$

可见预应力锚索加固后岩画岩体处于稳定状态。

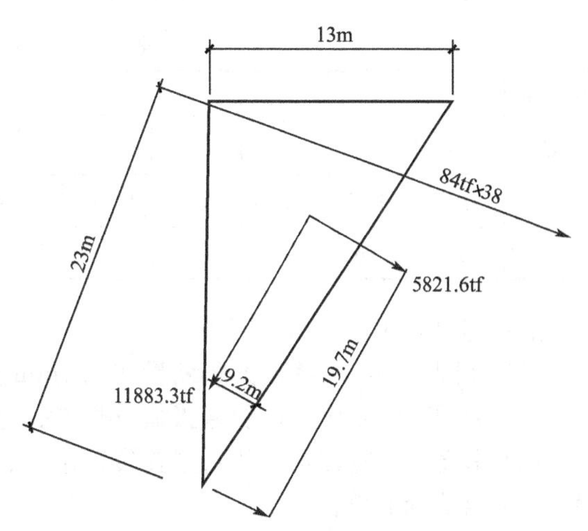

图 12－16 加固后稳定分析力素

(4) 预应力锚索长度的确定。锚索的锚固力主要取决于锚固段锚固体与孔壁的黏结力，即锚固体的水泥砂浆与岩石黏结力。根据有关资料，其有效极限黏结力取 20tf/m^2，84tf 的锚索锚孔直径为 110mm，锚固段长度一般为

$$L_{\text{m}}=\frac{84}{3.1416\times0.11\times20}=12(\text{m})$$

自由段长度，由锚索的倾角($\alpha=30°$)和锚点与主破裂面的水平距离确定，一般为

$$L_0=\frac{13}{\cos30°}=15(\text{m})$$

锚索总长一般为

$$L=L_{\text{m}}+L_0=15+12=27(\text{m})$$

(5) 锚索位置的确定。锚索位置主要根据地形的可操作性及岩面的边界确定，原则上选取在地形较陡，离岩画的水平距离在 2.5m 以上的部位。为保证锚固效果又方便作业，锚索要分层错开，不至于在岩体内产生应力叠加现象。

(6)锚头间距离的确定。根据该工程岩石的单轴抗压强度和锚固头垫板直径，确定最小锚头间距为 1.5m，按现在锚头垫板直径为 0.5m 验算。

(7) 锚头垫板。因为锚头施加于岩体的集中力为 84tf，为避免应力集中，采用 2 块 200mm×200mm×10mm 的钢板垫于锚头下，保证岩体表面不因应力集中产生塑性区。

(8) 锚索倾角的确定。将军崖岩体滑动面的摩擦角 $\phi=87.2°$，当锚索方向垂直滑动面

时，锚索的抗滑力最大，为了确保锚索通过主裂隙，将活动岩体锚固在稳定岩体上，同时避免锚索在一个方向的等深情况下造成岩体内部形成新薄弱面，采用变化锚固角控制锚索长度，将锚固角规定在23°～35°范围之内。

6. 预应力锚索加固后效果检验

将军崖岩画从1992年初正式立项勘测设计，到1996年11月竣工，历时4年多时间。为监测裂隙在施工前后的变化情况，我们在将军崖岩画共设立了10个监测点，对主要的12条裂隙进行监测。从1994年2月开始到1995年10月连续进行了8次观测，1994年2月第一次与1995年10月最后一次观测结果如表12-6所示。

表12-6 观测结果

时间＼序号	1	2	3	4	5	6	7	8	9	10	11	12
1994.2	12.7	19.7	16.60	15.6	14.70	14.60	14.60	15.8	12	11	12.75	11.7
1995.10	12.69	19.68	16.62	15.62	14.71	14.71	14.59	15.75	11.96	13.99	12.67	11.6

通过对裂隙观测，得出以下结论：

(1) 加固过程中裂缝最大张缩量在0.1mm左右摆动。

(2) 加固工作完成后，裂缝张缩量基本稳定，没有发展。

(3) 垂直于预应锚索的几条主要裂缝①号、②号、⑧号、⑨号、⑪号、⑫号不但趋于稳定，而且有所收缩。

据此，该工程通过预应力锚索加固使岩画画面裂缝的发展得到控制，确保了将军崖岩画所在岩体的稳定，从而保证了文物的安全。

（本实例摘自中国文物研究所冯丽娟所撰写的论文，发表于“中国文物保护技术协会首届学术年会论文集”2001年5月）

第三节 保护与修复

一、石质文物风化的原因

石质文物的风化是普遍存在的问题，特别是室外露天的石质风化更为严重。风化的原因是多种多样的，主要受石质本身的性质、保存的状况以及物理、化学、生物等因素的影响。

（一）石质本身的原因

石质文物的风化蚀损，与其本身的性质有着直接的关系。化学成分、孔隙率大小和胶结物类型等的不同都会对其产生不同的影响。

雕凿加工石质文物的原料一般就地取材，因此，当地的地理条件等决定了石质文物的质地。各种不同质地的石质文物，遭受不同的影响。例如，大理石、汉白玉这种以碳酸钙为主的石质，遇到浓盐酸时，会产生易溶的氯化钙及CO_2：

$$CaCO_3 + 2HCl \longrightarrow CaCl_2 + CO_2 \uparrow + H_2O$$

主要成分是难溶硅酸盐的花岗石，遇到浓盐酸时，却看不出有什么化学变化，花岗岩的风化速度明显慢于大理石。

如果主要化学组成相同，那么孔隙大的石质结构就比较疏松，其机械强度相对会小一些，因而抵御各种外界因素破坏的能力也较差，结果会使石质对水、酸等的吸收增强，从而使风化蚀损的速度变快。

另外，沉积岩风化的速度还与胶结物的类型有关，以泥质(绿泥石、水云母和高岭石的总和)为胶结物的石质，比以硅质为胶结物的石质更易风化，这是因为泥质胶结物在饱水状态下，容易发生水化作用，使泥质微粒体积增大，造成石质膨胀。硅质胶结物因其溶解性非常小，不足以引起体积变化。

除上述原因外，石窟寺的建造还受地质、地理条件的影响。地质层结构的变化、岩石的形成与演变、风砂的侵蚀、地下水的活动等，都会对石窟寺带来破坏。

(二) 化学因素的影响

大气中各种气体的侵蚀是造成石质文物损伤的重要原因之一。

大气中的二氧化硫对石质(特别是以碳酸盐为主的石质)的侵蚀是很严重的。国内通过电子探针、X射线衍射、质谱等手段对石质受二氧化硫侵蚀后的产物的分析证实，其风化产物主要为硫酸钙，而在大气中，金属氧化物和高温、高湿条件又在风化过程中起着催化作用。

腐蚀的机理可简化为以下反应式：

$$CaCO_3 \xrightarrow[H_2O，金属氧化物]{SO_2 \cdot SO_4^{2-} \cdot NO_x \cdot O_3} CaSO_4 \cdot 2H_2O \cdot NO_x \cdot O_3$$

有人认为，硫酸钙的形成分两步，首先生成亚硫酸钙，而后在水的作用下，进一步转变成硫酸钙：

$$CaCO_3 \xrightarrow{SO_2 \cdot H_2O} CaSO_3 + \frac{1}{2}H_2O + CO_2 \xrightarrow[H_2O]{O_2} CaSO_4 \cdot 2H_2O$$

腐蚀产物硫酸钙比碳酸钙的溶解度大，且能产生水化作用：

$$CaSO_4 + 2H_2O \longrightarrow CaSO \cdot 2H_2O$$

水合物的产生，不仅能降低硬度，还会产生体积膨胀，加快石质的破坏。另外，水的冲刷作用使表面的硫酸钙溶解而产生条痕，使石质表面的细部和装饰形成粉状脱落。

CO_2对石质的作用是，促使石灰岩喀斯特溶洞形成，这种碳酸钙与碳酸氢钙的转化形成了奇特的自然景观。但作为石刻、石窟寺来说，这将是极大的破坏。CO_2能溶蚀汉白玉，其作用如下：

$$CaCO_3 + CO_2 + H_2O \longrightarrow Ca(HCO_3)_2$$

对于其他以碳酸钙为主的石质，都可能因上述反应造成破坏，使石质失去胶结物。石质的难溶成分也能部分地转化成易溶盐，易溶盐在干燥时又产生结晶，而结晶压力又使石质分裂。在潮湿条件下，结晶盐又会重新溶解，如此反复长期地变化，使石质反复遭受破坏。

CO_2对以硅酸盐为主的石质(如花岗岩等)的侵蚀作用也存在。因为空气和水中都有碳酸气，植物的腐烂也提供了大量的碳酸气，而碳酸气与石质反应形成碳酸盐(这个过程叫做碳酸化作用)。虽然硅酸盐类石质的性质相当稳定，但是经长期的碳酸化作用后，仍会形成各种碳酸盐类，进而造成腐蚀。例如，长石(花岗岩的主要成分)在含有碳酸、有机酸等的水溶液作用下可产生下列变化：

$$2K[AlSi_3O_8]+CO_2+2H_2O \longrightarrow Al_2Si_2O_5(OH)_4+4SiO_2+K_2CO_3$$

正长石　　高岭土(↓残留原地)　　SiO_2 ↓ 成颗粒状态流失　　K_2CO_3 ↓ 呈离子状态流失

本来坚硬的长石，经过变化后，碳酸钾和二氧化硅很容易被水带走，剩下的是一些较为松软的高岭土，花岗岩的质地也自然会变得疏松了。

氮氧化物对大理石、汉白玉的侵蚀作用，也被新近的一些研究证实。在被污染的大气中含有大量的氮氧化物，它们对石质的作用可能是在大气中通过生物固氮作用而形成硝酸盐。至于侵蚀的机理尚待进一步研究证实。

石质的风化，还可能有其他的化学作用存在。例如，绝大多数石质中都含有一些金属元素及其化合物，而对它们的氧化作用，又是自然界中常见的化学作用，特别是在水的存在下会促进这些反应进行，如石质中若有 Fe^{2+} 的化合物，其氧化后的产物可溶于水中：

$$FeS_2+3O_2 \longrightarrow FeSO_4+SO_2\uparrow$$

这种氧化的结果虽然对岩石的破坏是微小的，但对文物的破坏不可忽视。

(三) 物理因素的影响

由物理因素而造成的破坏也是石质文物风化的重要原因。物理风化作用是指水、温度、风等的影响。其中，以水的作用最为突出，水对任何腐蚀破坏都起媒介作用，没有水的存在，SO_2 等气体的侵蚀化学反应均无法进行，可以说水是造成岩石雕刻品等石质风化的根本原因。水不仅对其他物质破坏石质起媒介作用，而且水本身造成的直接破坏也相当严重，当水渗入石质内部孔隙后，其结冰时，体积增大，产生膨胀压力，特别是对于孔隙率较大的石质，其破坏力更大。

渗入石质内部的水分，除与泥质胶结物发生水化作用造成石质体积膨胀外，而侵入石质的表面水对石质形成了外多内少的渗透分布，能引起石质的体积膨胀，由此引起的力学强度也从内到外逐渐明显地下降，使得文物价值最高的表层成为受水分侵入影响最大的部位。有人曾对大足宝顶山摩崖造像的砂岩，在风干和饱和状态下，分别使用点荷载仪进行力学强度测试，结果如表 12-7 所示。

表 12-7　砂岩在不同条件下的强度

风化分带	新鲜		弱风化		强风化		剧烈风化	
试验状态	干	湿	干	湿	干	湿	干	湿
抗拉强度/(kgf/cm^2)	24.7	22.5	12.2	6.7	5.0	2.6	—	2.2
抗压强度/(kgf/cm^2)	560	500	275	154	122	63	—	5.3

从测试结果可以看出，这种砂岩在饱水状态下的力学强度为干燥时的 1/2 左右，足以

证明水的影响。

另外，雨水、地表水的流动在石质表面所形成的机械作用也会损伤石质文物。随着水成年累月的反复冲刷，这些石制品表面所受到的破坏会越来越严重，这就是“滴水穿石”的道理。

温度的变化也能造成石质的风化。物体的热胀冷缩取决于物体的膨胀系数及温度变化。暴露在外界环境的石制品，白天在太阳的曝晒下，石质表面受热膨胀，内部则受到的影响小。而夜晚，表面又比内部冷却，收缩得快。石质的颜色不同，吸收的热量也不同，黑色吸收的热量多，因此，一些石质暗的部位膨胀较大，形成不均匀膨胀。日久天长，反复作用的结果也给石质文物带来破坏。

风的剥蚀也是不能忽视的。特别是风伴砂对石质的影响更大，一般 10 级风力形成的表面压力为 666.6～799.9Pa，这种风力可加深水的渗透作用，从而加剧石质表面的剥离和脱落。

（四）生物因素的影响

在地壳上生存着大量的生物，这些生物生长在地球表面的各个角落(包括空气中、水中以及石质裂隙中)，它们的生长、活动与死亡都直接地或间接地造成对石质文物的损坏。

植物如果生长在石质文物的裂缝中，植物根把石头的裂缝逐渐胀开，造成机械的破坏作用。而植物在生长中分泌出酸性溶液，可溶解石质中的某些成分。例如，藻类、苔藓等低等植物以及细菌等其他微生物，它们新陈代谢作用的产物有各种有机酸、碳酸、硝酸、铵盐等，均可侵蚀石质中的胶结物质，造成对石质的破坏。

以上是造成石质风化的主要原因，其中需要说明的是：首先，石质文物由于本身特有的稳定性质，因此它受腐蚀的情况不会像有机质、金属类文物那样明显。石质的风化往往是经历了千百年来风风雨雨的连续侵蚀的结果。其次，石质文物遭受破坏的内外原因，不是孤立地起作用，而是以某一因素为主的多种因素共同作用的结果。

总之，石质风化机理的复杂程度已被文物工作者公认，这是一项跨学科的工作，需要进行细致、系统的研究。国外已开始了这方面的研究。例如，瑞士人在研究尼泊尔地区的一座古建筑的风化问题时，得出了令人吃惊的结果。他们发现造成风化的主要原因不是二氧化硫等有害气体或水的侵蚀，而是由于甲酸盐的影响。这些甲酸盐是以前用甲酸对石质表面清洗时带进去的，而这些甲酸盐通过温、湿度的变化产生了状态的变化，从而导致了对石质的破坏。这个实例更能清楚地反映出石质风化的复杂性。我们只有认真地研究，才能真正了解其风化的根本原因，以便采取正确的方法，切实保护好我国珍贵石质文物。

二、石质文物的保护与修复

石质文物，特别是露天的石窟寺、石雕刻品等，由于长期的风吹雨淋日晒及其他因素的影响，会产生严重的风化剥蚀，因此仅进行必要的灌浆修补和加固是不够的，还需采取表面封护等保护措施，目的在于延长石质文物寿命，减缓风化的过程。

保护措施包括采取机械的办法，如加遮雨棚，对石窟窟顶制作渗水以及排水工程等，都能有效地阻止日晒水蚀的直接威胁而产生保护效果。但是它对空气中的气体、冷凝水和风的剥蚀等仍无能为力。要解决这些问题，就需要采用化学的或其他的方法直接进行保护。

目前，石质文物保护的主要措施多是在石质表面罩上一层无机或有机的高分子材料保护层，防止其继续腐蚀风化。国内外较多使用的保护材料有低黏度的环氧树脂、甲基丙烯酸酯类、尼龙材料、有机硅树脂、氟碳树脂、氢氧化钠-尿素等，这些材料起到了很好的保护作用，因而被广泛使用。除此之外，用微生物对岩石进行转化的方法和用石灰水加固石灰石的方法等，在石质保护中也取得了很好的效果。

在对石质文物进行封护保护之前，有必要对表面进行彻底的清洁，因为它直接关系保护效果。清洁的内容包括除去表面的杂草、尘土以及某些黑色沉积物等。清除的方法是，可用水清洗或者用钢丝刷等机械工具去除，必要时也可采用去污剂或溶剂等去除。石质表面应尽可能地干净，以利于进行保护。

（一）高分子材料保护法

有机高分子材料突出的优点在于对文物原貌的影响很小，不会降低文物的价值，又能对文物起很好的防护作用，可大大延长它们的寿命。

将风化石质表层的疏松颗粒黏合成一个整体，是选择封护加固材料的主导思想。究竟选择什么样的材料，应从材料的黏合性、渗透性、抗水性、透水性、透气性及耐老化性，并结合实际情况综合加以考虑，一般来说，石质风化的程度不同，采取的材料、方法也会有所不同。

在石质文物的保护上，有机硅系列产品所受到重视是与其本身的化学、物理性能分不开的，由于它的分子中既有烷基又带有硅氧链，是一种介于有机高分子和无机材料之间的聚合物，因此有人把它称为硅酸盐的有机衍生物。它具有一般高聚物的抗水性，又具有透水性、透气性，同时与石质又有很好的相容性，其耐老化性也比一般的碳树脂要高，而且老化的最终产物是性质稳定的硅物质，如二氧化硅，它本身就是岩石的组成部分，因而对再次进行封护加固不会带来麻烦。

有机硅树脂与石质文物的相容性决定了两者之间有很好的结合力，因为它们不仅以物理结合力相结合，而且对于某些本身就是硅醇的石质表面，还可通过化学反应形成化学键，这种化学的结合力要比物理结合力强得多。这样就能够很好地将风化石质表面的疏松颗粒黏合成整体，产生明显的加固效果。

表面保护材料的又一重要要求是材料的防水性。某些材料的防水是通过用涂料成膜的方法进行隔绝或保护，这样会使表面失去透气性，外观也易改变原有的质感。如果原来在毛细孔内渗透有水，当温度升高造成水分蒸发时，就会使表面的防水涂料破裂，失去保护效果。而有机硅对石质表面处理后，其毛细管壁通过有机硅氧烷中的硅醇和石质本身表面上的硅醇发生脱水反应，使得水对毛细管壁的接触角由小于90°变为大于90°，其原来对水的毛细吸收力变成毛细压力，这种毛细压力可抵抗外部水进入表层。又由于毛细孔的开敞可以减少水在石质内部的储存，从而起到防水的作用，达到阻止风化或减慢风化的目的。

（二）微生物转化法

空气中的二氧化碳和硫微粒等污染物能在碳酸盐石质表面形成硫酸钙层（$CaSO_4 \cdot 2H_2O$）。硫酸钙层又因风吹雨淋而脱落，易造成石质的风化破坏，需要对其影响的石质文物进行必要的保护。国外研究人员对这类石质文物采取了用微生物进行转化的方法进行保护。他们用含有硫酸盐还原性的细菌——脱硫弧菌属细菌溶液处理表面的硫酸钙，发现处理过的石质表面形成方解石($CaCO_3$)，当形成方解石时，微生物有净化大理石石质表面的作用。这种方法开辟了石质文物保护的一个新途径，被认为在修复硫酸化大理石这类文物方面有很大的发展前景。

研究人员通过大量的试验，认为转化作用的机理是：由于硫酸盐还原性细菌的作用，方解石中的碳和天然硫以轻的同位素形成 C^{12} 和 S^{32} 富集起来，由微生物分解成 C^{12}、C^{13} 和 S^{32}、S^{33} 同位素，最先生成质量较轻的同位素，通过酶反应，增加了细菌的活度，从而促使硫酸钙的分解和硫酸根离子(SO_4^{2-})的还原，离解的钙离子与溶液中细菌代谢过程中产生的二氧化碳作用，生成碳酸钙，反应可用下式表示：

$$6CaSO_4+4H_2O+6CO_2 \longrightarrow 6CaCO_3+4H_2S+2S+11O_2$$

通过试验，证明了硫酸钙转化为方解石的过程，这种反应能除去硫酸钙，达到净化石质的目的，同时也说明了新生成的矿物化的方解石促使石质逐步稳定的原因。

目前这项研究工作仍在进行。虽然已知脱硫弧菌在将硫酸钙很快转变成方解石时有重要的作用，但是还必须进一步研究，搞清微生物的转化机理。

(三) 石灰水加固法

将石灰泡入水中所形成的石灰水或石灰浆液用于加固和保护石质文物的工作，在国外已开始研究。具体方法是：把新鲜的石灰浆(氢氧化钙)敷在石头上，其厚度一般为 20～30mm，为防止干透，每天可淋洒石灰水，如此保持两到三周时间，随后将石灰糊除去，并将残垢清除干净，接着用新配制的石灰饱和溶液涂刷石灰石表面，经过几天反复涂刷，即可在石头表面形成一层保护涂料，对石质文物有很好的保护作用。

三、石质文物上污染的清除

石质文物上的污染情况多种多样，清除方法也各不相同，请感兴趣的读者查阅相关资料，此处不详述。

第十三章
中外古建筑修复实例及方案

中外古建筑修复的实例很多，我们选择了一些可供研究及讨论的实例及方案，供制定古建筑修复设计及施工方案时参考。

第一节 摩尼殿修理工程

摩尼殿位于河北省正定县城内东街的隆兴寺内，是该寺中轴线的主要大殿，面阔进深各七间，四面出抱厦，平面呈“✢”形，重檐歇山顶，布瓦绿琉璃剪边，抱厦顶部都是山花向前。造型伟丽，被誉为“五花殿”。该殿建于宋皇佑四年(1052 年)，平面面积为 $1400m^2$，是国内现存此种式样的最早木结构建筑物。其平面图如图 13－1 所示，其剖面图如图 13－2 所示。殿的结构为“七架椽屋前后乳栿用四柱，付阶周匝”，付阶四周砌檐墙，内画佛传故事壁画。四抱厦画二十四诸天，殿身砌“冂”字形扇面墙。正中大佛台上泥塑释迦、文殊、普贤佛像。扇面墙背面悬塑须弥山，正中泥塑自在观音，造型优美，是不可多见的佳作。扇面墙东西壁分绘西方胜境和四十八愿的佛教题材的壁画，除释迦像为宋代原作外，其余雕像、壁画都是明代作品。自建成后历经明成化二十二年(1486 年)、清康

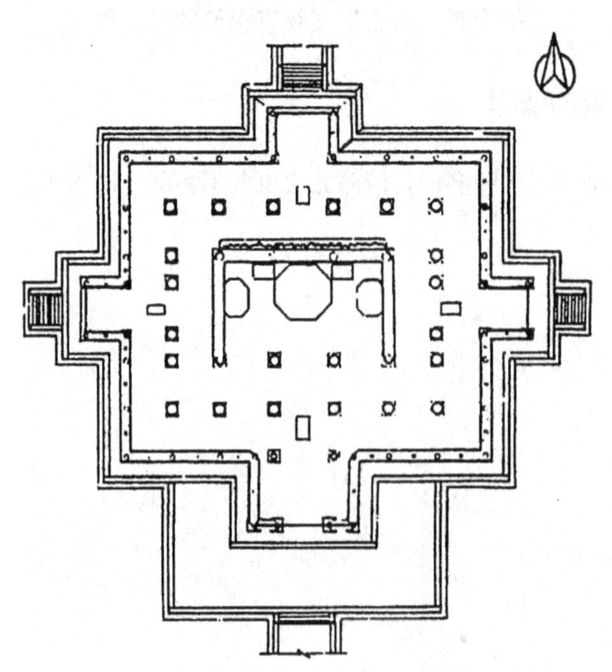

图 13－1　河北省正定县隆兴寺摩尼殿平面图

熙十三年(1674年)和道光二十四年(1844年)不断重修，部分结构被更改，但并未经过彻底修理，以致部分柱根糟朽，乳栿大都折断，整体构架向东南方向倾斜，槅扇门残缺，屋顶漏雨，日益严重。1966年河北邢台地震时，北面东段檐墙倒塌，部分壁画碎落无法恢复。为此，于1973年开始进行勘查测量备料等一系列准备工作，于1977年夏开始，依据“保持现状，部分复原”的原则，进行了全面维修。经过揭取檐墙壁画，拆除梁架，修整大木斗拱，安装木构架和瓦顶，修复并安装壁画，修整台明地面，油饰断白等工序，全部工程于1980年春全部完成。修缮过程中采取的主要技术措施如下。

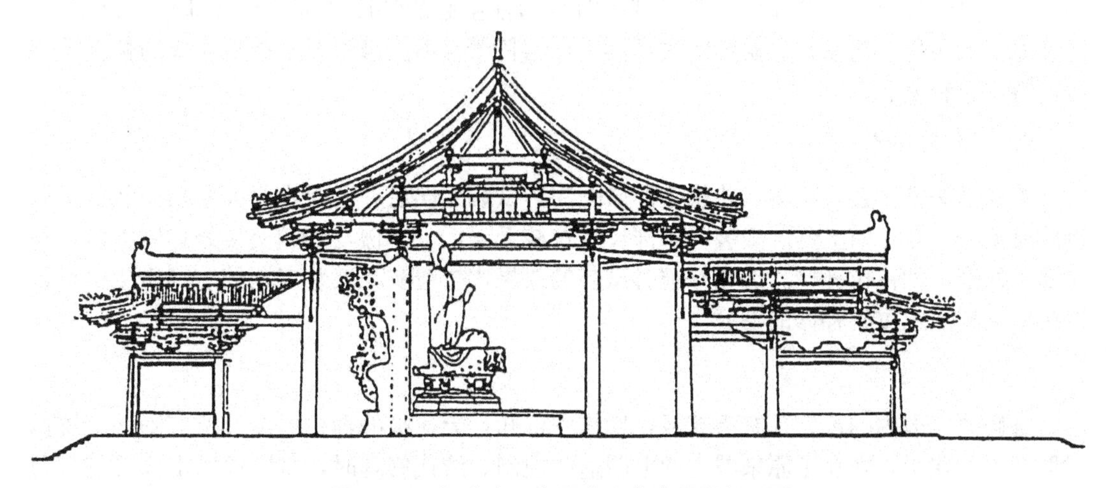

图13-2　河北省正定县隆兴寺摩尼殿剖面图

1. 拆除瓦顶和木构架

拆除工作首先从瓦顶开始，依据先拆瓦件后拆泥背、先下檐后上檐的办法，按顺序将瓦件拆下分类码放齐整，然后进行木构架拆除。摩尼殿的木构架属于殿堂结构，这种结构的最大施工特点是水平安装，水平拆卸。故拆除时采取水平拆卸的方法，自上而下逐层拆落。梁、枋、檩、椽、斗拱必须分类码放于临时工棚内，以待补修。因为扇面墙壁画，悬塑保存比较完整，施工中仅拆除金柱和檐柱、内柱不动。

2. 修配梁架

经过详细检查，各种梁、枋、檩、椽能修补的绝不更换，换新一律按原尺寸、原式样精心配置，补配后依照传统的工序先进行试装(或称预安装)。在工棚内按原来梁架式样，依原来编号次序自最下层的大梁开始，按原结构顺序自下向上逐件归安。经过详细校对，各处交接尺寸无误、榫卯严实后，等待安装。

3. 调整柱框

摩尼殿平面由内柱、金柱和檐柱三层柱框组成。因柱根糟朽，原建筑整体木构向东南倾斜，各柱都发生不同程度的歪闪。施工中依据原勘查设计中所查找出来的原来柱子高度和侧脚、生起的尺寸，进行拨正复原。在此之前必须先将柱根糟朽的部分墩接牢固，阑额、普拍枋修整完毕，并将柱顶抄平后，才能进行此项工作。调整时，先将金柱和檐柱两层柱框中的柱子、阑额、普拍枋原位大致安妥，然后依据设计尺寸，先外圈后内圈，逐根调整柱子的侧脚和生起，最后自内向外进行微调。尺寸校对无误后，于柱框的各个柱头上加钉拉扯铁板。

4. 修配斗拱

摩尼殿的斗拱为五铺作偷心造，上下檐单抄单下昂，内檐出双抄、补间和柱头部分铺作为45°斜拱，总数127朵，数量多，结构复杂，修配时制定了严密的工序。拆除后，上下檐和内檐严格分开，依总编号次序分朵码放，修配时每朵作为一个单元进行。凡属修配构件，如拱、枋、昂、斗均采取随修随试装的办法，以免上架时榫卯不严。凡属新配小斗，一律只做外形，不开卯口，等待试装时再随柱生起的斜度随部位锯开卯口。修配时，尽量保留原构件，能粘补、换榫的决不换新，糟朽严重不能修配或是原来缺欠的构件才充以新料按原料复制。

5. 大木架安装

等柱框调整无误，梁架、斗拱全部修配完毕试装无误后，才能进行大木架安装。依照拆除时编号，自下向上逐层安装，各部尺寸校核无误后，于檩与檩的交接处加钉铁活，防止檩条外滚，加钉拉杆椽。因为修配时试装的效果比较严实，安装工期较短，避免了经常发生的在架木上重新补修的毛病。

6. 部分复原

维修前，殿内的现状是有天花板，勘查中得知，天花板的梁枋上多处留有彩画，维修时取消了天花板，恢复了原来殿内彻上明造的规制。清代修理时，将宋代歇山部分的悬鱼博风改为刻绶带的山花板，维修中仍按宋制恢复。此两项不仅恢复了宋代的原貌，还节约了大量的木材。四抱厦的槅扇门残缺，这次维修按宋制恢复。

7. 瓦顶按现状修复

现存瓦顶上的瓦兽件大部分为明代后换，部分为清代补配。由于勘查设计和施工中都没有发现宋代瓦件，现存瓦兽件大部分还比较完整可用，故维修时，采取了按现状维修的原则。虽然外貌和大木结构有些不协调，但由于寺内现存的其他三座宋代建筑物和所有明清时期的瓦顶都是明清式样的瓦兽件，从寺内的总体来看还是协调一致的。

8. 油饰断白

内檐彩画大部分尚清晰，全部保留。部分新换梁枋，采取随相邻构件的色调刷色断白。内檐柱原为包镶柱(明清维修时增加的，由于原来柱尺寸较小，这次维修保持现状未动)，采取披麻地仗，油旧色。外檐柱、额、斗拱原有色彩剥落，连同门窗除了涂生桐油防腐外，斗拱、额枋一律刷灰绿色，露明柱、槅扇门和瓦顶的悬鱼、博风板一律刷土红色断白。维修中内外檐都没有新画彩画，整体外貌较好地保持了“古色古香”的色调。

9. 壁画的揭取与修复安装

摩尼殿四周檐墙连同四抱厦的左右壁都绘有壁画。修缮前仅存165m^2，壁面及底边多处残毁，修缮按下述步骤施工：首先将壁画从墙壁上揭取下来，经过画面加固，然后按原位安装。

1）揭取壁画

揭取前先对壁画进行测量绘图，然后去除画面积尘，分块画线以待揭取。分块时应考虑壁画本身艺术的完整性，同时也考虑到揭取、修复、运输等条件。摩尼殿施工时，将要揭取的壁画分为 65 块，画块高度随墙高即 231～244cm，画宽 66.9～147cm，其中 100～130cm 宽的数量最多。每块画的面积大多数为 2.1～3m^2，最大块为 3.56m^2。分块时应特别注意的是，不允许在绘画人物的面部和手部画线分隔，如有文字的榜题也不要分割。分块后将残毁画面进行临时加固，喷涂胶矾水和贴纸布保护，以防揭取中磨损画面。与此同时，还要制作揭取的揭取板等工具。

以上各项工作都属于揭取壁画前的准备工作，正式揭取时先按分块线开缝，然后按拆墙揭取法进行逐块揭取，运到修复室以待修复。

2）修复壁画

将揭取后的壁画置于修复台上，先取除保护画面的纸和布，将画面贴纸布残留的粘接材料清洗干净，反转画面向下，在壁画背面取薄泥层，仅保留壁画最表面的泥层或灰层。经过泥层加固、贴布、粘框等工序，将原来的泥质或灰质的壁画粘牢在方格形的木框上，每块壁画都依上述工序，逐块修复以待按原位安装。

3）安装壁画

根据摩尼殿的设计要求，壁画应按原来位置安装。这次采取了以原有墙为基底而悬挂的新技术，即在重新砌墙时，墙厚稍稍减薄，恰好留出悬挂修复后壁画的厚度，按预定位置钉好挂钩，将修复好的画块按原来编号顺序依次安装，调整无误后将连接铁活牢牢固定，最后将各块之间的缝隙用泥填补平整，依旧色补绘完整。

10. 施工中的重要发现

古建筑维修工程中的大型工程常是指落架重修的工程，这是对木构古建筑进行彻底了解的极好机会。在施工中对拆落的数以万计的各个构件，包括木构件和砖、瓦、金属等构件，都要逐件进行检查。其目的不仅仅是检查其残毁情况，然后决定继续使用或是修补，或是更换。除此之外，还有两个重要的目的，一是木构的榫卯全部露出，必须忠实记录作为深入研究的资料。另一个重要的目的就是要注意观察构件上的文字或绘画，这是一般维修工程中所不能看到的。这些记录往往对了解建筑物的修理情况以及创建年代起着重要的作用。摩尼殿在施工前，对它的建筑年代有两种意见，一种认为是宋代建筑，一种认为是金代建筑。施工中由于施工人员的细心检查，发现很重要的文字记录。最主要的记录书写在内槽西次间阑额上皮的“大宋皇佑四年二月廿六日立柱记常寺僧守义故题”共 21 字，每字平均 12cm 见方，成为确定摩尼殿准确年代的绝好证据。此外在斗拱构件上还发现了主持设计施工的匠师，题记的内容分别为“真定府都料王烨”“皇佑四年二月二十三日立，小都料张德故记”和“小都料张从，旬二十八立，皇佑四年二月二十一日立柱”。除了宋代的墨书题记外，还在木构件和砖瓦上发现明成化二十二年(1486 年)、清代康熙十年(1671 年)和道光二十四年(甲辰、1844 年)的墨书题记，为研究摩尼殿历代维修情况提供了重要的文字证据。

第二节 大乘阁修理工程

大乘阁是河北省承德市普宁寺的主要建筑物，也是承德市外八庙中最高的一座木结构古建筑，建于清乾隆二十年(1755年)。大阁面阔七间，进深五间，前带抱厦，顶部由五个攒尖方亭组成，正面六层屋檐，两侧五层檐，背面四层檐，绿琉璃瓦配以镏金宝顶，总高39m多，整体造型雄伟壮观。阁内部分为三层，中空置木雕四十二臂观音像一座，高22m，是国内较高的大佛像之一，故普宁寺又俗称大佛寺，其平剖面图如图13-3所示。

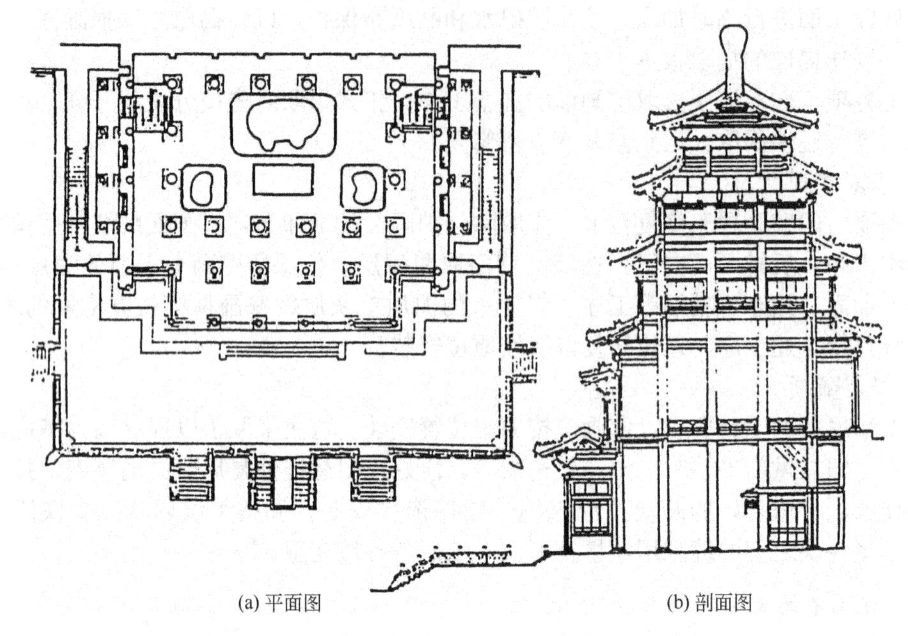

(a) 平面图　　(b) 剖面图

图13-3　河北省承德市普宁寺大乘阁平剖面图

大佛两侧分别配置善才、龙女木像各一尊。据寺中碑文记载，它是仿照西藏三摩耶庙的形制建造的，1961年列为第一批全国重点文物保护单位。这座高大的建筑物由于年久失修，整体构架向南偏东倾斜达70多厘米，观音雕像也随之前倾，瓦顶严重漏雨，南面二层檐坍塌，柱础石残裂，两山墙柱糟朽下沉。为此，于1958年组织技术力量进行勘查研究，准备进行彻底的维修。经过两年的勘测设计和备料，确定按保存现状的原则进行了全部落架重修，于1961年正式开工。经过拆除构件、补配构件、加固大佛，最后依结构顺序“先内后外、自下向上、逐层归安”的办法，重新归安了工程。经过两年的紧张施工，于1963年底全部完成，恢复了大阁的健康面貌。主要采取了以下几项技术措施。

1. 归安柱础石

全部建筑拆除后，首先进行木构架及斗拱的修配，与此同时将已酥裂的柱础石按原样用房山艾叶青石料复制后，依原位进行归安。为此，原来位置必须记录准确，安装后抄平校正，以避免安装木构架时造成返工。

2. 中心木框架

大阁的平面由两层柱框组成。外圈柱即老檐柱，正面七间，山面五间，两山面埋于墙内，柱根严重糟朽下沉。里圈柱由16根攒金柱组成，面阁五间，进深三间，周围共16根，高达24m，这是大乘阁整体建筑的中心木框架。每根柱的柱心均由三段相接，外用12块木板包镶而成。因中置大佛，各柱之间缺乏联系构件，此外还由于原拼接不够严实和受外力(以风力为主)的影响，各柱都有不同程度的倾斜。维修时，首先需要研究解决此问题，以避免再度发生倾斜。从结构上考虑，关键是加强中心柱框的刚度，为此采取两种技术措施。

首先将倾斜弯折的16根攒金柱全部卸除包镶板，进行详细检查，更换糟朽的柱心木和包镶板，然后重新拼接包镶并用铁活加固。其次，在中心柱框归安后，三层楼板下，即攒金柱的棋枋板外，离地面约15m高的隐蔽处，增加一圈木斜撑。与此同时，在整个柱框的顶部于水平方向增加十字铁拉杆，以加强中心框架的整体刚度。

3. 山面通柱

两山面高13m的通柱，除南端柱半露于墙外，其他各柱子都置于墙身内，经检查结构得知，全部柱根都有不同程度的糟朽。自柱根向上高达1/3以上必须全部更换。由于当时购置这种规格的木料十分困难，最后在不得已的情况下，经上级主管部门批准改用钢筋混凝土柱代替。

4. 屋顶荷载

古建筑的木构架因年久导致木材力学性能有所降低，应考虑减轻整体木构架的荷载。为此，减轻屋顶重量是十分必要的。古建筑屋顶上的瓦件限于原制和外貌是不允许改变的，只能减轻瓦底的苫背层，原铺厚达20cm左右的灰泥背，改铺平均8cm厚的白灰焦渣背，连同铺瓦也改用白灰焦渣，根据计算两项合计约可减轻原来苫背泥的2/3左右。这种做法不仅减轻了整体木构架的荷载，由于屋顶质量减轻，整体木构架的抗震能力也有所提高。

5. 大佛的加固

木雕观音像内用木骨架支撑，外镶厚木板雕刻而成，称为衣纹板。由于内部骨架柱根糟朽、镶板底部虫蛀糟朽的内因，造成了其随建筑的倾斜而向前倾。要归正大佛首先须加固内部骨架柱根，采取用钢筋混凝土柱墩接柱根的办法来解决的。然后计划在大佛腰部用钢丝绳将大佛拉回原位，钢丝绳的两端拴牢在两山墙的预埋钢筋混凝土内，绳上置花兰螺栓以备将大佛拉回原位。最后考虑到大佛衣纹板的虫蛀糟朽部分的加固方法还未试验成功，为此，暂不拉回原位，保持现状，那根拦腰钢丝绳变成了防止大佛继续前倾的保护绳。经过1976年唐山地震考验，效果是令人满意的。

6. 檐的修复

坍塌的前檐二层檐，根据残存痕迹，按原来结构式样恢复。

由于原结构挑檐长度超过后尾长度的重量，形成前重后轻的不合理现象，故而早已坍塌。这次修缮中采取将椽尾与承椽枋加铁活连接的方法，防止檐头前倾。

此外，原来的格扇窗皆为菱花窗心，施工中，将后代改为斜方格的一律按原样复原。

第三节 南禅寺大殿修复工程

山西省五台县李家庄南禅寺大殿重建于唐建中三年(782年)，是国内已知年代最早的木结构建筑物，其平面图、剖面图分别如图13-4和图13-5所示。殿进深、面阔各三间，单檐歇山布瓦顶。

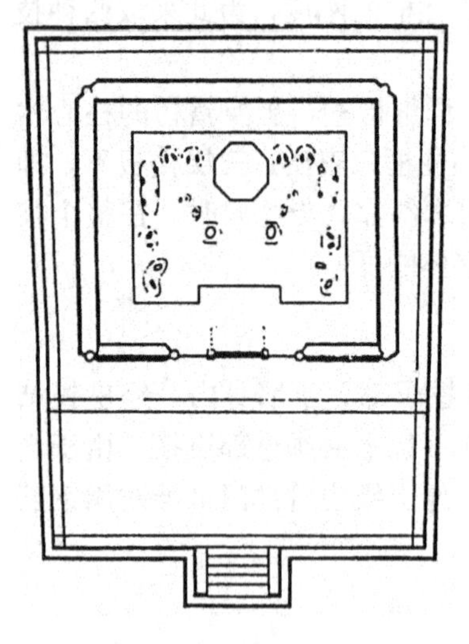

图 13-4　山西省五台县南禅寺

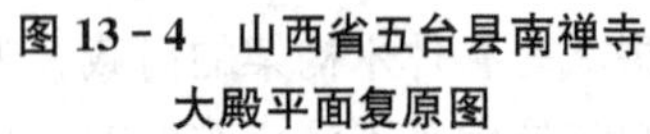

大殿平面复原图

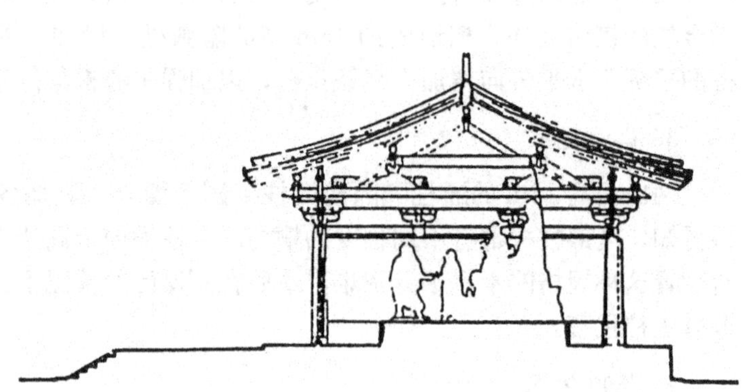

图 13-5　山西省五台县南禅寺大殿剖面复原图

殿内正中大佛台上置泥塑神像 17 尊，与大殿为同时代的作品。这座大殿在 1953 年于全省普查中被发现时，它的外貌被历代修理时改变较大，檐头被锯短，门窗被拆改，月台被缩小。不久，进行了临时加固，以待研究修复。此后由于受“文化大革命”的干扰，维修准备工作被迫停止。1973 年又重新拟定维修计划，1974—1975 年 8 月进行复原性质的修理。主要进行了以下几项工作。

1. 台明的研究

台明很明显在后代修理时被缩小了。设计开始，首先对台明进行了探掘，知道了原来台明的细部做法和尺寸，为复原工作取得了可靠的资料。

2. 木构架式样的研究

大殿的木构架为四架椽前后通檐用二柱，依据损坏的情况，对原来式样的研究主要包括出檐长度和脊抟下侏儒柱的有无两项。

出檐长度是唐代建筑的主要特征之一，就是出檐深远。现存的南禅寺大殿，由于后代修理将檐椽锯短仅为 85cm（檐椽向外平出），加上斗拱出挑 81cm，上檐出的总长为 166cm，与已知唐宋建筑相比，明显短了许多。为此，从两个方面进行比较，首先从已知接近地区、时代相近，面阔 3～5 间的古建筑进行分析，得知出檐长度大多为檐柱高的 61%。其次是上檐出与下檐出的比例，一般情况下上檐出比下檐出长 30～40cm，南禅寺大殿经发掘后得知下檐出 202cm；柱高为 384cm。依此两种计算，上檐出应长为 234cm，比现状加长 68cm。

唐代木构架最上端的做法是，在平梁以上用两根大叉手组成一副三脚架支承脊抟，平梁正中不用侏儒柱。南禅寺的现状是有侏儒柱和驼峰，这种构架在辽初及宋初的木构架中已经出现，它最早出现的时代可能在唐代，为此，设计初期还是计划保留它。施工中拆除梁架，侏儒柱自动脱落，柱顶无榫卯与大叉手相连，明显是后加构件。经过实地模拟试验，证明大叉手的三角构架、断面尺寸完全符合计算要求。于是决定取消侏儒柱，恢复了原来唐代的三角架式样。

3. 原有木构架的加固措施

依木构架残毁情况，在尽量保留原有构件的前提下采取加固措施。

1）两根大梁的加固

寺大殿的整体木构架主要由明间的两缝梁架组成，最低部为四椽通栿长（中—中）达990cm，东西两根分别弯垂9～8cm，且有较严重的劈裂纹。施工拆去顶部瓦件、槫、枋以后，西缝大梁自动弹回5cm。拆卸后，经过反转重压以后，西边的一根基本平直，东边的一根尚有5cm的弯垂，约为梁长的1/200，已在规范允许之内。然后将裂缝灌注环氧树脂加固，接着用铁箍将大梁与它上部的缴背梁连为一体。施工时在大梁底部加了两根钢管柱支顶，一年后取消前边支柱，后边支柱现位于泥塑背后，不易被人发现，仍然保留作为保险支柱，不准备取消。

2）斗拱构件的加固

大殿斗拱为五铺作重抄、单拱造，仅有柱头铺作和转角铺作。修理前各朵斗拱中的拱、斗皆不同程度的朽裂，除个别糟朽严重非换不可的予以更换外，绝大部分构件都用环氧树脂灌注粘接加固。

根据1966年邢台地震时大殿梁架向南倾斜的情况，在柱间增加抗震的木质十字斜撑，砌墙后隐蔽在墙内。

4. 瓦顶脊兽式样的研究

南禅寺大殿的瓦顶经过历代重修，现存除部分原来筒板瓦件外，脊兽皆为清代式样。为恢复唐代建筑的总体风格，脊兽起到画龙点睛的作用，由于原件皆失，为恢复工作造成了很大的困难。

唐代建筑，以及宋、辽建筑的瓦顶中，脊的式样都是瓦条垒砌的，这种式样是比较肯定的。正脊两端的鸱尾以及垂脊、戗脊前端的兽头的式样是必须研究解决的，由于无现存残瓦参考，采取以下方法解决。

首先收集整理脊兽的历史资料，特别着重收集唐辽时期的式样，分析其比例变化的规律。依据两条原则确定式样，一是总体比例依据唐代的普遍通则，二是细部花纹尽量以最近区域的纹饰为依据进行选用，包括官府颁发和师徒相传的，这是工匠们共同遵守的法则，同一时期的纹饰大体相近。而艺术构件包括雕刻的技法和纹样，地区性是很强的，各地区有各地区的特色。因此细部纹饰尽量以接近地区的纹饰为准。限于资料的缺乏，最后挑选了时代相近的渤海国上京出土的鸱尾为蓝本，细部参照西安大雁塔门楣石刻而烧制。

应该说明的是，吻兽复原的结果只能是具有一些唐代风格，还不能说是南禅寺大殿吻兽的原状，因为它的原状是缺乏原建筑上残存实物参考的。这一部分的复原工作虽然也花费了许多时间，但结果是不理想的。这是在不得已的情况下而采取的办法，因为原来残存的吻兽件与大殿太不相称了。此后，在一些复原性的工程中，对于瓦兽件又多采用保持现状的做法。

此外，对门窗式样的原状进行了研究，由于现存门窗是用原来门窗改制的，改做痕迹以及原件的卯口都在，因而这一部分复原工作的科学性是比较高的。大殿复原图如图13-6所示。

如上所述，恢复原状的工作是一件细致而艰苦的研究工作，科学性要求是很高的，真正做到合乎要求是不容易的，因而在一般维修工作中多不主张恢复原状。

图 13-6　山西省五台县南禅寺大殿复原图

第四节　永乐宫迁建工程

永乐宫位于山西省芮城县北五里龙泉村附近。它是元代著名的全真派道教的庙宇。它原来建于原永济县永乐镇，因三门峡水库的兴建，永乐镇处于淹没区，经国务院批准，于1958—1966年迁建于此，这也是中国古建筑大型迁建工程之一。永乐宫三清殿平剖面图如图13-7所示。

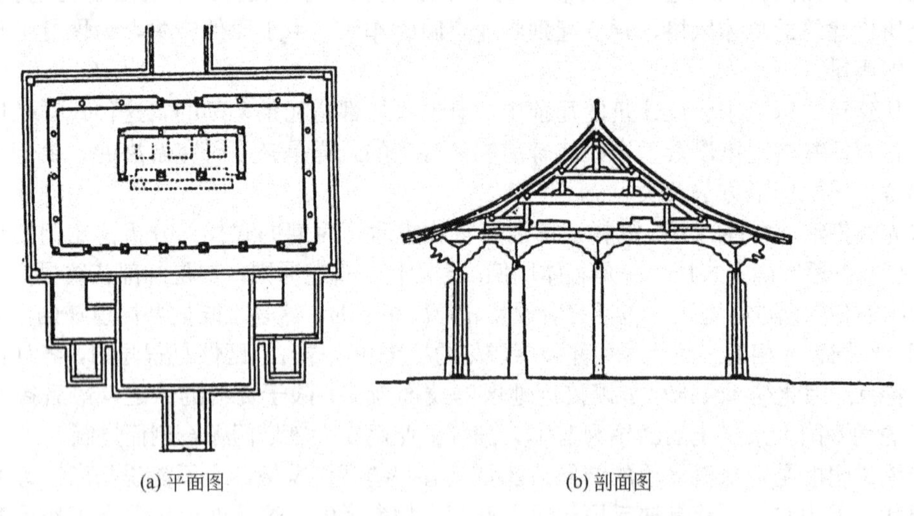

(a) 平面图　　(b) 剖面图

图 13-7　山西省芮城县永乐宫三清殿平剖面图

永乐镇相传是道教中八仙之一吕洞宾(号纯阳)的家乡，唐代晚期就有人在那里建祠供奉。元代时，吕洞宾被道教中全真派奉为五祖之一，于元太宗十二年(1240年)开始筹备建造大纯阳万寿宫。中统元年(1260年)主体工程竣工，其他建筑和壁画、彩画等到元代末期至正十年(1358年)基本完成，前后经过了120多年的岁月。

庙的规模较大，南北长434m，东西宽200m，连同周围绿地地带，共占地近200亩(1亩=666.67m^2)，分东、中、西三个院落。中院为主体建筑，自前向后依次为山门、龙虎殿、三清殿、纯阳殿和重阳殿。除山门为清初建筑外，其他四座大殿皆为珍贵的元代建筑。殿内壁画、彩画也为元代精品。主殿三清殿内壁画“朝元图”，绘有286位高大神像，帝君雍容华贵，群仙千变万化，整幅画面可称是“汉官威仪”的展览，被誉为中国元代壁画的代表作。

迁建工程的步骤大体上可以分为准备、拆院搬运、复建等三个大的阶段，主要技术措施如下。

1. 准备阶段

全部迁建工作首先是做好一切准备工作。

1）对建筑物的勘查测绘工作和壁画临摹工作

元代木结构建筑多用自然弯材，因而相同部位的前后节点的标高不尽相同，为此测绘图纸中前后各相同部位都要分别标明尺寸，比一般建筑物的测绘工作量较大。壁画的临摹工作是邀请中央美术学院的师生分三次进行的。

2）新址的选择

旧址永乐镇因处于水库淹没区以内，背倚中条山，面临黄河，庙址朝南，前后434m的距离内，地形高差为459cm。对新址的要求，除了必须位于水库淹没区以外的条件，朝向、地形都希望与原址相近。当时曾勘查过附近几处，最后选定了芮城县正北五里的龙泉村附近。这里背依中条山，地形前低后高，坡度与原址相近，只是距黄河稍远一点。但距县城近，游览比原址更方便一些，经有关部门批准后，确定迁建于此。

3）迁建方案的制定

根据上级指示，将永乐宫内的所有建筑物连同壁画、碑碣、石刻等全部搬迁，此外并将附近水库淹没区内的一座明代庙宇及散存的一些碑碣、石雕等一并迁出。为了便于将来的保护管理，希望迁于永乐宫新址内。永乐宫迁建前的情况是，中院比较完整地保留下来，东院原为菜园，早已荒芜，部分被居民占有。西院后半部建有吕公祠（尚属永乐宫所有），前半部被政府机关占用。制定搬迁方案时，根据要求，连同水库淹没区附近文物一并搬迁。为保留永乐宫中轴线上元代特有的布局形式，故中院的形制严格按原来尺度、式样复建，搬迁来的其他文物置于西院，西院吕公祠也照原来位置复建。中轴线上的山门及四座大殿，除山门为清代建筑物，四座大殿梁架、斗拱、瓦件都是创建时期的原物，后代补修部分很少。

槅扇门大部残毁无存，仅留的也是元代构件，因此在建筑物的迁建中采取了复原迁建的方案。但在山门与龙虎殿之间紧靠东西墙新添碑廊，以保护永乐宫内重要的碑碣免受雨淋日晒。

此外，物资的准备、技术力量的调配等也都是准备工作中的重要事项。

2. 拆院搬运阶段

最先讨论的是先拆建筑物还是先揭取壁画。两种方法各有优缺点，若先拆建筑物，揭取壁画的技术比较简单一些，但在拆除建筑物的过程中，如何保护壁画不受损伤，揭取壁画还需支搭临时保护棚以利于工作。若先揭取壁画，原建筑可以作为保护棚，省钱省事，但揭取技术比较复杂一些。最后认为以先揭取壁画较为稳妥，技术复杂一些是可以解决的。于是组织技术力量，采取锯取与拆墙揭取相结合的方法，将四座元代大殿内近1000m^2的壁画分成若干块，依计划逐步揭取下来，并装箱等待运输。

壁画揭取后，将全部建筑物依结构顺序自上而下地依次拆除。最后，还发掘了原来基址，取得了可贵的元代工程做法资料。与拆除建筑物的同时，在选定的新址上也同时组织开工，按计划位置，修建临时库房，以储存揭取后的壁画、建筑上的艺术构件及带有彩画的梁、枋、斗拱等。

建筑物、壁画及宫内的碑碣、石雕等，在拆除后全部按预定计划，在水库放水前全部安全地搬运到新址，安置妥善以待复建安装。

3. 复建阶段

复建阶段主要有以下几种技术工作。

首先是主要殿堂的复建，总体布局按原来的位置，每个单体建筑与一般的修理工程不同的是要新做基础。根据地质勘探的结果，基址土质较好，按一般普通基础施工。台基砌筑后立木架、做瓦顶。因需复原安装壁画，故各殿的檐墙只砌到下肩部位，墙身需等安装壁画以后再补砌。

在复建主体建筑物的同时，需组织技术力量对揭取后的壁画进行修复加固，主要的方法是先铲去原壁画背面的粗泥层，仅保留表面的砂泥层或灰泥层，即绘有壁画的泥层，然后用漆片酒精和泥补抹一定的厚度来增加壁画层的强度，最后在加固泥层的背面粘十字格式的木框以备悬挂，所用木架需先涂生漆防腐，并预安铁活。

建筑物复建后，在墙身部位安装悬挂壁画的木支架，大多数采用单排支架，扇面墙为两面挂画，需采用双排支架。支架中的立柱顶在阑额下皮，靠墙面的一面钉横木撑作为悬挂壁画的横杆。按照设计图纸，依编号顺序依次逐块安装。整座建筑物各面墙的壁画都按原位安装完毕后，再用砖砌墙身。由于木架的设置，墙身必须减薄，原来用土坯的做法已不适宜。为保护壁画遂将此处的土坯墙取消，改砌砖墙，厚度减薄，砖墙与木架间留出通风和可供检查修理的夹道，故复建后的有壁画的墙身实为夹层墙。墙外留出入口，但需封堵，墙身抹灰后被隐藏，平时不能随意入内。

墙身砌好后，再补抹各块壁画间的画缝。补泥、填色这些工作是由美术工作者承担的，但只能按照临摹时的情况补绘。凡是施工中因割缝或其他原因而损失的画面应按原样补画，其余残缺处，一律不绘线条，只准补色衬托。总之，凡补绘处必须有十分可靠的根据才允许动笔。

工程的最后是油饰断白、墁地。全部土建工程完工后，宫内院落按原来的植物配置，栽种树木以保持原来的内部环境气氛。

第五节 兴化寺塔现状勘查与维修设计方案

一、兴化寺塔现状勘察

1. 兴化寺塔的创建简史

兴化寺塔在蒙城县城东南角兴化寺内，又名万佛塔，志书记载又叫插花塔。它是淮北大平原上一座著名的古塔，始建于北宋时代。

与塔有关的资料，尚存有三块石碑：一块镶在塔的第四层内壁面上，是北宋崇宁元年(1102年)三月十五日立，记本邑万善乡郑氏负责修兴化寺塔第四层。一块镶于慈氏寺故址(现为小学校教室)一间房屋的壁面上，是崇宁三年(1104年)立，记本邑城南北郭戴氏等修兴化寺塔第八层。一块镶于塔的第九层塔梯左壁面，为崇宁五年(1106年)五月二日立，记本邑石山乡任氏愿负责修兴化寺塔第十一层。通过这些材料，完全可以证明此塔为北宋时期的塔，至少是崇宁年间建立的。

到了元代至正年间，又在塔的西侧建设慈氏寺。“慈氏寺在县内东南隅，元至正丙子年建，旧名兴化寺，明洪武十五年重修，改为慈氏寺，设僧会司于此。”因此明代这座塔又叫“慈氏寺塔”。

2. 兴化寺塔的外观

兴化寺塔具有宋代砖塔的特征。平面八角形，自地面以上十三层。第一层塔身特别高，下半部为实心体，上半部为梯道的通路，所以将正门开在塔北面的上半部。这座塔是一座楼阁式塔，二、三、四层设有平座，而且平座用仰莲瓣承托。实质上是用仰莲瓣来代替斗拱，唐宋以来的砖塔上都有这种式样出现。这完全是受佛教的影响，采取莲花作为装饰，又用莲瓣来代替斗拱。此塔内部构造为壁内折上式。塔的内壁与外壁遍贴佛像砖八千多块，这是宋塔中贴佛像最多的一座塔。

3. 兴化寺塔的内部结构分析

宋代以后的塔很少采用空筒式结构。从此以后砖塔的内部结构就发生了重大变化，产生了多种多样的方法：壁内折上式、空筒错角式、回廊式、穿心式、壁边折上式、穿壁绕平座式、砖木混合式等，其中以壁内折上式结构最多、应用最广。蒙城兴化寺塔采取混合结构，按塔层改变结构方法，这是一种创造。它是宋代砖塔中改变了结构方式的典型之一。这种方法还影响到明代。

兴化寺塔的内部结构方式：第一层为穿心式；第二层为穿心式、回廊式；第三层为壁内折上式(八角形折上)；第四层为壁内折上式(方形)；第五层为壁内折上式(八角形)；第六层为壁内折上式(方形)；第七层为壁内折上式(方形)；第八层为壁内折上式(方形)；第九层为壁内折上式(方形)；第十层为壁内折上式(方形)；第十一层为壁内折上式(方形)；第十二层为壁内折上式(方形)；第十三层为实心体。

4. 兴化寺塔的年代鉴定

从兴化寺塔的构造来分析，没有台基也没有基座，这是唐代与宋代的特征。第一层倚柱为瓜楞式，瓜楞式柱在南方较多，是南方建筑的特征，而在北方比较少。门洞头均采用圭角形，这也是南方宋代砖塔的特征，斗拱采用每朵出双抄华拱与单抄华拱的方法；齐心斗承托替木，栌斗的倾度很大，这种斗拱的做法是宋塔中常用的方式。二、三倚柱有柱头卷刹，犹似梭柱的式样，刹柱用木柱上下贯穿五层；平座用仰莲瓣承托，二、三层平座略宽，从塔室内登上，可以行人，窗子花纹有菱形、球纹、方格以及龟背纹等。以上这些都是宋代建筑中常使用的，也可以说是宋代建筑的特征。

5. 兴化寺塔的破坏状况

第一，在新中国成立之前，军阀混战期间，塔体受到枪弹的袭击，枪眼成片，弹痕累累，使塔身受到严重的破坏。

第二，明清以来经历大地震，地震震裂古塔的东北大转角，从第二层开始到第八层上下，形成长达 22m、宽 1.5cm、深度平均为 1.5m 的大裂口。雨水年年冲刷，砖块逐渐剥落，大裂口构成大深沟，越来越深，全塔的坚固性受到很大的影响。

第三，原来塔刹已剥失，只余下两层铁制相轮，刹柱已朽烂，下部由于八角攒尖叠涩砖层坍掉，年年漏雨，因此急需加紧维修塔顶，重新砌砖，重新安装刹柱、塔刹。

第四，塔的内部墙面部分开裂，塔梯、梯步部分砖块剥落，天花砖块成片打掉，门洞、拐角部位砌砖均已坍塌，急待维修。

第五，在这个塔的各层各转角部分原有木角梁，年久失修，木角梁已全部腐烂毁掉。目前，只在第二层尚留两根，其余各角梁处都成了空洞，每到雨季时，雨水浸透塔的内部，使塔身受到危害，急需安装新角梁。

6. 兴化寺塔的现状勘查

兴化寺塔附近的两座寺院内的全部建筑已经毁掉。塔的四周 150m 以外全部为简陋的民房，150m 以内为水塘，大面积的积水包围在塔的四周，水塘的面积达 2000m^2，水深约 4m。积水浸泡塔基，侵蚀地基，渗透塔下基础，严重影响塔的稳定与坚固。

二、兴化寺塔现状实测

1. 对各层平面图的分析

兴化寺塔是一座楼阁式塔，塔内各层平面及塔室的形制均不相同。塔梯做穿心式，有南北与东西两个方向，互相交叉。塔室又分方形塔室、八角形塔室，因而形成壁内方形折上。第三层小塔室有十字相交的通道。第十三层为实心式。各层墙壁的各砖墙厚度各不相同。各层平面都不相同，对每一层都要进行测绘，方能观察清楚。

第一层：穿心式，外边登入的为东西南三个龛面，北为塔门。

第二层：穿心式、回廊式。

第三层：十字通道，八角形塔室。

第四层：十字通道，方形塔室。

第五层：四个通道，八角形塔室。

第六层：十字过道小塔室，中心为方形塔室。

第七层：四个通道，中心为方形塔室。

第八层：只有通道，四面壁龛，没有塔室。

第九层：只有通道，四面壁龛，没有塔室。

第十层：只有通道，四面壁龛，没有塔室(有刹柱)。

第十一层：只有梯道，没有塔室。

第十二层：只有梯道，没有塔室。

第十三层：实心体。

2. 纵剖面与横剖面的分析

对塔的东西、南北两个方向进行剖视(图 13－8)，从底到顶进行详细测绘，通过测绘得出塔室的高度与形状、梯的部位、小塔室的天井部位、大塔室的天井部位、通道的部位、天井的高度等。

3. 立面的分析

对兴化寺塔进行立面测绘，即从水平方向来观察全塔，从底层到塔顶全面地观察外观式样。由于全塔为八角形，从远处仅能看到塔的三个面，正面为完整的形象，左右两个面为斜面，所以尺度逐渐缩小。塔身装饰纹样以及模仿木结构的形象极为复杂。在这种情况下也要全部绘制清楚。

4. 对详图的分析

在一张立面图上，不可能将全塔的较小的部位绘制清楚，所以要放出大样图。这些详图都是在近前绘制的，包括平面局部放大图、圭角形门洞口详图、八角形门洞口详图、八角形壁内折上式塔梯透视图、各种砖块透视图、斗拱详图、各层天井仰视图、塔室转角透视图、一层外观展开图、三层外观展开图、外部转角透视图、木角梁详图、总平面现状图、塔刹外观图、各种佛像砖图、相轮覆钵详图、各种塔窗窗格图、拉链详图、总平面规划设计图。

5. 佛像雕砖分析

全塔内外佛像砖每块均为一佛二弟子或一佛二菩萨，大部分用黄、绿、褐三彩琉璃砖，也有绛色与绿色调的混合配制。

塔内部佛龛第六层南窗两侧各设佛龛 14 个，计 28 块佛砖，设有彩釉；在三层楼梯旁有单佛像。琉璃佛砖高 25cm，宽 20cm；高 22cm，宽 19cm；高 20.5cm，宽 19cm。佛像姿势全塔有 5 至 6 种式样，内容特征变化不多，大同小异。

图 13-8 兴化寺塔纵剖面

三、兴化寺塔维修方案说明

1. 兴化寺塔的环境设计

首先要抽干塔周围的积水，经过自然曝晒，使水塘干涸，然后陆续填土，扩大现存塔周围干土的范围，以确保兴化寺塔塔基坚固。使塔周围的地面与附近民房的地面连接起来，构成一个整块平地。

平整填土完毕后，在塔的四周建立塔院，修筑围墙，以防人们随便登塔，破坏塔的佛像。塔院的围墙用砖砌筑，高度为 2m，围墙基础要建设牢固。围墙正面或西侧设大门，并安装门扇。在塔院内建造房屋，派人看守。在院墙内外要进行绿化，栽植松、柏。

在塔基的四周填土填沙，做出5%的斜坡，以利雨水向外分流，不损坏塔基。

还可在塔院建造展览室，陈列兴化寺塔的完整资料以及蒙城县境内与塔有关的文物。

2. 塔身大转角上下的大裂口维修设计

塔的东北大转角处的上下大裂口，也可以说是一条大深沟，塔砖剥落极其严重。由第二层到第八层之间是一处最大的毁坏部位，开裂很深。对这一大转角的破坏部位要全面维修。首先应该砍砖、磨砖，仿照原有的各种形状的砖，再参照其他完整的转角予以补砌。在补砌砖之前，要先凿出咬口毛砖，用清水把破坏部位冲刷干净，再进行补砌。这样，新旧砖块才能交接成为一个整体。

由下层至上部各层，按层施工，由下向上，每当砌至3～5层砖时，要用压力机向内部灌浆，将水泥稀薄砂浆逐渐灌入塔缝之中，边砌边灌，以保证质量。

水泥砂浆要使用75号，砌浆要适度，灌浆要饱满，要仔细操作，逐步施工，不得求快而忽视质量。

待操作完毕，再做石灰膏勾缝、这样，从表面上看不出塔内施用水泥砂浆，外表砖缝与原塔砖缝相同，既坚固又美观。

3. 塔顶的维修设计

塔顶原有八角叠涩攒尖顶，首先要拆除原有残破的相轮，也要拆除覆钵、砖块，先安装刹柱，刹柱采用钢管，钢管刹柱与原有的木刹柱衔接处用混凝土浇制柱的周围，以保证牢固，然后砌八角攒尖顶，恢复原来形状。当砌筑八角攒尖顶的叠涩砖时，要选用高质量的砖，采用75号水泥砂浆砌筑，也要用水泥砂浆勾缝，以防雨水渗透。

4. 塔内部墙壁面转角、地面、天花的维修设计

这项工程与塔身大转角上下的大裂口维修方案相同。要先拆除各个破坏部位的壁画，砖角处砍成接头，用清水冲洗，以水泥砂浆补砌。从上至下，层层有序，按计划施工，不得随意拆除，不得任意改变原来的式样。对于已失去的部位，要进行复原。

对于塔内各层塔梯的踏步，踏面上均按原样安装木踏板，两端要伸入墙壁内，补砌坚固，以防止塔梯滑动，磨损砖面。安装时要按原来式样、尺度大小及做法安装，不能用现代方法。

5. 安装木角梁，维修檐角设计

全塔共有104个檐角，各檐角已全部破落，原有的木角梁已经腐朽，只留下角梁的空洞。

在施工中首先根据原来位置安装木角梁。木角梁要事先做好，按洞口内部长短进行安装。装稳定后，再砌檐角的砖块，上下砌砖，用水泥沙浆勾缝。各部位的缝隙必须用水泥勾满，以防漏进雨水。

另外，在木角梁梁头上悬挂惊雀铃(铁铃)，铃的外表涂饰金粉。木角梁要事先处理，隐藏部位要涂刷臭漆，以防腐朽。木角梁梁头外露部分涂饰朱红色油漆，再饰桐油。

6. 塔刹复原设计

塔刹原为铸铁制造，刹柱已毁去，上半部铁刹也逐渐被毁掉了。现在根据原塔刹的覆

钵与残留相轮的式样进行复原，要尽力根据宋代的原样进行复原设计。

（1）覆钵部分。此塔原有一个覆钵，仍可使用该旧有覆钵。钢管刹柱埋入后，砌出塔顶，即安装覆钵。覆钵与塔顶的交接处用水泥浆填缝，以防漏水。

（2）相轮部分。南方宋塔都有相轮。在覆钵之上安装相轮，相轮数以单数为主，一般南方的宋塔均有 5～13 层。兴化寺塔相轮按五层设计，可一方面推测原来相轮的式样与高度，另一方面参考《蒙城政书》刊载的旧有照片塔刹式样，第三方面参照南北各地宋代砖塔相轮式样，进行综合分析决定五层相轮。五层相轮的塔除河南武陟县妙乐寺塔外，还有潜山觉寂塔和明代的黄岩塔、薛阁塔……参考以上数种塔刹，再根据原有相轮之下大小的尺度，进行复原设计。

（3）宝盖部分。原塔的宝盖部分，本有伞盖。这次复原采取宋塔常用的宝盖形式，将伞盖改为宝盖，用双圈相轮。这样既可减轻质量，又增加美观。

（4）宝瓶部分。采用宝瓶来作为塔刹收尾，这是唐宋以来大型塔上常见的做法，如上海松江方塔、苏州双塔、应县木塔等。参照唐宋以来做法及本省的安庆振风塔、亳州薛阁塔，决定采用上述方法。

另外，重做 8 条铁制拉链。每条均从上端的宝盖边缘外圈的洞眼处固定，下端束缚在塔的顶层各角铁环之处，上下拉紧。这样可以防止相轮与刹柱动摇。拉链的铁环在每转角各有一个，目前只存留西北角一个，其他 7 个按此进行复原设计。

7. 填补塔内外佛像琉璃砖

此塔内外原有的佛像琉璃砖为三彩釉陶，贴砌于塔的内外表面部位。其中一部分已经被破坏。现在维修全塔，应重新烧制佛像琉璃砖，并按原样烧制。贴砌佛像砖要用 75 号水泥砂浆。

四、工料概算

在蒙城维修古代砖塔，青砖由当地烧制，佛像琉璃砖也由当地砖窑烧制。工费、管理费、运输费用很大，概算不是很准确，只供施工时预算之参考，如表 13－1 所示。

表 13－1　工料概算

工程项目	工料估计	备　注
（一）砌砖工程		
东北角开裂大裂口	50m^3	
塔顶砌砖	3m^3	
塔内砌砖		包括工料砍磨青砖
墙壁、楼梯砌砖	50m^3	
地面、天井砌砖	60000 块	
估计青砖总数		
（二）子角梁木料	22m^3	包括工料
楼梯踏步木料		
（三）塔刹钢材		
钢管	ϕ0.18m，长 7m	
铸铁	28m，1300kg（2t）	
铁铃	112 个	
拉链	8 条	

【附记】1982 年春，我们受安徽省文物局之委托，担任兴化寺塔的勘测与维修设计工作。黄国康、孙秉山、方咸达、王春铃参加实测。蒙城县文物组李瑞民、殷克毅、席含贞等同志曾给予协助。

第六节 陕西武功县报本寺塔修复与倾斜矫正方案——采用基底挖土法

一、修复与扶正的意义与可能性

陕西省武功县武功镇报本寺塔位于县城以北的报本寺内。相传为唐太宗李世民母亲原来所住宅院，后来捐宅院为佛寺，建报本寺塔，意在李世民纪念其母。但有文献记载，此塔建于北宋，但具有唐塔的风格，究竟建于何年月，因缺少文献资料，尚难断定，须待进一步考证。但建于北宋或更早，则是无疑的。

塔为楼阁式，七级八面，塔底外接圆直径为 12.282m，边距为 11.685m，塔高度为 36.961m，体态雄伟，砌筑精美。明万历三十五年(1607 年)曾对此进行了修理，在塔的底层内外，均加厚一砖。现存塔身为正八边形，底层最高，以上各层逐渐缩小。塔内中空，原有木梯，可从塔内登临塔顶层俯览全镇。

1. 修复与扶正的重要性与必要性

修复与扶正此塔的作用：第一，保存好宋代以前的高层建筑，具有考古及文物的价值；第二，可为研究李世民时期的历史提供一些探索的线索；第三，可为武功县开辟一个观光游览点；第四，可为古代砖建筑物的建筑与结构理论研究与借鉴提供一个重要的实物；第五，如不修理扶正，塔会继续毁坏及倾斜，甚至造成塌毁。如果坍塌，不仅毁掉了文物，而且会酿成严重的事故。

2. 修复与扶正的可能性

此塔虽有砖层剥落，砖砌体也有较大裂缝，而且顶部倾斜位移达 2.708m；但是，如果精心设计，严密组织施工，此塔是可以修复与扶正的。我们曾进行过类似构筑物的倾斜矫正，较有把握。

3. 修复与扶正的意义

此塔修复与扶正至少有四方面意义：第一，保护古建筑；第二，研究了古建筑设计与营造的理论与实践；第三，为古塔的修复与扶正提供了重要经验，特别是在扶正技术上，我们将会给其他古塔的扶正上提供第一手经验；第四，此塔设计参数的实际情况与现在的设计规范出入很大，弄清其情况意义也很大。

二、修复与扶正的初步设计方案

1. 塔的现状分析

1986 年武功县文管会组织人力对塔进行了测绘，获得的资料如下。

（1）塔的尺寸及质量，如表 13－2 所示。

表 13－2 塔的尺寸及质量

层次	层高/m	外接圆直径/m	内切圆直径/m	外八边形边长/m	内八边形边长/m	壁厚/m	体积/m^3	质量/t
一层	10.237	12.282	4.395	4.700	1.682	3.645	948	1708
二层	5.237	11.213	4.395	4.291	1.682	3.150	365	657
三层	5.087	10.724	4.395	4.104	1.682	2.924	356	641
四层	4.425	10.236	4.395	3.917	1.682	2.698	269	484
五层	3.822	9.747	4.395	3.730	1.682	2.472	211	380
六层	3.111	9.258	4.395	3.543	1.682	2.246	166	299
七层	2.042	8.770	4.395	3.356	1.682	2.021	87	157
塔顶	3.000						40	72
合计	36.961						2442	4398

注：1. 砌体容重取 1.8tf/m^3。
2. 一层层高由地面算起。

（2）塔倾斜角度为东北方向 4°11′24″，塔顶位移为 2.708m。

（3）塔倾斜发生的时间：无记录。据说，早已发生倾斜，近年来有所发展。

（4）塔身用砖尺寸：一层为 357mm×187mm×70mm，二层为 250mm×220mm×70mm，三层为 60mm×360mm×78mm，四层为 370mm×188mm×66mm，五层为 465mm×340mm×66mm，六层为 395mm×180mm×45mm，七层为 395mm×180mm×103mm。

（5）塔基底埋深为 1.5m。

根据上述资料，经计算得出下列数据：

① 塔基底面积 $F_D=93m^2$；塔在地面处的截面积 $F_O=71m^2$；一层门洞截面积 $F_m=22m^2$。

② 塔因倾斜产生的弯矩如表 13－3 所示。

表 13－3 弯 距

层数	一层	二层	三层	四层	五层	六层	七层	顶部	合计
弯矩/(tf·m)	640.5	618.8	846.2	807.6	748.9	665.2	378.9	187.0	4893.1

③ 塔重心的偏心距 $e_c=1.113m$；塔重心的高度 $h_c=15.186m$。

④ 因自重及偏心弯矩所造成的塔基底压应力：

$$\sigma_{max}=50.30+32.04=82.34(tf/m^2)$$

$$\sigma_{min}=50.30-32.04=18.26(tf/m^2)$$

⑤ 因自重及偏心弯矩所造成的砌体应力：

$$\sigma_{max}=61.94+39.68=101.62(tf/m^2)$$

$$\sigma_{min}=61.94-39.68=22.26(tf/m^2)$$

（如果砖强度为 75 号，石灰浆强度为 4 号，则 $R=150tf/m^2$）

$$安全系数\ K=\frac{150}{101.62}\approx1.48<2.3$$

塔倾斜原因的分析：塔西南侧铺设混凝土路面，塔东北侧为菜地，又有养猪户，雨水及其他水大量从塔东北侧浸入地基，使地基含水量增大，产生下沉；此外，据当地居民说，在1956年一次地震后，塔倾斜明显增大。

2. 地基处理方案

地基处理方法可以采用单液硅化法、水泥灌注法、石灰桩法、双液硅化法。为了不过分改变原地基状态，为了充分利用已有用石灰桩的经验，为了节省处理费用，初步考虑选用石灰桩处理地基，如经勘探地基情况不理想，则考虑用单液硅化法或双液硅化法。

3. 修复与扶正的实施程序

修复与扶正的实施程序如图13-9所示。

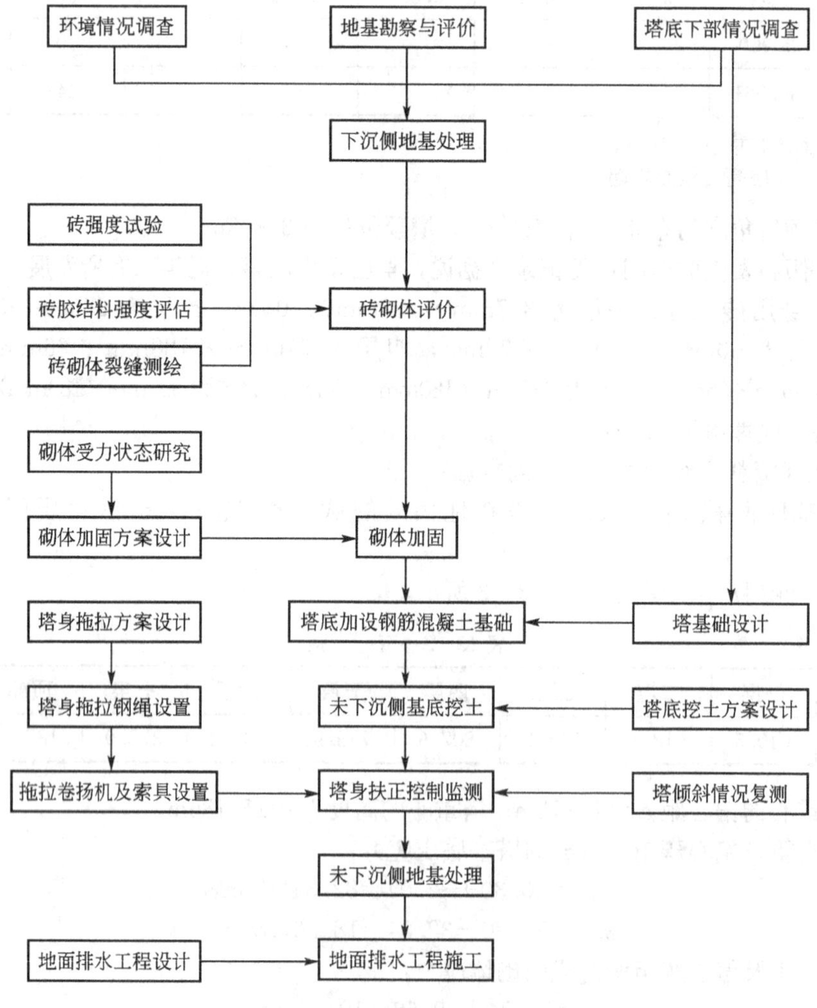

图13-9 修复与扶正的实施程序

4. 砌体加固修复方案

(1) 根据原有砖的尺寸及质量烧制所需数量的砖。

(2) 压坏及松动的砖，拆除后用石灰砂浆砌筑。

(3) 砌体裂缝部分分段加钢筋砖圈梁。

(4) 砌体未裂缝部分分段加扁钢腰箍。

(5) 砌体蚀空接缝用石灰水泥(少量水泥)砂浆填塞或灌注。

(6) 加固修复的原则是，尽量保持与原砌体的状态一致，尽量防止加固部分的砌体与原砌体在强度与刚度上相差过大。

5. 基础加设方案

分段加设圆形钢筋混凝土基础，直径为 13m，厚 0.5m。

6. 扶正方案

扶正方案的要点(图 13－10)：

(1) 在未下沉侧的基底下面局部挖土。

(2) 在下沉侧相反的方向用钢绳拖拉塔身。

拖拉钢绳对水平面的倾斜角为 20°，用 10t 卷扬机通过 6－6 滑轮组拖拉，卷扬机距离塔中心线约 60m。基地挖土面积根据塔是否能扶正按实际情况调整，挖土在宽 0.6～0.7m、高 1.2～1.5m 的沟槽内进行，从塔下未下沉侧的中间开始挖槽，根据需要再在第一道沟槽两侧对称加深沟槽，直至塔开始向挖土侧旋转。

基底下沟槽挖土进深要超过加拖拉后的偏心距处 0.3m 以上。

用卷扬机拖拉塔，只是为了减少因倾斜产生的偏心距，根据图示方案拖拉，约可使偏心距减小 0.7m，即由 1.113m 减小到 0.413m。

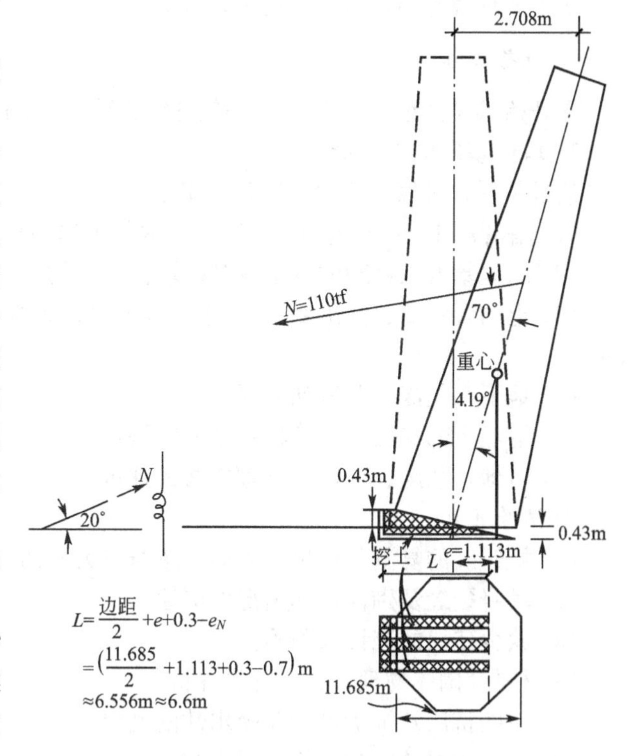

图 13－10 扶正方案

塔倾斜的矫正主要靠基底土挖去一部分，而且挖土进深超过偏心距，因而塔身自重产生力矩。

塔顶位移为 2.708m，矫正后可留下位移 0.3m 左右，以备今后挖土侧继续下沉。

据计算，现在塔在地面处下沉侧与未下沉侧的高差为 0.86m，即从塔中点的水平面算起，下沉量为 0.43m，扶正后，下沉侧仍偏下 4.7cm。

7. 地面防水

塔倾斜矫正以后，要对塔周围的地面进行防水。

首先调查勘探清楚塔周围有无地下空洞，如有，予以认真处理。

然后在塔周围10m范围内做0.5m厚3∶7灰土夯实垫层，上面做20cm厚的混凝土地面。

8. 环境整治

无论从保护文物的角度，还是从开辟游览风景点的角度考虑，必须对塔周围的环境予以全面整治，整治的要点如下：

(1) 杜绝可浸入塔地基内的水源。

(2) 在距塔一定范围内(如100m)禁止建造房屋与其他建筑物。

(3) 塔周围排水畅通。

(4) 塔周围进行恰当的园林化。

(5) 有通向塔的适当道路。

对塔的环境整治，需做专门的设计。

9. 准备工作

在开始编制详细施工方案前，需进行下列准备工作。

1) 塔地基勘察与评价

通过钻探、坑探及实验室工作，确定：

(1) 塔周围10m范围内深度12m以内的土的物理、力学性质及化学性质。

(2) 原地基人工处理的方法及基础埋深、结构。

(3) 土的含水量、渗透系数、允许承载力、弹性模量、变形模量、干容重及湿陷性等级。

(4) 地下水位深度及波动情况。

(5) 塔底下部有无其他建构筑物或结构件。

(6) 对地基强度、变形及处理方法的评价。

2) 测绘工作

(1) 塔倾斜的复测，数量、方向，塔身有无弯曲，塔底(地面处)有无倾斜。

(2) 塔身裂缝及砌体损坏情况的测绘。

(3) 缺少砖块的统计与测绘。

3) 材料及砌体物理、力学性质评价

(1) 砖的抗压及抗折试验及吸水性的确定。

(2) 胶结材料的成分分析及强度判断。

(3) 砖的耐久性评价。

(4) 砌体抗压、抗拉及抗剪能力的评价。

4) 环境情况调查

(1) 地下管线及地上、地下沟渠情况。

(2) 地上、地下建构筑物的情况。

(3) 附近有无水井。

(4) 空气污染情况。
(5) 对塔的人为破坏的可能性。
(6) 周围树、花、草的品种。
(7) 当地气候情况。
5) 塔底下部情况调查
(1) 塔底下部有无建构筑物。
(2) 塔底下部有无埋藏物。
(3) 塔底部的构造情况。
(4) 塔底上下左右有无碑记、雕像之类。
6) 特型砖烧制厂家的确定
7) 施工单位的确定
8) 地基加固方法的试验
可选某一倾斜小塔的矫正工作试验并训练施工人员。

(本例选自郭志恭：建筑特种施工技术(上册)，西安交大讲义，1991.)

第七节 苏州市虎丘塔加固工程

一、工程事故概况

虎丘塔位于苏州市西北虎丘公园山顶，原名云岩寺塔，落成于宋太祖建隆二年(961年)，距今已有一千多年的悠久历史。全塔七层，高 47.5m。塔的平面呈八角形，由外壁、回廊与塔心三部分组合而成。虎丘塔全部砖砌，外形完全模仿楼阁式木塔，每层都有八个壶门，拐角处的砖特制成圆弧形，十分美观(图 13－11 和图 13－12)，在建筑艺术上是一个伟大的创造。中外游人往来不绝。1961 年 3 月 4 日国务院将此塔列为全国重点文物保护单位。

1980 年 6 月工作人员到虎丘塔现场调查，当时由于全塔向东北方向严重倾斜，不仅塔顶离中心线已达 2.31m，而且底层塔身发生不少裂缝，成为危险建筑而封闭、停止开放。经仔细观察塔身的裂缝，发现塔身的东北方向为垂直裂缝，塔身的西南面却是水平裂缝。工作人员还登上虎丘塔最高的第七层，站在塔心，有倾斜之感。

据悉，虎丘塔的倾斜历史悠久。目前观测塔的中心线是一条折线形抛物线，这是由于建造第一层时，塔发生倾斜；于是在建造第二层时重新校正呈铅直；当塔继续发生倾斜后，建造第三层时又校正呈铅直……依次类推，成为目前的状态。

二、事故原因分析

经勘察，虎丘山是由火山喷发和造山运动形成，为坚硬的凝灰岩和晶屑流纹岩。山顶岩面倾斜，西南高，东北低。虎丘塔地基为人工地基，由大块石组成，块石最大尺寸达1000mm。人工块石填土层厚 1～2m，西南薄，东北厚。下为粉质黏土，呈可塑至软塑状态，也是西南薄，东北厚。底部为风化岩石和基岩。塔底层直径在13.66m范围内，覆盖层厚度西南为2.8m，东北为5.8m，厚度相差3.0m，这是虎丘塔发生倾斜的根本原因。此外，南方多暴雨，雨水渗入地基块石填土层，冲走块石之间的细粒土，形成很多空洞，这是虎丘塔发生倾斜的重要原因。在十年“文革”期间，无人管理，树叶堵塞虎丘塔周围排水沟，大量雨水下渗，加剧了地基不均匀沉降，危及塔身安全。

从虎丘塔结构设计上看有很大缺点，没有做扩大的基础，砖砌塔身垂直向下砌八皮砖，即埋深0.5m，直接置于上述块石填土人工地基上。估算塔重63000kN，则地基单位面积压力高达435kPa，超过了地基承载力。塔倾斜后，使东北部位应力集中，超过砖砌体抗压强度而压裂。

图13-11　虎丘塔倾斜全景

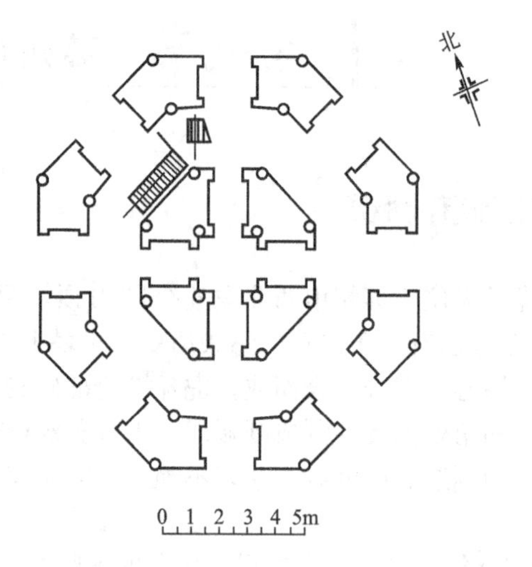

图13-12　虎丘塔八角形平面图

三、事故处理方法

为保护千年古塔文物，1978年6月在国家文物管理局和苏州市人民政府领导下，召开多次专家会议，决定加固虎丘塔，首先加固地基(图13-13和图13-14)。

第一期加固工程是在塔四周建造一圈桩排式地下连续墙，其目的是减少塔基土流失和地基土的侧向变形。在离塔外墙约3m处，用人工挖直径1.4m的桩孔，深入基岩50cm，浇筑钢筋混凝土。人工挖孔灌注桩可以避免机械钻孔的振动。地基加固先从不利的塔东北方向开始，逆时针排列，一共44根灌注桩。施工中，每挖深80cm即浇15cm厚井圈护壁。当完成6至7根桩后，在桩顶浇筑高450mm圈梁，连成整体。

第二期加固工程进行钻孔注浆和树根桩加固塔基。钻孔注水泥浆位于第一期工程桩排

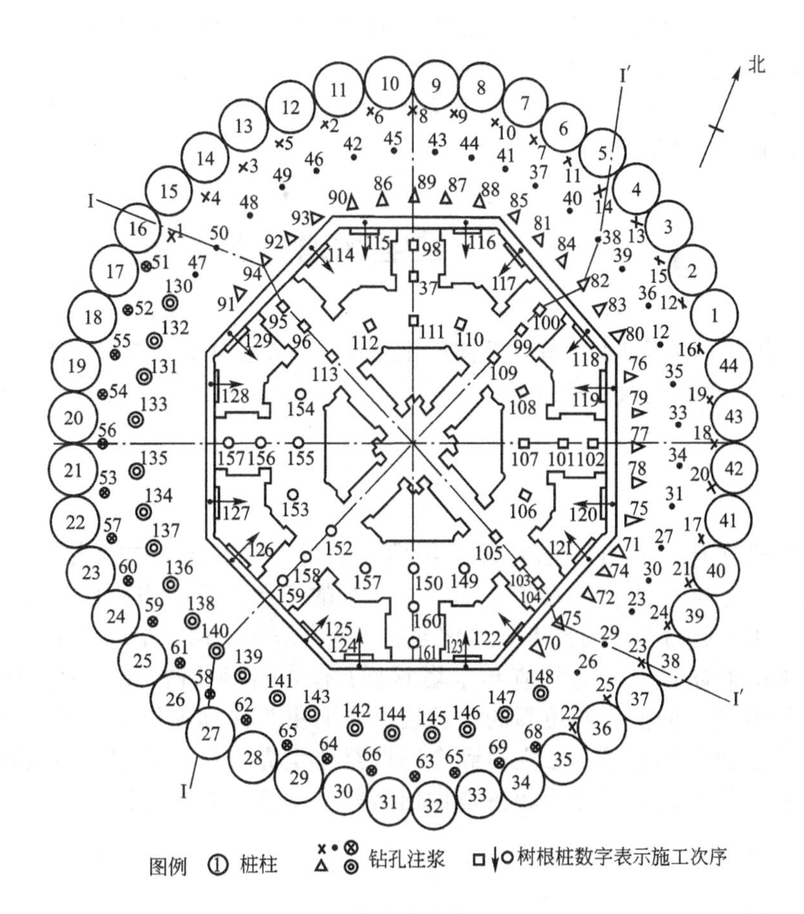

图 13 - 13 虎丘塔地基加固布置图

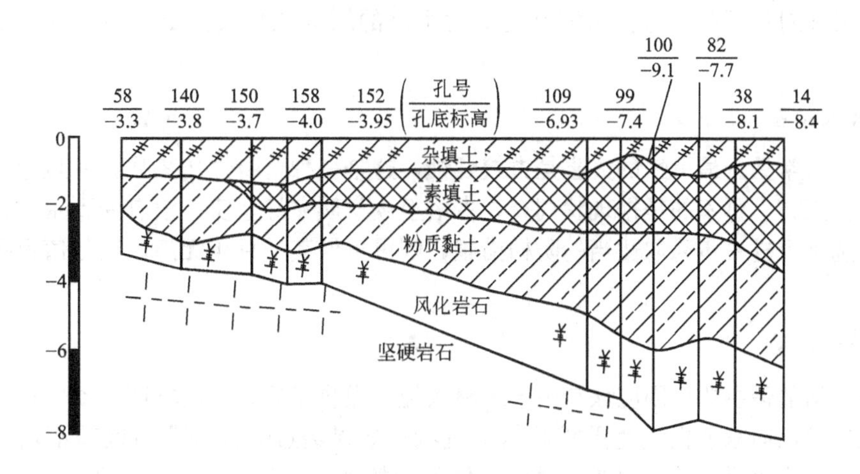

图 13 - 14 虎丘塔Ⅰ—Ⅰ地质剖面图

式圆环形地下连续墙与塔基之间，孔径为 90mm，由外及里分三排圆环形注浆共 113 孔，注入浆液达 26637m^3。树根桩位于塔身内顺回廊中心和八个壶门内，共做 32 根垂直向树根桩。此外，在壶门之间8个塔身，各做2根斜向树根桩。总计48根树根桩，桩直径为90mm，安设3ϕ16受力筋，采用压力注浆成桩。

这项虎丘塔地基加固工程，由上海市特种基础工程研究所改装了XJ－100－1型钻机，并用干钻法完成，效果良好。

第八节 应县木塔拯救方案

本节介绍的是“局部卸荷小修，整体矫正注胶”拯救应县木塔方案，能达到技术上可行、安全上可靠、经济上最省的效果。

一、引言

应县木塔建成于1056年，已有近千年的历史，外部五层，内部九层，高67.3m，平面呈正八边形。与建成于1370年，高53.86m的环形比萨石塔相比，应县木塔拥有更为悠久的历史和更为丰富的技术与文化含量。从古塔的结构安全现状及其发展前景考察，应县木塔值得拯救。因为从应县木塔材质(木材)的耐腐朽能力和整体安全感着眼，拯救木塔有更大的信心和更高的可靠度，具有更为深远的意义，因此认为国家文物局决定全力拯救应县木塔，必定得到全国以至全世界人民的拥护，相信国内外专家均会对此表示热切关注，并为拯救古塔做出贡献。编者在此试提出一个拯救方案，以供参考。

二、木塔损伤特征

治病贵在对症下药，拯救木塔首先应对木塔的结构现状及其受损特征有一个正确的认识。

1. 虫蚁灾害

木结构最常见、最可怕的灾害是虫蚁蛀蚀，这是一种全身性传染病，一旦感染，防治不及，拯救无方。可幸的是据现状调查，古塔至今材质完好坚实，没有受到虫蚁蛀蚀。如能在现状基础上进一步采取适当的防朽措施，则可再保其千百年无患，这是值得拯救的首要条件。

2. 榫卯松动

木塔歪斜的最主要原因应该是由于木材久经干燥收缩后，引起榫卯松动。据木塔底部(一层和二层)已向东北向发生严重倾斜的现状，如果经过确诊并非由地基不均匀沉降引起，则可确认为由榫卯松动引起。要纠正倾斜歪扭现象，就必须恢复榫卯节点的紧密性，而且这也是很容易实现的。

3. 应力集中

木塔梁柱构件均经人工下料，用锯凿等手段加工榫卯。由于构件笨重，难免尺寸误差大，榫卯不密贴。这是引起结构变形、应力集中、出现榫卯或构件受损的主要原因。

4. 塑性变形

木材在长年受力条件下，由于木质老化，难免产生塑性变形，尤以主要受力部位，如底部1至2层柱梁为最严重。

5. 构件瑕疵

应县木塔规模宏大，梁柱构件数量多，每一构件在规格和质量方面均有严格要求，选料困难，难免使某些构件夹带着先天性的缺憾。在受力条件下经过时间考验，率先暴露病情，这是难免的，但也是个别的、可治的。

6. 变形特征

木结构与砖石结构甚至混合结构相比较，具有较大的延性，在出现较大变形的情况下，不致出现脆性破坏，这是其有利条件。

三、主要治理思路

鉴于古塔的文史价值较大，治理古塔的主要原则及其思路如下。

1. 不改变原貌

经整治后应丝毫不损害古塔的固有风貌。

2. 安全第一

安全第一是主张用保守治疗方法。因为解体塔架大修或大修不落架的方案都会损伤结构"元气"，不仅经济代价高昂，而且风险很大。木构件，尤其是榫卯结合部位是非常脆弱的，一经解体落架过程中的反复操作，难免会使构件受到损伤，榫卯受损是很难修复的。因此从结构整体质量考虑认为落架大修方案，不可行。大修不落架方案要将上层塔体长时间悬吊(架)于半空，待下层塔体进行解体落架修复后再予就位组装。不可预见的人为不确定因素和时空不确定因素太多，风险实在太大，经济代价也必然很高。

3. 经济稳妥

中国幅员辽阔，历史悠久，应该得到悉心保护的文物很多。由于国家财力有限，还有大量文物由于经费受到限制而受到损害，令人心痛。因此认为应该力求节省经费，以拯救更多的文物。

四、"局部卸荷小修，整体矫正注胶"加固方案

1. 整体安全保证措施可靠

对于整治文史价值无限的古塔来说，不论选择何种实施方案，应该把结构整体安全的保证放在第一位。本方案采用的结构整体安全保证措施是以三排环形、全高、加劲钢管脚手架作为反力架。底脚用钢筋混凝土基础固定，再分层用径向拉结钢梁平台加强，

使之形成整体性极好、空间刚度极高的筒形钢架空间结构。可以利用斜撑杆传力，对木塔任何高度、任何部位的构件进行支撑与加固卸荷，并着手撤换构件或修复构件的工作。

2. 局部卸荷小修可行

(1) 对于有先天性瑕疵的构件，受损时可能已是严重劈裂、损毁，可采用局部卸荷、“偷梁换柱”的传统手法撤换构件。由于梁柱构件端头的榫卯咬合，撤换难度较大时，也可采用构件分段撤换办法，再用高强夹板螺栓拉接形成整体。

(2) 对于应力集中、榫卯局部受损、撤换困难的构件，也可采用局部减荷、胶合修复的办法。即将部分荷载分卸给相邻构件，以调整榫卯节点的密贴程度，并注胶修补榫卯，以达到受力均衡、节点固定为目的。

(3) 对于变形过量、承载能力有限的构件，可以采用外贴内注的办法，恢复构件的整体强度，即外贴高强纤维布，内注特种结构胶，进行构件补强。

3. 整体矫正注胶固定

可以认为，应力集中、构件受损、变形过量，引起塔身歪扭、倾斜的现象实际上都是由榫卯松动引起。由于榫卯松动，导致塔身倾斜产生倾覆力矩和分布不均匀的水平应力与垂直应力，恶性循环，逐步加剧了结构的受损程度。如果彻底矫正了塔身，并对榫卯结合点进行注胶固定，就可消除偏心力矩，保证构件受力均匀，一切问题均可迎刃而解。

1) 整体矫正

整体矫正工作应在个别病害受损构件撤换修复之后进行。矫正是以筒形钢构脚手架为反力架，即以构架为着力点，以钢斜撑为传力杆，对塔身上下逐点进行顶撑以找正整体垂直度。

2) 榫卯注胶固定

塔身找正之后，即对榫卯结合点进行注胶固定，胶液以选择聚酯类或环氧类树脂这类不仅具有较高的黏结强度，并具有木材防腐朽性能的特种结构胶为宜。

3) 全面防朽

为了防止木质朽败，宜对全塔进行防朽处理。内防朽可钻孔注射防朽剂，或注射兼具有结构补强与木材防朽功能的特种胶。外防朽可以采用常规的定期表面油漆保护措施。

五、施工组织

(1) 详细的施工组织实施计划应在施工队伍选定之后，结合结构现状的实测记录进行编制。

(2) 建议向全国公开招标。选择不以盈利为目的，热心为保护文物做贡献的高技术施工队伍，将整治费用降到最低限度。

（方案编制人：谢征勋，郭志恭，2001 年 6 月）

第九节 瑞典皇宫沉降处理

一、工程事故概况

瑞典皇宫位于首都斯德哥尔摩，建成于18世纪中叶。皇宫的两个东侧厅处在蛇形丘的边缘。侧厅下的地基中存在一层古木格架与木桩，它是更古建筑物不同时期的遗物。在这些复杂的基础材料下面是厚度不同的软黏土透镜体和软黏土层。侧厅南部最大厚度约2m，侧厅北部最大厚度约3.5m。这层软黏土中混有砂土和砾石，并发现有木块。再下面是砂土、砾石和漂石。底下是冰碛物和岩石，深度不同，在11～30m。

皇宫侧厅采用木桩基础，使用若干年后，发现侧厅向外朝东倾斜。

二、事故原因分析

瑞典皇宫侧厅倾斜事故发生后，检查其原因，发现所采用的木桩太短，没有打到坚实土层。而且，当地的地下水位下降，木桩逐渐腐烂。在地基软土厚度不均匀的条件下，事故不可避免地发生了。

三、事故处理方法

1920年进行第一次处理，将1m厚的混凝土板加在皇宫侧厅下，企图使沉降终止，并使荷载分布更均匀。但这次处理结果情况更坏，沉降速率反而增加了。这是由于采用1m厚的混凝土板，增加了质量从而造成不良后果。

在20世纪50年代进行侧厅沉降观测，表明每年沉降量为2.5mm。

第二次处理于1963年进行。这次处理针对事故的原因，采用在侧厅下加混凝土桩的措施并将桩打至基岩，获得成功。

用上述同样的方法，挽救旧城中邻近建筑物，也都取得了良好的效果。

第十节 意大利比萨斜塔倾斜调整实施方案

比萨斜塔是因为工程设计和施工质量有问题才倾斜的，但因祸得福，却成了世界的建筑奇迹。可是倾斜的病根未除，塔继续倾斜，如不采取措施，制止倾斜发展，把塔矫正到安全的位置，比萨斜塔就会倒塌。意大利政府为了保护这一历史珍贵遗产，组织力量，于1990年开始实施比萨斜塔的倾斜矫正工程。主要工程措施是压重并从塔基下抽土。至2001年3月工程基本完成，至2001年6月，塔顶水平方向调整46cm。10月17日对公众开放。现将比萨斜塔矫正的方案及过程简述如下。

一、工程事故概况

比萨市位于意大利中部，靠近罗马市与米兰市中间的佛罗伦萨市，有铁路相通，交通方便。比萨斜塔位于比萨市北部，它是比萨大教堂的一座钟塔，在大教堂东南方向，相距约25m。比萨斜塔全景如图13-15所示。

图13-15　比萨斜塔全景(由斜塔西南方向拍摄，1992年1月摄)

比萨斜塔是一座独立的建筑，周围空旷，游人可以环绕塔身行走与观赏。斜塔西侧有一大片四季常青的草地，长达200m，景色秀丽。

比萨斜塔的建造经历了三个时期：

第一期：自1173年9月8日动工，至1178年，建至第4层中部，高度约29m时，因塔倾斜，不知原因而停工。

第二期：钟塔施工中断94年后，于1272年复工，至1278年，建完第7层，高48m，再次停工。

第三期：经第二次施工中断82年后，于1360年再复工，至1370年竣工，全塔共八层，高度为55m。

斜塔呈圆筒形，塔身1～6层均由大理石砌成，大理石质地优良，每块大理石做得很规整，不仅高度一致，而且表面做成曲面，拼接成的塔身为准确圆形。塔基础外伸台阶也同样做成圆形。尤其是塔周围的15根大圆柱，砌筑得更精致。斜塔顶上7～8层为砖和轻石料筑成。塔身砌体总厚度：第1层为4.1m，第2～6层为2.6m。塔身内径约为7.65m。基础底面外径为19.35m，内径为4.51m。塔身每层都有精美的花纹图案，整个斜塔是一座宏伟而精致的艺术品，令人赞叹不已。原来游人可以登塔在各层围廊观赏眺望，因近年塔沉降加速，为了安全，于1990年1月14日封闭。

全塔总荷重约为145MN，塔身传递到地基的平均压力约为500kPa。目前塔北侧沉降量约为90cm，南侧沉降量约为270cm，塔倾斜约为5.5°，十分严重。

比萨斜塔向南倾斜，塔顶离开垂直线的水平距离已达5.27m，是中国虎丘塔倾斜后塔顶离开水平距离的2.3倍。因比萨斜塔的建筑材料大理石条石质量优良，施工精细，围绕斜塔周围仔细观察，没有发现塔身有裂缝。

比萨斜塔基础底面倾斜值，经计算为0.093，即93‰。中国国家标准《建筑地基基础设计规范》(GB 50007—2011)中规定：高耸结构基础的倾斜，当建筑物高度(H_g)为$50m<H_g\leqslant 100m$时，其允许值为0.005，即5‰。目前比萨斜塔基础实际倾斜值已等于我国国家标准允许值的18倍。

由此可见，比萨斜塔倾斜已达到极危险的状态，随时有可能倒塌。

二、事故原因分析

关于比萨斜塔倾斜的原因，很多学者都有所研究。早在18世纪，当时有两派不同见解：一派以历史学家兰尼里·克拉西为首，坚持比萨塔有意建成不垂直；另一派以建筑师阿莱山特罗为首，认为比萨斜塔的倾斜归因于它的地基不均匀沉降。

20 世纪以来，一些学者提供了塔的基本资料和地基土的情况。比萨斜塔地基土的典型剖面如图 13－16 所示。由上至下，可分为 8 层：①表层为耕植土，厚 1.60m；②第 2 层为粉砂，夹黏质粉土透镜体，厚 5.40m；③第 3 层为粉土，厚 3.00m；④第 4 层为上层黏土，厚 10.50m；⑤第 5 层为中间黏土，厚 5.00m；⑥第 6 层为砂土，厚 2.00m；⑦第 7 层为下层黏土，厚 12.50m；⑧第 8 层为砂土，厚度超过 20.00m。

有人将上述 8 层土合为 3 大层：第 1～3 层为砂质粉质土层；第 4～7 层为黏土层；第 8 层为砂质土层。

地下水埋深 1.6m，位于粉砂层内。

根据上述资料，分析比萨斜塔倾斜的原因：

（1）比萨斜塔基础底面位于第 2 层粉砂中。施工不慎，南侧粉砂局部外挤，造成偏心荷载，使塔南侧附加应力大于北侧，导致塔向南倾斜。

（2）塔基底压力高达 500kPa，超过持力层粉砂的承载力，地基产生塑性变形，使塔下沉。塔南侧接触压力大于北侧，南侧塑性变形必然大于北侧，使塔的倾斜加剧。

（3）比萨斜塔地基中的粘土层厚达 30m，位于地下水位下，呈饱和状态。在长期重荷作用下，土体发生蠕变，也是塔继续缓慢倾斜的一个原因。

图 13－16　地基土剖面

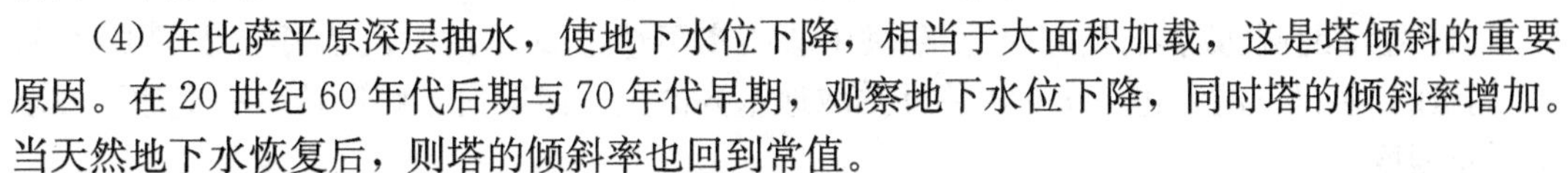

（4）在比萨平原深层抽水，使地下水位下降，相当于大面积加载，这是塔倾斜的重要原因。在 20 世纪 60 年代后期与 70 年代早期，观察地下水位下降，同时塔的倾斜率增加。当天然地下水恢复后，则塔的倾斜率也回到常值。

比萨斜塔荷重、沉降量与时间的关系曲线如图 13－17 所示。

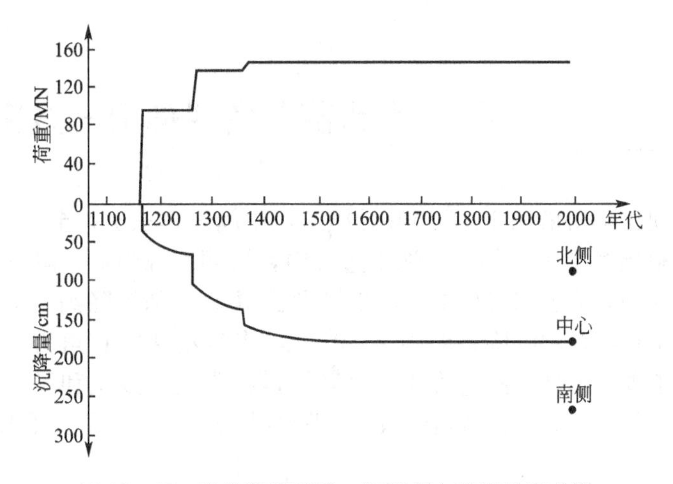

图 13－17　比萨斜塔荷重、沉降量与时间关系曲线

三、事故处理方法

(1) 卸荷处理。为了减轻比萨斜塔地基荷重，1838—1839 年，于塔周围开挖一个环形基坑。下到基坑量测宽度约 3.5m，其深度塔北侧为 0.90m，南侧为 2.70m。基坑底部位于塔基础外伸的三个台阶以下，铺有不规则的块石。基坑外围用规整条石垂直向砌筑。

(2) 防水与灌水泥浆。为了防止雨水下渗，于 1933—1935 年对环形基坑做防水处理，同时对基础环用水泥灌浆加强。

(3) 为了防止比萨斜塔散架，于 1992 年 7 月开始对塔身加固。

清华大学陈希哲教授认为上述处理非根本之计，关键在于对斜塔地基处理。但罗马大学一位教授担心斜塔地基处理施工会影响斜塔的安全，认为在塔的旁边的任何施工都有危险。

针对比萨斜塔倾斜严重的现状和地基土层情况，进行塔基加固又要丝毫不影响塔的安全，难度很大。在其他工程加固地基行之有效的旋喷法和桩基托换法等方法，对比萨斜塔都不适用。因为这类方法必须在斜塔南侧打孔，在施工过程中必然对斜塔安全不利。至于常规的沉井冲土纠偏法，对比萨斜塔也不适用。在意大利许多人认为，比萨斜塔贵在斜，因为 1590 年伽利略曾在此塔做落体试验，创建了物理学上著名的落体定律，斜塔成为世界上最珍贵的历史性纪念建筑。

在意大利政府委任的以雅莫尔科夫斯基为主席的“比萨斜塔维护委员会”的努力工作下，终于采取了下列主要工程措施，使塔矫正到他们认为的合适和安全的程度：

(1) 塔的长期稳定需要一个小的逆向运动，即至少将塔现有的倾斜扳回 1/10。

(2) 安设一套轻型的、临时性的安全缆绳，用以纠正不希望的小移动。

(3) 在 1993—1994 年，分期施加反压重，一直加到 900kN。

(4) 在塔北侧(倾斜的反方向)，距塔中心距离不超过 20m 的一段圆弧上钻了 12 个斜孔，孔通到基础下的北边，从孔内往外抽取地基内的土，使塔向北侧逆转，一直达到要求的矫正程度。

(5) 填钻孔，清理现场，恢复环境原状。

(郭志恭整理、编写)

第十一节 为比萨斜塔纠偏提一方案

著名的意大利比萨斜塔从 1173 年开始施工，中间停建三次，至 1370 年最终完成全部施工任务，整整延续了 197 年。在施工过程中，塔即发现倾斜。建成后，塔又继续缓慢倾斜，经实际测量，截至 1990 年底，塔基北边缘的地基沉降约 2000mm，南边缘地基沉降量约 4000mm，相对沉降差约为 2000mm，塔身刚性倾斜角为 5°28′09″。严峻的问题是沉降差正在增大，且沉降速度正在加快，塔身裂缝在发展和增多。意大利政府于 1990 年 10 月任命了一个由 15 位成员组成的国际多专业委员会，负责采取各种必要行动来保护斜塔。

一、比萨斜塔的结构情况

比萨塔是一座用大理石砌成的空心筒体结构，塔体有八层。塔基础平剖面图如图 13－18 所示。

比萨斜塔的荷载、几何尺寸及倾斜状况等如下：

塔的总高度为 58.36m；

塔地面以上的高度为 55m；

塔基底平面至塔重心的距离为 22.6m；

环形基础的外径为 19.58m；

环形基础的内径为 4.5m；

环形基础的基底面积为 $285m^2$；

塔总质量为 144.53MN；

平均基底压力为 497kPa；

至 1990 年底的偏心距为 2.3m；

至 1990 年底塔竖向倾斜角为 5°28′09″。

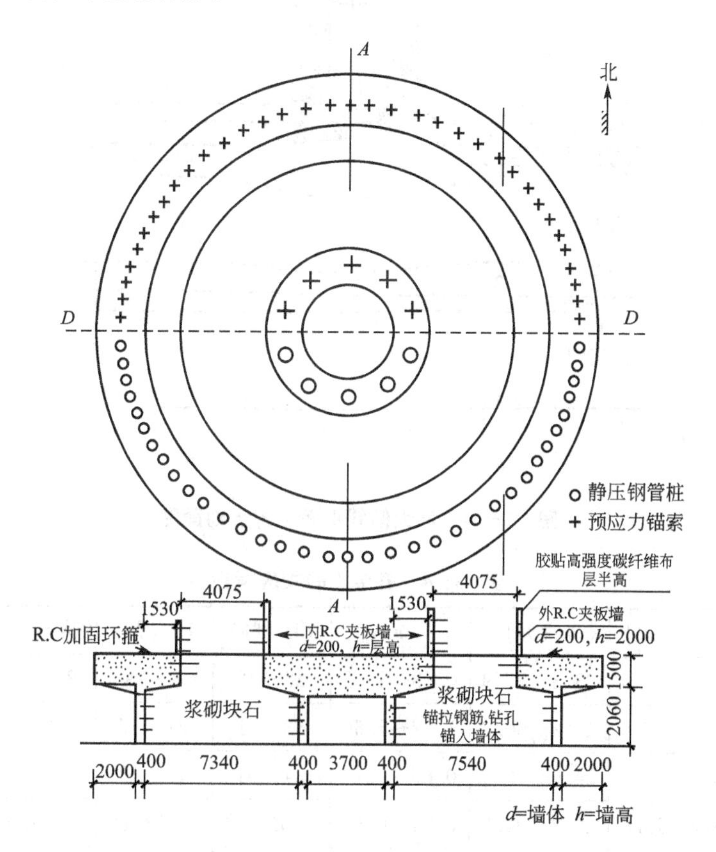

图 13－18　比萨斜塔基础平剖面

二、塔地基土层及其特性

土层的年代属更新世和全新世沉积物，地面平均海拔标高 2.5m，地下水位标高在 1.7m 左右。地层构造如下。

A1 层：高程 0～－3m，黄色粉土质砂；

A2 层：高程－3～－5m，黄色黏土质粉土，靠北侧层厚减薄含砂量增加；

A3 层：高程－5～－7m，中等均匀灰色砂；

B1 层：高程－7～－18m，为饱和黏土层；

B2 层：高程－18～－22.5m，为黏砂互层，以黏土为主；

B3 层：高程－22.5～－24.5m，为黏砂互层，以砂土为主；

B4 层：高程－24.5～－37m，为下黏土层；

C 层：高程－37～－62m，为下砂层。

最大倾斜平面上的土层剖面图如图 13－19，各层土的物理指标如表 13－4 所示，塔的自重、倾斜力矩和倾斜在时间上的变化如表 13－5 所示。

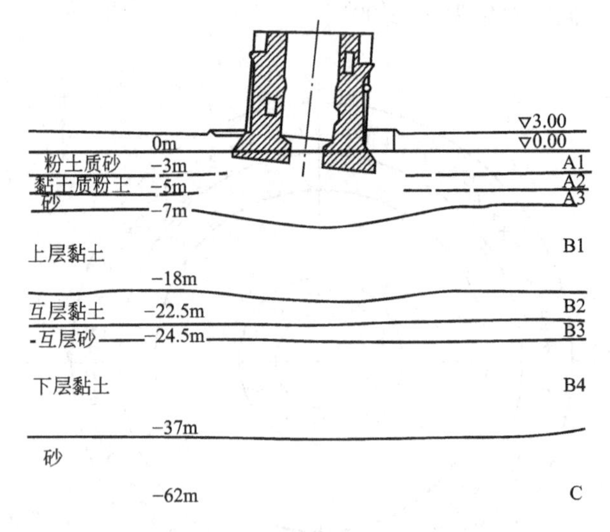

图 13－19　最大倾斜平面上的土剖面图

表 13－4　各层土的物理指标

土层		γ/(kN/m³)	w/(%)	e	LL/(%)	PI/(%)	细粒土/(%)	G_s/(kN/m³)
A		18.1～19.0	33.3～37.9	0.88～1.02	28～42	8～19	22～100	26.4～26.9
B	B1	16.4～17.8	45.2～60.8	1.22～1.66	53～61	27～57	>80	27.0～27.3
	B2	19.4～20.4	24.6～28.9	0.66～0.79	34～61	13～19	>80	26.8～27.3
	B3	18.5～19.4	28.2～34.5	0.74～0.91	非塑性的	非塑性的	3～50	26.2～26.5
	B4	17.6～19.3	30.8～42.5	0.81～1.14	35～78	17～48	>80	26.3～26.8
C		20.2～21.4	16.2～21.8	0.42～0.57	非塑性的	非塑性的	0～20	26.0～26.2

表 13-5 塔的自重、倾斜力矩和倾斜在时间上的变化

年 份	自重/MN	倾斜力矩/(MN·m)	倾 斜
1178	94.8		
1272—1278	137.28	55.1	0°6′11″
1285	137.28	59.8	1°6′44″
1360—1370	144.53	97.7	1°36′39″
1550	143.53	284.72	4°41′07″
1758	144.53	293.54	4°49′50″
1817	143.53	310.16	5°06′11″
1911	144.53	318.48	5°14′46″
1990	143.53	372.56	5°28′09″

根据以上情况，可对工程地质条件做出如下评价：

(1) 地基早期出现不均匀沉降的原因是 A2 层黄色粘土质粉土存在局部不均匀现象，层厚向北减薄，含砂量向北增多。

(2) 塔基沉降显然主要发生在厚度为 11m 的饱和粘土层 B1 层。

(3) 塔的长期不均匀沉降显然是由早期不均匀沉降产生的偏心力矩和不均匀的地基附加压力造成的。偏心力矩和不均匀沉降互为因果，恶性循环(如表 13-5 中所示，倾覆力矩不断增大)。如不制止此恶性循环，沉降就不会终止。

(4) 塔基的平均压力是 497kPa，1990 年环形基础底面南边缘的最大压力达到 960kPa，北边缘的压力只有 55kPa，南北基底压力差如此之大，塔只能继续倾斜，而且越来越快。

三、已采取的纠偏措施及效果

比萨斜塔多专业委员会已经采取的主要加固和纠偏措施如下。

(1) 用后张预应力钢索捆绑加固塔身最薄弱的部位，即二层塔身和一、二层交界处的塔身。

(2) 加设一套安全缆绳作为临时安全措施。

(3) 关闭塔周围 1km 以内的取水井。

(4) 在塔基北缘附近用电渗法进行地基土的排水。

(5) 从 1993 年 5 月—1994 年 2 月在塔北侧施加铅块做反压重，分步增加压重总计 6.9MN，产生反倾覆力矩 44.6MN·m，使塔体倾斜角减少了 34.5°。

(6) 1994—1995 年在基础北侧设置地锚 10 个，形成反倾覆力矩。

(7) 1995—1996 年，在塔北侧设备了 12 个斜钻孔，在钻孔中掏土，以增大塔基北侧的沉降。

这些措施，特别是北侧加压重和钻斜孔掏土都产生了良好的效果。

委员会希望所采取的措施至少能减少向南的塔身倾斜 1/10，即约 30′。

这一套方案的主要缺点是：①纠偏速度慢；②纠偏的幅度小；③纠偏后能否完全制止以后塔继续向南倾斜，没有保证。因此，应该提出更安全、有效、快速、保证后效的纠偏方案。

四、我们的比萨斜塔纠偏方案——顶压法

根据我们多年的工程实践取得的成功经验，提出此方案。

1. 纠偏的目标值

比萨斜塔多专业委员会将纠偏目标定为30′～60′。我们认为，保留剩余的倾斜度过大，从而使存在的倾覆力矩及南侧地基超负荷仍然过大，恐难免塔将来还会继续向南倾斜。为了既保持斜塔的优美姿态，同时保证塔能保持纠偏后的可靠稳定，可将纠偏目标定为减小倾斜度2/3左右，即大致恢复到塔在1360年以前的倾斜状态(表13-5)，可保留不到2°的倾斜角；相应的偏心距约为0.8m；倾覆力矩约为115MN·m；南侧地基最大压力约为660kPa，纠偏后南北沉降差约为680mm，因此，采取的措施应能消除(2000－680)mm＝1320mm的沉降差。

假定以塔基中心轴(东西向轴)为旋转轴，将南侧基础顶升1320mm/2＝660mm，将北侧基础下压660mm，就可达到纠偏目标值。

2. 顶压法的具体做法

1) 顶升力

在南半圆新设置的环箍处布置静压桩，利用静压桩的反力作为南半基础的顶升力。

(1) 在塔基圬工周围做钢筋混凝土环箍，环箍要与塔基圬工连接牢固(图13-17)。

(2) 在南半圆环箍上设置钢管静压桩，可选用直径为200mm的钢管。桩压入土中的深度暂定为45m，以下层砂(C层)为持力层。桩的有效平均支承力定为1000kN，最大顶升力(压桩反力)可取1500～2000kN，桩数为35根。钢管内充填C20混凝土。压桩反力架用型钢制作，固定在钢筋混凝土环箍的预埋件上，环箍上预留钢管桩的穿入孔。用油压千斤顶对桩同步施压。

2) 下压力

要在短期内，对北半圆基础施加下压力，迫使地基下沉，达到预期的下沉量660mm，是不容易实现的，必须对地基持力层及一定深度的下卧层进行扰动和软化。因此，选用预应力锚索加压。

(1) 用钻机为锚索钻孔，孔径为200mm，孔深暂定为45m，锚索最大张力(预压力)控制在1500～2000kN，锚索数量与静压桩相同，为35根。环箍上预留锚索穿孔。

(2) 为了加强对地基土的扰动，钻孔和浸泡孔的时间需适当延长，但钻孔排浆和注水冲孔工作应适当控制，以防引起南半圆基础下沉。

(3) 为了安全，给锚索造孔的工作宜在南半圆的静压钢管桩大体就位，并压入土中且能提供一定的支承能力之后进行。

(4) 锚索预应力用油压千斤顶同步施加。

(5) 南部压桩顶升与北部锚索预应力下压同步进行。

这样，顶升力与下压力构成的反倾覆力矩可大于表13-5的最大倾覆力矩。

3. 塔基加固

为了满足顶升和下压施工的需要，要先对塔基进行加固。

(1) 原有环形圬工基础采用C30的钢筋混凝土环箍予以加固。钢筋配置、锚拉筋的设置、预埋件及预留孔洞等，都要经统筹安排和计算。

(2) 为了补偿南半圆基础进行环边基槽开挖时所失去的侧阻力，宜先沿南缘基础边用压静法设置若干直径为200mm的钢管混凝土短桩。

(3) 为了加强新浇钢筋混凝土与原有圬工的结合，宜先将圬工界面进行仔细清洗，刷界面剂，并按锚固需要在基础圬工上钻孔，用微膨胀灌浆料将锚拉钢筋植入孔内。

4. 塔身加固

为了安全，宜先将底层及二层塔身这一结构的薄弱环节进行加固。

(1) 塔身为内壁受压。因内壁不要求处理美观，而且不受使用空间的限制，可紧贴内墙面浇注厚度为200mm的钢筋混凝土内壁予以加固。

(2) 塔身外墙面受拉，拟采用粘贴碳纤维布的新技术进行加固。碳纤维布厚度仅0.167mm，在布面上再粘贴原型大理石面板，可保证塔身原有的体型和装饰效果。碳纤维布抗拉强度很高，效果远好于钢索捆扎。

5. 质量监控和安全保证

对于比萨斜塔这样受世人关注且有重大历史意义和艺术价值的建筑物来说，其纠偏工程必须把质量控制和安全保障放在第一位，一切工作都要万无一失。因此，必须有绝对可靠和切实可行的技术安全措施。

(1) 一切工作必须按计划程序进行，尤其在最后的顶升和下压阶段，必须坚持同步推进。

(2) 坚持跟踪观测。利用斜塔已设置的精密水准观测手段和倾斜度观测手段，进行动态控制，随时调整实施计划。

(3) 一切通过试验或计算。凡是数据齐备、可靠，能通过计算取得的参数，都必须进行仔细计算；无法通过计算取得的参数，如静压桩的入土深度、承载力和顶升力的取值、锚索深度的确定、造孔扰动和浸泡时间的控制、锚索张拉力的取值、锚索下压效果(沉降)的控制等均须经过试验确定，并在实际施工过程中随时调控。

(4) 顶升及下压到位、纠偏指标达到后，放松锚索的张拉，使北半圆地基承受塔的自重。同时向南半圆基础下灌注粉煤灰浆，灌注压力保持1MPa，以将基础下面悬空的间隙充填饱满。

(5) 继续进行沉降观测和倾斜观测1～2年后，如果沉降和倾斜尚未停止，可进行第二轮顶升和下压，如沉降与倾斜的发展已完全终止，则将锚索预应力调控到200kN左右，作为防倾斜的第二道防线，协助抵抗还剩余的倾覆力矩。然后充填锚孔，锁定锚具。在南半圆基础下灌注纯水泥浆，压力采用2MPa，以和粉煤灰一起共同固结硬化，使基础稳定。

五、结束语

此文写于1998年下半年，本欲给意大利比萨斜塔多国专业委员会寄去，供他们参考，但因种种原因，未能如愿。据悉，比萨斜塔纠偏已取得一定效果，这是值得庆幸的。但如本文所述，现在意大利实施的方案仍有不足之处，按此方案实施后，会否留下后遗症，仍待观察。故仍发表此文，立此存照，并向同行请教。此外，此方案对类似建构筑物的倾斜纠正也有一定的参考价值，希望有兴趣的同行讨论。

(谢征勋，郭志恭)

参考文献

[1] 袁镜身．建筑漫记［M］．北京：中国建筑工业出版社，1991.
[2] 田学哲．建筑初步［M］．北京：中国建筑工业出版社，1982.
[3] 中国大百科全书出版社编辑部．中国大百科全书：建筑、园林、城市规划［M］．北京：中国大百科全书出版社，1988.
[4] 韩石山．沿着梁思成、林徽因的足迹［J］．中国国家地理，2002，(6)：22.
[5] 梁思成．清式营造则例［M］．北京：中国建筑工业出版社，1981.
[6] 陈明达．中国古代木结构建筑技术(战国—北宋)［M］．北京：文物出版社，1990.
[7] 中国建筑科学研究院建筑史编委会．中国古代建筑史［M］．北京：中国建筑工业出版社，1984.
[8] 张驭寰．古建筑勘查与探究［M］．南京：江苏古籍出版社，1988.
[9] 马良．应县木塔史话［M］．太原：山西人民出版社，1989.
[10] 孙大章．中国古代建筑史话［M］．北京：中国建筑工业出版社，1987.
[11] 刘奇俊．中国古建筑［M］．深圳：中国艺术家出版社，1987.
[12] 刘致平．中国建筑类型及结构［M］．北京：中国建筑工业出版社，1987.
[13] 罗哲文．中国古代建筑［M］．上海：上海古籍出版社，1990.
[14] 李雄飞．城市规划与古建筑保护［M］．天津：天津科学技术出版社，1989.
[15] [俄]普鲁金．建筑与历史环境［M］．韩林飞，译．北京：社会科学文献出版社，1997.
[16] 宋占海．建筑结构基本原理［M］．北京：中国建筑工业出版社，1994.
[17] 王福川，官来贵．建筑工程材料［M］．北京：科学技术文献出版社，1992.
[18] 苏州市房地产管理局．古建筑修建工程质量检验评定标准(南方部分)(CJJ 70—1996)［S］．北京：中国建筑工业出版社，1997.
[19] 孙瑞虎．房屋建筑修缮工程［M］．北京：中国铁道出版社，1988.
[20] 刘鲲．建筑结构修缮［M］．北京：中国建筑工业出版社，1988.
[21] 文化部文物保护研究所．中国古建筑修缮技术［M］．北京：中国建筑工业出版社，1983.
[22] 卫龙武，等．建筑物评估、加固与改造［M］．南京：江苏科学技术出版社，1993.
[23] 陈希哲．地基事故与预防——国内外建筑工程实例［M］．北京：清华大学出版社，1994.
[24] 罗哲文，等．中国名桥［M］．天津：百花文艺出版社，2001.
[25] 宋迪生，等．文物与化学［M］．成都：四川教育出版社，1992.
[26] 赵超．古代石刻［M］．北京：文物出版社，2001.
[27] [英]T. H. 汉纳．锚固技术在岩土工程中的应用［M］．胡定，等译．北京：中国建筑工业出版社，1987.

北京大学出版社土木建筑系列教材(已出版)

序号	书名	主编	定价	序号	书名	主编	定价
1	*房屋建筑学(第 3 版)	聂洪达	56.00	53	特殊土地基处理	刘起霞	50.00
2	房屋建筑学	宿晓萍　隋艳娥	43.00	54	地基处理	刘起霞	45.00
3	房屋建筑学(上：民用建筑)(第 2 版)	钱　坤	40.00	55	*工程地质(第 3 版)	倪宏革　周建波	40.00
4	房屋建筑学(下：工业建筑)(第 2 版)	钱　坤	36.00	56	工程地质(第 2 版)	何培玲　张　婷	26.00
5	土木工程制图(第 2 版)	张会平	45.00	57	土木工程地质	陈文昭	32.00
6	土木工程制图习题集(第 2 版)	张会平	28.00	58	*土力学(第 2 版)	高向阳	45.00
7	土建工程制图(第 2 版)	张黎骅	38.00	59	土力学(第 2 版)	肖仁成　俞　晓	25.00
8	土建工程制图习题集(第 2 版)	张黎骅	34.00	60	土力学	曹卫平	34.00
9	*建筑材料	胡新萍	49.00	61	土力学	杨雪强	40.00
10	土木工程材料	赵志曼	38.00	62	土力学教程(第 2 版)	孟祥波	34.00
11	土木工程材料(第 2 版)	王春阳	50.00	63	土力学	贾彩虹	38.00
12	土木工程材料(第 2 版)	柯国军	45.00	64	土力学(中英双语)	郎煜华	38.00
13	*建筑设备(第 3 版)	刘源全　张国军	52.00	65	土质学与土力学	刘红军	36.00
14	土木工程测量(第 2 版)	陈久强　刘文生	40.00	66	土力学试验	孟云梅	32.00
15	土木工程专业英语	霍俊芳　姜丽云	35.00	67	土工试验原理与操作	高向阳	25.00
16	土木工程专业英语	宿晓萍　赵庆明	40.00	68	砌体结构(第 2 版)	何培玲　尹维新	26.00
17	土木工程基础英语教程	陈　平　王凤池	32.00	69	混凝土结构设计原理(第 2 版)	邵永健	52.00
18	工程管理专业英语	王竹芳	24.00	70	混凝土结构设计原理习题集	邵永健	32.00
19	建筑工程管理专业英语	杨云会	36.00	71	结构抗震设计(第 2 版)	祝英杰	37.00
20	*建设工程监理概论(第 4 版)	巩天真　张泽平	48.00	72	建筑抗震与高层结构设计	周锡武　朴福顺	36.00
21	工程项目管理(第 2 版)	仲景冰　王红兵	45.00	73	荷载与结构设计方法(第 2 版)	许成祥　何培玲	30.00
22	工程项目管理	董良峰　张瑞敏	43.00	74	建筑结构优化及应用	朱杰江	30.00
23	工程项目管理	王　华	42.00	75	钢结构设计原理	胡习兵	30.00
24	工程项目管理	邓铁军　杨亚频	48.00	76	钢结构设计	胡习兵　张再华	42.00
25	土木工程项目管理	郑文新	41.00	77	特种结构	孙　克	30.00
26	工程项目投资控制	曲　娜　陈顺良	32.00	78	建筑结构	苏明会　赵　亮	50.00
27	建设项目评估	黄明知　尚华艳	38.00	79	*工程结构	金恩平	49.00
28	建设项目评估(第 2 版)	王　华	46.00	80	土木工程结构试验	叶成杰	39.00
29	工程经济学(第 2 版)	冯为民　付晓灵	42.00	81	土木工程试验	王吉民	34.00
30	工程经济学	都沁军	42.00	82	*土木工程系列实验综合教程	周瑞荣	56.00
31	工程经济与项目管理	都沁军	45.00	83	土木工程 CAD	王玉岚	42.00
32	工程合同管理	方　俊　胡向真	23.00	84	土木建筑 CAD 实用教程	王文达	30.00
33	建设工程合同管理	余群舟	36.00	85	建筑结构 CAD 教程	崔钦淑	36.00
34	*建设法规(第 3 版)	潘安平　肖　铭	40.00	86	工程设计软件应用	孙香红	39.00
35	建设法规	刘红霞　柳立生	36.00	87	土木工程计算机绘图	袁　果　张渝生	28.00
36	工程招标投标管理(第 2 版)	刘昌明	30.00	88	有限单元法(第 2 版)	丁　科　殷水平	30.00
37	建设工程招投标与合同管理实务(第 2 版)	崔东红	49.00	89	*BIM 应用：Revit 建筑案例教程	林标锋	58.00
38	工程招投标与合同管理(第 2 版)	吴　芳　冯　宁	43.00	90	*BIM 建模与应用教程	曾浩	39.00
39	土木工程施工	石海均　马　哲	40.00	91	工程事故分析与工程安全(第 2 版)	谢征勋　罗　章	38.00
40	土木工程施工	邓寿昌　李晓目	42.00	92	建设工程质量检验与评定	杨建明	40.00
41	土木工程施工	陈泽世　凌平平	58.00	93	建筑工程安全管理与技术	高向阳	40.00
42	建筑工程施工	叶　良	55.00	94	大跨桥梁	王解军　周先雁	30.00
43	*土木工程施工与管理	李华锋　徐　芸	65.00	95	桥梁工程(第 2 版)	周先雁　王解军	37.00
44	高层建筑施工	张厚先　陈德方	32.00	96	交通工程基础	王富	24.00
45	高层与大跨建筑结构施工	王绍君	45.00	97	道路勘测与设计	凌平平　余婵娟	42.00
46	地下工程施工	江学良　杨　慧	54.00	98	道路勘测设计	刘文生	43.00
47	建筑工程施工组织与管理(第 2 版)	余群舟　宋会莲	31.00	99	建筑节能概论	余晓平	34.00
48	工程施工组织	周国恩	28.00	100	建筑电气	李　云	45.00
49	高层建筑结构设计	张仲先　王海波	23.00	101	空调工程	战乃岩　王建辉	45.00
50	基础工程	王协群　章宝华	32.00	102	*建筑公共安全技术与设计	陈继斌	45.00
51	基础工程	曹　云	43.00	103	水分析化学	宋吉娜	42.00
52	土木工程概论	邓友生	34.00	104	水泵与水泵站	张　伟　周书葵	35.00

序号	书名	主编	定价	序号	书名	主编	定价
105	工程管理概论	郑文新　李献涛	26.00	130	*安装工程计量与计价	冯　钢	58.00
106	理论力学(第 2 版)	张俊彦　赵荣国	40.00	131	室内装饰工程预算	陈祖建	30.00
107	理论力学	欧阳辉	48.00	132	*工程造价控制与管理(第 2 版)	胡新萍　王　芳	42.00
108	材料力学	章宝华	36.00	133	建筑学导论	裘　鞠　常　悦	32.00
109	结构力学	何春保	45.00	134	建筑美学	邓友生	36.00
110	结构力学	边亚东	42.00	135	建筑美术教程	陈希平	45.00
111	结构力学实用教程	常伏德	47.00	136	色彩景观基础教程	阮正仪	42.00
112	工程力学(第 2 版)	罗迎社　喻小明	39.00	137	建筑表现技法	冯　柯	42.00
113	工程力学	杨云芳	42.00	138	建筑概论	钱　坤	28.00
114	工程力学	王明斌　庞永平	37.00	139	建筑构造	宿晓萍　隋艳娥	36.00
115	房地产开发	石海均　王　宏	34.00	140	建筑构造原理与设计(上册)	陈玲玲	34.00
116	房地产开发与管理	刘　薇	38.00	141	建筑构造原理与设计(下册)	梁晓慧　陈玲玲	38.00
117	房地产策划	王直民	42.00	142	城市与区域规划实用模型	郭志恭	45.00
118	房地产估价	沈良峰	45.00	143	城市详细规划原理与设计方法	姜　云	36.00
119	房地产法规	潘安平	36.00	144	中外城市规划与建设史	李合群	58.00
120	房地产测量	魏德宏	28.00	145	中外建筑史	吴　薇	36.00
121	工程财务管理	张学英	38.00	146	外国建筑简史	吴　薇	38.00
122	工程造价管理	周国恩	42.00	147	城市与区域认知实习教程	邹　君	30.00
123	建筑工程施工组织与概预算	钟吉湘	52.00	148	城市生态与城市环境保护	梁彦兰　阎　利	36.00
124	建筑工程造价	郑文新	39.00	149	幼儿园建筑设计	龚兆先	37.00
125	工程造价管理	车春鹂　杜春艳	24.00	150	园林与环境景观设计	董　智　曾　伟	46.00
126	土木工程计量与计价	王翠琴　李春燕	35.00	151	室内设计原理	冯　柯	28.00
127	建筑工程计量与计价	张叶田	50.00	152	景观设计	陈玲玲	49.00
128	市政工程计量与计价	赵志曼　张建平	38.00	153	中国传统建筑构造	李合群	35.00
129	园林工程计量与计价	温日琨　舒美英	45.00	154	中国文物建筑保护及修复工程学	郭志恭	45.00

标*号为高等院校土建类专业“互联网+”创新规划教材。